차량화재

왜, 발생하는가?

이일권박사 · 정동화박사 編譯

원저자의 말에 갈음하여..

일본에는 차량화재 전문가가 없을까?

나는 자동차 제작회사 기술자를 거쳐 퇴직한 후 우연히 「자동차공학」에 기고한 「차량화재」 기사를 보게 되었다. 일본에는 차량화재에 관한 전문연구자가 대학·소방·손해보험 회사 어디에도 없다, 반면에 미국에는 차량화재전문 조사원이 상당히 많다는 내용이었다. 이 기사는 자동차 엔진 개발에 종사해 왔던 나의 입장에서 매우 흥미로운 것이었다.

우리가 아는 바와 같이, 엔진은 어떻게 효율적으로 연소시켜 높은 에너지를 끄집어 내느냐가 핵심이다. 흔히 말하는 **화재의 3요소**인 가연물可燃物·산소·발화원 등을 극한까지 추구하고 있는 것이 엔진 개발인 것이다.

그렇다면, 엔진의 기술적 요소들이 차량화재의 원인을 규명하는데 적용될 수 있다는 생각이 들었다. 연간 7,000~8,000건 정도 발생한다는 차량화재란 대체 어떤 것일까?

가장 관심을 끄는 승용차의 원인별 사례(표 1)를 보면 전기 계통은 일본차 쪽이 많고 연료 계통은 수입차가 많은 걸로 나타났다. 일본차에 많은 전기 계통을 보면(표 3) 배선접촉 부분 21건을 포함해 거의가 배선문제인 것을 알 수 있다. 또 다른 통계자료를 소개한다. 표 4는 최근 JAF Japan Automobile Federation, 일본자동차연맹에서 발표된 것으로 2000년 1~9월의 전국 주요 차량화재 통계다. 6,177건×12/9개월=8,236건으로, 연간 8,000건이라는 숫자가 이해가 되었다. 그렇다면 이 데이터Data는 어디서 만들어진 것일까?

JAF 기사에는 총무성 소방청 방재정보실의 자료로 나와 있으므로 원래 데이터는 소방출동기록인 것 같다(각 지방의 소방서에서 보고된 기록을 취합한 것이라 판단된다). 그렇다면 소방차가 출동하지 않은 화재도 상당히 있을 것이고, 화재건수는 더 커질 수밖에 없으므로 이것을 밝히기에도 매우 곤란한 상황이 아닐 수 없다.

겁이 나긴 하지만 원인규명은 기술적인 면에서는 내가 갖고 있는 경험을 살릴 여지가 충분히 있을 것이라 생각하게 되었다. 그러나 완전히 타버린 자동차를 단기간에 원인부위와 원인행위를 분석해 차량화재를 규명하는 것은 어려운 일이다.

누전화재, 식용유화재, 석유난로 화재와 같이 건물화재에서 흔히 보게 되는 명칭을 차량화재에도 적용하면 어떨까 하고 내 나름대로 분류와 정의를 해 보았다.

표 1. 도쿄소방청 관내에서 5년 동안 발생한 차량화재

차종별	발화건수	방화	차량 발화
승용	942	285	657
화물	640	244	396
이륜·원동기 장착	578	불명	불명
특수·특종	353	0	353
승합	10	5	5
계	2523	534	1411

표 2. 승용차의 원인별 발화건수

원인별	건수	일본차량	수입차
전기계통	258(39.3%)	40.7%	37.2%
연료계통	253(38.5%)	33.0%	46.6%
배기계통	110(16.7%)	20.7%	10.9%
기타	36(5.5%)	5.6%	5.3%

표 3. 일본차 가운데 전기계통 발화를 원인별로 분석한 데이터

부위별	건수
배선단락	174(67.4%)
배터리	32(12.4%)
배선접촉부	21(8.1%)
모터	5(2.0%)
레지스터	5(2.0%)
기타	21(8.1%)

표 4. 2000년 1~9월 주요 차량화재 원인

순위	원인	발생건수	발생비율
1	방화	772	12.5%
2	방화로 추정	655	10.6%
3	배기관	619	10.0%
4	엔진	311	5.0%
5	충돌에 의한 발화	270	4.4%
6	담배	240	3.9%
7	성냥 & 라이터	190	3.1%
8	전기장치	179	2.9%
9	전기기기	142	2.3%
10	배선기구	104	1.7%
기타	–	2684	43.6%
	계	6166	100.0%
	폭발	11	
	총계	6177	

森 興春

편역자의 말..

우리도 차량화재에 편할 수만 없다!

최근의 자동차는 기계, 전기 및 전자, 금속재료, 화학, 정보통신, 디자인, 색채학, 감성 공학, 에너지 등의 다양한 공학과 예술이 융합된 종합기계이다. 최근에는 자동차 운전자의 마음을 용융한 안전심리학까지 접목시키고 있다. 따라서 자동차 산업은 국가 산업 발전의 커다란 축을 담당할 뿐만 아니라 한 국가의 선진화 지수를 가늠하고 있다.

최고의 안락함을 추구하는 자동차를 위해 세계 자동차 제작회사들은 경쟁력으로 첨단 시스템을 장착하는데 혈안이 되어 있고 융합된 결과물을 간헐적으로 **차량화재**라는 역작용을 일으키며 우리나라 차량화재 연간 발생건수도 6,000여건에 전후한다.

운전자가 자동차를 운행중이거나 정차중에 부품의 고장으로 인한 열의 발생과 전기적인 불꽃 발생, 연료나 가연성 물질의 누설이나 누출, 출고 후 운전자의 취향에 따라 개조 시스템에서의 문제 발생 등으로 인한 화재가 발생될 수 있다. 또한, 자동차 내부에서의 가연성 물질의 보관이나 방치, 고의적인 방화나 불장난 등으로 차량화재가 일어나기도 한다. 이때, 차량화재의 조기 발견과 대응은 피해를 최소화시키며 차량의 전소나 또 다른 2차 피해를 줄일 수 있다.

일반적으로 차량화재가 발생하였을 때, 화재의 발생부를 직접 보고 확인하였을 때는 그 원인을 찾기가 쉽지만, 그러지 못할 경우 난간에 봉착하기 쉽다. 또한, 차량화재가 발생한 후 책임 소재를 정확하게 판단하기가 어렵고 심지어 손해 정도에 따라 법적인 책임 여부를 묻는 경우도 발생한다.

이 책의 구성은 제1편 화재의 총론, 제2편 차량화재, 제3편 차량화재의 예방 정비, 제4편 차량화재의 사례별 원인 분석, 끝으로 차량화재 관련 용어 등으로 구성되어 있다.

국내에서 차량화재에 대한 분석이나 연구는 활성화되지 않았다. 그러나 최근 일반 화재감식에 대한 국가자격증을 신설하였지만 차량화재 분야만큼은 기계적 · 전기적 · 화학적 · 역학적 감식 기법이 필요하므로 결코 녹녹치 않다. 이때 자동차전문서적의 선구자 도서출판 골든벨에서 실리보다 명분을 쫓아 결단하신 김길현대표와 그 임직원들의 노고에 감사함을 표한다.

이일권, 정동화 씀

차례 CONTENTS

제1편 화재의 총론

제2편
차량 화재

제3편 차량 화재의 예방 정비

제4편

차량화재 사례별 원인 분석

Chapter 09 | 방화

부 록

차량화재 관련 용어

Automobile Fires

제 1 편

화재의 총론

01 연소이론

1 연소의 정의

일반적으로 연소란 「산화 등의 반응에 의해서 열과 빛을 발하는 현상」이라고 하며, 공기 또는 산소 중에 물질이 산화되어 열을 발생하는 현상을 말한다.

따라서 석유가 연소하든지 염소 중에 수소가 연소하는 것은 연소라고 할 수 있으나 니크롬선의 적열赤熱은 연소라 할 수 없다. 폭발도 본질적으로는 연소와 같으나 연소는 압력이 일정한 상태에서 발생하는데 비해 폭발은 화학변화 등에 의해서 생기는 압력상승현상이다.

2 연소의 형태

① 기체, 액체, 고체의 연소

가연성 물질이 기체의 경우, 기체 그 자체가 공기 중에 급속하게 확산하기 쉽고 폭발범위 내에서 화원火源이 있으면 용이하게 착화한다. 가연성 가스의 연소에는 정상 연소와 비정상 연소의 두 가지 형태가 있으며 가스기구 등에 의한 연소를 정상연소라 하고, 공기 중에 가연성 가스를 확산시키면서 안정된 불꽃으로 연소를 계속하여 불꽃 크기의 조정도 용이하다. 한편 공기 중에 체류한 가연성가스가 폭발적으로 연소하는 것을 비정상 연소라 하며 화재, 폭발 등의 위험성이 크다.

가연성 물질이 액체인 경우, 액체 그 자체가 연소하는 것이 아니고, 기화한 증기가 연소한다. 액체는 인화점의 고저에 따라 착화성이 크게 다르며 가솔린과 같이 기화하기 쉬운 것은 기체와 같이 취급에 주의를 해야 한다. 일반적으로 공기 중에서 연소하면 흑연을 내며 불완전 연소하는 것이 많다. 그 때문에 연료로써 사용하기 위해서는 기화시킨 것을 공기와 혼합시켜 그 비율을 조정하여야 한다.

가연성 물질이 고체인 경우, 고체 자신의 성분에 따라 연소 형태가 다르다. 그러나 어느 것이나 고체가 가열되어서 분해 생성가스나 가연성가스를 발생하여 연소한다. 공기 중에서의 연소는 거의 불완전연소이며 연기나 유독가스를 발생하는 것이 많다. 기체와 액체에 비해서 안정적인 연소를 계속시키는 것은 어렵고 주로, 대규모 열원으로 사용되나 그 이용범위는 극히 한정되어 있다.

② 연소의 형태

연소 현상을 ① 과 같이 기체, 액체, 고체로 분류하며 연소 형태는 다음과 같이 된다(표 1-1 참고). 가연물이 연소하는 형태를 기체, 액체, 고체의 연소와는 별도로 산소의 공급이 충분한 상태에서의 완전연소와 산소의 공급이 불충분한 형태에서의 불완전연소로 구별할 수 있다.

표 1-1. 가연물의 연소 형태

가연물의 종류	연소 구분		연소 형태	연소물 (예)
고체	표면연소		고체의 표면에서 고온을 유지하면서 연소한다.	목탄, 코크스, 금속분 등
	분해연소		고체가 가열되어 열분해가 발생하면 가연성 가스가 발생되고 공기중의 산소와 혼합하여 연소한다.	목재, 석탄, 종이 등
	자기연소		분해연소 중, 공기 중의 산소가 필요하지 않고, 물질 중에 포함되어 있는 산소에 의해 내부연소를 한다.	화약, 폭약, 셀룰로이드 등
	증발연소		고체 그 자체가 연소하는 것이 아니고 고체가 가열되어서 가연성 가스가 발생하여 공기 중의 산소와 혼합하여 연소한다.	나프탈렌, 장뇌, 유황 등
액체	증발연소		액체 그 자체가 연소하는 것이 아니고, 액면으로부터 증발된 가연성 기체와 공기 중의 산소와 혼합하여 연소한다.	가솔린, 등유 등
기체	정상연소	예혼합연소	미리 가연성 기체, 공기중의 산소와 혼합한 것이 분출되어 연소한다.	천연가스, 도시가스, 수소 등
		확산연소	가연성 기체가 대기중에 분출되어 연소한다.	
	비정상연소		가연성 기체와 공기의 혼합가스가 밀폐용기 중에 점화되면서 연소의 속도가 급격하게 증가하여 폭발적으로 연소한다.	

3 연소의 조건

연소가 일어나기 위해서는 가연물, 산소, 발화에너지가 필요하며, 이것을 연소의 3요소라고 한다(그림 1-1 참고).

연소하기 위해서는 이 연소의 3요소가 동시에 존재하는 것이 필요하고, 이 중에 하나라도 없으면 연소는 일어나지 않으며, 계속 연소하는 것도 불가능하게 된다.

가. 가연물

물질이 산화되기 쉬운 분자 구조를 갖고 있는 것을 말하며, 그 수는 극히 많고 유기화합물의 대부분이 그것이다.

나. 산소(지연물)

연소가 일어나기 위해서는 가연성 물질에 대하여 산소가 공급되어져야 한다. 산소 공급원으로서는 따로 떨어진 유리遊離의 산소와 화합한 형태의 산소가 있다.

- 유리의 산소 : 공기 중의 산소, 산소가스
- 화합한 형태의 산소 : 제1류의 위험물(염소산 염류 등), 제5류의 위험물(니트로화합물 등)

다. 발화 에너지

연소를 개시하기 위해 활성화 에너지를 주는 것으로 열원으로서는 불꽃, 고열물, 고온가스(화염포함) 방사열, 충격, 마찰 등이 있다. 이상의 3요소는 연소의 필요조건이나 연소를 개시하여 계속 연소하기 위해서는 각각에 필요하고 충분한 조건을 가미하여야 한다.

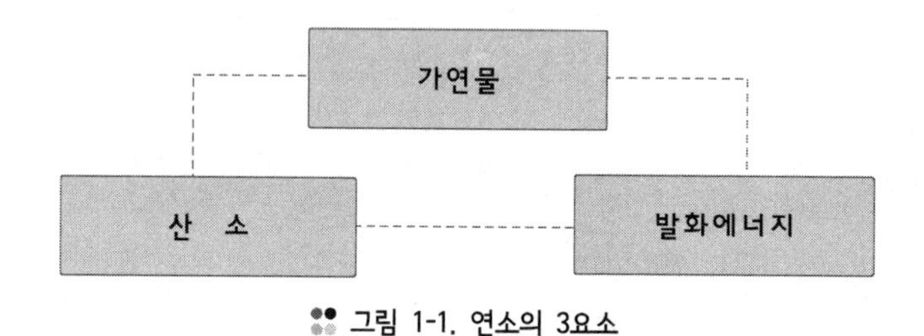

그림 1-1. 연소의 3요소

> 연소의 진행은 계속하여 분자가 활성화되어 연속적으로 산화반응을 일으킴으로써 발생된다. 이 연쇄반응을 연소의 3요소에 더하여 **연소의 4요소**라고도 한다.

4 인화와 발화

① 인화점

가연성 액체나 고체의 표면에 불씨를 붙여놓고 가연물을 서서히 가열하면 표면부터 발생한 증기는 불씨에 의해 화염을 발생하여 연소하기 시작한다. 이 현상을 **인화**引火라 하며 물질이 인화하기 위해서는 연소범위의 혼합기를 형성하는 일정한 온도가 필요하고 이 온도를 **인화점** 또는 **인화 온도**라 한다.

바꾸어 말하면 인화점이란 가연성가스의 농도가 폭발하한계에 달하는 온도를 말하며, 또 폭발 하下한계에 대응하는 온도를 **하부인화점**, 상上한계에 대응하는 온도를 **상부인화점**이라 하고 일반적으로 하부 인화점을 인화점이라 한다.

② 연소점

가연성 액체가 인화점에 있으면 액면 근처의 증기농도는 연소 범위에 있으며 화원을 가까이하면 인화하여 화염을 발생한다. 연소에 의해 액면상의 증기는 소비되어 새로이 액체로부터 증기가 발생하여 공급된다.

그러나 일반적으로 연소속도 보다 증발 속도가 작은 경우에는 연소에 필요한 조성 조건을 즉시로 만족할 수 없고, 연소는 계속하지 않는다. 즉, 인화점과 같은 온도에 있는 액체의 표면에 불씨를 가까이하면 그 표면에 불이 붙지만 계속 탄다고 할 수 없다. 인화점부터 더욱 온도를 높여 증발 속도가 연소속도 보다 높아졌을 때 인화 후에도 잇따라 연소를 계속하게 되는 것이다. 이 연소가 계속하기 시작하는 온도를 연소점燃燒点이라 한다.

③ 폭발(연소)범위

가연성가스 또는 인화성 액체의 증기가 공기 또는 산소와 일정한 범위의 비율로 혼합해 있을 때 여기에 착화하면 연소한다. 이 범위를 혼합가스의 **폭발범위**라 하고 이 범위의 가스의 최저농도를 **하한**下限, 최고 농도를 **상한**上限, 이것들의 한계치를 **폭발한계**라 한다. 하한 및 상한은 가연성가스 또는 증기의 혼합가스에 대한 용량 퍼센트(%)로 나타낸다.

④ 최소 폭발에너지

가연물이 증발하기 쉬운지, 어떠한지는 통상 발화점의 고저를 갖고 판단하고 있으나 발화하는가 안 하는가는 그때의 온도만으로 결정되는 것이 아니고 발화시키는데 만족하는 에너지가 있는가 어떠한가의 문제로 된다. 폭발성 혼합기체는 가연성 기체의 종류나 공기와의 혼합비율에 의해 다르나 불꽃을 사용하여 발화시키기 위해 필요로 하는 최소의 에너지를 **최소의 발화에너지**라 한다.

⑤ 발화점(착화 온도)

가연물이 공기중에서 가열되는 경우에 다른 곳에서 발화에너지를 주지 않아도 발화하는 최저 온도를 **발화점** 또는 **착화온도**라 한다.

착화온도는 기체, 액체, 고체의 어느 것에 대해서는 측정되지만 물질을 가열하는 용기의 표면상태 가열속도 등에 의해 크게 영향을 받으며 고체물질에서는 그 물리적 상태에 따라 영향을 받으므로 발화온도는 물질 고유의 정수라고는 말할 수 없다.

5 연소에 필요한 공기량

① 이론상의 공기량

연료의 연소에 필요한 이론상의 공기량은 연료 중의 가연성분과 양을 알면 계산으로 구할 수 있다. 연료의 가연성분은 보통 탄소, 산소, 수소, 유황 등의 분자가 결합한 상태로 존재하고 있으며, 연소하는 것에 따라 이산화탄소나 물로 된다.

가. 탄소, 수소, 유황의 완전연소에 필요한 공기량

$$C + O_2 \rightarrow CO_2$$
$$12 \quad 32 \qquad 44$$

위 식에 의해 탄소 1몰(12g)을 완전 연소시키기 위해서는 산소 1몰(32g)을 필요로 한다. 공기 중에는 산소의 중량이 23%포함되어 있으므로 1g의 탄소를 완전 연소시키기 위해서는 1/12×32×100/23 =11.6g의 공기를 필요로 한다.

다음에 아보가드로의 법칙에 의해 1몰(12g)의 기체 용적은 표준상태(0℃, 760mmHg)에서 22.4ℓ이므로 1g의 탄소가 완전연소에 요하는 공기의 용적은 22.4/12×100/21=8.9ℓ 이다. 똑같이 수소, 유황 각 1g의 연소에 요하는 이론 공기량은 표 1-2와 같다.

표 1-2. 탄소, 수소, 유황이 1g 완전연소하는 경우에 요하는 공기량

원소명	이론 공기량(ℓ)	이론 공기량(g)
탄소	8.9	11.6
수소	26.7	34.8
유황	3.3	4.3

나. 연료의 완전연소에 요하는 공기량

탄소, 수소, 산소 및 유황으로 되어 있는 연료 1g을 완전하게 연소시키기 위해 필요한 공기의 중량 및 용적은 다음 식으로부터 구할 수 있다.

$$L_w = \left\{11.6 \cdot C + 34.8 \times (H - \frac{O}{8}) + 4.3 \cdot S\right\} \cdot \frac{1}{100}(g)$$

$$L_v = \left\{8.9 \cdot C + 26.7 \times (H - \frac{O}{8}) + 3.3 \cdot S\right\} \cdot \frac{1}{100}(g)$$

L_w: 연료 1g을 완전 연소하는데 요하는 공기중량(g)
L_v: 연료 1g을 완전 연소하는데 요하는 공기용적(ℓ)
C : 연료 중 탄소의 중량 비율(%)
H : 연료 중 수소의 중량 비율(%)
O : 연료 중 산소의 중량 비율(%)
S : 연료 중 유황의 중량 비율(%)

② 실제로 필요한 공기량

가. 과잉 공기

실제로 연료를 연소시키기 위해서는 이론 공기량으로는 불충분하다. 지금 연료 1g을 연소시키는데 요하는 이론 공기량을 L_o, 실제로 사용한 공기량을 L_a라 하면 $L_a = m\,L_o\,(m > 1)$의 관계가 성립한다. 이 m을 **공기비**라하며 연료의 종류, 연소상황에 의해 다르게 된다. 또 m-1을 **공기과잉률**이라 한다.

나. 과잉 공기량 구하는 방법

실제연소에 필요한 공기량으로부터 이론 공기량을 감소하는 것을 **과잉 공기량**이라 하며 증기가스의 분석결과로부터 구할 수 있다. 일반적으로 증기가스 중의 성분은 산소와 질소를 빼면 거의 탄소가스이다.

$C + O_2 \rightarrow CO_2$ 이므로 탄소가 완전연소하면 공기 중의 1용량의 산소로부터 이산화탄소 액체가 생긴다. 그러므로 공급된 공기 중 산소는 연소에 사용되었다고 하면 모든 공기량은 21%의 탄산가스를 발생한다.

그러나 실제로는 과잉공기에 의해 연소하는 것이므로 배기가스 중 이산화탄소량은 21% 이하로 된다. 따라서 배기가스 중 이산화탄소 농도를 실측하면 과잉 공기량을 추정할 수 있다.

6 폭발

폭발이란 「압력의 급격한 발생 또는 해방의 결과 용기가 파열하든지 기체가 급격히 팽창하여 폭발음이나 파괴 작용을 수반하는 현상」이라 말하고 있으나, 과학적으로 명확한 정의는 어렵다. 폭발은 화재와 달라 이미 폭발이 시작하였을 때 이것을 저지하는 것은 곤란하다. 예를 들면, 가스 폭발의 경우에는 이미 가연성가스와 지연성가스가 폭발범위 내에 혼합된 가스에 폭발원을 주므로 화염의 전파는 지연성가스의 공급 등의 외부요인의 영향을 받지 않고 일순간에 완결된다.

① 폭발기구

폭발을 그 과정으로 분류하면

- 원자핵 폭발 : 핵융합, 핵분열 반응
- 물리적 폭발 : 수증기 폭발, 도선 폭발 등
- 화학적 폭발 : 혼합가스 폭발, 분해 폭발 등

또한, 화학적 폭발을 반응속도에 따라 분류하면 폭굉과 폭연(폭발적연소)으로 분류된다.

가. 폭굉

정지하고 있는 폭발성 물질 또는 혼합물 중으로 전파하는 반응의 진동이 그 물질의 음속音速보다도 빠를 경우를 폭굉爆宏이라 한다. 가스 중의 음속은 압력에는 무관하고 분자량의 평방근에 반비례하며 절대온도의 평방근에 정비례한다. 일반적으로 가스 폭굉은 음속의 4~8배 정도로 된다. 초음속의 파는 충격파라 부르지만 폭굉은 연소를 수반한 충격파라 할 수 있다. 연소가 가속되는 조건으로서 주위에 고체의 벽이 있을 때나 표면이 요철 상태 또는 틈새 등을 통과할 때, 즉 연소의 전파과정에 교란이 생기는 것 등이 있으면서 속도가 클 경우에는 폭굉으로까지 발전한다.

나. 폭연

일반적으로 폭굉이 아닌 때 화염전파(즉, 음속이하) 중에 폭발적인 인상을 주는 경우를 폭연爆燃이라 한다. 따라서 로켓 추진약 등은 표면으로부터 수직으로 들어가는 선연소속도가 1mm/s와 같은 낮은 값이지만, 작은 갈라짐이 많이 형성되어 표면적이 증가하면 질량연소속도는 표면적이 증가한 만큼 또는 국부적으로 압력이 상승하는 만큼 그에 따라 증가하게 되어 폭연상태로 된다. 분말상태의 흑색화약은 그러한 상태로 폭발한다.

7 전열

열은 화재현상에서 가장 기본적인 요소이지만 화재현상을 해명할 경우 발열과 전열에 대해 그 기구를 생각하는 것이 거의 전부이다. 구획 내의 화재초기에 있어서 대표적인 전열 기구는 **전도**, **대류**, **방사(복사)**로 분류된다.

① 전도

전도傳導란 하나의 물체에서 두 개 부분의 온도가 다르면 고온부로부터 저온부로 열이 옮겨간다. 또 다른 온도의 두 개의 물체를 접촉시킬 때도 이 현상이 일어난다. 이 현상을 **열의 전도**라고 한다. 전도는 온도차에 비례하여 전해지고 단위 시간에 등온면의 단위 면적을 통하여 흐르는 열량은 온도에 비례한다.

② 대류

일반적으로 액체 및 기체는 그 일부를 가열하면 그 부분은 팽창되어 가볍게 되고 상승하며, 다른 찬 부분은 강하한다. 이와같은 현상을 대류對流라 하며 액체나 기체는 대류에 의해 가열된다. 열교환기, 가열기, 냉각기와 같이 액체나 기체가 관계되는 열의 이동은 대류가 주이므로 **대류현상**은 가장 중요한 전열기구이다.

③ 방사(복사)

방사放射란 고온물체로부터 저온물체에 중간물질의 매개없이 열이 전해지는 현상을 말하며 방사에 의해 전달된 열을 **방사열**이라 한다.

고체는 절대영도로 되지 않는 이상, 분자운동에 의해 방사선을 내고 있다. 이 방사선은 일종의 전자파이며 물체표면에 도달하면 일부는 반사하고 일부는 투과하며 기타는 그 물체에 흡수되어 열로 된다. 흑색의 물체는 백색의 물체에 비해 방사선을 잘 흡수하므로 빨리 가열된다. 또 방사선 흡수의 난이도는 물체 표면의 매끄럽기에도 관계가 있다.

화재 조사

01 화재 조사의 목적

화재 조사는 소방법의 규정에 근거하여 화재 예방을 우선으로 하는 소방행정에 필요한 것을 알기 위하여 중요한 업무이다. 또한, 발화하기 쉬운 곳, 방화 관리상 안이하게 생각하기 쉬운 곳 등을 하나하나 입체적으로 위험요소를 규명하여 직접적인 피해가 적도록 함으로써 조사결과를 화재예방에 반영하는 것이 본래의 화재조사 목적이다.

그리고 화재조사 활동의 효율화를 높이기 위하여 소방정보나 소방통계 자료를 작성하는 것도 조사를 행하는 목적의 하나이며 소방기관은 화재의 연소상황으로부터 화재의 전모를 파악할 수 있는 것, 화재에 대해서 전문지식과 경험을 기초로 하여 방화 및 실화를 조사하는데 협력하는 것도 부수적인 목적이다.

02 화재 조사의 범위

화재의 조사내용은 화재의 원인 조사와 화재 및 소화에 의해 받은 손해조사로 나누어진다.

① 화재 원인 조사의 주된 것은 발화 원인조사이지만 연소 확대의 원인과 사상자 발생의 원인도 중요한 조사의 범위이다. 화재는 일반적으로 발화로 시작하여 연소 확대되고, 그 결과 물적 또는 인적피해가 발생된다. 그래서 이들의 사고에 대비하여 소방용 설비의 작동, 사용, 발견, 통보, 조기소화 및 피난 등 이러한 것들에 대해 조사하는 것은 당연한 일이다. 다시 그 결과를 소방 행정에 충분히 반영하기 위해서 방화 대상물의 용도, 위험물 등의 시설구분, 업태, 방화관리 상황, 건물의 관리상황, 발화시 상태, 발화시 인적상황 등도 부가하여 평소 화재예방을 사찰한 결과 등과 같이 행하는 것이 아주 중요하다.

이와 같은 것으로 연소 확대가 저지된 원인, 소방용 설비 등의 작동 원인, 초기소화

성공의 이유 및 피난이 적절하게 행해진 이유 등, 효과적인 대처의 원인을 파악하는 일도 중요한 것으로 화재 원인 조사의 범위이다.

② 화재 손해 조사는 화재라는 연소현상 자체 및 피난 등으로 받은 인적, 물적 손해가 화재의 소화, 진압활동시 받은 인적, 물적 피해의 조사를 하는 것으로 현재는 직접 손해를 조사하는 것이다,
따라서 소화를 위해 투입된 중요한 경비, 정리비용, 화재 때문에 휴업한 손해(간접손해) 등은 포함되어 있지 않는 것이다.

03 조사의 기초 지식

화재조사를 행함에 있어 화재의 정의, 화재 조사에 사용하는 용어 사례 등 조사의 기초지식을 사전에 이해해 둘 필요가 있다.

1 화재의 정의

화재란 사람의 의중과 상관없이 발생하여 확대되거나 또는 방화에 의해 발생하여 소화가 필요한 연소 현상이다. 이를 소화하기 위하여 소화시설 또는 이 정도의 효과가 있는 것을 활용할 필요가 있는 것을 말한다.

2 화재의 3요소

① 사람의 의중과 상관없거나 또는 방화에 의해 발생하는 것
② 소화가 필요한 연소 현상
③ 소화시설 또는 그와 같은 정도의 효과가 있는 것을 이용할 필요가 있는 것 이상의 3요소가 화재의 성립요건이고 이들 중 어느 하나라도 해당되지 않으면 「화재」라 하지 않는다.

3 소손 정도

건물의 소손 정도는 4종류로 구분한다.

- **전소**全燒 : 건물의 70% 이상이 소손되었거나 그 미만이라도 잔존 부분에 보수를 해도 재사용이 어려운 경우
- **반소**半燒 : 건물의 20% 이상 70% 미만 전소된 것
- **부분소**部分燒 : 전소, 반소에 해당되지 않는 것

■ 소화消火 : 건물의 10% 미만만 소손된 경우로서 소손 바닥 면적이 3.3m³ 미만의 것 또는 수용물만 소손된 것

소손 정도는 화재에 의한 건물의 피해상황을 단적으로 표현하는 것이고 표 1-3과 같이 구분되어진다.

표 1-3. 소손의 구분

구 분	상 황		
전소	70% 미만이지만 잔존 부분에 보수를 해도 재사용이 불가능한 것	70% 이상 소손	
반소		20% 이상 70% 미만 소손	
부분소	10% 미만 3.3m³ 이상 소손	10~20% 미만 소손	
소화(수용물만 소손)	10% 미만이고 3.3m³ 미만 소손		

4 발화원

발화원發火源은 불이 일어나는 것에 직접 관계되는 것 또는 그 자체로 불이 일어나는 것을 말한다. 불은 일반적으로 **화기 및 고온물**로서 다음과 같은 것이다. 자연발화, 충격, 마찰, 전기화원, 정전기, 단열압축 등이다.

- 위험물의 화학적 변화 : 인화, 자연발화, 혼합반응, 폭발 등
- 전기의 물리적 변화 : 전기에너지가 어떤 이유로 말미암아 열원으로 된 것

5 착화물

착화물着火物은 발화원에 의해서 최초에 착화된 것을 말한다.

화재의 원인 조사 방법

01 현장 보존

화재조사 중에서 진화 후 화재 현장에서 실시하는 조사가 가장 중요하다. 현장에 있는 연소된 물건은 모두 화재조사를 실시한 결과물이 **판정자료**가 되고 거기에 존재하고 있는 자체가 **상황증거**로 되는 것이다. 그러므로 현장을 그대로 보존하는 것이 필요하다. 또한, 현장보존은 소화활동으로부터 행해지는 것이며, 특히 남아있는 불씨를 정리할 때 주의해야 하고 진화 후에 증거물 보존에도 힘쓴다.

02 현장 발굴

출화 범위 및 그 주변에는 다량의 소손된 잔해가 쌓여 있다. 그 중에는 발화원이나 착화물, 연소매체인 가연물 또는 이것들의 실마리가 되는 흔적이 매장되어 있으므로 **발굴**이 필요하다.

발굴작업은 화염의 발생과 연소확대 요인으로 된 자료를 채취하는 것과 함께 이것들이 평면적, 입체적으로 어떠한 위치관계로 존재하고 있는가를 명확하게 하기 위해서 **출화 원인**과 그 후의 **화재의 진전 상황**을 실증적으로 파악하기 위한 수단이다.

03 복원

화재현장조사의 기본적인 수단의 하나이다. 예를 들면 전소되어 있는 현장에 대해서는 건물 등을 복원하여 고찰의 대상으로 되게 하는 것이 필요하다. 우선 그 **건물의 평면도**를 작성하여 현장에 타고 남아있는 기둥 등에 의해 처마높이를 추측하여 지붕의 형, 지붕이은 재료를 밝혀서 대략 건물이 어떻게 세워져 있었던가를 판단할 수 있도록 한다.

더욱이 주된 가구나 건구建具 등의 소재를 밝혀서 생활 상황을 알 수 있도록 복원하면 어떻게 연소확대 했는가를 알 수 있는 단서가 된다. 또한, 소화로 끝난 화재에 대해서도 예를 들면 가스난로의 가열에 의해 철판을 붙인 벽의 뒷면으로부터 연소하기 시작하였다고 추정되는 경우, 가스난로를 조리대로 놓여진 위치에 복원해 보지 않으면 출화에 도달한 메커니즘을 검증할 수 없다.

04 질문의 녹취

질문의 녹취는 현장조사시에 복원할 수 없는 출화시의 상황이나 생활환경조건, 출화에 달한 행위나 발견시의 연소상황, 발화원으로 추정되는 물건의 기구, 구조 등에 대해서 실시하며 화재원인 판정상의 인적자료가 된다. 질문하는 관계자와 청취하는 내용은 다음과 같은 것이 있다.

1 출화 행위자

화재를 발견한 자 또는 화재의 발생에 직접 관계가 있는 자로 출화出火에 이르게 된 인과관계에 대해 다양한 각도로 질문하여 구체적인 사실을 파악할 수 있도록 해야 한다.

2 화원 책임자

화재가 발생한 장소 또는 화재가 발생한 물건의 점유자, 관리자 또는 소유자 등으로부터 출화한 건물의 구조, 설비, 작업내역, 화기관리상황, 화재 직전의 상황, 화재보험의 가입상황 등에 대해 질문하여 화재의 발생요인이나 환경 등을 알아낸다.

3 발견자 및 통보자

소방기관이 화재를 인지하기 이전에 화재를 목격한 자 및 무엇인가의 방법이나 수단을 사용하여 소방기관에 화재를 알린 자를 말한다. 이 사람들은 화재의 초기 단계에서 화재의 상황을 목격하였으므로 있었던 출화 개소의 판정, 출화원이나 연소확대의 원인 등 화재 발생초기의 유력한 단서를 얻을 수 있다.

4 초기 소화자

소방대원이 현장에 도달하는 동안에 소화 작업에 우선 종사한 자로서 화재현장의 연소상황이나 사람의 행동 등에 대하여 청취하여 출화 당시의 상황을 알아낸다.

5 기타 화재에 관계되는 자

화재의 원인이나 손해여부를 조사할 때 직접 · 간접을 불문하고 무엇인가 정보를 갖고 있다고 생각되는 사람에게는 여러 가지 정황을 들을 필요가 있다.

예를 들면, 화기취급설비나 소방용 설비 등의 제작업자, 시공자, 점검자 등을 들 수 있다.

질문의 녹취에 당면했을 때 다음 사항을 유의하도록 한다.

① 발견자, 통보자, 초기소화자 등 중에 직접화재의 발생에 관계없는 자에 대해서는 될 수 있는한 화재현장에서 청취한다.

② 출화 행위자, 화원책임자라도 중점이 되는 사항에 대해서는 화재현장에서 청취하는 것과 동시에 상세한 것에 대해서는 질문 조서를 작성한다.

③ 조사원뿐만 아니라 화재조사에 관한 중요한 정보를 청취하였을 때에는 탐문 상황조서 등을 작성한다.

④ 관계자에게 질문할 경우, 사전에 질문할 사항을 미리 정리하여 중복하거나 부족한 사항이 없도록 한다.

⑤ 관계자에게 질문할 경우 법적인 권한과 준수하여야 할 사항을 충분히 습득해 둔다.

05 입회인

타고 남은 현장으로부터 화재발생 전의 상태가 파악되지 않는 경우가 많으며 또 현장조사 전에 얻은 관계자의 진술도 반드시 현장의 탄 자리와 일치하지 않는다. 따라서 현장감식에서는 필히 관계자를 입회인으로부터 설명을 받는 것이 출화 원인을 규명하는데 중요한 의의를 갖는다.

입회인의 선정은 출화한 장소 또는 소손물건에 대해서 권한을 가지고 있는 자(소손물건의 점유자, 관리자 또는 소유자)로 하지만 이외에 출화 범위의 상황을 가장 잘 알고 있는 자(종업원, 작업책임자 등) 복수 입회인을 입회시키는 것이 필요한 경우도 있다.

06 보조 조사

현장 조사에서 출화 원인을 판정할 수 없을 경우 또는 판정될 수 있어도 그 뒷받침을 위해 감정, 실험, 각종 문헌데이터의 결과로부터 과학적 타당성을 도출하여 출화의 가능성을 증명할 필요가 있을 경우도 있다.

1 감정鑑定

현장으로부터 자료를 채취하여 화재 원인의 판정을 보조하기 위해 전문적인 지식, 기술 및 실험을 구사하여 화재에 관련된 물건의 형상, 구조, 재질, 성분, 성질 및 이것과 관련된 현상에서 필요한 실험을 행하는 것을 말한다.

감정의 종류로는 적외선분광광도계에 의한 재질의 분석, 가스크로마트그래프에 의한 기체·액체의 성분 분석, 시차열-천평에 의한 발화점 측정 등 여러 가지 방법이 있다.

2 실험

화재 발생에 대해서는 이론적인 과학으로 미해명의 부분이 많으며, 과학적으로 입증하는 수단으로서 실험이 있다. 현장조사에서 얻어진 각종 자료에 의거하여 추정된 발화원의 출화의 가능성 등에 대해서 재현 실험을 한 다음 그 결과를 토대로 판정자료로 활용한다.

예컨대, 각종 약품의 혼합발화실험, 기름이 묻은 헝겊 등의 발열실험, 정전기 발생상황의 추정, 건물 등의 일부 및 전부를 재현한 연소실험 등이 있다.

01 연소의 식별

연소의 결과는 소손燒損이다. 소손의 식별의 기본은 소손을 비교 대조하는 것은 물론이고, 대상물건의 질, 형상이 같지 않으면 정확하게 비교할 수 없다. 비교하는 것으로부터 소손의 강약과 그의 방향 및 수열의 방향을 관찰하여, 연속적으로 확대한 화염의 흐름을 좇아 귀납적으로 출화 개소를 한정한다. 그래서 발화원 및 착화물을 알아내어 화재의 발생 원인을 규명할 수 있게 된다.

1 소손의 강약

조사원은 현장의 소손을 관찰할 때 자칫하면 하나의 국면만을 보고 출화 개소를 결정할 수 있다. 이것은 틀린 소손의 식별이라 할 수 있다. 소손은 온갖 각도로부터, 또 다방면으로부터 관찰하여야만 비로소 바르게 화염의 흐름을 이해할 수가 있고, 출화의 기점으로 된 장소를 파악할 수 있다.

① 목재류

목재를 가열하면 세포의 간극 내에 수분이 증발하며 온도가 100℃에 이르면 점차 건조해지고 160℃정도부터 목재가 분해되어 갈색으로 된다. 이 정도의 온도에서도 타기 쉬운 나무는 불씨(점화원)가 있으면 착화한다. 260℃에서 분해는 급격하게 되어 다량의 분해가 일어나며, 불씨가 있으면 완전히 착화한다.

열만 가해서 300~500℃가 되면 탄화가 종료되며, 420~470℃에서는 불씨가 없어도 발화한다. 목재는 가열되므로서 탄화가 진행하여 재가 된다. 이러한 과정에서 재의 현상이 소손의 강약을 나타내고 있다.

가. 탄화炭火

목재 등의 고체가 가열에 의해 열분해하여 기체를 발생하며, 동시에 고체의 탄소를 표면에 남기는 현상을 말한다.

목재가 탄화시에 강약의 공통적인 특성은 다음과 같다.

- 요철이 많고 거칠은 것일수록 소손이 강하다.
- 홈의 폭이 넓을수록 소손이 강하다.
- 홈의 깊이가 깊을수록 소손이 강하다.

이들 탄화의 상태는 눈으로 판별할 수 있으나, 유염연소와 무염연소는 연소의 형태가 달라서, 무염연소하였을 때의 소손은 반드시 이들의 특성과 일치하지 않는다.

나. 박리剝離

건축재 등을 소각할 때 "딱딱"하는 소리로 탄화물이 튀는 현상을 경험할 것이다. 이러한 현상은 탄화물의 벗겨진 상태를 박리라 한다. 연소는 타는 상태가 격할수록 박리 개소가 많으며, 박리 부분이 깊고 크다. 박리의 특징은 개개의 면적이 비교적 작고 박리면이 거칠며 길쭉길쭉(홈이 연속적으로 있는 것) 해 있으며 표면의 거칠음이 심하며 박리 개소가 흩어져 있다.

여기서 주의해야 할 것은 소방대원이 뿌리는 주수注水의 압력에 의해 벗겨진 개소와 구별할 수 있어야 한다. 식별법은 주수에 의해 박리되는 박리면이 평탄하며 윤이 난다는 것이다.

② 금속류

소화 후의 화재현장에는 적층색을 띤 철판이나 용융된 알루미늄 등의 금속을 많이 볼 수 있으며 이들은 모두 **불연재**不燃材이다. 그러나 연소하지 않아도 열을 가함으로써 변색하고 연화로부터 용융으로 변화하기 때문에 금속에서 수열의 과정을 읽어 낼 수 있다.

또한, 금속류에는 여러 종류의 금속을 혼합한 합금이나 수은과 같이 유동성이 있는 것이 있고, 각각의 열에 의한 특성에 따라 큰 차이가 있으므로 그 금속의 성질을 충분히 알아둘 필요가 있고 현장에 보이는 용융금속으로부터 그 부분을 보고 대강의 화재 온도를 예측할 수 있다.

가. 변색

철재 셔터의 일부분이 열을 받으면 우선 열이 가해진 부분의 도료가 연소되어 매연이 부착된다. 더욱이 가열부분을 넓혀 온도를 상승시켜 가면 매연이 소실되어 도료가 회화灰化되고

곧 이 재도 소실된다. 더욱 가열하면 철이 지닌 독특한 흑색으로부터 흑색된다. 푸른색이 가미된 흑색으로 변색한다.

열을 받은 변색은 셔터나 스틸가구 등의 금속류에만 작용하는 것이 아니고 콘크리트나 석재 등에서도 볼 수 있는 것으로서 이 변색은 일반적으로 수열이 강할수록 소손된 부분이 백색으로 되는 경향이 있고 그 이외의 특징은 거의 남아있지 않으나 시간이 흐르수록 철재의 경우는 부식이 촉진되어 갈색으로 변화된다.

나. 만곡彎曲

금속은 열을 받으면 팽창하고 각각 고유의 온도에 달하면 연화軟化하기 시작한다. 그래서 팽창을 방해하는 힘이나 팽창, 자중, 하중 등에 의해서 금속은 휘어지기 시작한다. 이 휘어진 정도로부터 소손의 강약을 파악할 수 있다. 그러나 휘어진 방향에 따라 반드시 수열受熱의 방향을 나타내는 것은 아니고 휘어진 정도만이 소손의 강약으로 비교된다.

다. 용융鎔融

금속의 연화로부터 휘어지기 시작하여 각각의 금속이 지니는 용융점에 달하면 용융이 이루어진다. 이 용융의 차이가 용융의 강약을 표시하며 금속류에는 순금속이나 합금 등의 종류가 많기 때문에 용융하기 전의 금속을 아는 것은 곤란하다. 그러나 용융된 금속이 무엇인가를 판명하고 또 용융되지 않는 금속이 같은 장소에서 그 금속의 종류를 알 수 있으면 그 부분의 온도 상승치는 추정할 수 있다.

③ 플라스틱류

일반적으로 목재와 플라스틱 등 분해 연소 물질의 연소는 열을 받아서 연화, 용융, 탄화되어 소실에 이르며, 이들이 일단 연소가 시작되면 외부로부터 열을 공급하지 않아도 자신의 화염에 의해 열이 공급되기 때문에 연소는 계속된다.

그러나 플라스틱의 일부는 자신의 화염으로부터 열 전도량이 충분하지 않기 때문에 충분한 열분해를 일으키지 않게 되고, 열원을 제거하면 연소가 정지하게 된다. 이 종류의 연소성은 발생 가스양이나 분해가스의 종류에 따라 다르며, 그들 각각 현상의 정도 차이가 소손의 강약을 나타내게 된다.

가. 연화

열을 받아 연화軟化하기 시작되면 하중이 있을 경우 그 형체가 급속하게 붕괴되든가 또는 녹아서 떨어져 버리고, 주로 자중自重에 의해 형체가 붕괴되어 소손되는 경우를 비교한다.

플라스틱의 연화는 그 종류에 따라 다르며, 열변형 온도는 연화점 보다 낮고 폴리에틸렌 등은 40~50℃에서 열변형을 나타내는 것도 있다.

표 1-4. 고분자 재료의 내열성

재 료 명	연 화 점[℃]	융 점[℃]	용 류 점[℃]
폴리에틸렌	123	220	–
폴리프로필렌	157	214	244
염화비닐수지	219	–	–
폴리에스테르(테루린)	173	226	269
폴리에스테르(쥬라곤)	156	205	262
나이론–6	209	228	–
우레탄(폴리에스테르형)	121	155	–
폴리카보네이트	213	305	–
ABS 수지	202	313	–
불포화 폴리에스테르	327	–	–
에폭시 수지	298	–	–

나. 용융

연화되어 있는 플라스틱을 더욱 가열해가면 녹아서 수직으로 흘러내리고 결국은 본체와 이탈하게 된다. 이 때 녹은 상태의 차이가 소손의 강약을 나타낸다.

다. 소실

플라스틱은 일반적으로 가연성이기 때문에 난[難]연화시킨 것이지만, 개발이 진행되고 있는 특수한 플라스틱을 제외하고는 착화온도가 낮고 거의 모든 플라스틱의 열분해하는 온도는 200~400℃이다. 이 온도에서 발생하는 플라스틱의 분해가스에 불씨가 있으면 착화되어 연소하기 시작하고 탄화로부터 소실[燒失]한다.

소실 시간은 목재보다 짧고 타버린 재가 작기 때문에 잔존 부분으로부터 그 정도를 고찰하여 강약을 판별한다.

라. 도료류

도료류는 일반적으로 변색, 발포, 소실의 경과를 거치게 된다.

- **변색** : 도료류의 색은 그 수가 많아서 수열 전의 색을 확실하게 파악해 두지 않으면 소손의 강약을 판별할 수 없다.
- **발포** : 발포[發泡]라는 것은 열을 받아서 부풀어 오르면서 끓는 현상과 같은 상태가 되는 것으로서 이 발포의 개개의 크기나 수의 차이가 소손의 강약을 나타낸다.

■ 소실 : 제품의 표면에 도포한 도료는 얇은 판 상태로서 비교적 소실이 쉽다. 소손의 강약은 남아있는 부분으로부터 고찰해서 판별한다.

02 연소의 방향

목재, 금속 등은 소손 물건이 받은 화염, 열의 영향을 연소의 강약으로 본다. 다음에 그 현장조사에서 필요로 하는 연소의 방향성을 검토하는 것이며, 연소의 방향성이라고 하는 것은 바꿔 말하면 연소의 방향이고, 보는 방법으로써 우선적으로 강에서부터 약으로의 방향으로 관찰한다.

1 종의 방향성

종縱의 방향성은 「타 올라가는 것」과 「타 내려가는 것」으로 나눌 수 있다. 종의 방향 중에서도 타 올라가는 화염은 극히 빠르고 연소력이 합성되어 큰 에너지로 된다. 이 경우 수직방향의 저항이 생기면 횡방향으로 퍼진다.

2 횡의 방향성

바로 올라가는 화류가 그 상승을 억제하면, 횡橫방향으로 화류和硫가 변화한다. 횡방향의 연소 속도는 비교적 느리고, 또한 연소 에너지가 작기 때문에 강약의 차를 남기기 쉽다.

① 타 올라가는 것

타 올라가는 재질에 착화하기 전의 가연물의 질, 형, 상태, 량 등은 위로 연소하는 형태를 크게 변화시킨다. 또한, 타 올라가는 재질에 착화한 후의 양상은 여러 가지 조건에 좌우되어 각각 독자의 형태를 취한다. 이 타 올라가는 형태는 역선형, 평행형, 선형 등의 법으로 분류된다.

가. 역선형

양초나 분젠버너의 불꽃을 닮아서 역선 또는 능형에 가까운 형태를 하고 있다. 타 올라가는 재질에 착화하기 전 가연물이 연소의 영향을 받고 있을 때 또는 타 올라가는 재질에 착화한 후 빠른 시기에 소화되어지면 이 형태로 되기 쉽다. 또, 간혹 타 올라가는 재질이 독립연소를 유지할 수 없어 자연 진화되었을 때에도 이와 같은 형으로 될 때가 있다.

나. 평행형

역선형으로부터 연소가 진행하면 횡방향으로도 확대하여 결국에는 선형으로 되어가지만 이 도중에서 소화되어지든지 타 올라가는 재질의 질, 형상 때문에 횡방향으로 번지기 힘든 경우에 이와 같은 형태로 되기 쉽다. 또한, 타 올라가는 경과에 관계없이 초기의 가연물이 연소할 때 불꽃의 높이가 낮거나, 폭이 넓을 때이며 타 올라가는 재질에 착화한 전후에도 이와 같은 형으로 되기 쉽다. 더욱이 측방 저항의 영향에 의해 이와 같은 형으로 되는 것도 많다.

라. 선형線形

이 형은 위로 타 올라가는 대표적인 형태이다. 타 올라가는 것은 연소력이 합성되어지는 위쪽의 연소속도가 가장 빠르며, 다음에 횡방향으로의 연소와 약간 타 내려가게 되므로 최종적으로 선형이 되기 쉽다. 실험에 의하면 연소의 특성은 수평연소를 1로 할 때 위로 20, 아래로는 0.3정도의 비로 연소된다.

마. 타 내려가는 것

화염이 아래로 타는 것은 역으로 위에서 아래로 내려오는 것이고, 일반적으로는 각종 저항이 있어서 화류의 신장이 억제되어 충만한 불꽃의 양에 따라 타내려 가는 경우와, 재질 그 자체를 타내려 가는 경우가 있다.

제2편

Automobile Fires

차량화재

차량화재의 열원 · 주요장치 · 고빈도 개소

01 차량 시스템 자체의 열원

- 연료의 연소열로써 가열된 엔진
- 배터리·디스트리뷰터 등 전기전자장치와 전기배선
- 전지식이나 실드빔, 할로겐 램프에 의한 등화장치
- 촉매를 포함한 머플러의 배기장치
- 풀리나 기어회전부의 마찰열
- 간혹, 정전기의 불꽃이나 태양광선을 수렴시키는 물품

그림 2-1은 엔진의 내부 온도 분포도를 보여주는 것이고, 그림 2-2는 엔진 내부에서 열원이 많은 부분을 보여주는 것이다.

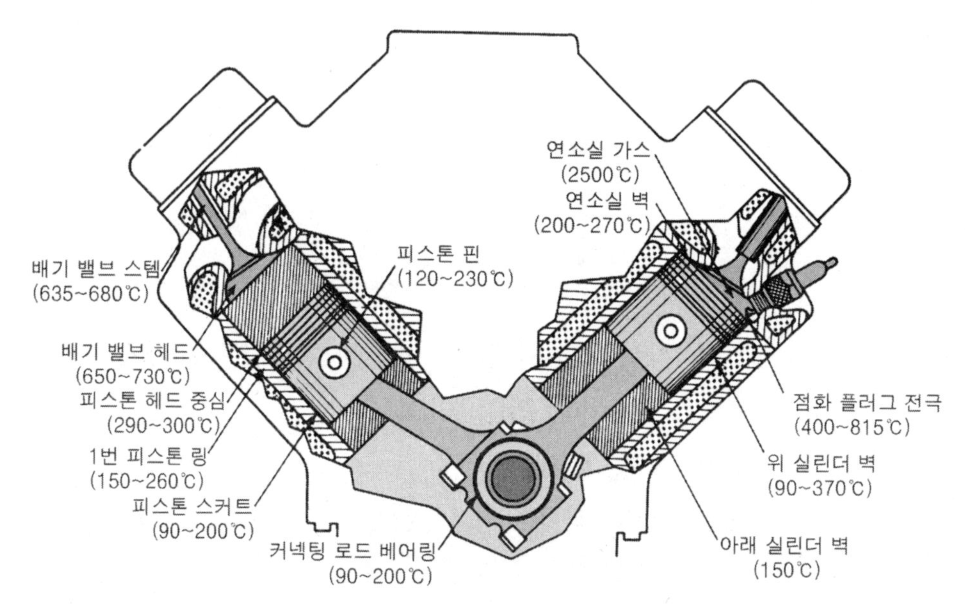

그림 2-1. 엔진의 내부 온도 분포도

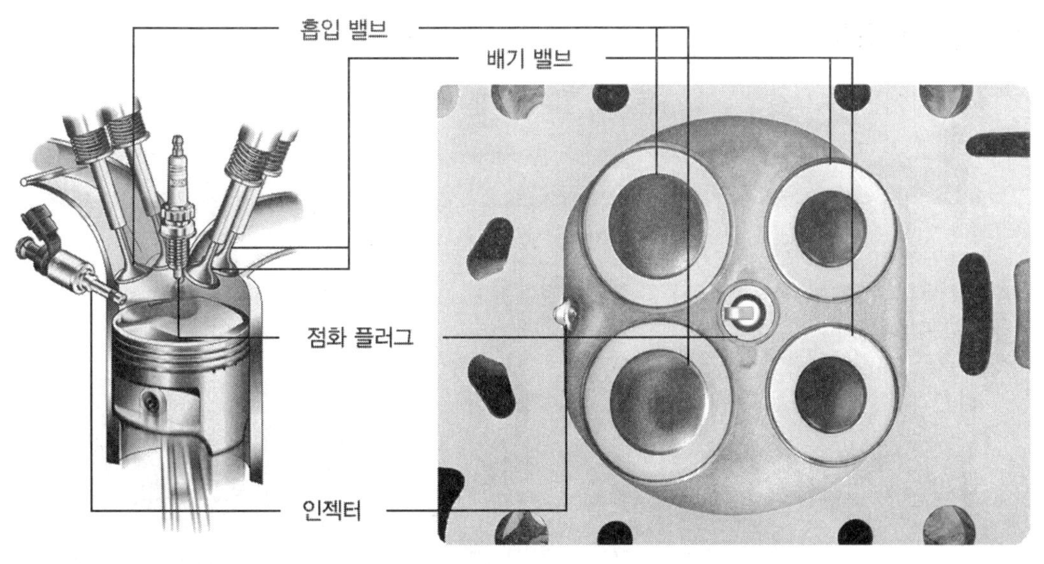

그림 2-2. 열원이 많은 부분

02 차량 화재의 주요장치

차량화재의 여러 가지 고려하여 분류 한 것으로 각각에 대해 간단히 정의를 내린다.

1 하니스 화재

자동차의 배선(단자나 커넥터와 커플러를 포함)묶음 즉, 배선의 피복전체(단자에서 단자까지)가 타버리는 화재를 말한다. 다른 화재로 인해 배선피복으로 옮겨지는 경우도 있지만 그런 경우는 부분적인 소손燒損이 되기 때문에 하니스 화재에는 포함되지 않는다.

그림 2-3
전형적인 하니스 화재다. 배선이 남아 있다.

2 전장품 화재

자동차에는 많은 전장품이 사용되고 있어서 장착상의 부주의 / 진동에 의한 느슨함 / 배선 부주의 등으로 인해 전장품 자체가 소손되는 화재를 말한다. 다른 화재(특히 하니스 화재)에 의해 전장품으로 옮겨오는 경우도 있는데 자체적으로 발열한 흔적이 없는 것은 전장품 화재에 포함되지 않는다.

3 배터리 화재

넓은 의미에서 배터리도 전장품이지만 배터리 원인으로 일어나는 차량화재가 많기 때문에 전장품에서 독립시켜 다룬다. 점화 스위치를 OFF시켜도 배터리는 살아있기 때문에 발화 메커니즘mechanism도 다른 전장품과는 기본적으로 다르다. (그림 2-4 참고)

그림 2-4. 위쪽은 배터리 화재로 인해 타버린 배터리, 아래쪽은 신품 배터리의 모습이다.

4 연료계통 화재

가솔린이나 경유 등 자동차 연료계통연료탱크~분사노즐 또는 흡기장치의 배관·커넥터·부품 장착 부주의 / 진동에 의한 느슨함 / 노화에 따른 균열 때문에 연료가 압력을 받아 분출하게 되고 여기에 어떤 불씨가 더해지면서 발생하는 화재이다.

5 오일계통 화재

자동차 엔진오일이나 ATF자동변속기용 오일와 수동변속기 오일 등이 드레인 플러그의 체결 부주의 / 실seal 부분의 손상 / 케이스 균열 등에 의해 누출되어 엔진의 고온부분에 닿으면서 발생하는 화재, 브레이크 액 / 파워 스티어링 오일특장차에서는 유압장치 배관 / 커넥터 / 유압부품 장착 부주의 / 진동에 의한 느슨함 / 노화에 따른 균열로 인해 오일이 누출되면서 엔진의 고온부분 등에 닿으면서 발생하는 화재이다.

그림 2-5. 오일계통 화재. 오일 레벨 센서의 장착 불량 등에 의해 오일이 누출되어 아래쪽 배기관 등의 고온부분에 닿아 발화한다.

6 배기관계통 화재

배기 다기관/블로바이 가스 환원장치/배기 파이프 등에 헝겊이나 정비지침서 등과 같은 가연성 물질을 실수로 올려놓아 발생하는 화재이다.

또한, 환원촉매장치나 소음기머플러 등에 미연소 가스가 유입되어 일어나는 화재나 잠시 쉬기 위해 정차한 상태에서 엔진을 연속운전런온이나 과도한 레이싱〈공회전〉시킴으로써 배기 파이프가 과열되어 발생하는 화재도 속한다.

그림 2-6. 배기관계통 화재. 배기 다기관이 튀어나온 부분에 헝겊을 실수로 놓아 발생했다.

7 마찰열 화재

타이어 공기압 부족/브레이크 페달을 많이 밟는 운전/각종 벨트의 장착 부주의 등에 의한 마찰열로 발생하는 화재, 회전부분이나 미끄럼 운동부분에서 윤활기능을 잃고 금속과 금속이 직접 닿으면서 발생하는 마찰열 때문에 일어나는 화재이다.

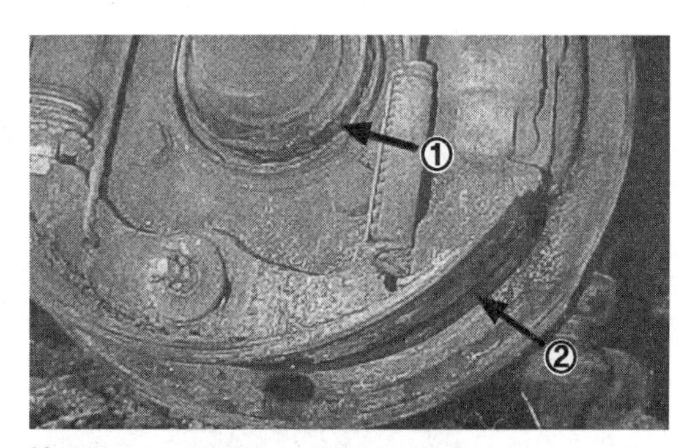

그림 2-7. 드럼방식 브레이크의 마찰열 화재
① 왼쪽 앞바퀴의 차축이 타서 눌러 붙었다.
② 아래쪽 브레이크슈에서 이상 마모가 발견되었다.

8 폭발

트럭이나 탱크로리가 위험물을 운반하다 유출되어 차의 고온부분에 닿아 인화폭발을 일으킨 화재 및 화학반응 때문에 폭발하는 화재이다.

9 담뱃불 부주의

운전 중에 피운 담뱃불이 잘못해서 시트/매트/내장재와 닿거나 떨어져서 일어나는 화재, 재떨이의 담배꽁초에서 발생하는 화재, 성냥이나 라이터 불꽃이 잘못해서 시트/매트/내장재를 태워 발생하는 화재, 실수로 접동 부분에 떨어뜨린 라이터가 오일로 인해 점화되면서 일어나는 화재이다.

03 차량화재의 고빈도 개소

분류는 도쿄소방청의 차량화재 사례를 사용했다. 분류에 있어서 원인이 분명해 규명기술이 불필요한 "방화"와 "교통사고에 의한 충돌"은 배제했다. 다음 화살표 「→」는 본문 제4편의 분류 항목이다.

○ 차량화재 사례

① 엔진 본체

- 실린더 블록의 파손에 따른 화재 → 오일계통 화재
- 실린더 헤드 커버에서 오일이 새어나와 발생한 화재 → 오일계통 화재

② 윤활장치

- 오일 필터 장착 불량으로 오일이 누출되어 발생한 화재 → 오일계통 화재

③ 연료장치

- 인젝터 연료배관에서 연료가 누출되어 발생한 화재 → 연료계통 화재
- 역화逆火에 의한 화재 → 연료계통 화재

그림 2-8. 트럭의 차량화재. 차량 앞부분의 손상이 크다.

그림 2-9. 주차장에 주차 중이던 차량이 갑자기 불에 타면서 같은 주차장에 주차 중이던 다른 차량도 피해를 본 사진. 화염이 발생한 것은 주행 직후가 아니라 거의 하루 이상 같은 장소에 주차 중이었으며, 차량은 최근에 점검은 없지만 개조 등은 하지 않았다고 한다. 그렇다면 차량화재 원인은 방화나 배터리 때문일까?

④ **흡배기장치**

- 촉매 장치 화재런온 현상에 의한 화재, 런온=run-on : 점화스위치(시동키)를 OFF시켜도 엔진 가동이 멈추지 않는 것 → **배기관계통 화재**
- 촉매 장치 화재(실화Miss fire에 의한 화재) → **배기관계통 화재**
- 머플러 화재(O링) → **배기관계통 화재**
- 배기관으로 가연성 물질이 들어가 일어나는 화재 → **배기관계통 화재**
- 블로바이 가스 환원장치 화재 → **배기관계통 화재**
- 터보차저 화재 → **배기관계통 화재**(엄밀하게는 흡·배기관 화재로 분류)

⑤ **시동 · 충전장치**

- 기동전동기에서 발화된 화재 → **전장품 화재**
- 배터리에서 발화된 화재 → **배터리 화재**
- 교류발전기에서 발생한 화재 → **전장품 화재**
- 자동 2륜 차량의 레귤레이터에서 발화한 화재 → **전장품 화재**

⑥ **동력전달장치**

- 클러치 손상으로 발화한 화재 → **마찰열 화재**
- 차축(액슬 축)으로 인한 화재 → **마찰열 화재**
- ATF자동변속기용 오일가 누출되어 일어난 화재 → **오일계통 화재**

⑦ **조향장치**

- 오토어웨이 기구와 관련된 화재(전자 라이터를 떨어트림) → **담뱃불 부주의**
- 파워 스티어링 액이 누출되어 발생한 화재 → **오일계통 화재**

⑧ **완충장치**

- 차고조정용 오일이 누출되어 발생한 화재 → **오일계통 화재**

⑨ **점화계통**

- V벨트의 마찰로 인한 화재 → **마찰열 화재**
- 송풍기 모터용 레지스터로 인한 화재 → **전장품 화재**

⑩ **안전장치**

- 안전벨트 자동 감김 장치에서 발화한 화재(사고충격) → **생략**

⑪ **전장장치**

- 교통사고로 비상등에서 발화한 화재 → **생략**
- 퓨즈박스에서 발화한 화재(리콜 대책 미흡) → **전장품 화재**

· 전기배선의 단락에 의한 화재 → 하니스 화재
· 잡음방지용 콘덴서로 인한 화재 → 전장품 화재

⑫ **개조장치**

· 에어혼air horn 장착 불량에 의한 화재 → 배터리 화재
· 차고조정 장치 모터에서 발화한 화재 → 전장품 화재
– 이상으로 사고 사례는 종료.

아쉬운 것은 통계는 있는데 사고사례가 없는 것이지만 사례는 사례일 뿐 모든 것을 망라한 것은 아니기 때문에 누락이 있는 것도 당연하기 때문에 새롭게 분류를 만들어야 한다.

그림 2-10. 차량화재 원인으로 가장 많은 것이 방화라고 한다.

먼저 폭발을 들 수 있는데, 폭발이란 무엇인가? 화약·화학약품·유기용제·가연성 가스 등을 운반 중에 실수로 폭발시킨 것일까? 그렇다면 폭발이라는 분류로 하면 된다. 그러나 연료가 누출되어 발생한 화재는 큰 폭발음이 나고 엄청난 에너지로 엔진후드 등을 날려버리기 때문에 이것을 폭발로 친다면 역시 분류는 연료 화재로 해두고 싶다.

또한, 디젤 엔진에서 거버너governor, 조속기가 원활하게 작동하지 않아 오버 런over run, 과다한 회전이 일어나고 이에 따라 엔진이 폭발적으로 파괴되는 경우가 있다. 이때도 엄청난 에너지가 발생하기 때문에 이것은 분류한 것으로는 오일 화재로 해두고 싶다.

왜 이런 것에 집착하는지 의아하겠지만 제작한 엔진 테스트 중에 몇 번이고 실제로 경험을 한 적이 있는데 오른손 검지는 그 때 부상당한 흔적이 있을 정도로 이 두 가지 사고에 대한 무서움은 몸소 체험했기 때문에 폭발이라는 표현이 적절하다고 생각한다.

다음은 담배와 성냥, 라이터인데, 똑같은 불씨이긴 하지만 가연물可燃物이 흡연하는 장소부터 운전석 부근의 시트나 매트일 것이다. 특히 시트는 우레탄 재질로 만들어져 가연성이 높고 화력도 강하기 때문에 화재 위험성이 크다.

일전에도 TV에서 공중에 우레탄을 걸어두고 라이터로 불을 붙이는 실험을 하는 것을 본 적이 있는데, 1분 이내에 모두 타버렸다. 삽시간에 소각되는 눈앞의 현실에 흡연으로부터 오는 부주의는 결국 생각지 못한 큰 화재의 원인이다.

차량 출화(出火)의 요처

01 연료 누설에 의한 출화

연료 중에서도 특히 가솔린이 누유漏油된 경우로서, 액체 그대로 누유되어 엔진이나 배기관 위에 떨어지면 그 열로써 착화될 때도 있다. 또한, 엔진룸 내에 가솔린 증기가 체류한 경우에도 항상 전기 불꽃을 발생하고 있는 디스트리뷰터의 캡에 뚫려 있는 방열과 산화 방지 구멍으로 들어가 인화할 수도 있다.

연료 누설의 대부분은 연료 여과기 등에 있는 나사의 이완, 연료 파이프 접속부의 헐거워짐, 파이프의 노화에 의한 균열 등으로 발생한다. 또, 충돌 시에는 연료 파이프의 파손이나 접속부가 빠짐으로 인하여 누유되어 단선된 전기 배선의 스파크 등으로 말미암아 인화하여 화재가 일어나고 있다. 더욱이, 엔진이 고속 회전할 때 엔진 본체가 과열하여 필러캡filler cap으로부터 오일이 분출할 경우도 있다.

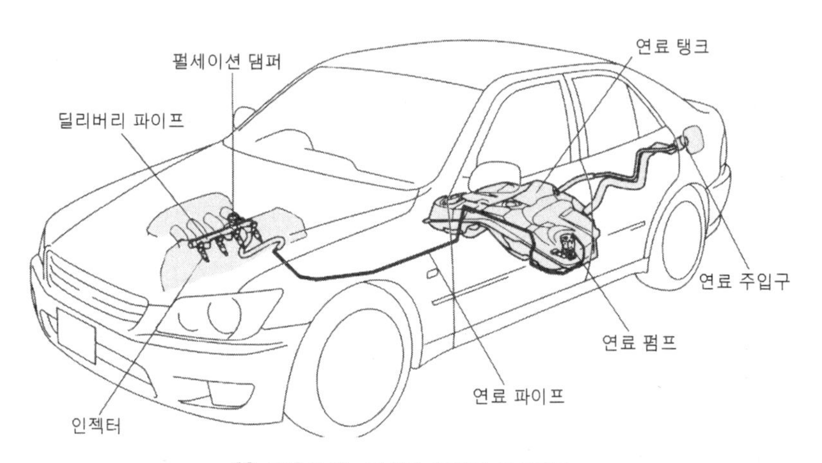

그림 2-11. 가솔린 엔진의 연료계통

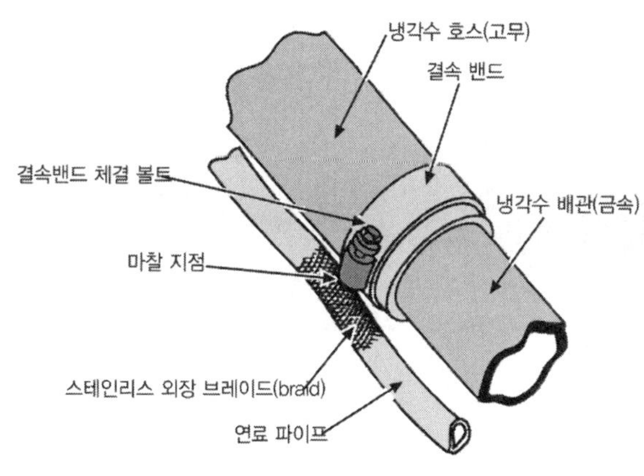

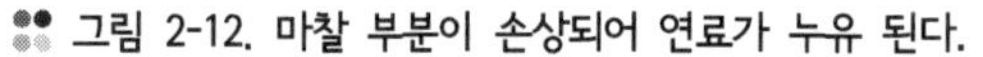

그림 2-12. 마찰 부분이 손상되어 연료가 누유 된다.

그림 2-13. 엔진에서의 연료 파이프의 위치 관계

02 역화와 후화에 의한 출화

역화는 흡기관 내에서 폭발하는 것이고, 후화는 배기관 내에서 폭발하는 것이다. 특히, 역화의 경우에는 에어 클리너의 엘리먼트에 가솔린이 배어있거나, 흡기관 내에 가솔린이 넘쳐 존재하고 있는 경우 역화로 인화될 확률이 높다.

1 역화현상 back fire

① 엔진의 온도가 낮을 경우

겨울철에 시동 직후 액셀러레이터를 밟았을 때 역화back fire현상을 볼 수 있다. 이것은 엔진 온도가 낮기 때문에 혼합 가스가 충분하게 기화되지 않았기(액상 가솔린이 많이 포함된 가스) 때문이다. 실린더에 농후한 혼합 가스를 공급하여도 연소실에서 실제로 연소시킬 수 있는 혼합 가스는 희박하여 연소 지연에 의해 다음 사이클의 흡기밸브가 열렸을 때 화염이 역으로 진행되어 발생한다. 이 현상은 엔진의 온도가 상승하면 자연적으로 없어진다.

② 흡기 밸브의 닫힘이 나쁜 경우

흡기 밸브의 밀착이 불충분하거나 압축가스 또는 연소 가스가 흡기 매니폴드로 누설되면 역화를 일으킨다.

③ 연소 중에 수분이 혼합되어 있을 경우

연소 중에 수분이 혼합되어 있는 것을 사용하면 연소의 지연이나 점화되지 않으므로 다음의 행정에서 역화를 일으킬 수 있다.

④ 실린더 개스킷이 찢어진 경우

인접한 실린더 사이의 개스킷이 찢어져 양쪽의 실린더 연소 가스가 서로 누출되어 흡기 매니폴드에서 역화를 일으킨다.

⑤ 엔진의 과열 또는 과냉각의 경우

점화 시기가 늦으면 가속시에 역화를 일으키기 쉬우며, 엔진이 과열된다. 온도가 지나치게 낮으면 혼합 가스의 연소 지연으로 역화를 일으킨다.

2 후화현상 after fire

후화가 일어나는 것은 일반적으로 실화와 혼합가스의 불완전연소 등이 원인이다.

① 실화가 원인이라 생각되는 경우

- 점화 계통의 고장에 따른 것이며, 플러그가 완전히 접속되어 있지 않거나, 2차 코드가 소손되어 불꽃 전류가 도중에서 단락하였든가, 시동할 때 실화 상태임에도 시동 모터를 과회전시킬 경우에 일어난다.
- 혼합 가스의 혼합비가 너무 엷으면 실화 또는 연소 시간이 늘어남에 따라 배기관에 미연소 가스가 배출되기 때문에 일어난다.
- 엔진이 과냉하면 혼합 가스의 가스화가 불충분하므로 불완전 연소나 실화로 되어 배기관에 미연소 가스가 배출된다.

② 불완전 연소가 원인이라 생각되는 경우

- 혼합가스의 혼합비가 아주 진할 경우에는 연료가 불완전 연소를 일으켜서 배기관에 배출된다.
- 유면이 높으면 가솔린이 많이 흘러 혼합 가스의 혼합비가 진해져 불완전 연소를 일으킨다.
- 배기 밸브의 닫힘이 불량하면 연소 가스가 배기관으로 누출되어 폭발음을 낸다.

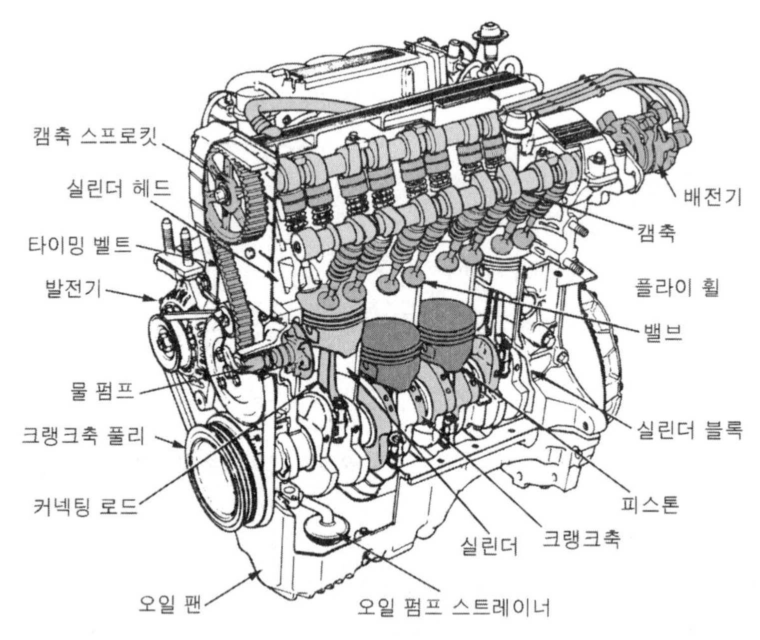

그림 2-14. 엔진의 구성 부품

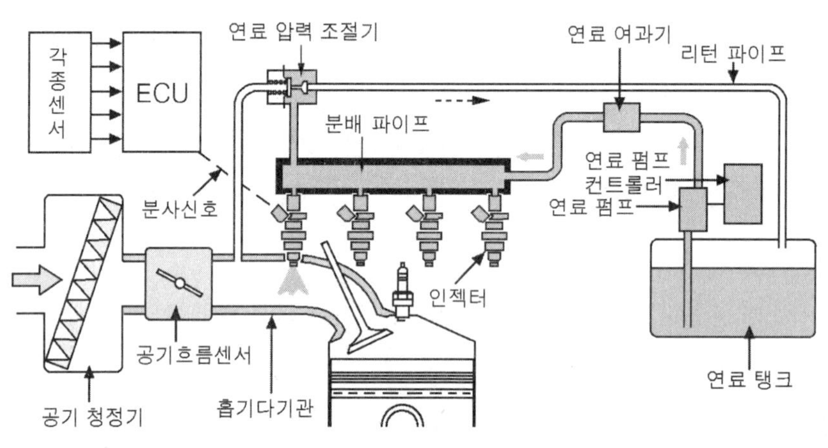

그림 2-15. 가솔린 연료 계통의 구성도

03 전기장치 및 전기 배선으로부터의 출화

엔진의 전기장치는 엔진을 시동하는 전원의 배터리, 실린더 내에 흡입된 혼합기에 점화하는 점화장치, 배터리의 전기를 보충하는 충전 장치, 엔진을 시동시키는 시동 장치 등의 전장품에 의해 구성되어 있다. 이외에 이것들을 접속시키는 커넥터나 배선 등으로 되어 있어 이들과 기인되어 발화하고 있다. 특히 전기 배선은 절연 피복이 다른 것과 부딪쳐서 찢어지거나, 각부 커넥터의 이완이나 빠짐으로 인한 스파크 열, 또는 이들 배선의 반단선 부분의 열에 의해 배선 피복이나 누출되어 있던 가솔린에 의해 착화한다.

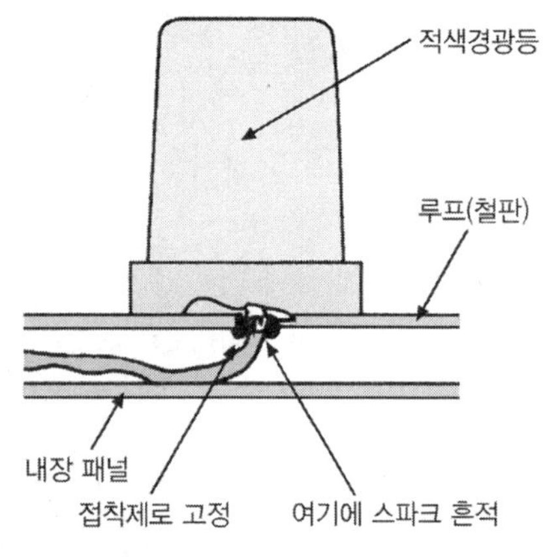

그림 2-16. 스파크에 의해 선층에 착화

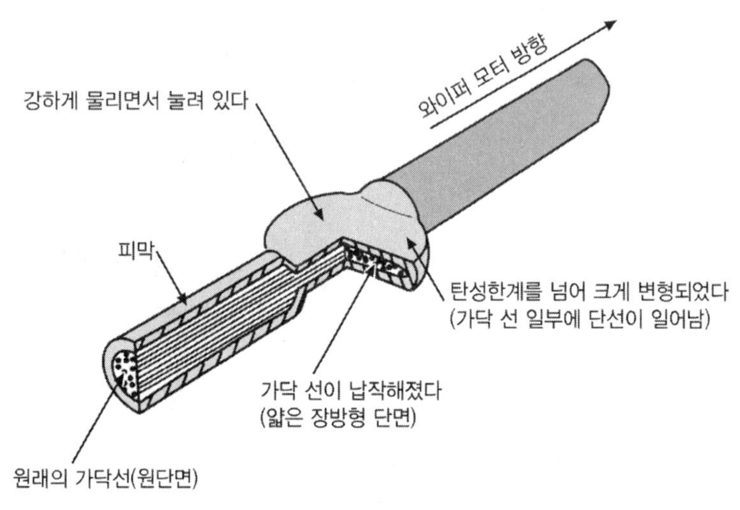

그림 2-17. 배선이 손상된 상태

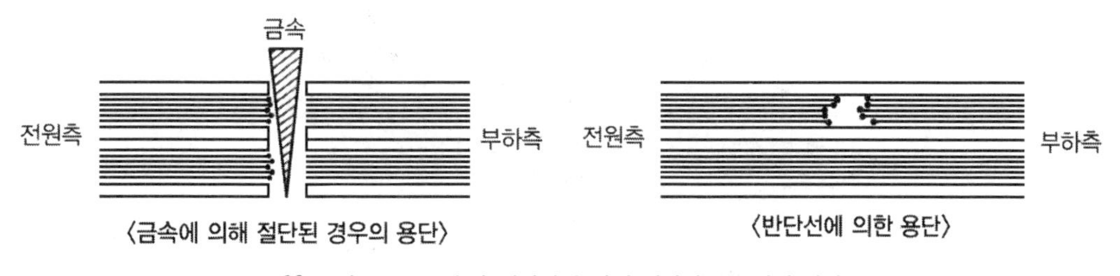

그림 2-18. 금속과 반단선에 의해 절단된 용흔과의 차이

그림 2-20은 배터리의 ⊕와 ⊖ 터미널에 접속되어 있는 전원 배선이 섀시의 정비service 홀(관통 구멍) 부분에서 마찰하여 완충재인 프로텍터(고무)를 손상시켜 섀시와 노출한 전원 배선이 단락하여 발화하였다.

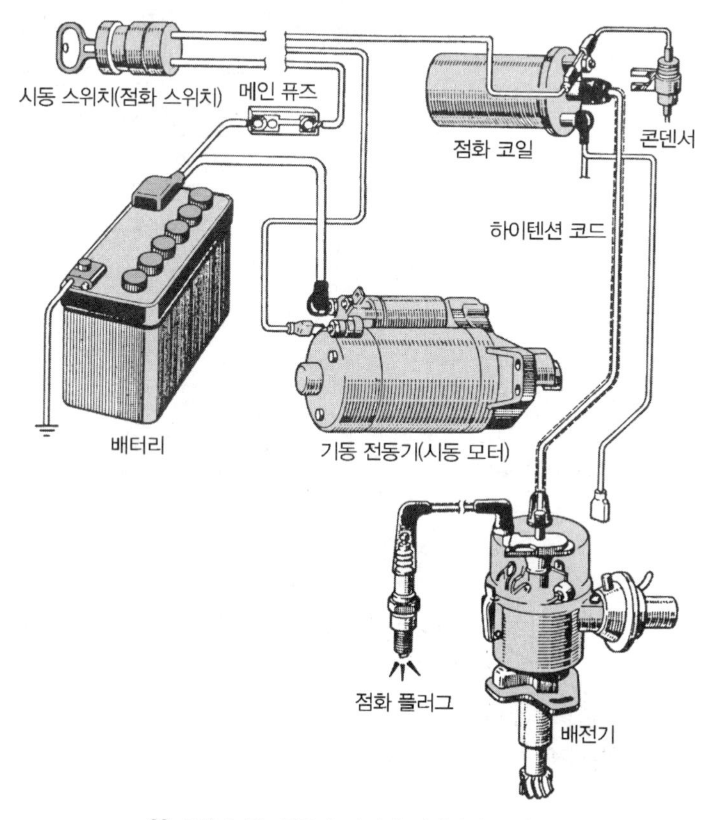

그림 2-19. 엔진에 관련된 전기장치 구성도

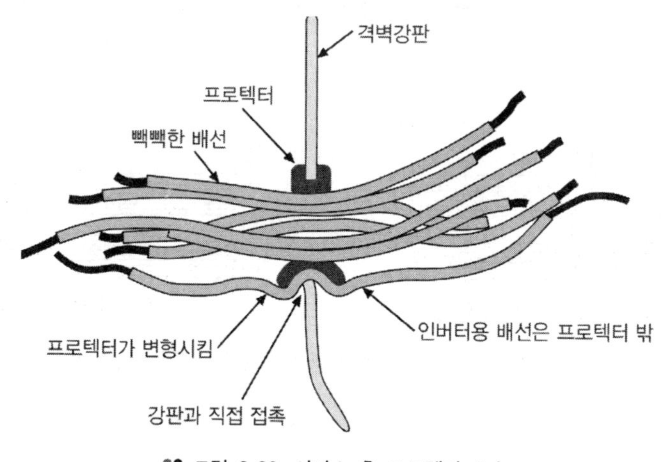

그림 2-20. 서비스 홀 프로텍터 소손

1 단락 short

단락이 발생되면 녹은 흔적이 생기며, 이것이 화재의 원인이 된 1차 흔적인가, 아니면 화재에 의해 발생한 2차 흔적인가를 판별하는 것은 화재 원인조사를 진행함에 있어 아주 중요한 요소이다.

일반적으로 단락된 전선이 화염에 노출되면 판별하기 어렵지만 1차 흔적은 소형으로 조직이 치밀하고 광택이 있다. 또한, 2차 흔적은 대형으로 조직이 거칠고 광택이 없으며, 용융부에 검은 탄화물이 있다.

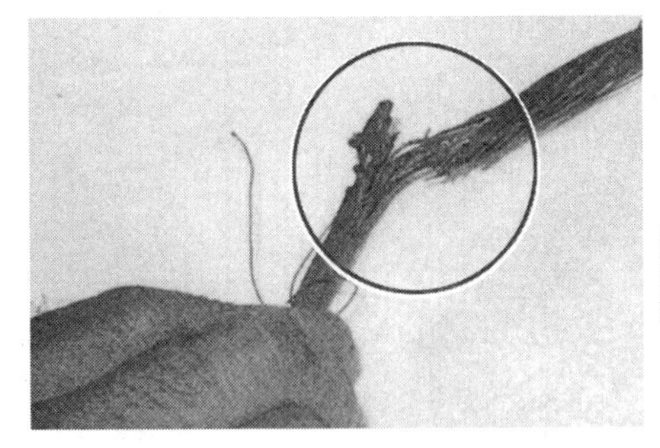

그림 2-21. 불에 탄 하니스의 1차 흔적

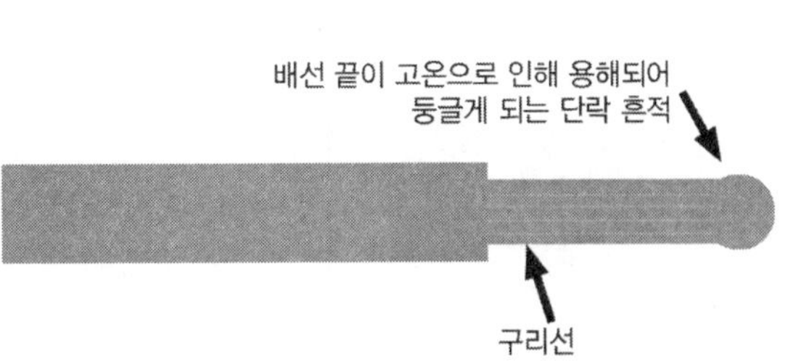

그림 2-22. 옆 그림의 용융 흔적을 확대한 그림이다.

2 반단선

반단선半斷線이라는 것은 코드의 한 선이 외부 압력 등에 의해 절연 피복 내에서 단선되어 이 부분에서 단斷, 속續을 반복하는 상태에 있는 것을 말한다. 단속을 반복할 때 발생하는 스파크에 의해 먼지 등에 착화하거나 절연피복이 흑연화하여 선간 단락에 이르러서 발화하는 것이다. 반단선에 의한 화재를 입증하는데는 코드의 단선부분에 그림 2-23에 나타낸 것과 같은 여러 개의 작은 용흔溶痕을 발견하는 것이 중요하다.

그림 2-23. 반단선이 생긴 코드의 단면도

단선된 소선斷線의 끝에 작은 용흔이 여러 개 생겨있다. 비단선쪽에도 소선이 끊어짐이 진행되고 있는 것이 많다.

그림 2-24는 인공적으로 만든 반단선 코드에 스파크를 발생시키고 있는 것이다. 스파크를 반복시키면 절연피복은 탄화가 진행되어 절연성이 나빠진다.

그림 2-25는 반단선이 생긴 코드의 탄화한 비닐의 절연 저항을 측정하고 있는 것이다. 본래 저항은 무한대로 테스터의 바늘이 움직이지 않지만 15[kΩ]을 지시하여 흑연화를 확인할 수 있다.

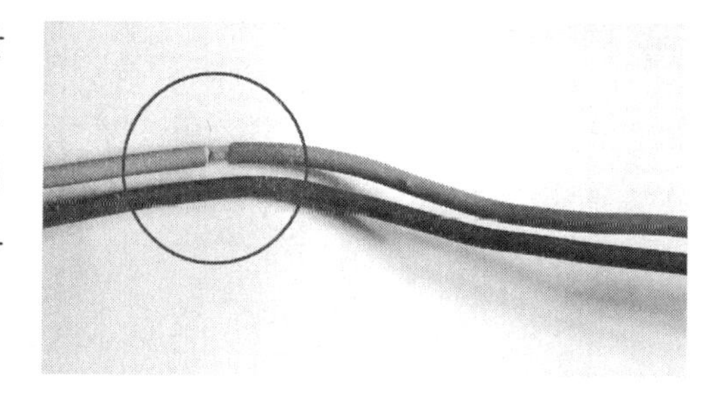

그림 2-24. 반단선 코드에 스파크를 발생시킨다.

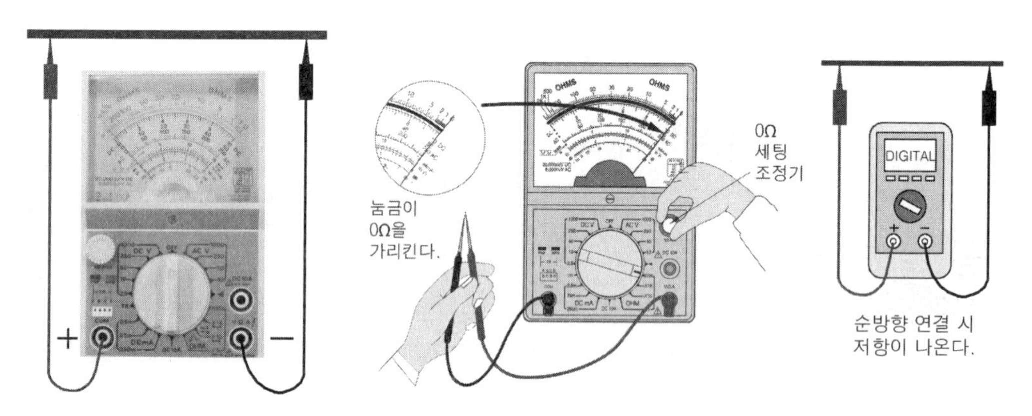

그림 2-25. 반단선 코드 단선측 저항 측정

3 배터리

배터리는 전기 에너지를 화학 에너지로 변화시켜 저장하여 엔진의 시동이나 조명 등에 따라 전기 에너지로서 변화시켜 충전과 방전을 반복하면서 사용된다. 배터리에서의 발화를 보면 터미널 접속이 느슨한 경우, 노출된 플러스 터미널에 엔진후드 받침 금구나 배터리 크램프cramp금구가 접촉하여 스파크가 발생하여 발화한다.

완전 충전된 배터리의 각 셀cell은 약 2.1V의 전압을 발생한다. 따라서 그 셀이 3개 있으면 약 6.3V, 6개 있으면 12.6V로 된다. 셀에는 증류수나 전해액을 보충하기 위한 액구液構가 있어 플라스틱재의 통기구가 설치된 마개로 덮혀 있다. 또, 최근에는 전해액의 보충이 필요 없는 밀봉형도 있다.

자동차 화재나 교통사고 등으로 차량의 엔진부나 전기 배선에 손상이 있어 조사에 임할 경우에는 배터리를 차량으로부터 떼어내든가, 플러스 터미널의 리드 선을 떼어 내고 터미널에 걸레 등을 감아서 절연하여 전류를 차단하는 등 2차 피해의 방지가 필요하다.

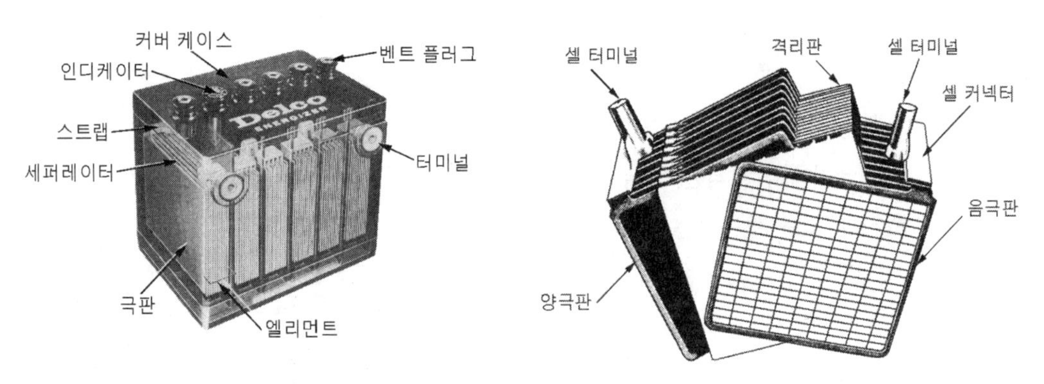

그림 2-26. 배터리의 구조

4 점화장치

가솔린 엔진은 실린더에서 압축된 혼합기에 외부로부터 고전압을 공급받아 점화 불꽃을 발생함으로써 폭발 연소시킨다. 여기에는 강력한 불꽃을 가장 적당한 타이밍으로 실린더에 공급하는 것이다. 이 점화장치에는 고압전기 점화 방식이 사용되고 있다. 이것은 연소실에 플러그를 삽입하여 플러그 전극 간에 20,000V 정도의 고전압을 걸어 불꽃 방전을 일으켜서 이 불꽃에 의해 혼합기에 점화시키고 있다. 이와 같은 점화를 배터리 점화 방식이라 하고, 그림 2-27과 같이 배터리로부터 점화 스위치를 경유하여 점화 스위치 코일에 전류를 보내 그 코일로 고전압을 발생시켜 디스트리뷰터로써 각 실린더의 플러그에 2차 전류를 배분하여 점화 순서로 착화시키고 있다.

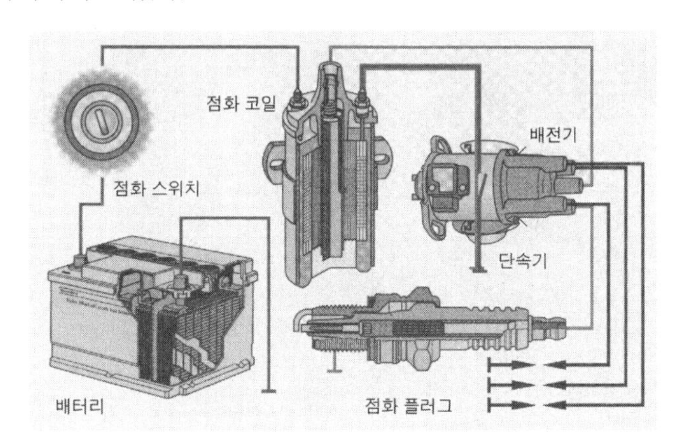

그림 2-27. 점화장치 회로

① 점화 코일

점화 플러그에서 전극의 간격에 불꽃을 튀게 하는데 필요한 고전압을 발생시키기 위한 것으로써, 1차 코일에는 약 300 ~ 400V의 전압이 발생하며 2차 코일에는 15,000 ~ 20,000V의 고전압이 유도된다.

② 디스트리뷰터

디스트리뷰터는 플라스틱제의 캡과 로터로 형성되어 있고 캡에는 점화코일의 2차 코일에 연결되는 센터 터미널과 플러그 코드로 통하는 터미널이 있다. 이 캡 내의 로터가 회전하면 로터는 센터 터미널로부터의 고전압을 각 플러그에 분배하고 있다.

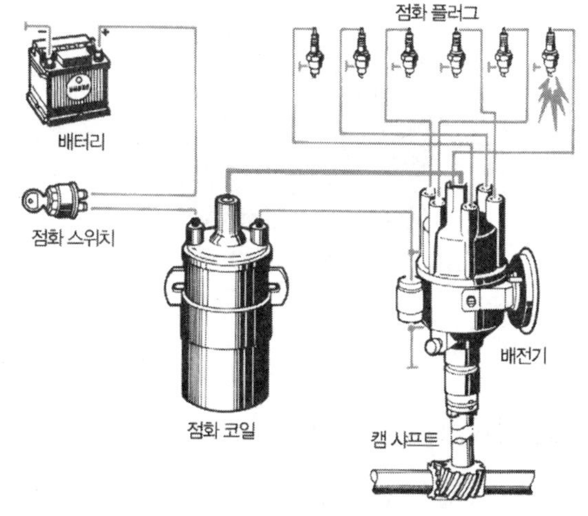

그림 2-28. 점화장치의 전류 흐름

디스트리뷰터의 캡에는 내부에서 발생한 열이나 산화의 촉진을 방지하기 위한 구멍이 뚫려 있는 것도 있으며 엔진부의 연료 누설이 있을 경우에는 이 구멍으로부터 증기가 유입되어 로터의 불꽃으로 인화하는 경우도 있다.

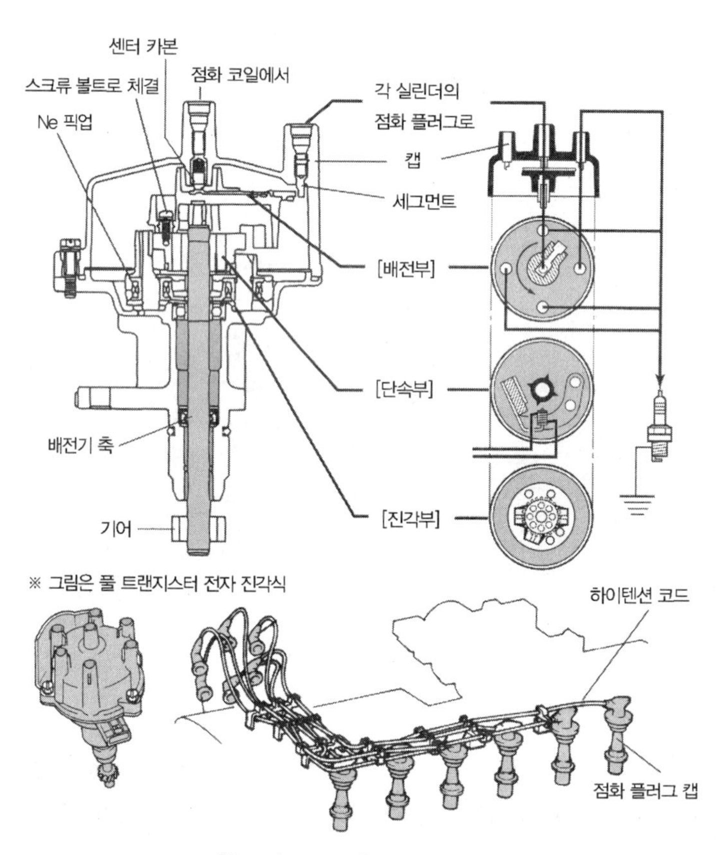

그림 2-29. 디스트리뷰터의 단면

③ 스파크 플러그

스파크 플러그는 실린더 내에서 압축된 혼합 가스에 점화 코일로 유도된 고전압을 전극 간에 불꽃을 튀게 하여 점화 폭발시켜 엔진의 회전운동을 만들어 내는 중요한 역할을 하는 부분이다. 일반적으로 스파크 플러그는 엔진 작동 중에는 10,000V 이상의 전압을 받아서 2,000℃의 고온과 40kg/cm² 의 고압가스에 노출되어 있으므로 내열성, 절연성이 좋다.

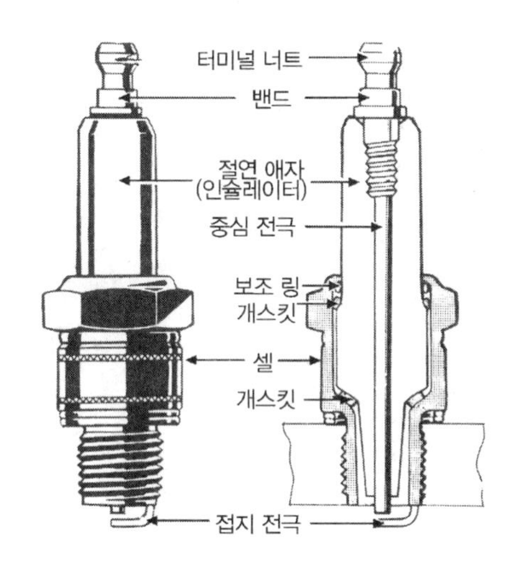

그림 2-30. 스파크 플러그의 구성도

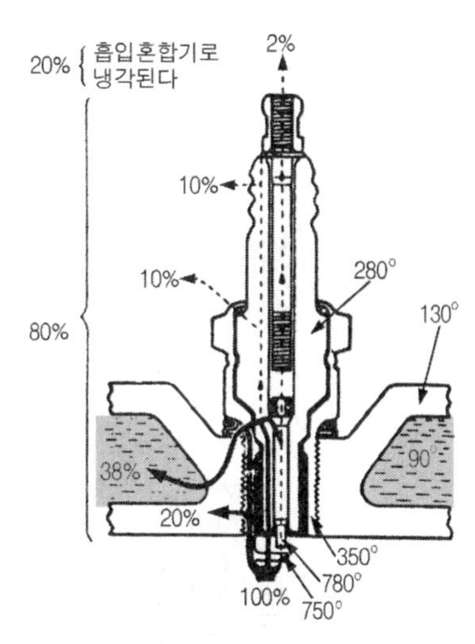

그림 2-31. 스파크 플러그 각 부의 온도 분포

플러그 계통에 연관되는 발화의 위험성을 보면, 디스트리뷰터로부터의 배선이 플러그 터미널에 완전히 접속되어 있지 않은 경우나 이완이 생겼을 때 등의 경우에 전기 불꽃이 발생하고 있으며 이와 같은 경우에는 가솔린이나 오일 등의 누설이 있으면 인화한다. 또한, 실린더 연소실 내에 있는 플러그 선단에서 불꽃을 튀게 하는 전극 간에 카본에 의해 오염되어 효과적인 불꽃이 발생되지 않게 되면 미연소가스가 배기관으로 유입되어 2차적으로 발화의 위험에 노출될 때도 있다.

5 충전 장치

배터리의 전기 용량은 한계가 있어서 엔진의 시동, 조명, 기타 전장품에 연속적으로 필요한 전력을 계속 보낼 수 없다. 그러므로 배터리의 충전 장치가 필요하다. 현재, 자동차의 충전 장치에는 직류 발전기와 교류 발전기의 두 종류가 있으나 직류 발전기는 특수한 경우를 제외하고는 거의 사용되고 있지 않다. 교류 발전기는 엔진이 어떤 회전수 이상으로 회전하고 있을 때에는 점화계통이나 조명 등에서 필요로 하는 전력은 모두 교류 발전기로 충당한다.

그러나 엔진의 회전수가 낮아서 발전량 보다 소비 전력이 많아지면 그 부족량은 배터리로부터 공급 받는다. 또한, 역으로 교류 발전기의 발전량이 소비 전력보다 클 경우에는 여분의 전력이 배터리로 보내져서 충전된다. 더욱이, 이 교류 발전기의 발전량을 배터리의 소비 전력에 맞추어 배터리의 과충전 방지와 항상 배터리를 완전 충전 상태로 하기 위해서 레귤레이터가 그 제어 역할을 하고 있다.

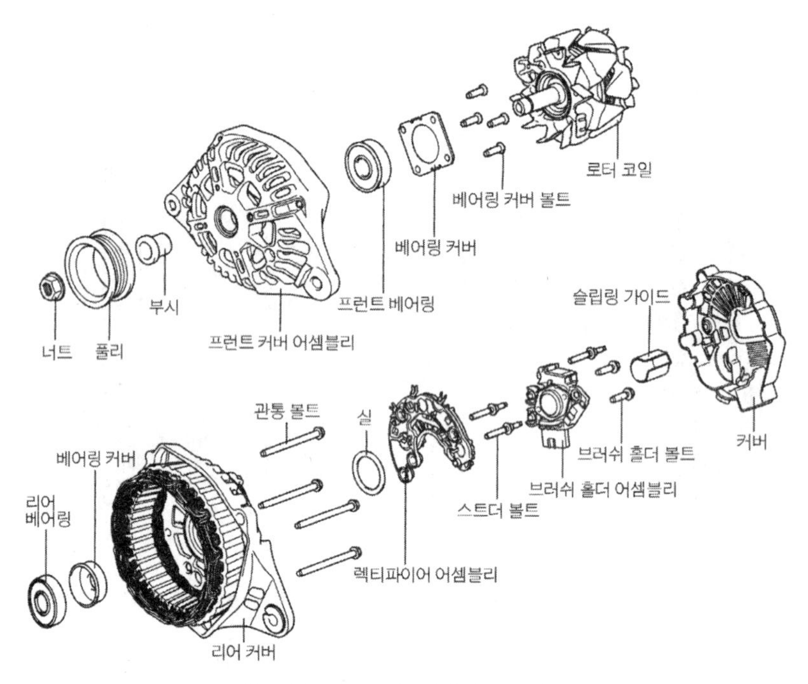

그림 2-32. 교류 발전기의 구성도

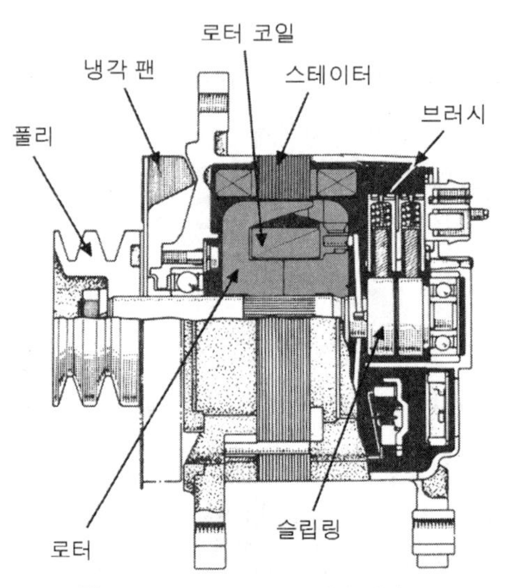

그림 2-33. 교류 발전기의 단면도

6 시동 장치

현재의 시동 방식은 모터에 의한 것이 사용되고 있으며, 피니언 섭동식으로 피니언을 전자석의 힘으로 압출하여 링기어와 결합시키는 방식이 가장 많이 사용되고 있다. 이 스타터starter는 엔진의 실린더 블록에 고정되어 있어서 점화 스위치를 넣으면 모터의 피니언이 플라이휠의 링기어와 결합하여 크랭크 축을 회전시킨다. 일단 엔진이 시동하면 피니언은 링기어로부터 자동적으로 되돌아오게 되어있다.

스타터에 기인한 발화의 사례를 보면 엔진 시동이 빈번하게 행하여져 주행 거리가 많은 자동차의 스타터는 마그네틱 스위치 부분의 배터리로부터 전원이 공급되는 접점(B)과 모터의 접점(M)이 마모된 금속 가루가 케이스 내에 부착하든지 또는 접점간의 ON-OFF시에 발생한 전기적 불꽃에 의하여 마그네틱 스위치 부분의 페놀수지 케이스 등에 트랙킹 현상을 촉진시켜 발화로 진행된다.

더욱이, 시동시에 스타터 모터를 장시간 회전시켰을 때, 스타터 내부에 금속 파편 등의 이물질이 혼입되어 레버의 되돌려짐이 나빠져 링기어에 결합된 채 장시간 회전하였을 경우나 배터리로부터의 접속 배선의 체결 불량 부분에 수분이 유입되거나 먼지가 부착하여 발화하고 있다.

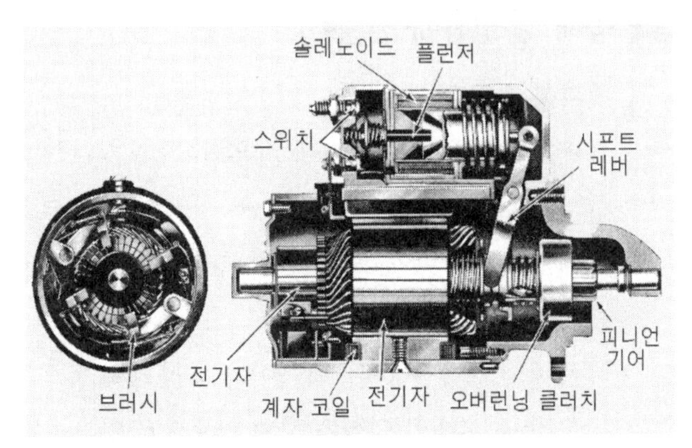

그림 2-34. 마그네틱 스타터의 구성도

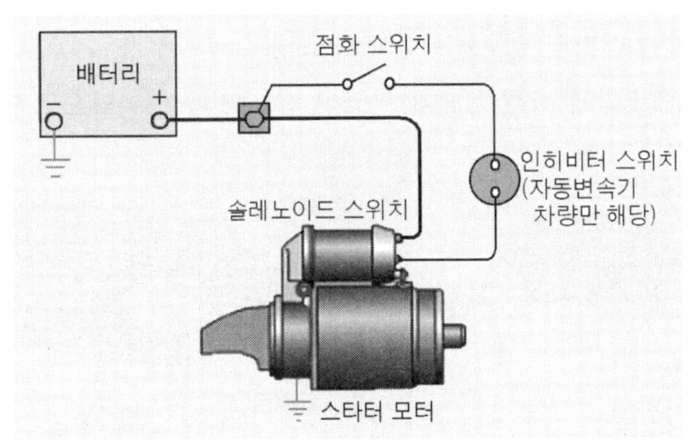

그림 2-35. 스타터 모터 회로

04 촉매를 포함한 배기장치로부터의 출화

엔진에서 연소한 배기가스는 배기 매니폴드로부터 대기로 배출되는 출구까지 차체 하부에 설치된 배기 파이프라 불리우는 **배기관**으로 흐르고 있다. 이 배기관에는 공해 방지용의 촉매장치나 소음과 배출 온도를 낮추는 **머플러**가 설치되어 있다.

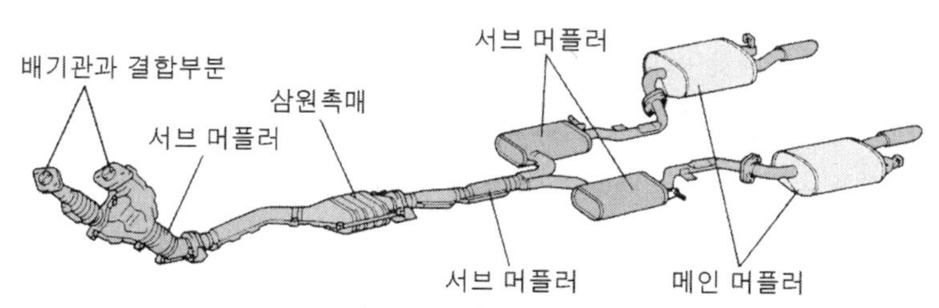

그림 2-36. 배기 파이프의 구성도

1 촉매 장치(촉매 컨버터)

① 구성과 작용

촉매 장치는 배기가스에 함유되어있는 유해한 CO일산화탄소나 HC탄화수소, NOx질소산화물를 촉매에 의하여 무해한 CO_2이산화탄소나 H_2O로 변환시키는 **산화 촉매**와 NOx등을 분해하여 N_2, O_2로 변환시키는 **환원 촉매**, 그리고 그 양자를 동시에 행하는 **3원 촉매**의 3종류가 있다.

촉매의 작용을 하는 백금이나 파라티늄 등의 귀금속은 그대로의 형태로는 표면적이 작고 촉매 본래의 역할을 하지 않으므로 알루미늄 등의 표면적이 큰 다공성 물질에 백금계 금속 등을 부착시켜 촉매로써 사용하고 있다.

화학의 영역에서는 이 알루미늄 등과 같은 역할을 하는 물질을 담체擔體라 부르고 있다. 이 담체의 형상에 따라서 **펠릿형**pellet type과 **모놀리스형**monolith type으로 분류되나 최근에는 모놀리스형이 펠릿형에 비해서 배기 저항이 적고 경량인 까닭으로 많이 사용되고 있다.

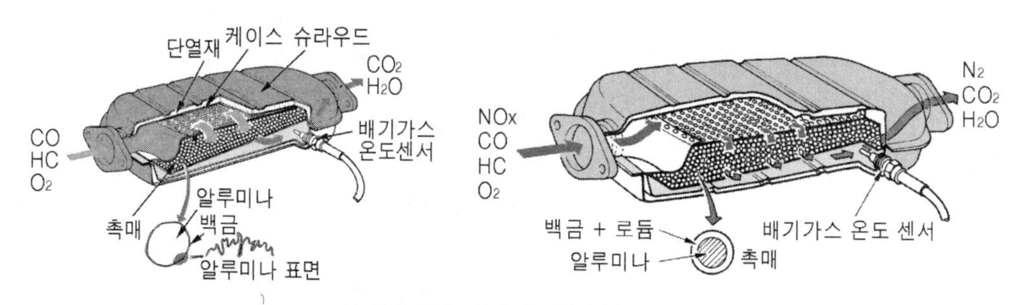

그림 2-37. 촉매 컨버터의 구조

② 촉매 장치의 온도

촉매 장치는 엔진 정상시와 이상시에서는 다음과 같이 촉매의 온도가 변한다.

■ 엔진 정상시 (차종에 따라서 다소 다름)
- 공회전시 : 약 400℃ 이하
- 40km/h 주행시 : 약 400~500℃
- 80km/h 주행시 : 약 600~700℃

■ 엔진 이상시 (차종에 따라서 다소 다름)
- 1기통 실화 – 공회전 : 약 800℃
- 2기통 실화 – 공회전 : 약 1,000℃

■ 촉매의 배기 온도 센서
- 작동 온도 : 약 800℃ ~ 900℃

촉매의 온도가 일정 온도 보다 올라갈 경우에는 운전석의 계기판 등에 경고 램프가 점등하는 차종이 많다. 이 점등을 감지할 경우에는 엔진을 끄고 점등이 꺼진 후 실화의 유무나 고온으로 된 원인을 조사할 필요가 있으며, 때로는 적열赤熱하게 보일 수도 있다. 촉매 장치가 고온으로 되면 촉매 가까이의 전기 배선이나 차실 내의 매트 등이 방사열에 의해 착화한 예가 있다. 또 건초나 골판지, 휴지 등의 위에 차를 정차한 경우에도 같은 착화의 위험성이 있다.

촉매장치의 차폐판遮蔽板에서 볼 수 있는 열 변색으로 이 상태로 되면 촉매 내의 퍼얼라이트도 열이 변화되어 흑색을 띄게 된다.

2 머플러

엔진으로부터 배출되는 배기가스는 약 3~5kg/cm² 의 압력과 600~800℃ 의 온도 범위에 있다. 이와 같은 고압, 고온의 배기가스를 그대로 대기 중에 방출하면 가스가 급격히 팽창하여 급격한 폭발음을 낼 수 있으므로 대기에 배출하기 전에 머플러를 통과하여 압력과 온도를 낮추면 소음을 제거하고 있다.

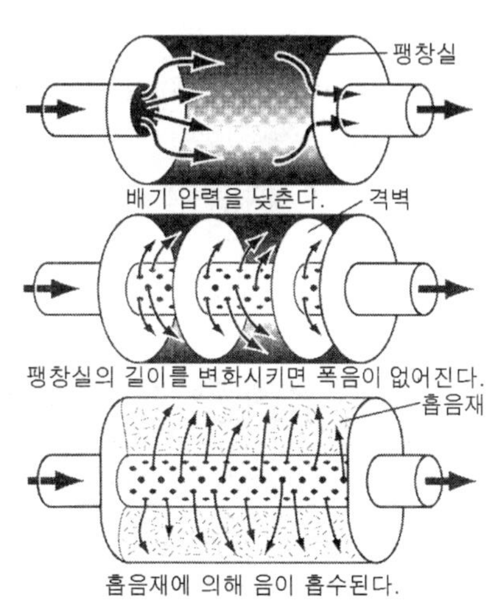

그림 2-38. 머플러의 결합 방법과 단면

머플러 내에 미연소 가스가 고인 경우나 소음 때문에 파이프의 구멍이 카본 등으로 작게 되어 있을 때

등 효과적인 가스의 배출이 행해지지 않으면 후화의 원인이 되고 이 상태가 계속되면 고온으로 되어 O링을 태우든지, 이상한 폭발음을 발생시킨다. 또, 차고나 주차장 등에 자주 볼 수 있는 멈춤을 위한 매트나 중고 타이어 등이 배출구를 막던지 근접하고 있으면 배기 열에 의해 착화할 위험이 있다.

3 각 배기계통의 온도

엔진으로부터 촉매, 머플러를 경유하여 대기에 배출되는 가스 도관의 각부 온도는 자동차의 종류, 배기량, 차량의 정도 등에 따라 다르며, 그 예는 다음과 같다.

① 승용차

배기 계통의 각부 온도와 측정값은 그림 2-39와 표 2-1, 표 2-2와 같다.

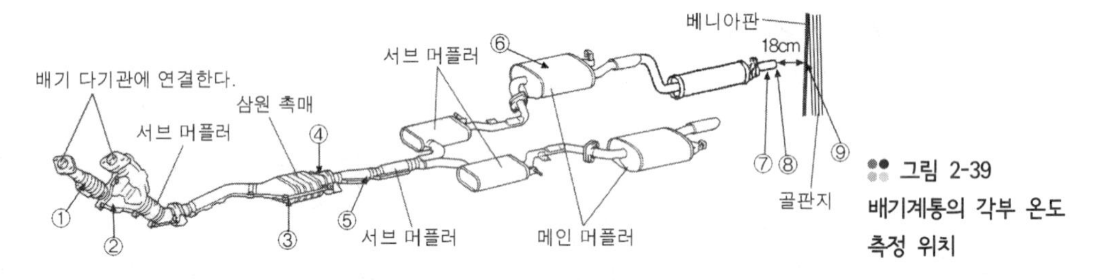

그림 2-39 배기계통의 각부 온도 측정 위치

표 2-1. 배기계통의 각부 온도(1)

NO	측온조건 / 측정부위	공회전	고속주행	등판주행	지체주행
①	배기 매니폴드 출구가스	338	690	724	446
②	프런트 파이프 아래면	145	225	277	159
③	촉매 아래면	111	101	226	110
④	가스 온도 센서	398	695	689	434
⑤	센터 파이프 아래면	116	139	245	121
⑥	메인 머플러 아래면	87	100	212	96
⑦	테일 파이프내 가스	105	413	472	195

※ 배기량 2,000cc, 승용차 시동 5분 후의 데이터 (단위℃)

표 2-2. 배기계통의 각부 온도(2)

NO	측정시간 / 측정부위	5분후	10분후	35분후	43분후
⑧	테일 파이프 선단	130	252	280	322
⑨	베니어판 표면	117	300	304	368

※ 배기량 1,800cc, 왜건, 엔진 2,500 회전의 데이터 (단위℃)

② 오토바이

오토바이의 각부 온도 위치와 측정값은 그림 2-40과 표 2-3에 나타내고 있다.

그림 2-40. 오토바이 각부 온도의 측정 위치

표 2-3. 오토바이 (400cc) 배기계통의 각부 온도 (단위℃)

측정조건 \ 측정부위		엔진커버 (우측)			배기 파이프 및 머플러 (좌측)				
		①	②	③	④	⑤	⑥	⑦	⑧
60㎞/h	주행중	85	88	82	198.5	103.5	205.5	255.5	173.5
	정지후 3분	95	98	95	193.5	104.5	233.5	203.5	163.5
80㎞/h	주행중	98.5	101	95.5	242	125.5	234.5	351.5	243.5
	정지후 3분	111.5	113.5	108.5	210	127.5	282.5	261.5	227.5
100㎞/h	주행중	105.5	110.5	104.5	225.5	137.5	248.5	269.5	258.5
	정지후 3분	123.5	123.5	120.5	215.5	135.5	283.5	271.5	233.5

③ 기타

배기 계통에서의 발화는 주행 중 또는 신호등의 일시 정지시에 많이 발생하고 있다. 이들의 경우에는 배기관의 온도가 상승하기 때문에 당연한 것으로 생각되지만, 그 원인이나 결과를 보면 가연물질의 낙하가 압도적으로 많으며 다음으로 가연물의 접촉을 들 수 있다. 배기관에 떨어진 가솔린이나 오일이 착화하였을 경우에는 발화원인이 배기관에 그 흔적이 남아 있지 않은 경우가 많으나 엔진 본체나 연료파이프 체결부 등으로부터 연료가 누설하든지, 흡착될 경우 등은 그 개소의 오염이 씻겨서 다른 곳보다 깨끗한 상태로써 알아볼 수 있다.

그러나 이들의 누설이 있었던 것이 인정된다고 하여 바로 발화원이 배기관이라고 결정하는 것은 위험하다. 이것은 엔진 내부에는 전기부품 등도 발화의 원인으로 되는 경우도 많이 있으며, 이 점에 대해서도 원인 결정에 유의할 필요가 있다. 또한, 가연물의 접촉에 의한 것에는 정비시의 기름걸레, 적재함 시트 또는 보온용의 모포 등을 엔진 내부에 두고 발화되는 사례를 볼 수 있다. 이 경우에는 연소한 재나 탄화물의 유무에 의해 판정한다.

더욱이, 배기관으로부터의 특이한 화재로써 배기관이 부식하거나 파손되어 가스가 분출하든가 하면, 배기가스 중에 함유하고 있는 고온의 미연소 가스가 외기에 접촉하여 연소하는 경우도 있다. 또 실린더 내에서 연소할 때 발생하는 탄소는 배기관 내에서 산소와 결합하여 연소와 불씨가 되어 외부로 방출되는 경우도 있다.

이것은 주로 디젤 엔진의 경우에 볼 수 있는 현상이다. 아울러 실린더 내의 온도를 보면 4사이클 가솔린 엔진에서는 그림 2-41과 같이 1,800~2,000℃까지 도달하고, 디젤 엔진에서는 연료 분사량에 좌우되나 최고 온도는 약 1,200~1,600℃ 이다.

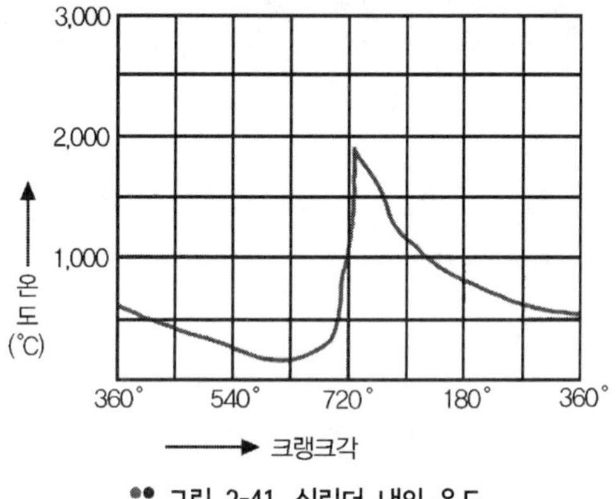

그림 2-41. 실린더 내의 온도

05 차축이나 브레이크의 마찰에 의한 출화

마찰열은 회전부가 고장을 일으켜 발생하는 경우가 많으나, 차축 베어링의 손상이나 브레이크 슈의 되돌림 불량 등에 의해 기인하는 것도 있다. 또 엔진부 팬의 풀리에 기름걸레가 휘감기거나, 컴프레셔의 가스 누설 등으로 마찰열이 발생하여 화재에 이르는 사례도 있다.

그림 2-42는 트럭의 브레이크 슈의 되돌림이 나빠 드럼 라이닝의 마찰에 의해 발화한 라이닝의 소손 상황을 보여주고 있다.

그림 2-42. 브레이크 드럼과 브레이크 슈의 축심이 크게 마모된 상태

1 차축

차축은 엔진에서 발생한 구동력을 휠에 전달하는 역할을 하면서 노면의 진동이 직접 차체에 전달되지 않게 스프링을 매개로 설치되어 있다. 하우징은 일체 구조로 되어 있으며 양끝에는 브레이크 장치가 달려 있다. 또한, 뒤차축 하우징에는 보통 1개의 숨쉬는 구멍을 갖고 있다. 이것은 작동 중에 오일의 상승에 의한 하우징 내의 고압이 빠지게 되어 오일 시일로부터 오일이 브레이크 내에 새는 것을 방지하기 위한 것이다. 축의 외단부에도 오일 시일이 설치되어 오일이 브레이크 장치 내에 새어 나가지 않게 되어 있다.

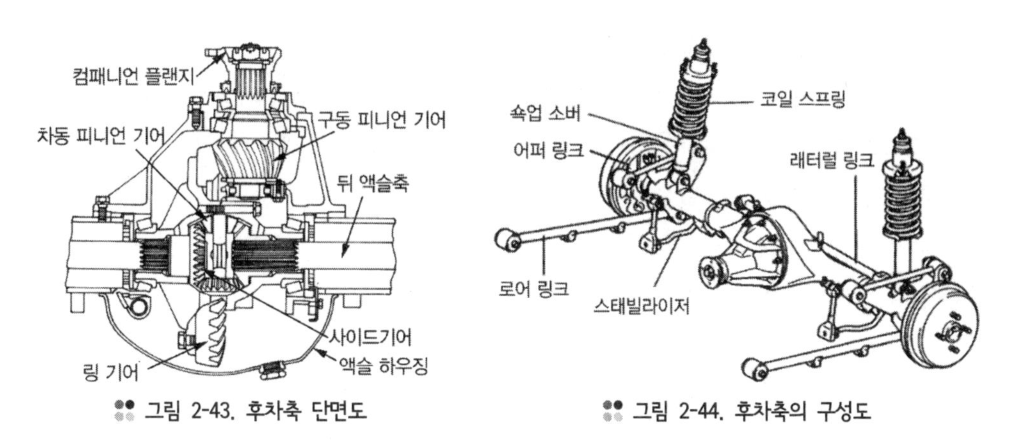

그림 2-43. 후차축 단면도

그림 2-44. 후차축의 구성도

2 브레이크

브레이크는 주행하고 있는 차를 정지시키거나 속력을 감속할 때 사용하는 풋 브레이크와 주차나 비탈길 등에 사용하는 핸드 브레이크가 있다. 풋 브레이크는 승용차에서는 유압을, 대형 트럭이나 버스에서는 공기압을 개재시켜 차륜에 설치된 브레이크의 피스톤을 움직여 바퀴의 회전을 정시시키고 있다. 또한, 핸드 브레이크는 승용차에서는 와이어를 사용해서

후차륜(FF차에서는 전차륜)의 좌우를 와이어로 당겨서 고정하는 방식이 사용되고 있다.

여기에서는 풋 브레이크 내의 라이닝의 마모나 실린더로부터의 오일 누설에 의한 화재의 발생 위험이 있는 풋 브레이크에 대해서 살펴본다. 풋 브레이크의 기본형에는 **드럼 브레이크**와 **디스크 브레이크** 2종류가 있다.

드럼 브레이크 방식drumbrake type은 차륜과 같이 회전하는 드럼의 내측에 라이닝을 붙인 슈를 휠 실린더 내의 유압으로 밀어 붙여서 정지시키는 방식이며, 브레이크 페달로부터 발을 떼면 유압이 없어져서 슈는 스프링의 힘으로 원래 위치에 되돌아와 바퀴는 잠금으로부터 해방된다.

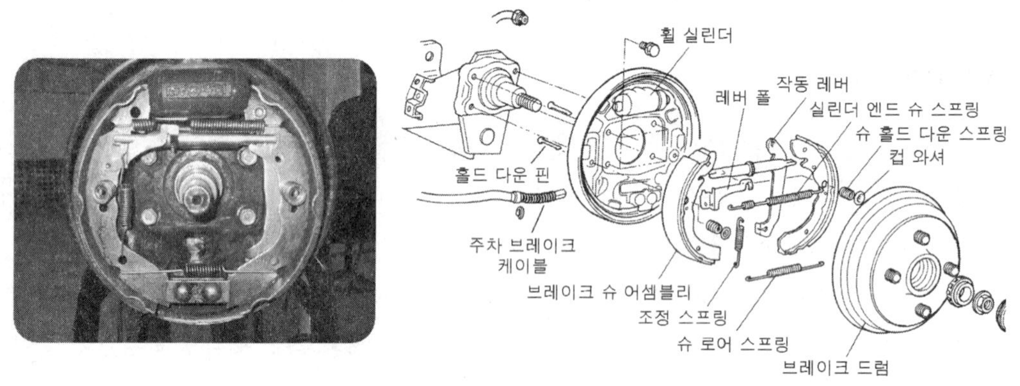

그림 2-45. 드럼 브레이크 본체의 기본 구조

이 드럼 방식의 경우, 고속 회전 중에 빈번하게 브레이크를 걸면 드럼이 팽창하여 직경이 크게 되는 것과 동시에 드럼과 라이닝의 마찰계수가 낮게 되어 위험한 상태로 된다.

디스크 브레이크 방식diskbrake type은 주철제의 원판으로써 차체와 일체로 회전하고 있어 이 원판의 양측으로부터 유압을 이용하여 패드로써 밀착하여 제동하고 있다. 디스크 브레이크는 주차 브레이크로서의 능력이 약하므로 **디스크 식은 전륜**에 사용하고, **드럼 식은 후륜**에 사용하는 방식이 많다.

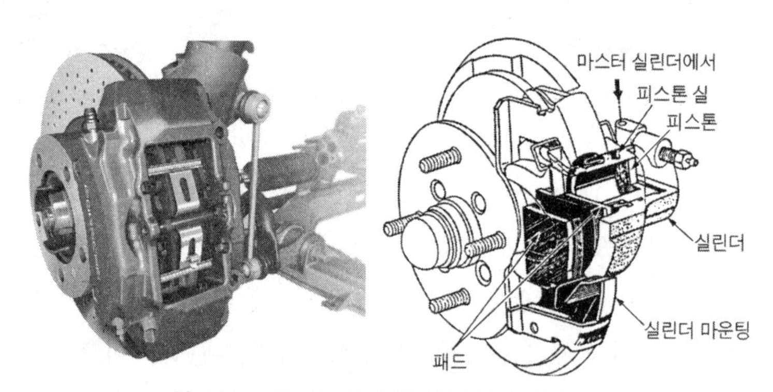

그림 2-46. 디스크 브레이크 시스템 전개도

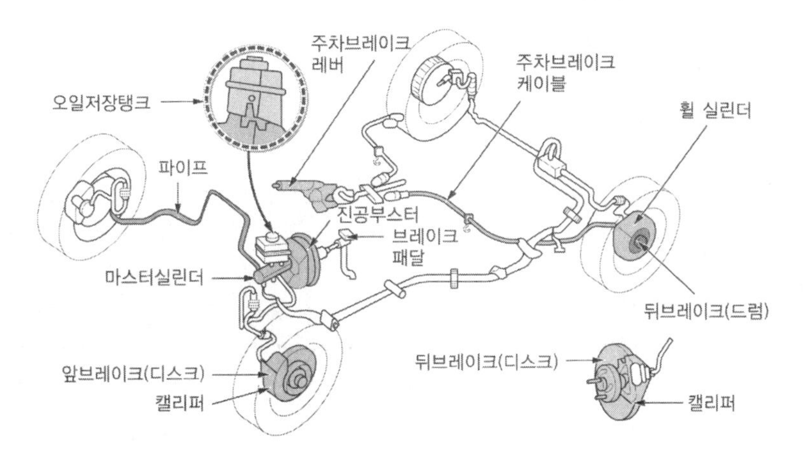

그림 2-47. 브레이크 시스템 전개도

06 기타 원인에 의한 출화

1 방화·불장난에 의한 것

방화나 불장난 등에 의한 화재를 보면, 가장 많이 발생하고 있는 것은 자동차나 2륜차에 덮는 차체 커버나 시트에 불이 붙는 것이다. 이들 중에는 라이트 커버 재료의 합성수지나 완충재의 우레탄 범퍼, 휠 하우스 등에 착화하여 엔진이나 트렁크 내부로 연소한 예도 있다.

그림 2-48. 차량화재 원인으로 가장 많은 것이 방화라고 한다.

그림 2-49. 방화에 의해 전소된 차량

2 창밖으로 버린 담뱃불에 의한 것

주행 중에 차창으로 무심코 버린 담배꽁초는 자동차의 뒷좌석 또는 화물칸에 떨어지거나 다른 차에 떨어질 수 있다. 또, 담배의 불씨가 좌석이나 바닥 시트에 떨어져 있는 것을 몰라 화재로 발전되는 경우도 있다.

3 개조tuning 차량에 의한 것

최근 자동차 기술 혁신은 눈부시며, 성능 향상이 된 터보 엔진이나 컴퓨터를 이용하고 있는 한편 일부 사람 중에는 성능 향상 또는 나름대로 보기 좋게 하기 위해 시판되고 있는 순정품 이외의 부품을 부착하는 사람이 증가하고 있다. 화재를 발생시키고 있는 개조차의 경우에는 역화나 연료 누설 및 마찰에 의한 것이 흔히 발생된다.

그림 2-50. 연료 누설에 따른 차량 화재

이와 같은 발화 원인 이외에, 충돌로 인하여 연료가 누설된 상태에서 이때 그림 2-51과 같이 전기 배선 등이 절단되어 불꽃이 튀어 인화하는 경우가 있다. 또한, 뒷유리 등에 부착시킨 액세서리 플라스틱의 흡착 판에 의한 태양 광선의 수렴작용收斂作用에 의하여 발화한 사례(흡착 판에 의하여 태양 광선이 모아져 발화의 초점을 형성), 더욱이 그림 2-52와 같이 퓨즈 절단에 의하여 그 대용으로 한 담배 은박지를 꽂아 넣어 발화한 화재도 있다.

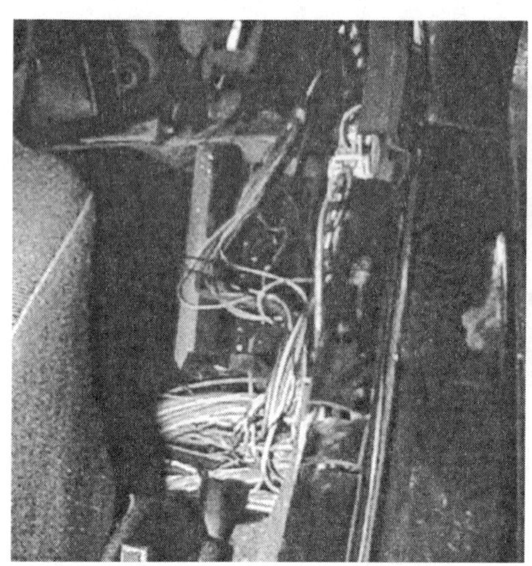

그림 2-51. 타다 남은 배선의 흔적

그림 2-52. 발화한 단자 박스 내부

차량 화재의 유형

차량 화재는 건물 내의 구획화재와는 달리 외부 연소시 바람의 영향이 크고 일정하지 않아 연소형상에서 발화지점을 축소하는 것이 어려울 경우가 많다. 발화원으로 작용하는 고열 부분은 고온 전도에 의한 화재로서 화재 후 그 흔적을 증명하기 어렵기 때문에, 남을 수 있는 증거로의 무리한 추론 등 삼가해야 한다. 남지 않는 발화원이라 하여도 화재 전 차량의 상태에 대한 검토를 충분히 하여 정확한 판단에 접근하는 노력이 필요할 것으로 사료된다.

차량화재의 조사에 있어서 쉽게 간과될 수 있는 차량 화재 발생 이전의 사고, 수리 이력, 최근에 설치한 부착물 혹은 교체 부품, 차량에 대한 중대한 결함으로 제조사의 리콜 여부, 차량의 개조 여부 및 개조시 순정 부품 사용 여부 등은 발화지점의 축소, 발화의 개연성 여부를 조사하는데 키 포인트가 될 수 있는 부분으로 화재 조사 이전에 이들도 꼭 염두해 두어야 할 것이다.

01 실화

1 엔진

엔진은 정상 상태에서는 온도릴레이나 퓨즈 등이 내장되어 있다고는 하지만, 관리 상태나 운전 조건에 따라 엔진과열의 위험성이 있다. 또한 엔진 과열의 형태도 엔진자체의 고온 상태나 파열로 이어지는 좁은 의미와 과열에 의해 파생되는 배선의 손상, 연료라인 파손, 배기구 과열 등의 넓은 의미의 과열이 있다. 대개 엔진 과열에 의한 발화의 경우는 사전에 징후가 있어 예방이나 조치가 가능함에 따라 정상적인 운전상태보다는 응급처치를 할 수 없는 상태의 지속에서 발생되는 경우가 않다.

그림 2-53. 엔진룸 내부에서의 출화 형태

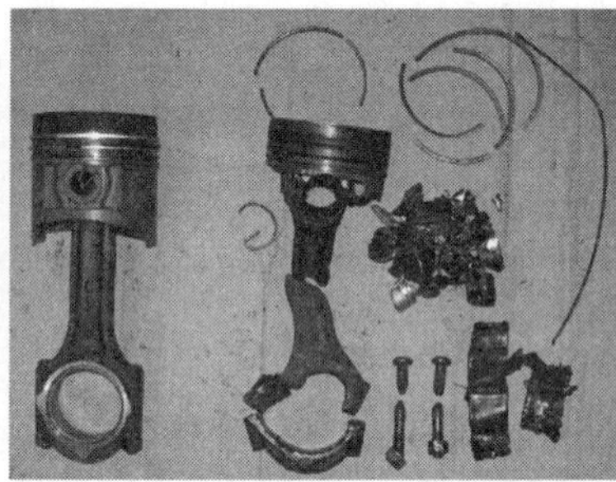
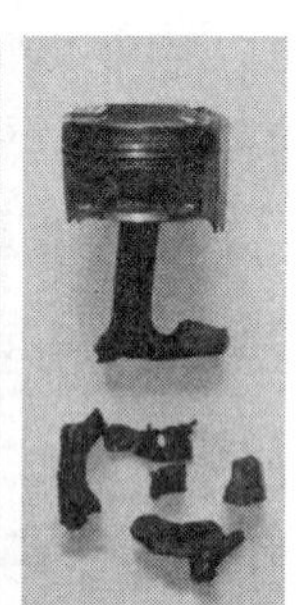
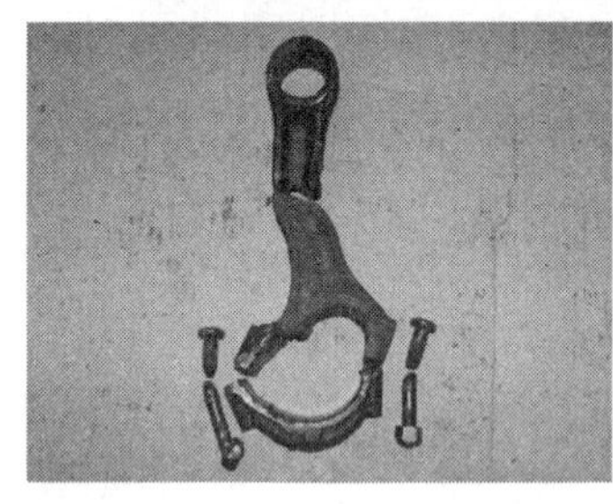
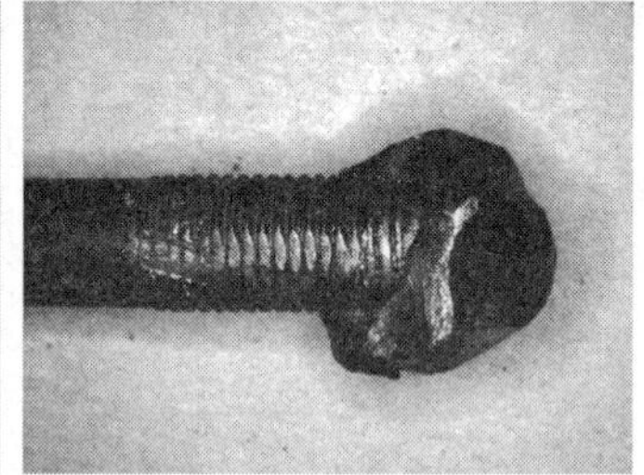
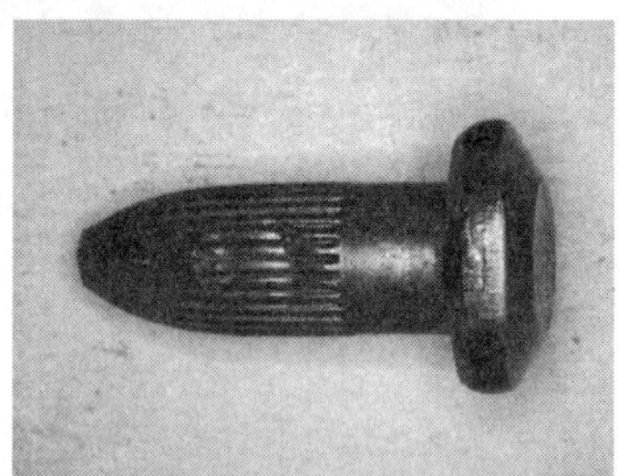

그림 2-54. 엔진 내부 피스톤과 커넥팅 로드의 손상에 의한 발화

2 배선

자동차 배선은 시동모터 등과 같이 (+), (−) 배선이 동시에 배열되거나 차체 접지를 (−)로 하고 (+)배선을 배열하는 구조이다. 엔진룸 내부의 배선은 차량 시동키에 들어가기 전의 배선이 많고 각각의 배선에 대한 퓨즈가 별도로 있어서 늘어진 상태의 배선이 탈 때는 배터리가 방전되거나 퓨즈가 나갈 때까지 전기합선이 일어나게 마련이다.

따라서 퓨즈 용단이나 방전 이전에 단락이 일어나므로 주로 발화지점 근처에서 이들이 발견되는 경우가 대부분이다. 따라서 단락 흔적이 발화지점과 관련이 있을 수는 있으나 발화지점과 근접한다고 하여 전기화재로 단순히 판단하여서는 안된다.

그림 2-55의 발화 예는 운행을 마치고 주차 후 바로 화재가 발생된 것이다. 이미 운행 중 착화가 시작되었다가 정차 후 연소가 확대된 경우로 보여진다.

압착단자와 전선의 접촉 불량에 의한 화재로서 일단 진전되면 필연적으로 발화에 이르게 된다.

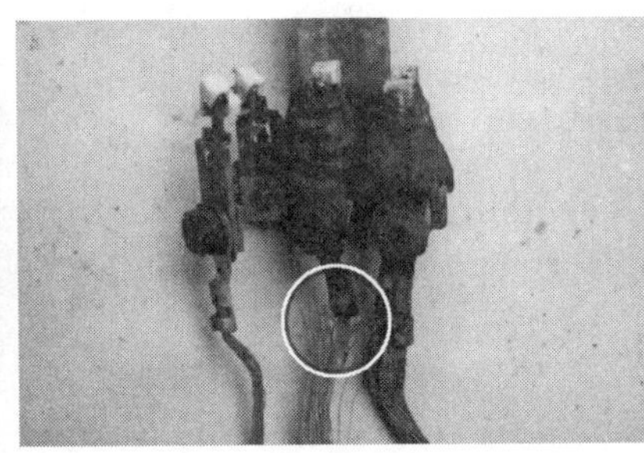

그림 2-55. 주행 후 주차 직후 배선 발화

퓨즈 블링크 중, 보디에 접속된 단자가 인접 단자와는 달리 180도 회전되고, 좌측으로 편향된 상태이다. 단자에 압착 결합된 심선 대부분이 발열에 의해 용융 절단된 상태로서, 이 경우 단자와 심선은 회전 및 편향에 의해 인장력을 받아 심선이 절단 혹은 분리될 수 있으며, 통류 면적의 감소나 접촉 분리 시 발생한 아크에 의해 발열될 수 있는 상태이다.

특히 퓨즈 링크의 부하는 대부분 올터네이터alternator 등 큰 전류량을 요구하는 대전력 기기로서, 불완전 접촉이 발생하는 경우, 발열 및 발화 메커니즘은 타 기기에 비하여 훨씬 크고, 급속하게 진행될 수 있다.

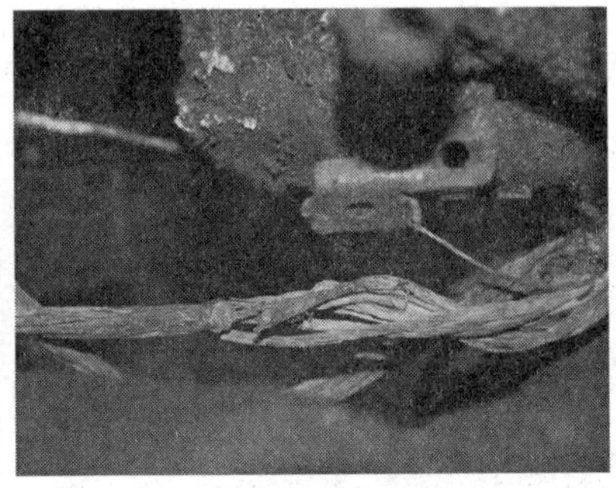
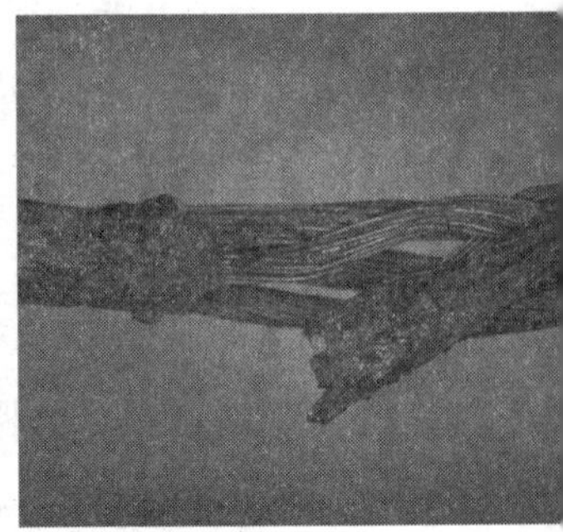

그림 2-56. 주차 수 시간 후 배선 발화

3 연료 및 윤활장치

연료는 휘발유와 경유, LPG가 이용되고 있으므로 이들의 기본 인화 / 발화의 특이성과 엔진의 배기다기관 등 고온부의 특이성과 결합하여 화재로 발전될 수 있다. 오일이 부족한 경우는 냉각수 부족과 같이 엔진과 배기 계통에 과열을 가져올 수 있다. 그림 2-57처럼 연료라인에서 연료가 새는 경우는 라인의 체결 불량이나 고무호스 부분의 경화나 열화, 밴드 조임부의 균열 등이 있을 수 있다.

오일의 경우는 오일필터를 잘못 결합하거나 개스킷이나 패킹의 노후에 의한 누유 등으로 엔진 및 배기장치 등 고온부에 접촉되어 착화되거나 배선의 단락에 의한 스파크로 착화될 수 있다.

(a) 엔진블록과 배기매니폴더에 누유된 오일

(b) 오일의 누유와 엔진 과열에 의한 착화 시험

(c) 연소후 오일 누유부분 연소흔적

그림 2-57. 엔진룸의 오일 누유에 의한 화재시 형상과 그 흔적

4 배기장치

배기 장치 중에서는 엔진룸의 매니폴드 부분이 가장 온도가 높아 이 부분에 엔진오일이나 가연물이 접촉되는 경우 발화의 위험이 있고, 장시간 공회전하거나 엔진룸의 센서 등이 균형을 잃을 경우 혼합기의 변화와 연소과정 이상에 의한 미연소 혼합가스가 배기구에 전달되면서 촉매장치와 소음기 부분에서 2차 연소가 일어나면서 화재가 발생될 수 있다.

화재 후, 이런 흔적은 남기가 어려우므로 발화지점이나 엔진 운전개요의 파악이 매우 중요하다. 특히 운전자가 엔진을 켜 놓고 잠을 자는 경우에는 장시간 엔진 공회전에 따른 불안정과 잠든 상태에서 자신도 모르게 가속페달을 밟게 됨으로서 배기장치에 2차 연소를 일으켜 언더코팅재나 머플러 고정러버, 플라스틱 구조물에 착화되어 화재가 발생되는 경우가 많다. 이때는 공히 주변에서 엔진의 굉음을 들었다는 목격담을 들을 수 있다.

(a) 소음기 과열

(b) 미연소 가스 연소

(c) 범퍼에 착화 연소

(d) 연소 후 흔적

(e) 유사 사건 예

그림 2-58. 소음기의 과열에 의한 출화와 그 흔적

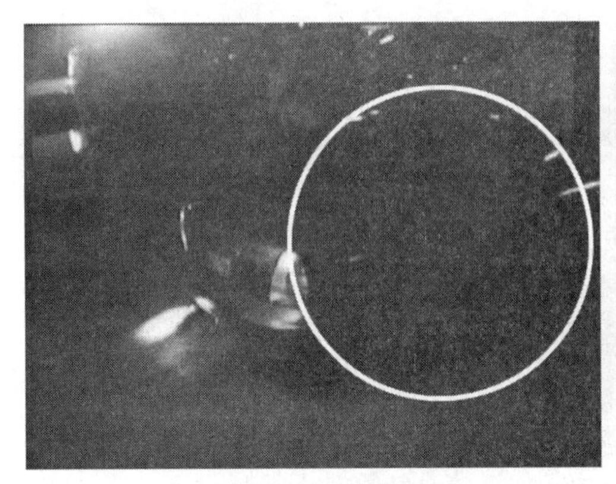

(a) 미연소 가스 배출 연소

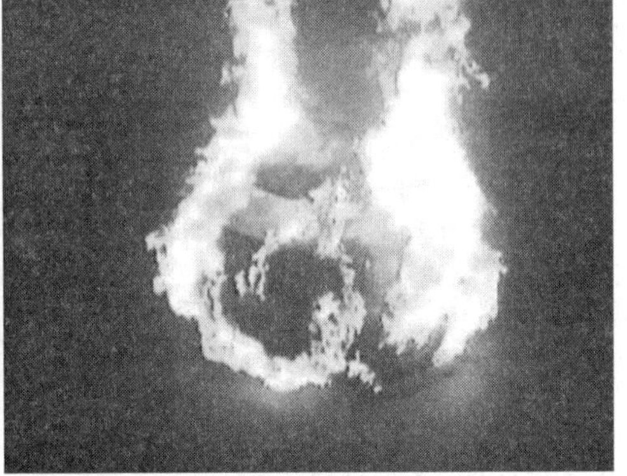

(b) 차량 전소

그림 2-59. 지하 주차장에서 발생된 출화의 예

5 전기장치

전기장치는 배선회로와 전기제품 등에서 많은 커넥터와 배선의 설계 잘못, 조립불량, 이완, 접촉 불량 등에 의한 화재의 위험이 있고, 전로電路에 절연피복이나 케이스가 가연물로 된 플라스틱 제품인 혼이나 전등 등에서 제품의 기능 이상에 의해 발화의 위험이 있다. 특히 출고 후 소비자가 직접 부착한 불법 전기 장치(원격시동장치, 도난경보장치, 보조등, 안개등)기구는 절연성이 약한 배선이나 추가설치에 의한 과부하 등으로 화재의 위험을 안고 있다.

차량용 배선은 타 시스템보다 전류가 상대적으로 크고 제조시 각 부하에 알맞은 배선을 사용하였으므로 한 개의 퓨즈에 여러 개의 시스템이 연결된다든지, 특히 스타터모터, 전조등, 열선 등 대용량의 전류가 사용되는 회로에 추가 시스템을 부착하는 일 등은 화재 위험에 있어서 매우 위험하다.

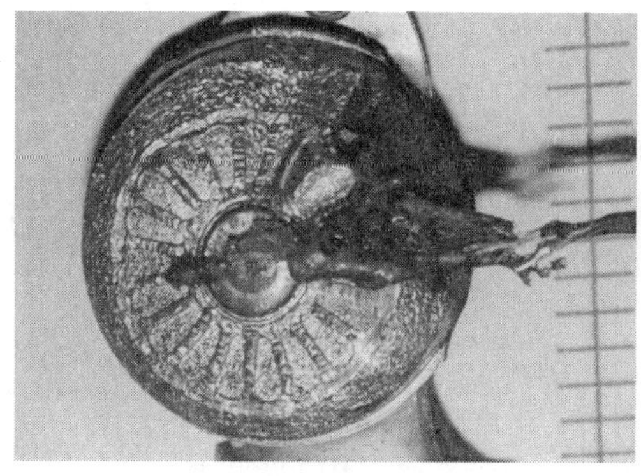

(a) 혼의 국부적 연소 형태

(b) 전원 단자의 과열 형태

그림 2-60. 임의로 부착한 혼에서 발화된 흔적

6 제동장치

브레이크 시스템에서는 드럼이나 디스크에 브레이크패드가 지속적으로 접촉되면서 방열 양보다 마찰열이 과도하게 발생하면서 금속부분에 적열상태로 되면서 먼지 등 가연물이 있을 경우 화재의 위험이 있다. 트럭의 경우에는 차량 자체의 피해보다 값비싼 적재물에 의한 피해가 큰 경우가 많다.

그림 2-61. 브레이크의 마찰에 의해 나타나는 고온부

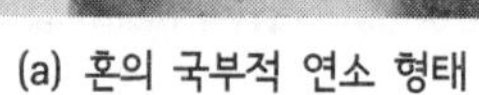

7 차실 내에서의 실화

실내에서 담뱃불이나 불장난 등에 의해 주행 중 또는 정차 중에 가연성이 좋은 의자 시트나 의류 등에 착화되어 화재가 발생된다.

그림 2-62. 실내에서 놀던 어린이들에 의한 시트 연소흔적

02 방화

1 원한과 복수

방화放火의 동기 중 가장 보편적인 이유로 나타나는 것은 지속적으로 쌓인 감정에서 오는 단순한 주차 시비 등으로 보복을 목적으로 차량을 훼손하는 행위이다. 이들 행위를 보면 자동차 창문의 훼손이나 도어의 개폐 여부 등에 따라 사람에 의한 강제 흔적이 있는지를 살피는 것이 중요하다. 특히, 주위에 유리를 깨기 위한 돌멩이나 화분 등 여타 도구가 있는지 관찰한다.

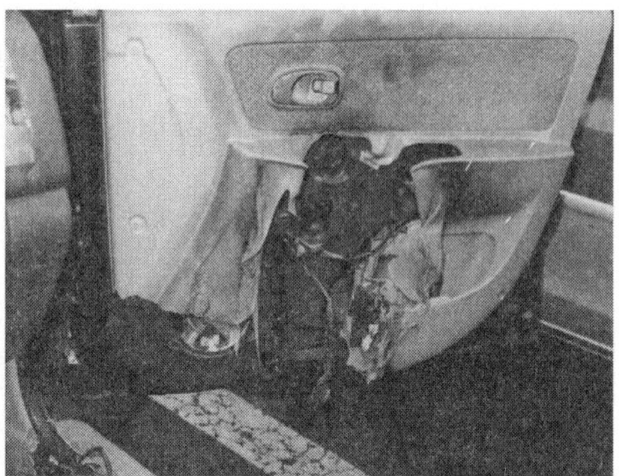

그림 2-63. 주차 시비 등 감정싸움에 의한 경미한 방화

2 살인과 자살

살인 등의 범죄에 이용되는 방화는 증거인멸의 목적을 띠며, 자살의 경우에는 주로 촉진제를 사용하고 외딴 곳에서 이루어지는 것이 보통이다. 특히 이들의 증거는 초기 연소 정보에서 찾아야 한다. 착화에 촉진제가 사용되었다면 연소되면서 연소물에 쌓여 그 속에 잔유물이 남게 되고 기구가 이용되었다면 철재 기구 등은 화재 후에도 면밀한 검사로 찾아낼 수가 있다.

(a) 승용차 조수석의 연소 잔해

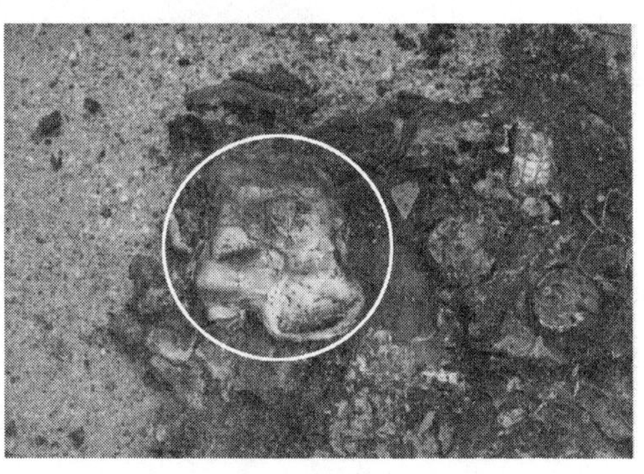

(b) 밑면에서 발굴되는 시너 용기

그림 2-64. 시너를 이용한 방화 차량과 바닥에서 식별되는 용기

그림 2-65. 변사자의 자리에서 발견되는 결박용 철사 흔적

3 도난

화재 동기 중 도난 행위 후 증거를 인멸하기 위한 방화로 일반 건축 방화와 동기가 같다. 직접 착화시키는 경우 발화원이 남지 않으므로 발화원의 증거보다 도난의 증거를 찾는 것이 간접 증거로서 가치가 있다.

가장 일반적으로는 오디오 시스템이나 내비게이션 등이 대상이 될 수 있다. 연소물을 자세히 살펴 이들이 연소물 속에 남아 있는지 또는 남아 있지 않다면 차체에 남는 연결 전원선이 절단되었는지 추가로 확인한다. 이들 도난품이 있는 경우라면 사람의 침입을 추정할 수 있다.

그림 2-66. 절도를 목적으로 절단된 차량설비

차량 화재의 조사 방법

01 차량 화재시 조사 순서와 포인트

차량 화재 조사의 순서는 화재가 발생한 위치를 판정하는 것으로부터 시작한다. 즉, 발화한 것은 차량의 내부인가 외부인가 또는 하부인가 만약, 내부라면 엔진 룸인가 좌석인가 적재함인가를 조사한다. 그 다음에는 운전자에게 차량의 상태 및 발화 전의 운전자의 행위 및 이상을 감지한 상황 등을 물어보고 그 징후를 감지한 것이 엔진 시동시인가, 주행중인가 , 일시 정차중인가를 조사하여 엔진의 시동 상태, 가솔린이나 고무가 타는 냄새, 연기의 목격 상황 등을 확인하여 참고로 한다.

또, 전소한 차량의 배선이 통전되어 있을 경우, 건물 화재 등과 같이 단락 개소가 식별된 경우에는 발화 개소가 그 주위에 있든가 또는 그 자체로부터의 발화인 것으로 예상된다. 더욱이 단락 등이 보이지 않는 경우에도 부분적으로 연소하였을 때 등은 퓨즈의 용단이 어디에 있는가를 조사해서 참고로 하는 것도 하나의 방법이다.

표 2-4. 출화 위치의 구분

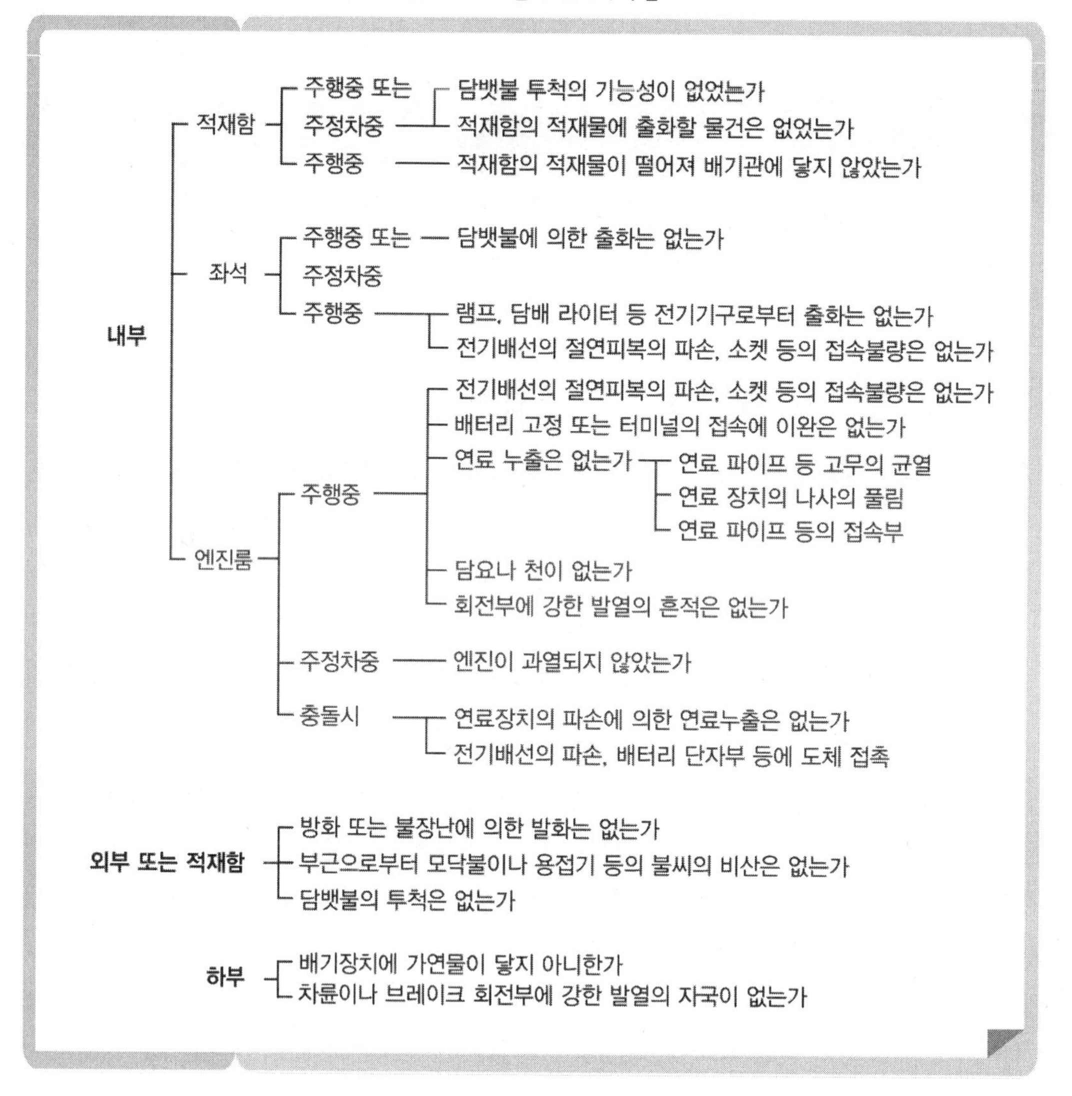

02 차량 화재시 조사 항목

1 차량

① 차량제원 : 차종, 차량번호, 차대번호, 주행거리, 판매업소, 가입보험사는 필수

② 차량상태 : 개조, 각종 오일 누유, 각종 퓨즈 정격용량 및 단락 여부, 각종 경고등 점등여부, 각종 램프, 히터, 에어컨 등 전기장치의 ON・OFF여부, 각종 도어, 윈도우, 후드, 트렁크의 개폐 여부 및 작동상태, 배터리, 재떨이, 각종 ECU기록상태, 당시의 주행속도,

차량 외관, 발화의 개연성 여부 등.

- **화재차량** – 화재 전 사고 및 수리 이력 당시의 시동여부, 엔진소음정도, 시동이 꺼진 시점, 배기계통의 과열 흔적, 배기관 행거의 소손여부, 연료라인, 연료탱크의 손상 및 누유 여부 필히 조사, 제조사 리콜여부, 부착물 및 교체 부품 확인, 개조 여부와 순정품 사용 여부.
- **사고차량** – 특히 차량을 들어 올려 프레임, 현가, 조향, 제동장치의 손상여부 촬영, 손상 부품의 교환여부, 납품업체, 시리얼 넘버 등을 정확히 조사.
- 사진 촬영시에는 필히 정면, 좌·우측면, 후면 등을 차량 전체가 보여질 수 있도록 촬영할 것.

2 발생장소

① 발생 지점의 도시명, 도로명, 특수 지형지물, 약도를 그린다.
② 발생 지점의 바닥 상태, 노면의 증거물, 흔적, 차량 위치, 잔해, 타이어 자국, 주변의 가능한 모든 상태를 날짜가 나오는 사진기로 촬영을 하고 사진 설명을 상세히 할 것.
③ 현장을 이미 수습한 경우에는 당시의 목격자(견인기사, 수습자 등)의 진술을 기초로 평면도 등 그림으로 묘사한 후 확인을 받을 것.

3 운전자의 태도 및 진술 확보

① 운행경과 시간, 주차경과 시간, 수면 시간, 음주 여부, 흡연 여부(재떨이 상태) 및 부상 정도, 입원 병원, 진단 내용(부상부위), 연락처를 상세히 조사할 것.
② 승객이 있을 경우에는 가능한 운전자와 따로따로 진술을 유도하여 정확하고 객관적인 상황을 파악할 것.
③ 필히 목격자의 유무, 연락처와 당시의 상세한 진술을 유도하고, 유리한 내용은 확인서를 작성케 하여 증거 확보 요망

■ ■ ■ 모든 상황과 상태 등을 추론(推論)은 금물!

03 차량 화재시 각자의 입장에서 조사

피해차량을 보러 가면 많은 사람이 사진을 찍거나 위치를 측정하기도 하고 스케치를 하면서 바쁘게 조사를 하는 모습을 볼 수 있다. 조사를 하는 것은 소방·경찰·보험회사 사람들이 대부분이고 가끔씩 자동차 제작회사 사람들도 볼 수 있다.

조사 광경을 잘 관찰하면 서로 간에 정보교류가 전혀 없고 조사하는 포인트도 미묘하게 다른 것을 알 수 있다. 이것은 아마도 각각의 입장에 따라 임무가 다르고 맡은바 업무를 수행하기 위해 열심히 노력하기 때문이라고 생각한다. 그런 각각의 임무를 상상해 보면 다음과 같을 것이다.

그림 2-67. 차량화재 현장에서는 소방대원이나 경찰은 물론 보험회사나 제작회사 사람까지 와서 독자적으로 조사를 한다.

1 소방서

주택 화재에서 소방대원이 불탄 흔적을 조사하는 것과 마찬가지로 소방차가 출동했을 경우 피해상황이나 원인을 상세하게 조사하고 기록함으로써 **출동보고서**를 제출할 필요가 있기 때문에 이루어지는 조사이다. 이 조사가 백서도 된다.

2 경찰

범죄나 사건에 관련되어 있지 않은가를 조사하는 것이 포인트 같다. 그러고 보면 소방차나 구급차가 오면 반드시 경찰도 따라 와서 **탐문조사**를 한 뒤 범죄가 아닌 경우는 간단하게 철수한다. 살인이나 상해 의심이 있을 경우는 범인체포에 관련된 단서를 철저하게 조사한다. 마찬가지로 방화의 경우는 수법을 자세히 조사한다.

3 보험회사

우리도 가입하고 있는 자동차보험료 지불을 위해 확인하는 작업을 한다. 이 작업은 손해 정도를 사진으로 찍어두거나 수리견적서를 점검하는 수준이다. 보험회사 직원에게 물어보니 스스로 불을 붙인 경우는 보험금 사기에 해당해 지불대상이 되지 않으며, 화재 책임이 메이커나 정비공장, 주유소 등에 있을 경우도 지불되지 않고 책임이 있는 곳에 청구된다.

책임이 있는 곳도 각각 PL Product Liability=제조물책임 보험에 가입해 있기 때문에 결국 어디든

손해보험회사에서 지불하게 된다. 이런 얘기를 듣고 미국에는 차량화재 전문 조사원이 상당히 많다는 말이 이해되었다.

일본의 경우는 시가로 지불되는 보험금으로 해결이 되지만, 제작회사 등의 책임으로 결론이 나면 미국에서는 막대한 위자료가 청구되어 소송으로 이어지기 때문에 원고측이나 피고측 모두 조사기술이 뛰어난 프로 조사원을 고용해 기술적인 진상을 법정에서 다투게 된다.

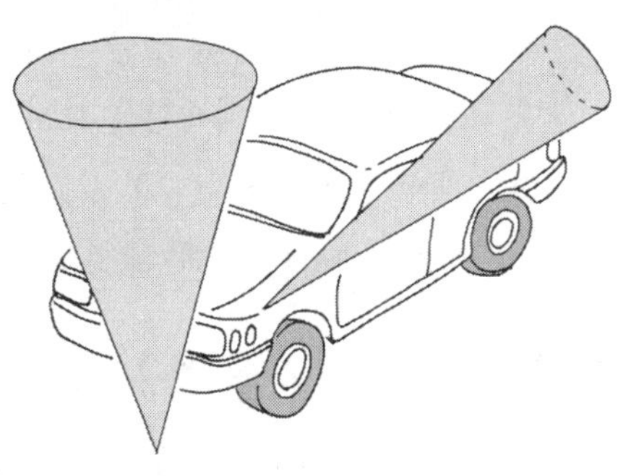

그림 2-68. 주정차 중인 차량화재의 경우 발화원인 위치 설정에 있어서 소손부분을 큰 역삼각 깔대기로 연결해 나가면 그 정점 부근에 발화원이 있는 경우가 많다.

때문에 베테랑 조사원은 나름대로 수입이 좋다고 한다. 이 경쟁원리가 조사기술을 끌어올리는 것 같다. 일본의 조사기술이 특별히 뒤처지는 것도 아니고, 나라마다 사정도 다르기 때문에 안심은 된다. 다만 일처리를 보자면 방화나 실화 등은 나름 괜찮은 것 같지만….

제작회사 클레임claim이나 정비 불량 때문에 일어난 화재의 경우는 미국 정도는 아닐지라도 책임질 곳이 납득할만한 **증거**를 갖추지 않으면 안 될 텐데, 화재 메커니즘을 분석해 원인이 되는 발화점을 발견하고 거기에 어떤 **하자**가 있었는지를 밝혀내는 일련의 조사는 이뤄지지 않는 것 같다. 소방서나 경찰도 앞서 말한 **조사목적**이 다르기 때문에 거기까지는 살펴주지 않을뿐더러, 무엇보다 **민사불개입**으로 정보가 공개되지 않는다.

내 연구 성과가 사회를 위해 다소나마 역할을 할 수 있다면 먼저 이 부분일 것이다. 손해보험회사의 **기술조사원**차량화재 가운데 기술적으로 가장 어려운 작업을 분담한테 지침이 될 수 있을 만한 것을 만들면 소방·경찰·자동차 제작회사·정비공장·주유소·카센터 등에도 참고가 될 것이다.

4 자동차 제작회사

제작회사에는 고객이나 지정정비업체로부터 매일 많은 불만사항이 들어온다. 불만 가운데는 제품개량에 관한 힌트를 주거나 즉각적인 부품교환을 필요로 하는 것도 있지만 대부분은 고객이 잘못 사용하거나 개조를 한 다음에 오는 트러블trouble이 많다. 그런 불만처리도 중요한 고객 서비스이기 때문에 제작회사에는 고객 불만접수를 처리하는 전문부서가 설치되어 있다. 차량화재를 보러 오는 것은 그런 부서 사람들로서 **고객상담 코너**, **애프트서비스 부서**, **품질보증부서** 등 다양한 명칭으로 불리고 있지만 설계자나 연구자는 아니다.

제작회사 사람이 나와 있을 때는 차량 소유자가 해당 부서에 불만을 털어놓은 경우가 많다. 소방·경찰의 조사상황을 보고 메이커에게 설계나 제조상 책임을 묻게 되는 경우가 아니라면 그대로 돌아가지만(방화 등) 책임을 물을 상황이라면 원인부위를 회수해 가서 연구소나 기술 센터에서 분석과 해석을 철저하게 벌인 뒤 반드시 기술견해서를 발행한다.

5 확실한 감식 기술 연구

그림 2-69. 건설기계의 화재. 위쪽 회전체가 거의 전소상태다.

지금까지의 예비조사를 통해,

① 어떤 종류의 화재가 어느 정도 빈도로 발생하는지 대략적인 짐작은 갔다. 가장 많은 것은 방화와 교통사고에 의한 화재인데 이것은 경찰에게 맡기면 된다.

② 관계기관의 역할분담도 대략적으로는 파악이 됐다.

③ 차량화재의 분석기술을 필요로 하고 있는 곳도 손해보험회사인 것을 알았다.

④ 연구 리포트를 정리하는데 필요한 분류·정의도 이루어졌다.

04 화재의 종류를 식별하는 요령

「해명解明기술」을 고안해 내기 위해서는 제작회사에서 체험한 현물·현장에서 배우기 이외에 방법이 없기 때문에 차량화재의 피해차량을 최대한 많이 보기로 했다.

그림 2-69는 건설기계의 화재 사례를 보여주는 것이다. 다행히 여러 곳의 도움으로 150건의 연구대상 차량을 접해 볼 수 있었다. 화재의 각 분류마다 대표적인 사항을 2, 3가지씩 설명하도록 하겠다. 또한 조사하는데 있어서 스스로 표 2-5와 같은 능력을 갖추도록 노력하기로 했다. 결과적으로 충분하다고 할 수는 없지만 개인 수준의 연구치고는 어느 정도 성과를 거두었다고 평가하고 싶다.

구체적인 연구 리포트는 다음 장에서 설명하기로 하고 지금까지 150건 가까운 피해차량을 검토·분석한 실제체험을 기초로 화재 종류를 구분하는 방법을 설명하겠다.

1 공통사항

피해차량의 피해상황을 자세히 관찰함으로써 「어느 곳에서 불이 시작[火源]되고, 어떻게 불이 확대」 되어 나갔는지를 추리한다. 이때 단서로 삼는 전제로서 불꽃은 ① 위로 올라간다, ② 중간에 물체가 있으면 옆으로 퍼진다, ③ 바람방향에 따라 불길을 바꾼다는 성질을 염두에 둔 것이다. 추리를 하게 되면 그것을 자신만의 생각[自說]으로 정리해 둔다.

주행 중 일어나는 차량화재는 앞에서 뒤로, 아래에서 위로 올라가면서 바람방향에 따른 영향을 받아 확산되기 때문에 불에 탄 부분의 가장 앞쪽 아래에 발화원인이 있는 경우가 많다. 주정차 중인 경우는 강풍 말고는 그다지 바람의 영향을 받지 않기 때문에 불에 탄 부분을 커다란 역삼각 깔때기로 추적해 나가면 그 정점부근에 발화원인이 있는 경우가 많다.

그 정점이 차량 밖에 있는 경우는 방화 가능성이 높다고 할 수 있다. 주행 중인 경우는 운전자의 증언을 빼놓지 말고 들어둬야 자신의 생각 접근성을 높이게 된다. 누락된 부분이 있으면 안 되기 때문에 표 2-6과 같이 사전에 체크 리스트를 준비하는 것이 좋다.

표 2-5. 차량화재 원인분석 조사에 필요한 능력

→ 추리력

피해차량을 자세히 관찰해 발화·연소·화재확대에 관한 메커니즘을 추리한다.
관계자의 이야기를 잘 듣고 본인의 추리를 더욱더 정밀하게 정리하도록 한다.
「청취」를 할 때는 ① 상대방 수준에 맞춰 쉬운 용어로 질문하고 전문용어는 최대한 피할 것, ② 상대방의 「확신이나 착각」을 냉정하게 간파하고 여기에 당황하지 말 것.

→ 판단력

원인을 분석하기 위해 다음으로 필요한 행동을 정확하게 선택할 것. 예를 들면 추리한 화재원인이 일상적인 경우에서는 일어날 수 없다고 판단하였다면, 리콜정보를 조사하거나 직전의 정비기록을 조사하도록 하며, 나아가 개조 이력도 조사할 것.

→ 관찰력

정상·이상 구분을 할 것.
이런 눈을 갖기 위해서는 자동차 각 부분의 기능(작동·역할)에 대해서 볼트 1개까지 알아 둘 것.
또한 전기·기계의 특성, 연료·오일의 특성, 각 기능부품의 운동규칙성에 대해 정상일 때 상태를 지식으로 갖추도록 하며, 사고에 의해 생기는 이상을 식별할 수 있을 것.

→ 집착력

포기하지 않고 끝까지 원인을 찾는다.
난관에 부딪혔다고 바로 포기하지 않도록 한다. 자신의 능력 범위 밖이라고 처음부터 회피해서는 안 된다. 모르는 부분은 전문서적을 찾아보거나 전문가에게 묻도록 하고 경우에 따라서는 공적연구기관에 시험을 의뢰하도록 한다. 간단한 것이라면 스스로 재현실험을 해보기도 할 것.

➜ 표현력

타인에게 문장으로 설명할 수 있을 것.
기껏 원인을 파악해 놓고 그것을 타인에게 설명할 수 없으면 파악하지 못한 것과 마찬가지이므로 얼마나 간결하고 요령껏 보고서를 만드는지 훈련해 둘 것.
기술논문이나 연구 리포트처럼 전문용어를 나열하는 것은 절대로 삼갈 것.

표 2-6. 차량화재에 관한 탐문조사표(운전자 등)

1. 사고발생 날짜 : 년 월 일 시 분
2. 사고발생 장소 :
3. 피 해 차 량 : 등록번호
 최 초 등 록 : 년 월 (사용년수) 주행거리 :
 차 종 : (경승용차·보통승용차·왜건·사륜구동·중대형트럭·트랙터·건설기계·기타)
 엔 진 : 디젤·가솔린, LPG, CNG 배기량: L
4. 주 행 · 주 차 : 주행중(고속도로·일반도로) 주행속도(약 km)
 주차중(직전의 운전정지 시간은 시간전)
5. 발 견 방 법 : 주행중(운전자 자신·후속차량)
 주차중(운전자 자신을 포함한 가족·부근 사람·통행인)
6. 사고전의 이상 : ① 전혀 없었음
 ② 전장품에 이상 (구체적으로)
 ③ 엔진 부조화 (구체적으로)
 ④ 조향핸들을 맘대로 움직였음
 ⑤ 브레이크를 많이 밟은 감이 있음
 ⑥ 이상한 소리가 들림 (구체적으로)
 ⑦ 진동이 있었음 (구체적으로)
7. 사고시의 이상 : ① 전혀 없었음
 ② 폭발음이 있었음
 ③ 타이어가 갑자기 터지는 소리(burst)를 들음
 ④ 톡톡거리는 소리를 들음
 ⑤ 진동이 있었음
 ⑥ 엔진의 가동이 정지되었음
 ⑦ 계기가 규정 이상의 값을 가리키거나 낮음. 헤드램프 점멸
 ⑧ 냄새 : 유·무(자극적이고 이상한 냄새 가솔린 냄새 오일 냄새)
 ⑨ 불꽃 세기가 (빨랐다·늦었다·연기는 흰연기·검은연기·불꽃은 보았는가)
 ⑩ 최초로 발견한 부위 (구체적으로)
8. 사고시 처리 : 점화키 : 끊음(OFF)·끊지 않음(ON) 소화기 사용 : 유·무
9. 흡 연 습 관 : 유·무
10. 최근 정비 : 직영사업소·지정정비업체·정비공장·카센터(명칭) 정비실시날짜( )
 정비내용 (구체적으로)
 오일을 포함한 교환부품 (구체적으로)
11. 개 조 이 력 : 유·무 (구체적으로)
12. 추가장착 전장품(카용품점 구입품을 포함) :
 유·무 (구체적으로)
 (장착업체명)

2 하니스 화재

불에 타 무참한 상태 속에서 배선의 피복이 완전히 소실되어 노출된 배선구리선이 눈에 띄게 두드러진 것은 하니스 화재로 판정할 수 있다. 피복의 연소온도로는 구리선을 녹일 수 없기 때문에 구리선이 깨끗하게 남아 있는 것이 하니스 화재의 특징이다. 또한 하니스 화재는 피복을 도화선 삼아 서서히 퍼져가기 때문에 시간이 걸리게 되는데, 시간상의 운전자 증언이 중요한 검증정보가 될 수 있다.

3 전장품 화재

화재가 비교적 소규모로 끝나는 경우가 많으며 해당 전장품의 단자 주변까지만 연소되지 하니스로 옮겨가는 것은 부분적이다. 전장품 자체의 발열로 일어나며, 원인인 전장품 자체의 소손·단락 스파크 흔적·용융溶融 흔적·트래킹 흔적tracking : 공중방전으로 재료를 녹아내리게 하는 것이 나타나는 것이 특징이다. 또한 차량 전장품은 좌우에 각각 장착하는 경우가 많아서 피해가 없는 전장품을 수거해 쉽게 비교·검토할 수 있다는 것도 특징이다.

4 배터리 화재

배터리는 큰 전류가 흐르기 때문에 하니스 화재와 달리 짧은 시간에 급속한 화재로 이어지는 것이 특징이므로, 시간대를 운전자 증언으로 확인한다. 또한 단자기둥과 단자기둥 사이에서 트래킹을 일으키는 경우가 있다. 다른 화재에서 발생한 열로 배터리 케이스가 녹아내린 것과 자체 발열로 인해 녹아내린 경우는 용융부위나 좌굴座屈, buckling 모양이 다르다.

5 연료계통 화재

엔진 주변의 발화로 인해 발생하는 것이 특징이다. 연료가 가솔린인 경우는 ① 화재가 짧은 시간에 일어나고, ② 반드시 폭발음을 동반하며, ③ 그을음이 없고(불에 탄 곳이 비교적 깨끗함), ④ 열량이 높기 때문에 열을 직접 받은 철판이 현저하게 산화되어 있으며, ⑤ 폭풍으로 엔진후드를 날려버리거나 크게 변형시키는 등의 특징이 있다.

연료가 경유일 때는 가솔린에 비해 화재 발생률이 매우 낮긴 하지만 ① 화재가 비교적 짧은 시간에 일어나고, ② 폭발음이 동반되는 경우가 있고, ③ 그을음이 비교적 적으며, ④ 열량이 비교적 높기 때문에 열을 받은 철판이 산화되는 경우가 있는 특징이 있다.
무엇보다 특징적인 것은 둘 다 처음에는 흰 연기가 나다 다른 물체로 옮겨 붙는 시점에서 검은 연기로 바뀌기 때문에 운전자의 증언이 매우 중요하다.

6 오일계통 화재

불에 탄 곳이 그을음 때문에 더렵혀져 있고, 함께 연소된 타이어나 플라스틱 제품이 연소되었을 때의 그을음과 구분이 잘 안되지만 오일 화재로 생긴 그을음은 다량의 기름성분이 포함되어 있는 것이 특징이다. 연기는 처음부터 검은 연기를 내기 때문에 이것도 운전자의 증언이 중요하다.

그을음이나 재에서 기름성분을 검출하는 방법으로는 흔히 쓰는 종이컵에 물을 담은 뒤 그 안에 그을음이나 재를 넣었을 때 무지개 색을 띠면 기름성분이 있다고 판단한다. 또 이 기름성분이 어떤 것인지를 알아야 할 때는 전문 분석기관에 의뢰해 **가스 크로마토그래프** 유기 화합물 혼합체 분석기로 질량을 분석하면 그림 2-71~72(89쪽~90쪽 참고)에서 보듯이 가솔린, 경유 등을 정확하게 파악할 수 있다.

7 배기관계통 화재

배기관계통에 연소될 수 있는 물건을 실수로 놓아두면 그 물건이 **탄화**되면서 단단히 눌러붙게 된다. 환원촉매나 소음기로 블로바이 가스가 유입되었을 경우는 장치에 파열이나 파괴 흔적이 남는다. 런온run-on의 경우는 정차한 상태로 얼마만큼이나 연속적으로 작동했는지가 결정적 증거가 되기 때문에 운전자의 증언이 중요하다.

■ ■ ■ 블로바이 가스(blow-by gas)

실린더와 피스톤의 기밀 유지가 불완전하거나 심한 녹 때문에 피스톤 둘레의 일부가 녹아서 크랭크케이스로 분출되어 나가는 많은 양의 열 가스이며, 엔진이 노후되었을 때 특히 많이 발생한다. 또한, 엔진 회전 중에는 피스톤이 내려올 때, 오일 팬에 공기압력이 생겨 가열된 오일을 포함한 가스를 내뿜는데 이것이 블로바이 가스이다. 대기 중에 배출되지 않고 에어클리너에 흡입되어 연소되도록 규제하고 있다.

■ ■ ■ 런온(run-on)

점화스위치를 OFF시켜도 엔진이 가동을 멈추지 않고 한참 동안 계속 돌아가는 상태이다. 연소실에 남아 있는 가스가 열로 연소하며 폭발하는 현상으로 디젤링 현상이라고도 한다.

8 마찰열 계통 화재

타이어의 마찰화재는 타이어로만 끝나는 경우가 많은 것이 특징이다. 하체의 회전체나 미끄럼 운동부분에서 생기는 마찰화재는 금속과 금속이 직접 맞닿은 곳이 발화점이 된다. 또한 금속과 금속이 직접 맞닿은 곳에는 그 금속에 두드러진 흔적(마모된 흔적이나 열에 의한 손상으로 변색)을 남긴다.

05 차량화재 발생의 규칙성

방화나 교통사고에 의한 출동화재는 별도로 치면, 차량은 쉽게 화재가 발생하는 제품이 아니다. 제작회사에서는 그렇게 리스크가 있는 상품은 최중요 보안상품으로 지정해 **안전설계**에 만전을 기하고 있다. 육상운송국 홈페이지에 들어가면 만에 하나 「화재 위험」이 있는 것은 모두 리콜 대상으로 간주되어 사전에 대책이 이뤄지고 있다. 그럼에도 불구하고 매일 30대 가까이 차량 화재가 발생한다는 것은 도대체 어떤 이유에서일까?

원인을 분석해 분류하고 패턴을 보면 거기에 뭔가 **법칙**이나 **규칙성**이 있을 것이다. 현시점에서는 유감스럽게 그런 규칙성이 체계화되어 있지 않다. 다만, 규칙성의 재료가 될 만한 것은 몇 가지 발견되었기 때문에 불완전하지만 소개해 보기로 하겠다.

① 전장품의 추가 설치·개조는 화재 위험성을 안고 있다고 생각해야 한다. 그것이 전문 정비사가 한 일이라도 제작회사의 제조 라인에서 만들어진 배선과는 진동대책이나 배선마무리가 기본적으로 다르기 때문에 하니스 화재나 전장품 화재의 원인이 되기도 한다.
→ 하니스 화재와 전장품 화재인 경우는 추가로 장착한 부품 배선이나 개조부품을 찾을 것!

② 자동차는 진동을 하는 장치이므로 전장품이나 배선은 진동에 약하다는 것을 염두에 두어야 한다. 커넥터나 커플러 등 단자로 이어지는 부분은 진동으로 느슨해질 수 있으며, 플라스틱 배선이나 느슨해진 배선은 진동 때문에 차체나 다른 부품과 간섭을 일으켜 피복파괴로 이어진다.
→ 느슨해진 것은 트래킹 흔적, 피복파괴는 스파크 흔적을 찾아볼 것!

■ ■ ■ 전기는 간극이 있으면 뛰어넘으려고 불꽃을 튀기고 불꽃은 금속재료를 어스 부분으로 옮기는 성질이 있다. 이것은 전기용접 원리와 같다.

③ 좁은 공간에 무리하게 배선을 묶어두면 하니스를 짓눌러 **반단선**半斷線시킬 수 있다. 또한 오래된 배선피복은 노화되어 딱딱하게 마르기 때문에 조금만 건드려도 **반단선**이나 **단락**을 일으킬 수 있다.

→ 반단선·단락은 긴 하니스 쪽 어딘가에 폭죽 같은 용융 흔적이 있다!

■ ■ ■ 반단선이나 단락의 발열은 저항 → 줄(joule)열(전기저항이 있는 도체에 전류를 흘렸을 때 발생하는 열)로 인해 배선 자체에서 발화한다.

④ 배터리를 포함한 고압 1차 쪽 배선에는 큰 전류가 흐른다는 사실을 염두에 두어야 한다. 체험해 보기 위해 배터리 (+)와 (−)단자기둥을 철사 등으로 연결하였을 때 튀기는 불꽃으로 충분히 실감할 수 있다.

→운전자가 단자와 차체를 착각하고 접지를 시켜도 맹렬하게 불꽃이 튀긴다. 또 차체의 접지(−) 연결부분이 느슨해져도 화재가 일어난다.

⑤ 가솔린 화재는 연료계통에서 가솔린이 누출되어 엔진룸 안에 머물러 있는 상태에 불티가 튀기면 폭발하거나 타게 된다. 폭발이나 불꽃으로 화재가 일어나려면 가솔린은 안개형태로 분무되어야 한다. 분무되려면 누출되는 부분이 작고 좁아야 한다. 또 정상 압력에서는 닫혀 있다가 연료압력을 가할 때에 구멍이 열리는 것이 분무하기에 좋은 조건을 이룬다.

→ 무언가와 간섭을 일으켜 작은 바늘구멍을 만들 것 같은 상태는 없는가, 차량 연식이 오래되어 고무호스 노화에 따른 균열이 생기지 않았나, 연결부분이 느슨하지는 않은가 등을 철저하게 조사한다.

→ 가장 좋은 가솔린 연소조건은 가솔린 1 : 공기산소 14.7의 혼합기이다.

→ 도쿄소방청 통계에서도 연료계통 화재는 수입차에 많다고 나와 있다. 확인은 하지 못했지만 수입차는 일본 차량과 비교해 연료 고무호스가 약하다는 평가를 받는데, 나는 구형 차량에서 발생하는 것이 아니겠나 하고 생각한다.

→ 디스트리뷰터는 불씨 발생기라고 생각해도 된다. 불씨가 발생할 때에는 부식가스를 발생시키기 때문에 가스가 새는 구멍이 뚫리게 되면서 그곳이 혼합기가 침입

하는 경로가 된다.

→ 가솔린의 폭발이론은 정확히 머릿속에 담아두도록 한다. 혼합기는 수 만개의 가솔린 입자가 공기에 둘러싸인 상태로 떠다니다가 최초의 입자에 불이 붙으면 이웃한 입자로 계속 옮겨가면서 연쇄 반응적으로 맹렬한 속도로 타들어간다 이것은 **화염전파**라고 하고 그 시간을 **화염전파속도**라고 한다.

■ ■ ■ 가솔린은 그 자체가 폭발하는 것이 아니라 가솔린 입자가 연소되면서 온도가 올라가고 이에 따라 주위의 공기를 급격하게 팽창시키는 것으로 이것을 흔히 폭발이라도 부른다. 따라서 엄밀하게는 공기 팽창이기 때문에 뜨거워진 공기가 상온 공기와 접촉할 때 발생하는 파열음이 폭발음으로 불린다.
일반인은 이해가 어렵기 때문에 탐문할 때는 폭발음은 있었습니까? 정도로 충분하다 → 달리 가솔린이 타는 것(揮發)을 「베이퍼(vapor)」라고 하며, 혼합기와는 엄격하게 구분한다.

⑥ 경유 화재는 대략 가솔린 화재와 유사하지만 다음과 같은 것이 기본적으로 다르다.

a : 화재 발생비율이 압도적으로 적지만 없는 것은 아니다.

b : 불꽃점화방식이 아니기 때문에 불씨 종류는 **전기**가 아닌 다른 것에 기인한다.

c : 디젤 엔진은 가솔린 엔진에 비해 고온으로 올라가는 부분이 많고 온도도 높다. 이것은 압축비가 매우 높기 때문에,

→ 화염전파속도가 낮기 때문에 **폭발음**이 없는 경우가 있다.

→ 가솔린처럼 분무된 경유 입자가 고온부분에 닿아 연소·화염전파되는 경우가 많기 때문에 ⑦ 항에서 설명할 **미스트**mist **화재**가 되는 경우도 있다.

⑦ 오일 화재의 경우는 누출된 오일이 엔진의 고온부분에 닿아서 증발한다. 이 증발 기체를 **미스트**薄霧라고 부른다(미스트 흰 연기). 미스트는 혼합기처럼 다량의 오일 입자로 이루어져 있기 때문에 최초의 입자가 고온부분에 닿으면서 연소되며, 화염전파에 의해 화재가 확대되어 가는 메커니즘은 ⑤ 항에서 설명한 바와 같다

→ 오일은 완전연소하지 않기 때문에 다량의 그을음이 발생한다.

⑧ 배기관계통 화재에서 간과하기 쉬운 것이, 연소하는 장소는 배기밸브와 가까운 배기 다기관 부근에 많다는 것이다.

→ 엔진에 따라서는 400℃ 이상이나 된다. 환원촉매나 소음기에서 미연소 가스가 폭발적으로 연소하는 불씨 종류는 환원촉매나 소음기 내에 머물러있던 불씨를 머

금은 그을음 또는 카본 때문이다.

→ 불붙은 카본이 실린더 연소실에 퇴적되면 데토네이션detonation, 폭발적 연소이 된다.

⑨ 마찰열 화재에 있어서 타이어가 차지하는 비율은 낮지만 없는 것은 아니다.

→ 화재보다 스탠딩 웨이브standing wave, 타이어가 공기압 부족 상태에서 고속으로 운전할 때 접지 부분의 하중개방 쪽에 생기는 파형변형으로, 타이어 온도를 상승시켜 파손을 일으킴나 히트업 세퍼레이션heat-up separation, 타이어 온도가 올라가 일어나는 박리剝離 같은 것이 무섭다.

브레이크 페달을 많이 밟는 것 / 허브 베어링 너트를 너무 조이는 것 / 그 밖에 회전체나 미끄럼 운동체가 어떤 이유로 윤활성을 잃어버려 금속과 금속이 직접 닿았을 때는 마찰열이 발생한다. 이 열은 1000℃ 정도 되기 때문에 다른 물체에 닿지 않아도 복사열만으로도 발화한다.

→ 일단 달아오른赤熱 금속은 냉각되었을 때 보라색으로 변색된다.

그림 2-70. 스탠딩 웨이브로 인한 화재의 모습이다.

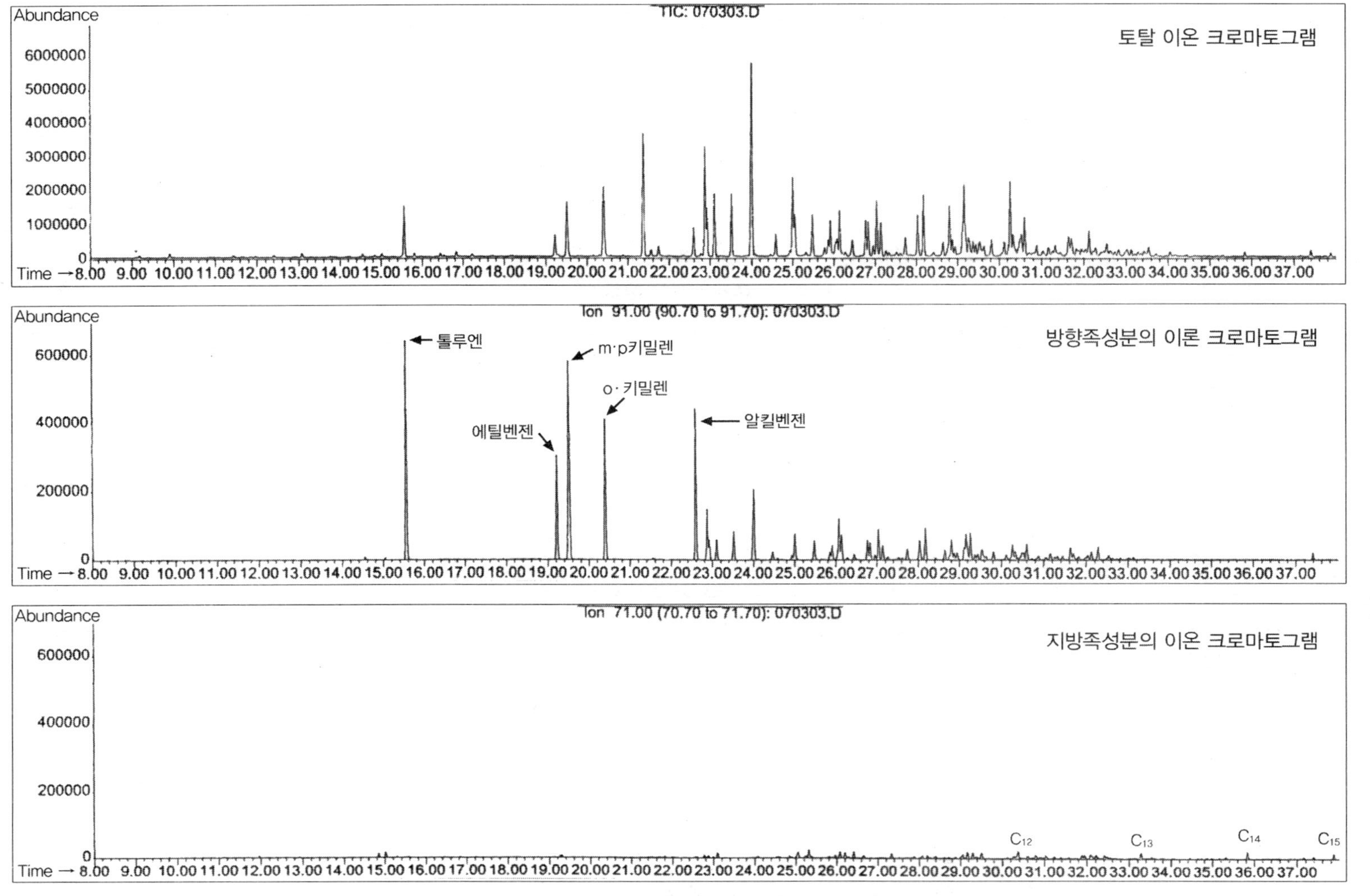

▲ 그림 2-71. 가솔린을 스며들게 한 시트의 연소성분을 가스 크로마토그래프로 질량분석한 결과

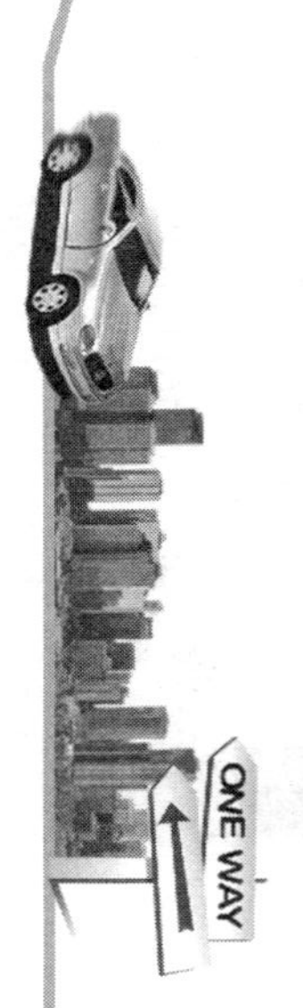

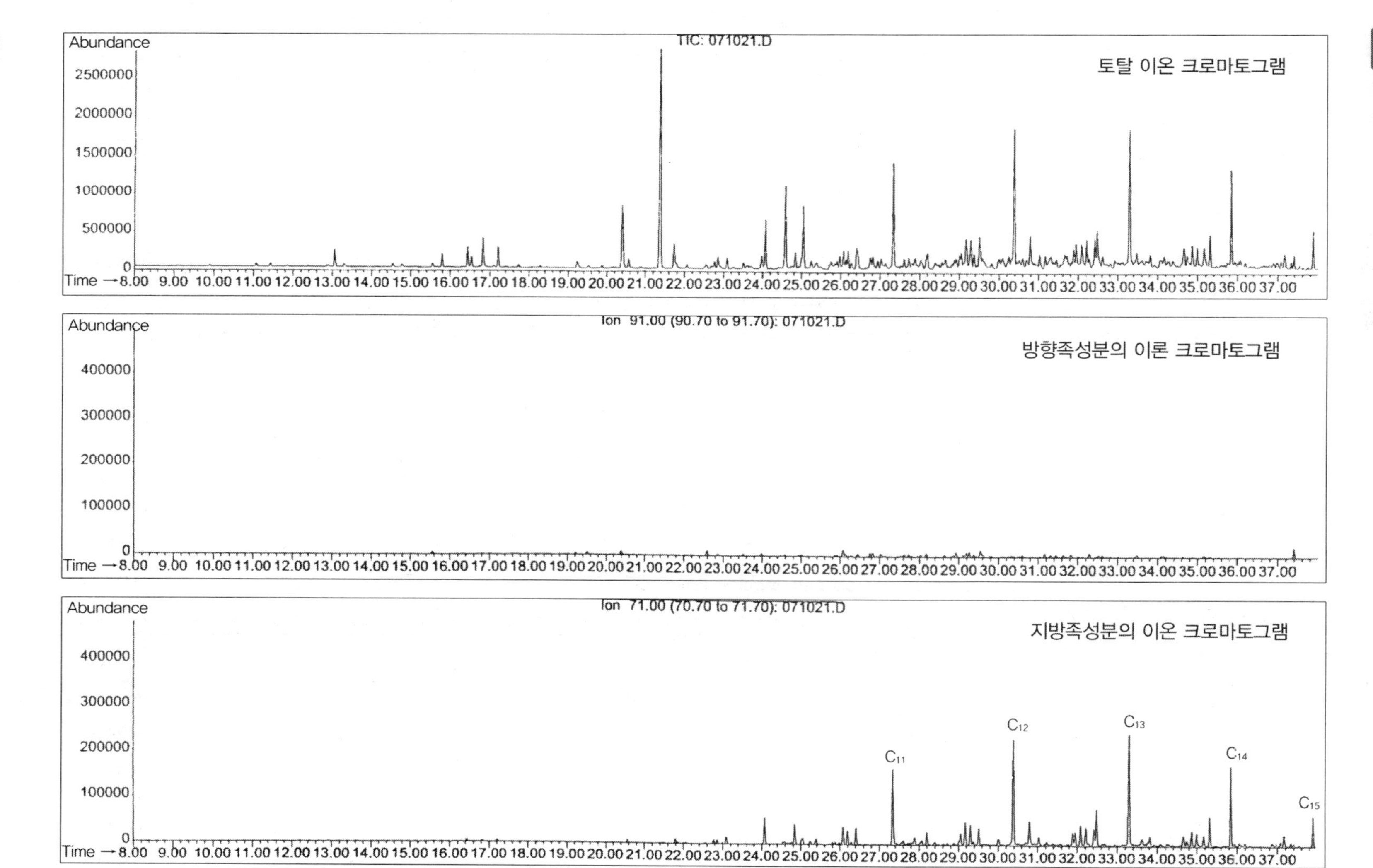

▲ 그림 2-72. 등유를 스며들게 한 시트의 연소성분을 가스 크로마토그래프로 질량분석한 결과

06 차량화재의 현장 조사 방법

1 차체의 연소상태

그림 2-73. 실내 출화의 차체 수열흔

엔진룸과 실내, 트렁크, 범퍼 등의 독립개체의 연소 이동을 살핀다. 차체의 표면 연소는 도장이 연소되는 흔적과 실내 내장재, 타이어 등의 연소에 의한 수열흔적 등으로 관찰될 수 있다. 따라서 자체 연소의 범위와 방향, 화염에 휩싸인 수열흔적 등으로 구분하여 초기 발생된 화염을 판별한다.

차체의 연소 끝단이 뚜렷한 곳은 발화지점에 가깝고(연소 확대가 크지 않은 부분), 경계가 흐린 곳은 연소 확대가 빠른 곳으로 발화지점에서 상대적으로 멀다고 볼 수 있다. 도장된 철판은 도장이 완전 연소되면 부식이 되는 이유로 가장 심한 연소부위가 적갈색을 띠며, 다음 수열부위가 흰색을 띠게 된다.

1) 연소 형상

초기 연소부위는 산소가 충분한 상태에서 국부적으로 연소되기 때문에 비교적 흰색의 완전 연소 형상을 보이며, 나머지 부분은 연기와 함께 불완전 연소에 의해 검게 그을림 형태로 나타난다. 그 정도는 엔진룸 내부의 연소 상태에 의존하는 것으로서 상대적으로 비교 정도가 중요하고, 완전 방치 상태에서 심하게 연소되는 경우는 연소 형상의 판별이 어려운 경우도 있다.

발화지점 이외의 부분이 불완전 연소되었다고는 하나 이보다 충분한 시간을 연소시킬 경우 연기의 배출과 공기의 유동이 자유로운 단계에 가면 역시 초기 발화부 성향의 완전 연소에 이르게 될 것이다. 그때는 연소 정도와 수열 정도 상대적 세기를 면밀히 관찰하여야 할 것이다.

2) 후드hood

엔진룸 후드는 엔진 내부의 초기 연소시 도장의 연소가 국부적으로 일어나 엔진룸 전체로 화염이 번지는 흔적과 구별되는 흔적이 남을 수 있다. 흰색에 가까운 수열흔적을 남기고 연소 경계면이 덜 연소된 곳과 구분되어지므로 발화지점 판별에 도움을 준다. 연소범위의 해석을 위해서는 연소 방향성을 고려하여 화염이 어느 쪽으로 이동되었는지를 고려하여 그 반대쪽이 발화지점과 가까울 수 있다.

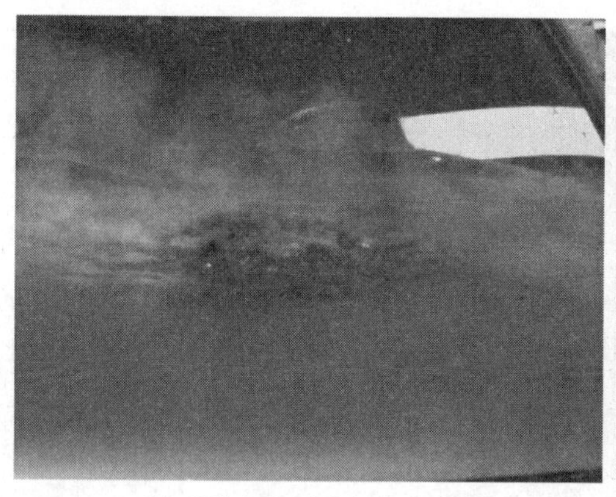

(a) 엔진 부분 발화의 초기 상태

(b) 부분 연소후 진화된 후드 수열흔

그림 2-74. 엔진룸 발화에 대한 후드의 수열흔

2 유리 창문의 형태

1) 비산

밖으로 파열 비산飛散된 흔적 유리가 있는지 바닥을 자세히 검사한다. 1m~10m까지 멀리 비산된 유리가 존재하는 경우 내부 폭발의 증거가 된다. 이때는 문짝이나 트렁크 등의 기밀부가 변형되었는지도 확인한다.

(a) 폭발 순간

(b) 폭발 후 연소(문짝 변형)

그림 2-75. 휘발유 유증(油蒸)에 의한 폭발 순간과 착화 연소

(a) 폭발 순간

(b) 폭발 후 문짝 유리 비산 흔적

그림 2-76. LPG 폭발에 의한 폭발 순간과 유리의 비산 흔적

2) 소락燒落

떨어진 유리 중에 문짝 바로 밑에 대부분 유리 조각이 떨어져 있는데 한 개의 문 밑에만 파편이 없을 경우에 유리 조각이 실내로 들어갔을 것을 의심하면서 내부 검사 때 참고한다. 이때는 연소 전 밖에서 안으로 도구를 이용하여 유리를 깼을 경우를 생각한다.

3) 절개切開

한 점을 기점으로 방사형으로 곧게 뻗은 절개 형태는 한 점에 힘이 가해져 생긴 것으로 외력이 작용되었음을 추정할 수 있다. 반면에 파단면破斷面이 곡선이고 중심이 없는 것은 열에 의한 것으로 볼 수 있다. 그러나 내부에서 화염이 국부적으로 한 점에 작용될 때에는 외력의 작용과 같이 방사형의 절개면이 나타날 수 있음을 상기하여야 한다.

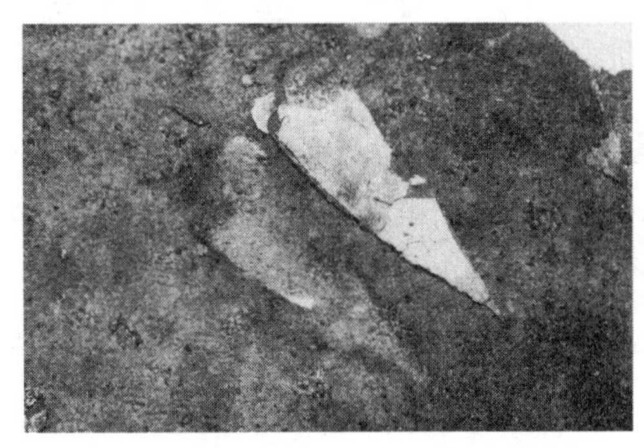

그림 2-77. 외부 충격에 의해 파열되어 바닥에 떨어진 유리조각

그림 2-78. 실제 파열 유리

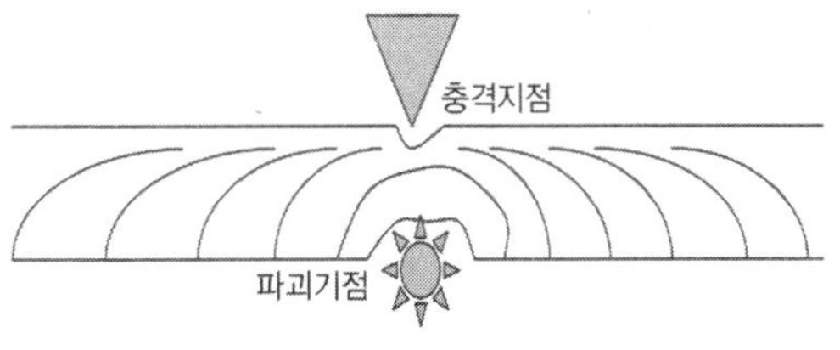

그림 2-79. 유리의 충격과 파괴 도식

3 차량 주변의 수색

1) 용기의 식별

방화의 촉진제나 발화원으로 사용된 도구 등을 남길 수 있으므로 차량을 중심으로 철저히 수색하여야 한다.

2) 족적과 유류물

정상적인 주정차 지역이 아닌 야산이나 범행 후 도주차의 화재일 경우에는 차주와 관계없는 사람의 화재 관련이 있으므로 차를 이동시킨 사람이나 화재를 일으킨 사람의 신원을 위해 일반 감식을 철저히 할 필요가 있다.

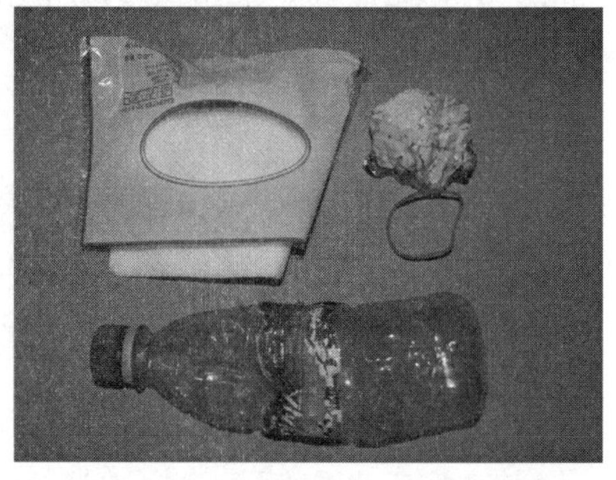

그림 2-80. 화재차량 주변에서 식별되는 방화도구

즉 족적足跡과 윤적輪跡, 작은 유류물 등이 그 대상이다.

4 차량 밑면과 가장자리의 연소물 검사

1) 방화放火의 경우는 촉진제나 가연물의 첨가없이 차체에 불을 붙이기가 용이하지 않기 때문에 인화물질의 촉진제를 사용하거나 주변의 신문지, 광고전단 등을 이용하여 엔진 밑면, 타이어 밑면, 범퍼 밑면 등에 놓고 불을 붙이는 경우가 많다. 이의 연소물은 화재 진압시 소화물에 의해 쓸려나가 주변 가장자리로 밀려나가는 경우도 있고, 범퍼나 엔진 내부의 저융점 금속(알루미늄)이 녹으면서 바닥에 떨어지면서 연소물과 함께 응고되어 연소물 하단에 남는 경우도 있으므로 연소물을 걷어내면서 자세히 검사한다.

2) 엔진룸 내부나 바퀴 상단을 지나는 배선 등에서 발화시 처음 연소를 시작하면서 심하게 연소가 되는 경우 실제 발화부 증거들은 차량 밑면에 떨어지게 마련이다. 따라서 물에 쓸려간 것은 물론 연소물에 눌려 숨은 것 등을 찾아내야 하고 때로는 전조등 배선이나 혼 등 작은 시설물 등은 플라스틱에 엉겨붙어 식별하기 곤란한 경우도 있으니 세심한 주의를 요한다.

5 창문과 문짝의 개폐 여부

1) 문짝의 개방 여부

연소된 후 문짝의 개폐여부는 두 가지 관점에서 검사를 실시한다. 문짝 자체가 개방된 상태에서 연소되었는지 닫힌 상태에서 연소가 진행되었는지를 살핀다. 이는 화염의 확장 연속성과 페인트의 표면 연소 범위를 관찰하면 수열 정도의 차이나 연소 경계면 등에서 구별이 가능하다. 문짝이 개방상태에서 연소된 것이라면 사람이 행위가 개입된 것일 가능성이 매우 높다 하겠다.

그림 2-81과 같이 수열 흔적으로부터 연소의 연속성을 기준으로 연소 당시 문짝의 위치를 판별할 수 있을 것이나 바닥을 치우지 않았다면 문짝의 연소물 낙하 위치를 확인할 수 있어서 문짝 위치를 구체적으로 판별할 수 있을 것이다.

(a) 문짝과 뒤 차체의 연소가 불연속　　(b) 문짝이 개방된 상태에서 연소흔

그림 2-81. 앞문짝이 열린 상태의 차량 연소흔

2) 도어 록의 잠금 여부

또 문짝 자체의 개방은 아니라도 도어 록이 잠긴 상태인지 열린 상태인지를 검사하여야 한다. 열린 상태에서는 역시 연소 전 사람의 착화 행위가 용이하다고 볼 수 있기 때문이다.

심한 연소 후 도어 록의 잠김 여부를 판별하는 것이 쉬운 일은 아니나 연소 정도에 따라 문짝 내부의 누름스위치 위치를 판별하거나 매우 심한 연소일 때는 도어 록 뭉치를 분해하여 정밀 검사를 하여야 한다.

(a) 도어 록의 위치 변형상태(위)
(b) 도어 록의 연소시 위치 열림(아래)

그림 2-82. 연소로 그을린 오염 상태로 도어 록의 위치 판별

3) 유리의 상태

연소 후 유리가 소실되면 유리창의 위치를 판별하기는 쉽지 않으나 문짝 틀에 남아 있는 유리의 진해 위치나 문짝 내부의 유리 가이드홈 위치 등을 분석하여 화재 당시 유리의 위치를 확인한다. 유리의 상태를 확인하는 것은 차량 잠금시 유리가 모두 닫히지 않은 상태라면 사람의 접근이 용이할 뿐 아니라 연소시 실내 연소 시간 해석에도 주요 인자가 되기 때문이다.

창문이 개방과 그렇지 않은 경우는 내부 폭발 시에도 차량의 변형에도 영향을 미친다. 즉, 문짝이 모두 닫힌 경우에는 내부의 폭발 압력이 균등하게 작용되어 창문이 깨지기 보다는 문짝 전체가 밖으로 밀려나면서 내부 압력을 해소하게 된다.

그러나 문짝 중 어느 곳의 유리가 일부 개방될 경우에는 내부의 동압動圧이 개방 공간으로 집중되면서 일부 개방된 유리를 모두 파열시키면서 압력이 해방된다.

6 실내

실내에서 발생되는 화재는 실내 배선에서의 합선 가능성도 있지만 대부분은 담뱃불에 의한 실화나 방화가 주를 차지한다. 그리고 차의 문이 밀폐된 경우에는 어떤 이유에 의해 발화가 되더라도 바깥 공기와의 통로를 만들지 못하면 자연 소화되는 경향을 보인다. 그러나 대시보드 등 가연물이 충분하고 유리와 근접한 경우는 유리에 초기 화염이 직접 닿으면서 유리를 파손시키면 화재는 커질 수 있다.

1) 도난품 여부

소실된 차량의 실내에서 연소의 흔적 중, 고가의 물건 존재 여부를 차주에게 확인한다.

2) 시동키 삽입 여부

주로 교통사고 후의 화재나 주차 중 사람이 승차한 상태에서 사망한 경우에 시동키의 행방은 중요한 수사의 단서가 될 수 있다.

화재시 시동이 켜 있었는지에 대한 판별도 시동키로 확인할 수 있다. 시동이 켜진 상태에서의 화재원인 조사는 그만큼 특이성을 가지는 것은 물론이다.

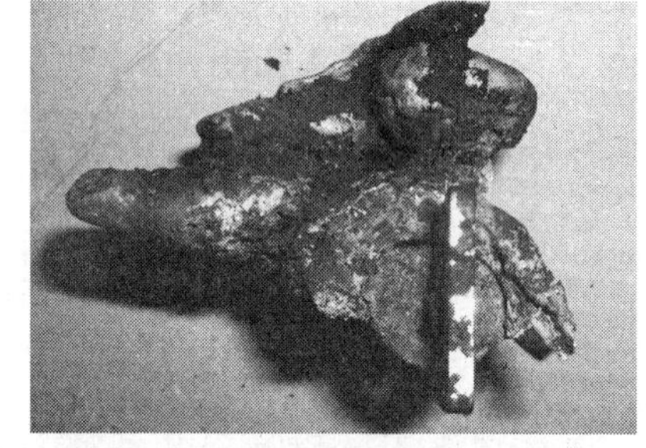

(a)전소된 차량 바닥에 유류된 키박스

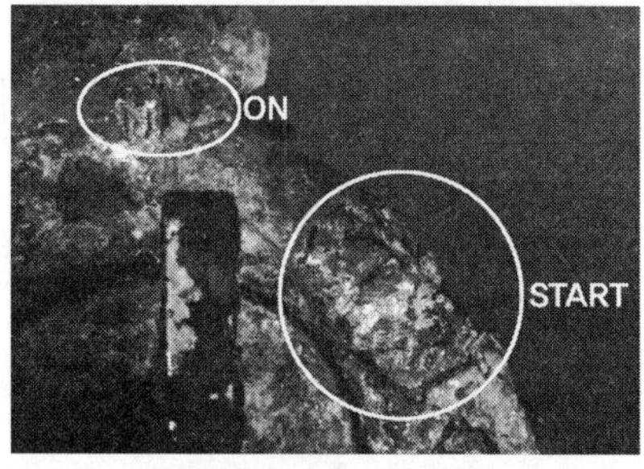

(b) 키 위치와 식별 문자

그림 2-83. 변형된 시동키에서 위치 식별

3) 바닥 검사

화재 차량 바닥에 깔려있는 잔유물을 세심히 관찰하게 되면 초기 연소 정보 존재를 파악할 수 있는 실마리를 찾을 수 있다.

4) 자연소화

대부분 자연소화성 화재는 담뱃불이나 내부 전기배선에 의해 발화된 후 차의 기밀이 유지된 상태에서 발생되고 소화 작업이 필요없기 때문에 연소부위의 연소 잔유물을 매우 세밀하게 검사할 수 있다. 건드리면 흩어질 정도의 재라도 세심하게 관찰하면 담배꽁초의 잔해나 작은 단락 배선(천장에서 떨어진) 등을 찾을 수 있다.

그림 2-84. 면장갑 착화후 밀폐공간의 자연소화 후 흔적

7 트렁크

트렁크에서 발화될 가능성은 많지 않으나 차종에 따라 배터리가 트렁크에 장착된 것도 있어서 배선의 시작이 될 수 있다. 또 목격자 진술 중 '펑'소리의 정체도 트렁크 속의 스프레이 통 등에 기인될 수 있으므로 내부의 연소물에 대하여 검사할 필요가 있다.

8 타이어

타이어에 직접 착화시키는 것은 어려우나 차체가 연소되면서 타이어에 착화되기는 쉽다. 연소 중 파열되면서 폭음을 발생시킨다. 촉진제를 사용하는 경우 타이어 밑의 흙은 연소되지 않고 인화물질이 흡수되어 있어 증거로 발견되기 쉽다. 아스팔트의 경우에는 석유류 인화물질이 흡수되면 연화되어 그 징후를 잘 나타낸다.

타이어는 차체의 측면 중 가장 양호한 가연물로서 가연성이 상대적으로 좋지 않은 차체로의 연소 전이보다 타이어 한 곳이 계속 탈 수 있으므로 국부적 수열 형태가 나타날 수 있기 때문에 발화지점과 혼동하지 말아야 한다.

9 밑면

1) 연료라인

밑면의 주요 구조는 연료라인과 배기관이다. 화재의 종류에 따라 연료라인의 파손이나 연료통 파열 여부는 차를 리프트로 들어올려 검사한다.

2) 배기관

배기다기관에 연결된 삼원촉매장치 소음기 등에서 불완전 연소에 의한 착화 가능성을 고려하여 가연물 부착이나 설치부의 가연물 상태를 관찰한다.

07 차량화재의 특성과 현장조사 유의점

1 차량 화재의 특성

1) 차량은 동력전달계통, 전기전자계통, 연료공급계통, 배기계통 등 복잡한 계통과 계통이 유기적으로 연결되거나, 연동되는 장치라 할 수 있다. 따라서 계통에 대한 전문적인 지식 없이는 화재 원인의 조사가 불가하므로, 차량 각 계통의 구조적 이해는 조사에 있어서 필수 불가결한 요소라 할 수 있다.

2) 차량의 연료, 시트 등은 화재의 비중이 높고, 외기에 개방된 상태인 연료 지배형 화재의 특성을 보인다. 따라서 초기에 진화되거나 자연 소화되지 않은 경우를 제외하면 대부분의 가연물이 전소 유실되고, 구조물이 심하게 열 변형을 일으켜 발화지점 및 발화원인의 검사가 불가능한 경우가 많다.

3) 차량은 운행중 상시 진동을 발생하며, 시동 모터 및 예열선 등 대전력 기기의 사용이 빈번하며, 다양한 부착물 및 이들의 변·개조가 용이하므로, 이러한 구조적 특수성에 의한 발화원에 상시 노출되어 있다고 볼 수 있다.

4) 차량은 개방된 공간에 존치되는 특수성에 의해 사회적 불만이나 주차 불만을 가진 자가 불특정한 방법으로 방화할 수 있으며, 차량 자체 및 고가 장식품 등이 절도의 대상물이 되고, 절도 행위의 은폐를 목적으로 방화할 수 있다.

2 현장조사의 유의점

1) 차를 함부로 이동시키지 않는다.

차량의 연소형태 해석은 연소 잔유물과 차체 등을 종합하여 하는 것이 합리적이다. 그 지역의 풍향과 지형 등도 고려 대상이다.

2) 주변 청소를 하지 않는다.

소방서에서 물을 뿌리고 난 다음 연소 정보는 물에 쓸려 도로 가장자리 등으로 밀려난 상태이다. 청결하고픈 생각만으로 이를 치우는 것은 증거를 잃어버리는 것이다.

3) 작은 것도 소홀히 취급하지 않는다.

실제로 발화를 일으킨 부품이나 도구는 상대적으로 심하게 탈 수 있고 따라서 연소 정도가 심하여 현장에서 소홀히 취급될 수 있다. 현장에서 확인할 수 없는 발화 가능성에 대하여 감정 등이 필요할 것을 대비하여 모두 수거하여 모아둔다.

3 현장에서 일어나는 특이점

1) 차량의 전기 장치

엔진룸이나 계기판 등 배선이 지나는 부분에서 화재가 발생되는 경우 키를 뽑은 상태라 하더라도 연소 도중에 스위치 선간의 단락이 일어나 스위치를 연결한 효과를 가져옴에 따라 와이퍼 작동, 경음기 작동, 라이트 작동, 시동 켜짐 등의 현상은 자연스러운 과정이다. 따라서 목격자에 의한 경음기 소리 들림이나 시동소리 등에 대하여는 이 과정을 참작하여야 한다.

2) 차량의 이동

화재에 의해 키박스 스위치선이 단락되어 시동이 켜지면 특히 기어가 물린 상태에서는 연소 도중 앞으로 또는 뒤로 진행될 수 있음을 유의하여야 한다.

특히 디젤엔진의 경우에는 시동이 꺼지기 전에 언덕을 등판하기도 한다.

3) 폭음

둔탁한 소리로는 실내가 타면서 유리가 파열되는 소리가 '퍽' 소리가 나게 되고, 타이어에 불이 붙어 파열되거나 트렁크 내부에 부탄가스통 또는 분무용 용기가 있을 경우 강한 파열음을 내게 된다. 이런 파열음은 목격자의 진술에서 그 정황을 해석하는데 도움이 된다.

이상과 같이 화재현장 중 하나인 차량화재를 조사하기 위한 기본적인 지식과 방법론을 소개하였다. 좀 더 전문적인 조사 기술을 위해서는 차량 구조에 대한 이해의 깊이를 더하고 LPG 또는 LNG차량의 특징이나 하이브리드, 전기 자동차, 차종별 구조 특징 등을 공부하고 차량방화, 차량화재변사, 차량화재 심리학 등의 유형에 대해서도 지속적으로 더 많은 공부와 연구가 심각하게 요구되는 실정이다.

Automobile Fires

제3편

차량 화재의 예방 정비

방심에서 오는 정비 실수

01 정비 실수가 잦은 부위와 발생 빈도

1 자동차 정비시에 곧잘 일어나는 정비 실수

「차량화재의 원인분석 리포트」를 연재해 오는 동안 여러 패턴(화재분류)의 사례(47건)를 소개했다. 이로써 차량화재 분류는 대부분 망라하였다고 생각한다.

그림 3-1. 큰 폭발을 동반한 연료계통 화재(가솔린 자동차)의 예

차량화재의 원인을 분석하는 연구는 깊이가 있어서 앞으로도 계속해서 연구 테마로 삼아가야 할 소재다. 차량화재는 발화원인이 같더라도 차량 구조나 기능에 따라 다양한 현상(피해상황)을 띠기 때문에 최대한 많은 연구대상 물건을 다루어봄으로써 더 정확도 높은 분석 기술을 개발하고 싶다는 생각이다.

연재를 하는 동안에 실제로 참관하여 검사한 연구대상 물건은 150건 이상이었다. 47건을 발표하는데 그쳤지만 오일필터의 이중 패킹, 배터리 연결실수, 터보차저의 장착실수, 트럭 허브베어링의 간극불량 등, 같은 원인으로 인해 발생한 것은 대표적인 사례만 1~2건 소개했다.

그 밖에 유족의 심정을 헤아려 발표를 삼가 한 것이나 분명한 범죄행위로 경찰이 수사 중인 것, 재판이 진행 중인 것, 교통사고 과실비율을 다투는 등의 사례가 있지만, 나의 리포트로 인해 불이익을 받는 사람이 있어서는 안 되기 때문에 게재를 삼가 한 것도 있다.

따라서 차량 실내에 가솔린을 뿌리고 자살, 회사 트럭을 여러 대 갖고 나가서 방화, 연료호스에 구멍을 뚫어 연료계통 화재를 노린 사건, 정비 불량으로 화재가 났는데 우리 쪽에는 책임이 없다고 주장한 사건, 상대의 위험한 운전으로 충돌·화재가 났기 때문에 상대에게 100% 책임이 있다고 주장하는 사건 등의 이유로 소개하지 못한 사례도 몇 건 있었다는 사실을 알리는 바이다.

차량화재를 연구하다 보면 피해를 당한 사람에게는 "차량화재는 바로 결함이 있는 자동차"라는 고정관념이 있어서 화재가 일어나면 가장 먼저 판매 대리점 쪽에 항의를 하는 것이 일반적이다. 그러나 차량의 제작책임은 자동차 제작회사에 있기 때문에 결함이 있는 자동차라는 의심이 있을 경우에는 직접 제작회사의 조사를 의뢰할 것을 권하는 바이다. 제작회사는 이런 것을 담당하는 부서가 갖춰져 있기 때문에 납득이 가는 설명을 얻을 수 있을 것이라 생각한다.

사례를 소개했듯이 차량화재의 원인이 되는 결함 차량은 매우 드물다. 대개는 방화, 배선 피복·고무호스의 노화, 아마추어에 의한 배선, 정비업체가 한 경정비, 정비공장에서 실시한 차량검사 정비·고장수리 등이다. 그 중에서도 빈도가 높은 것은 사고 직전에 한 정비실수이다.

대체 자동차의 어디를 어떤 정비를 할 때 실수를 범할까? 하는 의문이 들었다. 이것은 정비실수 자체에 관해 한번 조사해볼 필요가 있을 것 같았다. 그것도 결과적으로 차량화재로 이어진 것만 한정하지 않고 엔진 손상이나 바퀴가 빠지는 사고 등 실제로 손해(피해)로 이어진 정비실수 전체를 파악하지 않으면 의미가 없다고도 생각했다.

이런 동기로 인해 정비에 관한 자료를 조사하거나 제작회사나 정비공장의 지인에게 물어보기도 했지만 정비실수의 종류나 빈도를 통계적으로 처리한 것이 어디에도 없다는 사실을 알았다. 없다는 것을 알면 더 알고 싶어지는 것이 엔지니어의 습성으로, 집요하게 찾아다니기에 이르렀다.

이럴 때 우연히도 어느 자동차 제작회사가 정비사의 정비기술 지도를 위해 제작한 정비사의 정비실수 보고 사례를 볼 수 있었다. 그러나 이것은 393페이지에 걸친 막대한 데이터일 뿐만 아니라 극비 정보로 다루어지는 대외비였다.

어떻게든 입수하고 싶어서 간곡히 부탁했더니 몇 년 전 데이터라도 괜찮나? 정비실수 건수는 현재의 배나 된다. 다만 이것을 다른데 보이는 것은 안 된다. 또 자료를 복사해서도 곤란하다는 조건 하에 메모만 하기로 하고 열람할 수 있었다. 그 메모를 토대로 통계를 만들고 나서야 비로소 전체 모습이 대략적으로 갖추어졌다. 다만 이것은 특정 제작회사의 지정정비업체에서 발생된 정비실수로서, 자동차 정비 전체를 가리키는 것이 아니라는 사실을 이해해 주기 바란다.

표 3-1. 정비실수가 많은 자동차 부위

부 위	합 계	내 역			
		세단	1박스	4WD	소형 트럭
냉각장치	74	20	21	29	4
타이밍 벨트 관련	67	12	33	15	7
윤활장치	48	26	13	8	1
동력전달 장치	28	13	4	7	4
타이어/휠	27	3	1	17	6
조향장치 관련	27	26	0	1	0
실린더 헤드 조립	21	3	8	8	2
변속기 관련	12	9	1	1	1
브레이크 관련	9	6	0	3	0
연료분사 장치	9	1	6	2	0
흡배기장치(터보차저 포함)	9	4	1	3	1
와이퍼	6	5	1	0	0
전장품	6	2	1	2	1
유리창	6	4	1	1	0
안테나	6	5	1	0	0
축 관련	5	1	1	1	2
옵션	4	3	0	1	0
크랭크축 조립	3	0	3	0	0
현가장치	3	2	0	1	0
배터리	2	2	0	0	0
밸브장치	2	2	0	0	0

표 3-2 ①. 구체적인 정비실수와 피해 상황

부위	내용	차종				계
		세단	1박스	4WD	트럭	
냉각장치	• 냉각수 배출 파이프 개스킷 조립불량에 의한 내부 단락	1	0	0	0	1
	• 물 펌프 장착불량에 의한 과열	1	0	0	0	1
	• 물 펌프 누수를 보지 못하여 과열	0	2	0	0	2
	• 냉각수 부족으로 과열	2	1	0	0	3
	• 냉각수를 교환할 때 공기배출 불충분으로 과열	4	0	5	0	9
	• 부동액 농도조정 불량으로 동결	0	0	1	0	1
	• 수온조절기 개스킷 장착불량으로 과열	1	0	2	0	3
	• 수온조절기 불량을 보지 못하여 과열	0	1	0	0	1
	• 히터호스 장착불량으로 누수로 인한 과열	1	1	1	1	4
	• 라디에이터 코어가 막힌 것을 보지 못하여 과열	2	0	0	0	2
	• 라디에이터 드레인 플러그의 체결누락·체결불량으로 인한 과열	2	1	7	0	10
	• 라디에이터 호스 장착불량으로 누수로 인한 과열	2	6	3	0	11
	• 라디에이터 호스 밴드 장착위치 잘못으로 누수로 인한 과열	3	0	7	1	11
	• 라디에이터 호스 밴드 불량품 사용으로 누수로 인한 과열	0	0	0	1	1
	• 라디에이터 캡 체결누락으로 과열	0	5	2	1	8
	• 전동 팬 고장을 보지 못하여 과열	1	0	0	0	1
	• 팬벨트 장착 볼트 체결누락·이탈로 인한 과열	0	1	0	0	1
	• 보조 물탱크 캡 체결누락으로 누수로 인한 과열	0	2	1	0	3
	• 공구정리 실수로 라디에이터가 파손되면서 누수로 인한 과열	0	1	0	0	1
	계	20	21	29	4	74
타이밍벨트	• 크랭크축 엔드 풀리 장착볼트 체결불량으로 크랭크축 파손	4	23	3	4	34
	• 타이밍 벨트 아이들러 장착볼트 체결불량으로 중요부품 파손	4	7	0	3	14
	• 타이밍 벨트 텐셔너 장착볼트 체결불량으로 볼트가 부러짐	4	2	0	0	6
	• 타이밍 벨트 교환 부주의로 밸브·피스톤 파손	0	1	8	0	9
	• 커버 개스킷 장착 부주의로 엔진 등 파손	0	0	4	0	4
	계	12	33	15	7	67
윤활장치	• 오일필터의 이중패킹으로 오일이 누출되어 배기관 화재발생	3	3	0	0	6
	• 오일필터 이중패킹으로 오일이 누출되어 엔진이 눌어붙음	4	1	1	0	6
	• 오일필터 체결불량으로 오일이 누출되어 엔진이 눌어붙음	1	1	1	0	3
	• 오일 팬 드레인 플러그 체결불량으로 오일이 누출되어 엔진이 눌어붙음	3	1	2	1	7
	• 오일 주입을 잊어버려 엔진이 눌어붙음	2	1	0	0	3
	• 오일 보충을 잊어버려 엔진이 눌어붙음	5	0	2	0	7
	• 오일필러 캡 장착불량으로 오일이 누출되어 차량화재 발생	1	0	0	0	1
	• 오일필러 캡 장착불량으로 오일이 누출되어 엔진이 눌어붙음	1	1	0	0	2
	• 엔진 각 부분의 실에서 오일이 누출되어 차량화재 발생	2	2	0	0	4
	• 엔진 각 부분의 실에서 오일이 누출되어 엔진이 눌어붙음	1	0	0	0	1
	• 오일레벨 게이지를 끼우지 않아 오일이 누출되어 엔진이 눌어붙음	1	0	0	0	1
	• 오일펌프 수리 부주의로 엔진이 눌어붙음	2	2	2	0	6
	• 오일 스트레이너 패킹 파손을 보지 못해 엔진이 눌어붙음	0	1	0	0	1
	계	26	13	8	1	48

부위	내 용	차종				계
		세단	1박스	4WD	트럭	
윤활장치	• 트랜스퍼 오일 실 장착불량으로 오일이 누출되어 트랜스퍼 파손	1	0	0	0	1
	• 트랜스퍼 오일을 넣지 않아 트랜스퍼가 눌어붙음	0	0	3	0	3
	• 트랜스퍼 드레인 플러그 체결불량으로 오일이 누출, 트랜스퍼가 눌어붙음	1	0	1	0	2
	• 클러치 디스크 장착불량으로 디스크 파손	1	0	0	0	1
	• 토크컨버터 장착 볼트 체결불량으로 오일이 누출되어 변속기 파손	1	0	0	0	1
	• 종감속기어 오일을 넣지 않아 기어가 눌어붙음	4	0	0	0	4
	• 종감속기어 드레인 플러그 체결불량으로 기어가 눌어붙음	0	2	0	0	2
	• 구동 피니언 코킹을 잊어버려 종감속 기어 파손	0	0	0	1	1
	• 구동축 장착 부주의로 클러치가 미끄러짐	1	0	0	0	1
	• 구동축 장착 불량으로 축이 빠짐·손상	2	0	0	0	2
	• 구동축의 볼트 장착불량으로 오일이 누출 됨	1	0	0	0	1
	• 구동축 탈착 실수로 축 파손	1	0	0	0	1
	• 플랜지 장착 볼트 체결불량으로 추진축 손상	0	2	1	0	2
	• 오일 실을 손상시켜 오일이 누출되면서 추진축 손상	0	0	1	0	1
	• 센터 베어링 장착 부주의로 추진축 손상	0	0 0	1	2	3
	• 사이드 기어 베어링 장착 불량으로 변속기 파손	0	4	7	0	1
	계	13	4	7	4	28
타이어/휠	• 허브 너트 체결 부주의로 바퀴가 빠짐·하체 손상	3	1	13	0	17
	• 허브 너트 체결 불량으로 허브 볼트가 부러짐	0	0	4	0	4
	• 허브 베어링 그리스가 부족해 눌어붙음	0	0	0	1	1
	• 허브 베어링 조정 부주의로 눌어붙음	0	0	0	4	4
	• 허브 베어링 조정 부주의로 차량화재 발생	0	0	0	1	1
	계	3	1	17	6	27
조향장치	• (리콜)로어 암 볼트 장착 부주의로 빠지면서 주행이 안 됨	18	0	0	0	18
	• (리콜)로어 암 볼트 장착 부주의로 빠지면서 하체가 손상	7	0	0	0	7
	• 로어 암 볼트 장착 부주의로 빠지면서 하체 손상	0	0	1	0	1
	• 타이로드 엔드 너트 장착을 잊어버려 조종이 안 됨	0	0	1	0	1
	계	25	0	2	0	25
실린더헤드조립	• 캠축 장착불량으로 베어링 부분 손상	1	0	0	2	3
	• 캠축에 이물질이 들어가 베어링 부분 손상	0	0	1	0	1
	• 헤드커버 개스킷 장착불량으로 오일이 누출되어 엔진이 눌어붙음	1	0	0	0	1
	• 헤드개스킷을 교환할 때 이물질이 혼입, 분사펌프 파손	0	1	0	0	1
	• 헤드개스킷의 손상을 보지 못해 물이 새면서 과열	0	0	3	0	3
	• 실린더 헤드의 변형을 보지 못해 물이 새면서 과열	1	0	1	0	2
	• 실린더 헤드의 밸브사이의 균열을 보지 못해 파손	0	0	1	0	1
	• 실린더 헤드의 조립 부주의로 실린더 헤드 파손	0	2	1	0	3
	• 실린더 헤드의 조립 부주의로 물이 새면서 과열	0	3	0	0	3
	• 밸브 가이드 압입작업 불량으로 실린더 헤드 파손	0	2	0	0	2
	• 실린더 블록과의 가이드 핀 삽입부족으로 유로가 막힘, 캠축 파손	0	0	1	0	1
	계	3	8	8	2	21

표 3-2 ②. 구체적인 정비실수와 피해 상황

부위	내용	차종 세단	1박스	4WD	트럭	계
변속기	• AT 장착불량으로 오일이 새면서 변속기가 눌어붙음	1	0	0	0	1
	• ATF 공급량 부족으로 변속기가 눌어붙음(양을 점검하지 않음)	0	1	0	0	1
	• ATF를 넣지 않아 변속기가 눌어붙음(교환할 때)	3	0	0	1	4
	• 드레인 플러그 체결불량으로 오일이 새면서 변속기가 눌어붙음	5	0	1	0	6
	계	9	1	1	1	12
브레이크	• 브레이크 캘리퍼 장착불량으로 볼트가 빠지면서 하체 파손	3	0	3	1	7
	• 브레이크 마스터 실린더 장착불량으로 추돌	2	0	0	0	2
	• 브레이크 오일 배관 장착불량으로 오일이 누출되어 차량이 더러워짐	1	0	0	0	1
	계	6	0	3	1	10
연료분사장치	• (리콜)분사노즐 O링 재사용으로 압력이 새면서 차량화재 발생	1	0	0	0	1
	• 분사펌프 개스킷 장착 부주의로 펌프 파손	0	3	0	0	3
	• 분사펌프 커버 장착 너트 체결불량으로 연료가 누출되어 시동 불가	0	1	0	0	1
	• 분사펌프를 수리할 때 이물질이 들어가 펌프 및 노즐 파손	0	2	0	0	2
	• 연료 커플링을 체결하지 않아 빠지면서 엔진 파손	0	0	1	0	1
	• 연료 리턴 호스 장착불량으로 연료순환 회로가 막힘	0	0	1	0	1
	계	1	6	2	0	9

표 3-2 ③. 구체적인 정비실수와 피해 상황

부위	내용	차종 세단	1박스	4WD	트럭	계
흡배기장치	• 흡기다기관에 이물질 혼입되어 엔진이 손상(터보차저 포함)	1	1	1	2	5
	• 배기다기관에 헝겊을 놓아두어 차량화재 발생	1	0	0	0	1
	• 에어클리너에 헝겊을 놓아두어 엔진이 파괴	0	0	1	0	1
	• 머플러 결속 밴드 체결을 잊어버려 머플러가 빠짐	1	0	0	0	1
	• 터보차저 교환 부주의로 차량화재 발생	1	0	0	0	1
	계	4	1	2	2	9
와이퍼	• 와이퍼 암·고무 장착불량으로 앞 유리 손상	5	2	0	0	7
	계	5	2	0	0	7
전장품	• 카 내비게이션 장착불량으로 내비게이션 파손	1	1	0	0	2
	• 카 내비게이션 장착불량으로 내비게이션이 불에 탐	0	0	1	0	1
	• 카 내비게이션과 레이더 장착 부주의로 단락, 화재 발생	1	0	0	0	1
	• 교류발전기 장착 부주의로 배터리 방전	0	1	0	1	2
	계	2	2	1	1	6
유리창	• 유리를 교환할 때 카울 벤틸레이터 클립 손상	1	0	0	0	1
	• 유리 장착불량으로 비가 새면서 전장품이 물에 젖음	3	0	0	0	3
	• 부적절한 유리연마기 사용으로 유리 전체에 찰과상이 생김	0	1	0	0	1
	계	4	0	0	0	5

부위	내 용	차종				계
		세단	1박스	4WD	트럭	
안테나	• 안테나 장착불량으로 비가 새 내비게이션 등이 물에 젖음	5	0	0	0	5
	• 안테나 장착불량으로 봉이 빠지면서 유리에 상처가 남	0	1	0	0	1
	계	5	1	0	0	6
축관련	• 프리로드 조정불량으로 차축 베어링이 눌어붙음	1	0	0	0	1
	• 하우징과 휠 체결불량으로 바퀴가 빠짐	0	1	0	0	1
	• 축 베어링의 그리스 부족으로 눌어붙음	0	0	1	0	1
	• 베어링 고정너트를 잠그지 않아 축이 빠짐	0	0	0	1	1
	• 차축 장착 부주의로 축이 빠짐	0	0	0	1	1
	계	1	1	1	2	5
옵션	• 스키 캐리어 장착불량으로 보디 손상	1	0	0	0	1
	• 후방 탐지기 배선 실수로 물이 새면서 적재물이 물에 젖음	1	0	0	0	1
	• 커튼레일의 구멍을 잘못 내 물이 샘	0	1	0	0	1
	• 스포일러 장착 청소 불량으로 녹이 생김	0	0	1	0	1
	계	2	1	1	0	4
크랭크축조립	• 오일 실 장착불량으로 오일이 새면서 엔진이 눌어붙음	0	2	0	0	2
	• 메인 베어링 캡 장착불량으로 엔진이 눌어붙음	0	1	0	0	1
	계	0	3	0	0	3
현가장치	• 공기 현가장치 차량의 취급 부주의로 휠이 손상됨	1	0	0	0	1
	• 휠 얼라인먼트 조정불량으로 타이어 파열 발생	1	0	0	0	1
	계	2	0	0	0	2
배터리	• 배터리 전해액을 과다주입으로 액이 새면서 도장을 부식시킴	1	0	0	0	1
	• 배터리 장착 불완전으로 떨어지면서 차량화재 발생	1	0	0	0	1
	계	2	0	0	0	2
밸브장치	• 기어 장착 불량으로 엔진 파손	1	0	0	0	1
	• 밸브 오일배관 유니언 너트 체결 누락으로 오일이 새면서 차량화재 발생	1	0	0	0	1
	계	2	0	0	0	2

2 자동차 정비처

차량 정비가 이루어지는 곳을 설명하면,

① 소유자 자신이 하는 경우

② 카센터에서 하는 경정비(최근에는 차량검사 대행을 맡아서 해주는 곳도 많다)

③ 카 용품 판매점이 하는 경정비(카 용품 취급 포함)

④ 자동차 정비공장

⑤ 제작회사 계열의 지정정비업체 정도로 파악된다.

3 정비의 종류

또 자동차 정비의 종류를 열거하면,

① 자가 점검정비(승용차는 개인, 영업용 트럭·버스는 자격을 갖춘 정비사)

② 차량검사 정비

③ 신규 차량 구입에 따른 무료 서비스로 이루어지는 점검정비

④ 각 정비업체가 고안해 상품화한 유료점검 정비

⑤ 고장수리(교통사고 복구나 엔진 상태가 이상해서 봐 달라는 수리 등)가 대부분일 것이다.

4 실수가 많은 정비 개소

표 3-1은 어느 제작회사 계열의 지정정비업체에서 조사한, 정비실수가 많았던 부위를 나타낸 것이다. 조사기간은 1년간으로, 이 제작회사는 중·대형 트럭은 만들지 않는다. 또 연간 1건의 부주의 실수는 할애했다.

자동차 부위를 분류하는 것은 매우 어렵다. 가장 간단한 것은 엔진과 그 밖의 것으로 분류하는 방법이지만, 이래서는 무슨 분류인지 알 수가 없고, 제작회사가 부품을 관리하기 위해 분류하는 것은 너무 자세한 부품 검색 시스템답게 단품 위주로 나열되어 있어서 일상적으로 사용하는 단어가 나오지 않는다. 그러다가 한 가지 방법을 찾았는데, 갖고 있던 자동차 메커니즘을 해설이란 책의 목차를 그대로 분류항목에 적용했다.

또 제작회사에서 보았던 보고서는 교환부품 코드와 정비코드 및 2~3줄의 상황보고이기 때문에 분류에 맞게 구분하는데 상당한 시간이 소요되었다. 이런 이유들로 인해 부위를 분류하는 데에는 자신이 없다. 전문가적인 입장에서 의견이 있으신 분은 꼭 가르침을 주시기 바란다.

5 정비 실수와 피해 상황

표 3-2로 구체적인 정비실수와 피해 상황을 나타내었다.

표 3-3. 정비실수를 작업 활동으로 분석하면..

작 업 활 동	건 수
① 추가 체결점검 누락(체결)	98
② 조립·장착위치 실수	71
③ 체결을 잊어버림(체결)	50
④ 장착부품을 잊어버림(부품 누락, 오일 포함)	27
⑤ 조립 전의 청소·이물질 제거를 잊어버림	23
⑥ 잘못된 조정 값	21
⑦ 과다한 체결 토크(체결)	18
⑧ 고장 부위를 보지 못함	15
⑨ 조립공정 가운데 일부 작업 누락·생략	15
⑩ 인접·관련부품을 손상	12
⑪ 완성검사 누락·생략·빼먹기	10
⑫ 정비서 이해 부족	10
⑬ 다른 부품의 장착	8
⑭ 압입작업 실수	6
⑮ 고장원인 진단을 잘못함	2
⑯ 부품을 구부리거나 나사산이 손상된 것을 사용(체결)	2
⑰ 손으로 하는 「임시체결」 작업 생략(체결)	2

6 실수한 정비의 「작업 행동 분석」

정비실수를 작업 활동으로 분류하면 표 3-3과 같다. ①, ③, ⑯, ⑰의 체결작업을 합치면 150건이나 되는데, 자동차 정비에서 나사를 풀거나 조이는 작업이 얼마나 많은지가 나타나 있다. 이 기본동작, 즉 ① 수나사와 암나사가 나사산을 따라 부드럽게 조여지는지 손으로 감촉을 확인해 가면서 처음의 나사산 몇 개를 조여 보고(나는 이것을 "임시체결"이라고 함), ② 규정토크로 정확히 체결(가능하면 토크렌치를 사용할 것)한 후, ③ (한 박자 쉬고) 체결상태를 점검해 보는(추가 체결점검), 이런 행동이 절실히 요구된다고 생각한다.

7 정비사들에게 바라는 마음

소개한 데이터는 특정 제작회사에서 조사한 자료로서, 중·대형 트럭이 빠진 데이터이다. 따라서 다소의 편향이 있을지도 모르지만, 자주 일어나는 정비실수로서의 데이터로는 충분하다고 생각한다. 숙련자, 초보자 모두 이 기회에 정비의 기본에 충실해야 한다는 사실을 다시 상기하면서 일상의 작업을 돌아봐 주길 바란다.

한편 자주 일어나는 정비실수에 대해서는 그 사례를 앞으로 순차적으로 소개할 예정이므로 타산지석으로 삼아주길 바란다.

01 「비분해 검사」에 따른 고장진단 방법

1 청음 진단

엔진 고장을 진단하는 방법에 대해 간단히 설명하면서 자세한 것은 본지를 참고해 달라고 부탁했더니 전화나 메일 등으로도 수많은 반응이 있었다. 그뿐만 아니라 실제로 엔진 고장을 진단해 달라는 요청도 있어서 종종 지방출장까지 나갈 때도 있었다.

그래서 조금 보완하는 의미에서 진단장치가 없는 상황에서 있는 도구로만 엔진 고장을 진단하는 방법에 대해 조금 더 자세히 설명하겠다.

엔진의 고장진단은 원래 모든 부품을 분해해 각 부분을 측정하여야 하지만, 인건비 상승으로 분해·측정하는데 막대한 비용이 들기 때문에 가능하면 분해하지 않고 고장부위를 찾아내고 싶다는 요구가 강하다. 이런 요구에 따라 **미분해 검사**에 의한 고장진단 방법을 설명하겠다.

엔진에 어떤 트러블이 생겼을 경우에는 반드시 이상한 소리나 소음이 난다. 이 이러한 소음을 구분해서 듣고 어디서, 어떤 트러블이 발생했는지를 진단하는 방법의 하나로 **청취진단**이라는 방법이 있다.

원래는 엔진 애널라이저가 그런 소리를 채집해 파형으로 분석하게 되는데, 엔진 애널라이저 같은 장비는 쉽게 구입할 수 있는 것이 아니기 때문에 차선책으로 이용할 수 있는 방법이다. 청진기(철로 된 가는 파이프가 좋다)를 실린더 블록에 대고 소리를 들어보는 것이 청취진단이다.

이상한 소리나 **소음**이 발생하는 빈도도 중요한 단서가 된다.

- 각 회전마다 1회씩 발생하는 소리
- 각 사이클마다 발생하는 소리
- 사이클이나 회전과 관계없이 발생하는 소리
- 연속적으로 발생하는 소리

그럼 어떤 소리가 나면 어디에 어떤 트러블이 일어나고 있는 것인지를 설명하겠다.

① **핑**Ping, Pinking

➔ 발생하는 원인은?

· 엔진에 과도한 부하를 걸었을 때

· 점화시기가 너무 빠를 때(조기점화)

➔ 어떤 소리인지?

콩 또는 통통하는, 문을 두드리는 것 같은 소리. 이 때문에 노킹(Knocking)이라고도 한다.

② **클릭**Click

➔ 발생하는 원인은?

· 타이밍 기어 또는 오일펌프의 구동기어가 부딪쳤을 때

· 피스톤 또는 톱 링이 실린더 헤드나 개스킷 및 실린더의 단차가 난 곳에 부딪쳤을 때

· 밸브간극이 너무 클 때

➔ 어떤 소리인지?

탁탁 또는 딱딱거리는 소리

③ **랩**Rap

➔ 발생하는 원인은?

(윤활유가 적어졌을 때) 회전속도를 높이거나 또는 부하를 크게 걸었을 때. 소리가 발생하는 곳은 커넥팅로드

➔ 어떤 소리인지?

해머로 딱딱한 철판을 두드릴 때에 발생하는 소리와 비슷하다.

④ 섬프Thump

→ 발생하는 원인은?

크랭크축 메인저널의 베어링이 마모된 상태에서 부하를 걸었을 때

→ 어떤 소리인지?

우르릉 거리는 소리가 난다. 심할 경우에는 쿵쿵 또는 쾅쾅 거린다. 귀로 들리기보다 몸으로 울려오는 느낌이다.

⑤ 와인Whine

이 소리는 「청음기」가 필요 없다.

→ 발생하는 원인은?

팬벨트/교류발전기/타이밍 기어의 마모로 인해 어느 특정 회전수에 도달하면 이상한 소리를 낸다.

→ 어떤 소리인지?

끼익끽 거리는 높은 연속음

⑥ 래틀Rattle

→ 발생하는 원인은?

피스톤의 이완 또는 점화시기가 너무 빠를 때(조기점화)

→ 어떤 소리인지?

아기들 장난감 딸랑이를 심하게 흔들었을 때 나는 탕탕, 텅텅 거리는 것 같은 소리

⑦ 처크 음Chacking Noise

→ 발생하는 원인은?

캠축의 축 방향(스러스트) 유격이 너무 클 때. 축 방향 유격이 크면 유압 힘에 의해 한쪽 면으로 캠축이 밀리거나 되돌아오는 등 앞뒤(스러스트 방향)로 움직인다.

→ 어떤 소리인지?

땡그렁땡그렁 거리며 금속이 가볍게 서로 부딪치는 소리가 난다.

⑧ 서드Thud, Thuding

➜ 발생하는 원인은?

크랭크축의 축 방향(thrust) 유격이 너무 클 때. 축 방향 유격이 크면 유압 힘에 의해 한쪽 면으로 크랭크축이 밀리거나 되돌아오는 등 앞뒤(스러스트 방향)로 움직인다.

➜ 어떤 소리인지?

우르릉 거리는 소리가 난다. 심할 경우에는 쿵쿵 또는 쾅쾅 거리는 소리에 뗑그렁 하는, 금속이 가볍게 서로 부딪치는 소리가 난다.

청취진단 만으로는 약간 증거가 불충분하기 때문에 다음 항에서 설명할, 오일에 섞여있는 금속가루의 분석과 같이 진단하는 것이 좋다.

소리는 처음 듣는 사람에게는 무슨 소리인지 분간하기가 매우 어렵다. 전에도 카 레이스에서 크랭크축의 스러스트 베어링을 너무 심하게 마모시킨 스포츠카의 고장진단을 한 적이 있었다.

당연히 서드 음을 내고 있어서 관계자 2명에게 물어보았지만 누구도 알아듣질 못했다. 이것은 상당한 훈련을 필요로 하기 때문에 그다지 권유는 할 수 없다. 다음의 오일 분석 쪽이 좀 더 손쉬울 것이다.

02 금속가루의 분석

1 오일 팬 진단은 마모 개소의 핵심

소리진단은 어떡하든 엔진이 회전하는 것이 전제가 된다. 고장으로 정지한 채로 있는 엔진 중에는 심할 경우 실린더 블록을 뚫고 커넥팅로드가 빠져나온 것도 있다.

그런 엔진이라도 고장원인을 밝혀내지 않으면 안 된다. 그러기 위해서는 오일을 빼낸 후 오일 안에 떠다니는 금속가루의 재질을 조사하고, 정도를 알기 위해서는 오일 팬을 떼어내 바닥에 가라앉은 금속가루 양을 조사하도록 한다.

전제조건으로는 엔진은 고속으로 회전하는 물체이기 때문에 끊임없이 소량의 마모된 금속가루가 엔진오일 속으로 배출되고 있다. 다만 정상적인 마모의 금속가루는 오일필터로 걸러지기 때문에 오일 안에 떠다니거나 오일 팬 바닥에 침전되는 일은 없다.

만일 오일 팬에서 마모된 금속가루가 많은 양이 발견되었다면 이것은 마모된 금속가루 양이 오일필터의 흡착능력을 넘어섰기 때문에 긴급하게 릴리스 밸브유압조절 밸브가 작동하면서 오일필터의 여과지를 통과하지 않고 마모된 금속가루를 포함한 상태 그대로 오일이 엔진 내를 순환했다는 것을 의미한다. 따라서 이 마모 금속가루의 정체를 밝혀내면 엔진의 어느 부위에서 어느 정도의 이상마모가 있었는지를 진단할 수 있다. 인간이 배설물을 통해 병의 원인을 진단하는 것과 같은 검사방법이다.

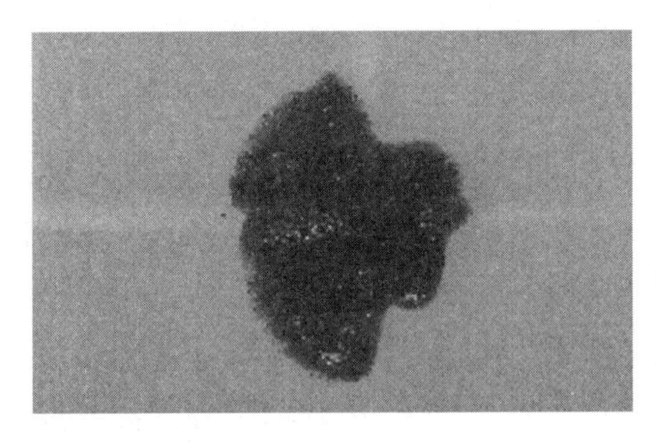

그림 3-2. 엔진오일에서 추출된 금속가루에 조명이 달린 휴대 현미경을 비추면 반사광 색이 다르다. 이렇게 금속종류가 다른 것을 구분해 마모부위를 추측할 수 있다.

① 분석방법

가. 오일 팬의 드레인 플러그를 열고 엔진오일을 깨끗한 통에 담는다. 이때에 엔진오일 양을 잰다. 극단적으로 양이 적으면 오일유출이나 크랭크축 베어링이 눌어붙었는지를 의심해 본다.

> ■ ■ ■ 드물지만 규정양보다 2배나 들어가 있는 경우가 있다. 이것은 자주 일어나는 정비 실수에서 소개했던, 새 오일을 넣는 것을 잊어먹은 것의 정반대로, 오래된 오일을 빼는 것을 잊어먹고 바로 새 오일을 주입한 경우다.

나. 엔진오일 색깔을 살펴본다. 검게 더러워져 있으면 금속이 마모된 초미립자 상태이다. 이 색깔의 농도로 오일교환 시기를 결정하는 것으로 잘 알려진 가운데 개중에는 색깔보다 주행거리를 우선하는 사람도 있지만, 오일을 교환하는 원래 목적은 마모 금속가루를 그 배출량에 맞게 엔진 안에서 빼내는 것이다.

따라서 각 부분의 마모가 많이 진행되었다면 자주 교환해야 할 필요도 있으며, 오일이 맑고 깨끗한 색이라면 주행거리와 관계없이 교환할 필요는 없다.

본론으로 돌아가, 검은 색을 띠는 오일에 냉각수LLC, Long Life Coolant가 섞여 "하얗게 탁한(회색)"것이 있다. 이 경우는 다음과 같은 트러블을 의심해 본다.

a. 과열
b. 물이 고여 있는 곳 등을 통과하면서 에어클리너 흡입구로 물이 들어갔는지 여부
c. 바다 · 강 · 호수로 들어갔거나 굴렀는지, 또는 수해에 의한 수몰 여부

일반적으로 많은 사고는 **과열**over heat이다. 과열검사는 실린더 헤드를 들어내고 스트레이트 에지straight edge, 곧은 자와 시크니스 게이지thickness gage로 (열에 의한) 변형을 측정하지만, 과열이 발생한 사실만 확인하는 것이라면 이 백탁白濁과 실린더 헤드와 블록이 맞닿는 면의 **잔해물**(섞여 들어간 냉각수가 마치 우유가 마른 것 같이 하얀 색으로 눌어붙어 있다)과 압력계로 압축압력을 측정하면 된다.

다. 추출한 오일 안에 금속가루가 쉽게 부착되는 두꺼운 종이나 헝겊, 면화 등을 넣고 휘젓는다(나는 맨손으로 할 때도 있다). 금속가루(매우 미세함)가 붙으면 그 금속가루를 하얀 종이에 올려놓는다. 핀셋으로 집기도 힘들만큼 작기 때문에 실제 작업에서는 종이로 문질러서 붙게 한다. 오일은 종이가 흡수해주기 때문에 금속가루만 남는다.

이 금속가루를 조명이 달린 휴대현미경으로 관찰한다. 나는 회중전등 빛의 각도를 바꿔 가면서 10배 확대경으로 관찰한다.

② 마모부위의 측정

엔진 각 부분에 사용되는 금속재질을 기억해 두면 마모부위를 다음과 같이 추정할 수 있다.

가. 화이트메탈(주석합금이기 때문에 은색으로 반짝반짝 빛난다)을 확인했다면 크랭크축 메인저널이나 핀 저널의 심한 마모를 의심한다. 일반적으로 말하는 눌어붙은 정도의 용착이라면 화이트메탈에 크랭크축이나 커넥팅로드의 강철 마모가루가 소량 섞인다.

화이트메탈과 강철이 오일 안에 같이 있을 때는 둘 다 반짝반짝 빛나지만 건조되어 공기에 노출되면 화이트메탈은 광택을 잃지만 강철은 검게 변한다.

나. 화이트메탈은 가솔린 엔진의 경우이고, 디젤 엔진에서는 켈밋메탈(구리와 납의 합금)이 사용되기 때문에 구리의 마모가루가 금색으로 빛난다. 납은 색깔로는 식별하지 못한다. 마모지점이나 강철이 섞이는 것도 마찬가지다.

다. 알루미늄이 발견되면 피스톤 마모를 의심해 본다. 강철만 발견되면 캠축의 마모를 의심한다. 황동(구리와 아연의 합금) 종류를 발견했다면 캠축 베어링 마모를 의심한다.

라. 주물이 깎였을 경우(피스톤 톱 링이 실린더 벽을 깎음)는 절삭가루가 크고 무겁기 때문에

오일 안에서 떠다니지는 않는다.

④ 오일 안의 금속가루 조사로 대략적인 결론은 낼 수 있지만 그래도 염려스럽다면 정비공장에서 엔진을 내려 오일 팬을 떼어내 보면 된다.

■ ■ ■ 오일 팬 가장 깊숙한 곳(오일섬프가 있는 곳)은 드레인 플러그보다 약간 낮은 위치에 있기 때문에 오일을 추출할 때 남은 금속가루가 침전되어 있다.
여기에는 오일 안을 떠다니지 못할 정도로 크고 무거운 금속가루가 모이기 때문에 검사가 쉽고, 그 양을 측정할 수 있기 때문에 마모량을 추정할 수 있다. 침수된 도로 같은 곳에서 물을 빨아들여 실린더 내벽의 주물이 깎였을 때는 많은 양의 주물 절삭가루가 깊숙한 곳에 축적된다.

타성에 젖은 나사의 조임

01 나사의 기초지식

앞에서 자주 일어나는 자동차의 "정비실수"에 있어서 실수부위나 발생빈도에 관한 통계를 발표했다. 정비실수가 발생하는 건수는 증가추세에 있다고 한다. 이에 대해서는 「단순히 차량 대수가 증가했을 뿐」 「정비사의 실력이 떨어졌다.」 「정비하는데도 표준시간이 정해지게 되면서 시간에 쫓겨 충분한 작업을 할 수가 없다.」 「차량기술이 발전하면서 구조가 복잡해졌기 때문에」 등의 견해가 있다.

그런데 발표한 사례를 살펴보면, 나사 조이는 것을 잊어버림, 해서는 안 되는 개스킷의 재사용, 실seal 용제를 발라야 할 곳에 실리콘 접착제를 너무 많이 발라 주름이 만들어졌다 등의 "무심코 하는 실수" 뿐이지 구조상의 어려운 문제는 전혀 없다고 생각한다.

그렇다면 정비가 간단한 작업일까. 아니, 로봇이나 기계한테는 절대로 맞길 수 없는 고도의 판단력과 기술을 필요로 하기 때문에 정비사 자격을 가진 사람이 아니면 할 수가 없다. 다만, 인간은 때로 잊어버리는 실수를 저지르는 존재라는 것도 부정할 수 없다. 그렇다면 정비를 할 때는 작업 활동 하나하나마다 잊어먹거나 틀린 점은 없는지 바보스러울 정도로 계속해서 확인하는 수밖에 없다.

심지어 정비사 개개인이 직업의식과 자긍심을 갖고 작업에 임하면서 그 작업의 결과에 대해 책임을 지겠다는 자세가 무엇보다 중요하다고 생각한다. 그 이외에 정비실수를 막아낼 방법은 없다고 생각한다.

정비사의 실력이 떨어졌다는 의견의 내용을 들어보면 파워렌치임팩트 렌치가 체결작업을 망치고 있다는 것이다. 나는 그렇게 편리한 것은 없고 지금까지 손으로 하는 체결을 고집하는 것은 시대착오적이라고 반론했지만 잘 들어보면 나사를 체결하는 것은 ① 나사산이 손상

되었거나 늘어지지 않았는지 점검하는 것, ② 손으로 "임시체결"로 나사산 몇 개 정도 돌려서 나사산들이 잘 맞물리는지를 확인하는 것, ③ 토크렌치로 체결해 규정 토크를 지키던지, 또는 체결토크를 몸으로 익히는 것, ④ 추가 체결점검으로 체결을 확인하는 것을 말하는데 파워렌치 시대로 접어들어서는 이것이 무시되고 있다는 주장이다.

하지만 이것은 파워렌치 탓이 아니라 나사에 대한 기본동작과 나사에 관한 기초지식이 몸에 배어 있느냐의 문제다. 현실적으로 대부분의 정비사가 나사에 대한 기본동작에 충실하게 일상정비를 수행하고 있기 때문에 일정한 정도의 사고를 막아내고 있다는 생각도 할 수 있다. 어쨌든 자동차는 나사로 만들어졌다고 할 정도이기 때문에 이 기회에 나사에 관해 초심으로 돌아가 기초부터 복습하는 것이 결코 헛된 일은 아닐 것이다.

개중에는 잊고 있었던 것이 생각나 내일부터 **체결작업**에 임하는 자세가 바뀌는 사람이 있을지도 모른다. 그런 기대를 품으면서 예전에 공부했던 나사에 관한 기초지식에 대해 설명하도록 하겠다.

그리고 보니 예전에 다음과 같은 신문기사가 읽었던 기억이 떠올랐다. 어떤 자동차 제작회사는 입사 3~4년차의 기술자를 상대로 실력으로만 물건 제작을 체험하게 한다. 나사체결은 모든 기계에서 빼놓을 수 없는 나사의 강도와 체결하는 힘의 미묘한 균형감각을 실제로 나사를 만지면서 배우게 한다는 내용이었다. 역시 나사는 물건 제조의 원점인 것이다.

1 나사의 용어

① 리드lead : 나사가 축 방향으로 1회전했을 때 나사산이 이동한 거리이다.

② 피치pitch : 나사의 축 선을 포함한 단면에서 서로 이웃한 나사산끼리의 2점을 축선으로 측정한 거리이다.

③ 리드 각 : 유효지름에 있어서 나사 나선상의 1점과 축에서 직각으로 뺀 유효지름의 접선이 이루는 각도이다.

■ ■ ■ 이웃한 나사산의 정점끼리의 거리라고 생각하면 된다. 한줄 나사일 때는 리드와 피치가 똑같다. 다줄 나사는 「리드 = 피치 × 줄 수」 관계에 있다.

■ ■ ■ 계산공식은 생략한다. 간단히 나사가 기울어진 각도라고 생각하면 된다.

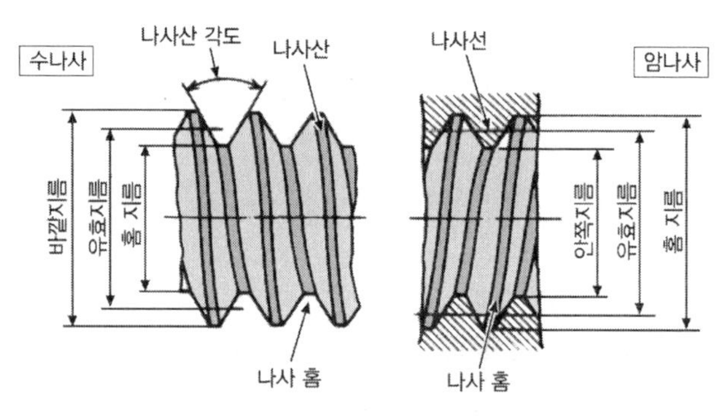

그림 3-3. 나사 각 부분의 명칭

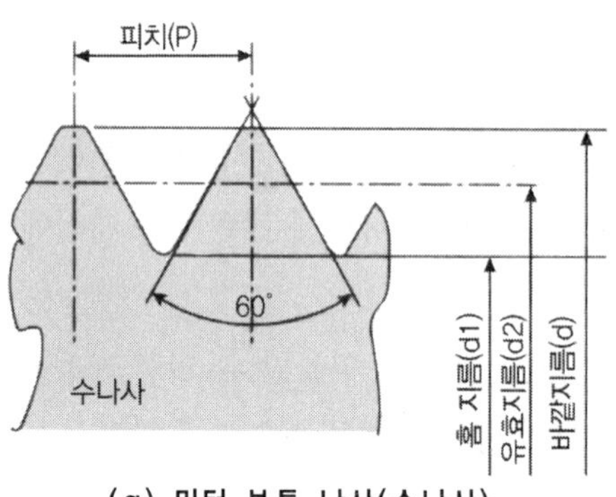

(a) 미터 보통 나사(수나사)

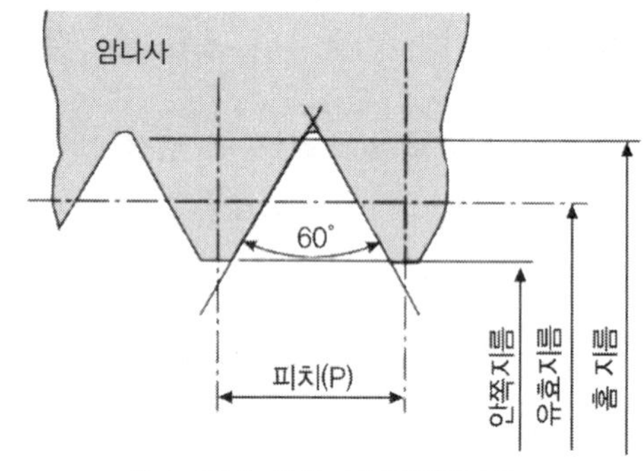

(b) 미터 보통 나사(암나사)

나사명칭	피치P	나사산 지름 d	유효지름 d2	홈 지름 d1
M6	1	6.00	5.350	4.917
M8	1.25	8.000	7.188	6.647
M10	1.5	10.000	8.376	8.376
M12	1.75	12.000	10.106	10.106
M14	2	14.000	11.835	11.835
M16	2	16.000	13.835	13.835
M18	2.5	18.000	15.294	15.294
M6	2.5	20.000	17.294	17.294

나사명칭	피치P	홈 지름 D	유효지름 D2	안쪽지름 D1
M6	1	6.00	5.350	4.917
M8	1.25	8.000	7.188	6.647
M10	1.5	10.000	8.376	8.376
M12	1.75	12.000	10.106	10.106
M14	2	14.000	11.835	11.835
M16	2	16.000	13.835	13.835
M18	2.5	18.000	15.294	15.294
M6	2.5	20.000	17.294	17.294

그림 3-4. 미터 보통 나사의 기본 산 모양과 기본 치수

④ 유효지름 : 나사의 홈 폭이 나사산 폭과 똑같아 지는, 가상적인 원통의 지름이다. 유효지름을 포함해 나사 각 부분의 명칭을 그림 3-3로 나타낸다.

⑤ 기본 산 모양 : 실제 나사산의 형상을 정하기 위한 기초가 되는, 나사산의 1피치만큼의 형상이다. 나사의 축 선을 포함한 단면 형상을 의미하는 것이 일반적이다.

기본 산 모양의 각 부분 치수를 나타내는, 기본치수와 대향으로 표시되는 것이 통상적인 예다. 그림 3-4는 자동차에서 일반적으로 사용되는 미터 보통 나사의 기본 산 모양과 기본치수.

이 기본 산 모양과 기본치수는 나사를 나타내는데 있어서 모든 것의 원점이기 때문에 잘 보고 눈으로 기억해야 한다. 우리들이 이 나사산은 이상하다고 하는 것은 기준 산 모양이 단단히 들어가 있는 것을 의미하는데, 매우 사소한 모양의 변화도 놓치지 않기 때문이다.

특히 수나사의 정점은 갓처럼 평평하게 되어 있는데, 암나사의 홈 바닥이 크게 라운드(R)를 이루고 있기 때문에 이 지점에서 수나사와 암나사가 직접 접촉하는 경우는 없다. 그런데도 여기가 닿는 것이 있다면 이것은 산 바닥 접촉이라고 해서 매우 위험한 나사라 할 수 있다.

2 나사산 모양과 나사 종류

① 삼각나사 : 나사산이 삼각형인 나사

a : 미터나사(나사산 각도 60도) - 보통 나사 / 가는 나사

b : 유니파이 나사(나사산 각도 60도) - 보통 나사 / 가는 나사

c : 관용管用 나사(나사산 각도 55도) - 평행 나사 / 관용 테이퍼 나사

관용 나사의 단면 형상을 그림 3-5로 나타낸다.

② 사각나사 / 사다리꼴나사 / 톱니 나사 / 원형 나사 : 나사산 형상이 사각형·사다리꼴·원형인 나사

a : 사각 나사　　b : 사다리꼴나사

c : 톱니나사　　d : 원형 나사

어느 것도 자동차에는 사용되지 않기 때문에 단면형상과 내용설명은 생략한다.

③ 특수 나사 : 자동차 나사 / 현미경 나사 / 재봉틀용 나사 등, 11종류 정도다. 이것도 자동차용으로는 쓰이지 않기 때문에 단면형상과 내용설명은 생략한다. 다만 자동차 타이어 밸브 나사나 점화플러그 나사는 특수나사라고 해도 될 정도로 별도로 엄격한 규격이 정해져 있다.

④ 볼나사 : 나사를 운동용으로 이용할 때 사용한다. 자동차에서는 조향기어에 이용된다. 단면형상은 그림 3-6과 같다.

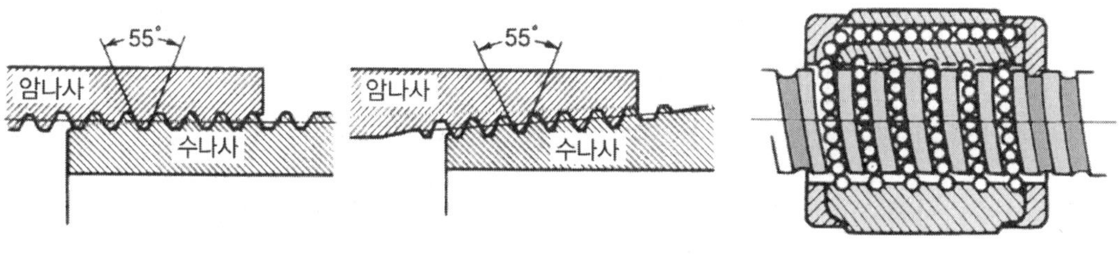

그림 3-5. 관용 나사의 단면형상

그림 3-6. 볼나사의 단면형상

3 나사의 용도

크게 나누면 체결용와 운동용으로 나뉜다.

① 체결용 나사

기계 또는 구조물의 부분과 부분을 결합시킬 목적으로 사용하는 나사로서, 볼트/너트/작은 나사/고정나사 등이 여기에 해당한다. 나사산 모양은 삼각나사산 모양을 하고 있으며 리드가 적은 나사를 사용한다. 파이프를 이을 때는 관용 나사를 이용한다.

② 운동용 나사

회전을 직선운동으로 바꾸기 위해 사용되며, 공작기계의 리드나사나 피드나사와 잭jack의 나사처럼 나사의 축 방향으로 강한 힘을 발휘해야 할 경우의 나사산 모양으로는 마찰저항이 작은 각 나사와 사다리꼴나사 또는 볼나사가 적합하다. 그러나 마이크로미터나 각종 계기에 이용되는 미세한 위치조종용 나사는 나사 축 방향으로 큰 힘이 걸리지 않기 때문에 나사산 모양에는 작업하기 쉬운 삼각 나사산이 이용되고 있다.

4 나사의 등급

실제로 제작된 나사의 치수는 일반적으로 기준 나사산 모양의 치수(기준 치수)와 약간 다르다. 이때 수나사와 암나사를 잘 조합하기 위해서는 수나사의 실제치수를 기준치수보다 약간 작게 만들고, 암나사의 실제치수를 기준치수보다 약간 크게 만들면 된다. 실제치수와 기준치수와의 차이를 치수허용오차 또는 단순히 허용오차라고 한다. 허용오차가 작을수록 나사의 정밀도는 높다.

허용오차의 수치는 공업규격으로 정해져 있으며, 수치에 따라 1급·2급 등으로 등급이 매겨져 있다. 일반기계의 체결용으로는 2급을 사용하는 것이 일반적이다. 자동차 엔진이나 항공기 등, 높은 정밀도를 필요로 하는 곳에는 1급이 사용된다.

어느 쪽이든 필요 이상으로 높은 정밀도의 나사 사용은 불필요하다.

02 나사 부품

1 볼트와 너트

그림 3-7에서 보는 나사를 볼트와 너트라고 한다. 스터드 볼트(왼쪽)와 탭 볼트(중앙) 및 관통볼트(오른쪽)가 있다. 스터드 볼트는 자동차용 엔진의 실린더 헤드 체결에 사용된다.

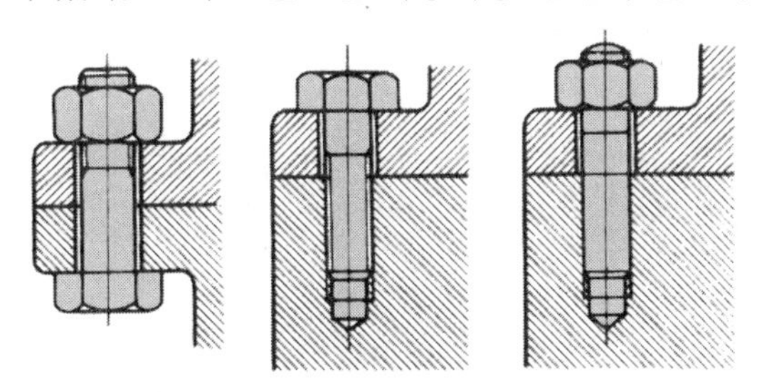

그림 3-7. 볼트와 너트

2 작은 나사

볼트와 마찬가지로 헤드와 나사부분이 있지만 드라이버로 회전시키기 위해 헤드에 일자마이너스 나사 또는 십자플러스 나사 모양의 홈이 나 있는 것이 특징이다. 지름이 9mm 이하의 나사를 작은 나사라고 한다. 홈이 없는 것도 있다. 대표적인 작은 나사를 그림 3-8로 나타낸다.

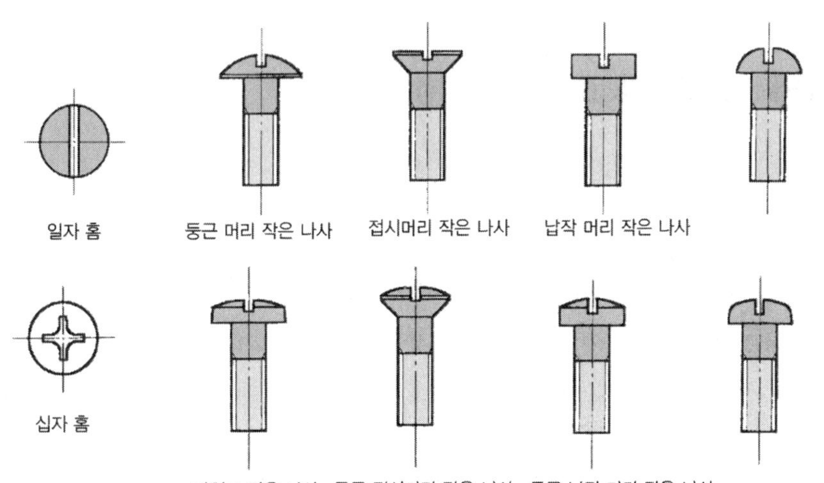

그림 3-8. 대표적인 작은 나사

3 고정 나사

헤드가 없고 전체길이에 나사가 나 있는 고정나사는 풀리 등의 보스boss를 축에 고정시킬 경우나 키를 체결할 때에 이용된다. 강철을 열처리해 만들며, 헤드가 달린 것도 있다. 대표적인 고정나사를 그림 3-9로 나타낸다.

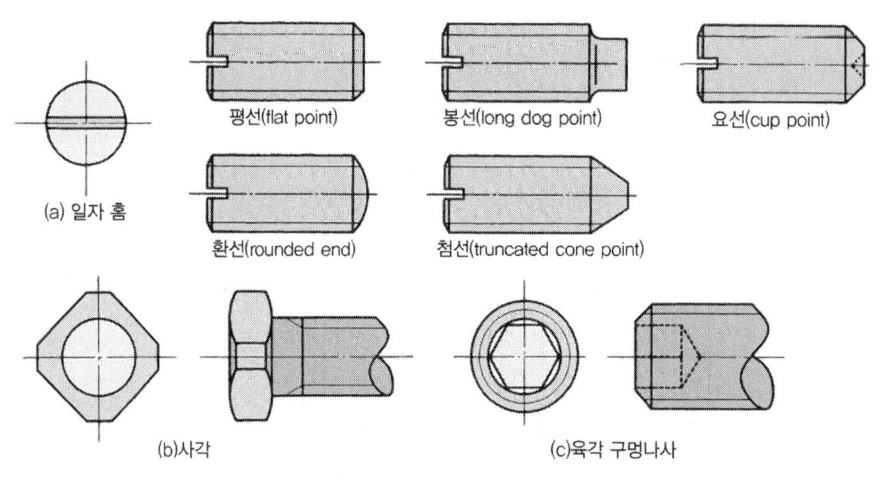

그림 3-9. 대표적인 고정 나사

4 태핑 나사

금속에 작은 구멍을 내고 여기에 틀어박는 것을 태핑 나사라고 한다. 간단히 탭 나사라고 부르는 경우도 이다. 탭 나사를 그림 3-10으로 나타낸다.

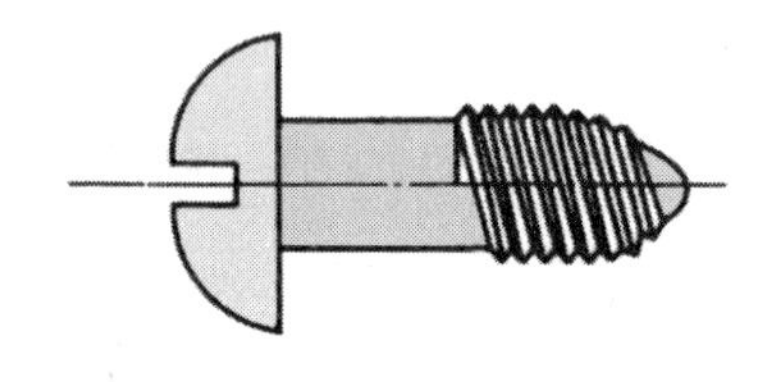

그림 3-10. 태핑 나사

03 나사의 헐거움과 조임

나사의 풀림을 방지하기 위해서는 나사로 체결된 가공물을 잘 변형되지 않는 재료로 튼튼히 지탱해 주는 것이 중요하다.

볼트나 너트 또는 체결된 가공물에 다른 물체가 충돌할 경우에는 충돌 순간에 서로 맞물린 나사산의 접촉압력이 0(제로)에 가까울 때까지 감소되지 않도록 충분히 강한 힘으로 체결할 필요가 있다. 그러나 볼트에 큰 변형이 생길 정도로 강하게 체결해서는 안 된다.

> ■ ■ ■ 이것은 지킬 필요가 있다. 과도한 힘으로 체결할 때 볼트가 늘어나는 메커니즘을 따로 설명하겠다.

이런 주의사항을 지킨 가운데 다음에 설명하는 풀림 방지방법을 추가한다. 대표적인 예인 더블 너트, 육각 홈 너트와 분할 핀 및 스프링 와셔·톱니 와셔를 그림 3-11로 나타낸다.

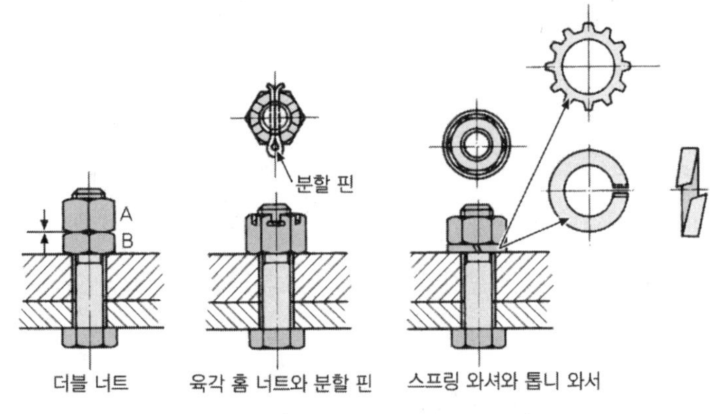

그림 3-11. 풀림을 방지하는 방법

04 나사의 설계

나사를 설계하려면 몇 가지 계산을 해 재료·형상·치수를 결정한다. 그 계산공식은 상당히 많기 때문에 여기서는 계산항목만 열거한다. 또 정비 지침서나 정비 설명서에 표시된 "체결 토크"는 이 계산결과를 토대로 정해지기 때문에 체결부족이나 과다체결 없이 **규정토크**를 지켜주길 바란다. 또 개스킷을 사용할 경우는 개스킷까지 반영한 토크로 설정되어 있다는 것을 알려둔다.

〈나사에 작용하는 힘〉

① 나사를 회전시키는 토크와 나사의 효율

② 나사의 강도

가. 나사 부품의 강도(1개의 나사 강도)

- 초기체결 상태
- 수나사에 작용하는 응력
- 수나사의 피로 강도
- 나사산의 강도와 나사산 수
- 나사산의 전단강도
- 나사산 측면의 접촉압력
- 필요로 하는 나사산 개수
- 볼트 헤드 좌면座面과 너트 좌면의 크기

나. 나사 강도(나사 그룹의 강도)

- 체결한 가공물이 사용 중에 큰 힘을 받지 않을 때
- 체결로 인해 생기는 힘
- 접합면에 평행한 외부 힘의 작용
- 접합면에 수직인 힘과 모멘트의 작용

다. 나사의 초기 체결토크의 크기

실제 설계 작업에서 나사 하나하나에 대해 이렇게 길게 계산을 하는 경우는 없다. 각 회사의 표준부분에서 작성한 조견표가 데이터베이스화되어 있기 때문에 용도에 맞춰 표준번호(도면번호)를 맞추는 작업만 하면 된다. 이것은 어느 자동차에나 사용되는 볼트나 너트를 차량 개발팀마다 제각각 계산해서는 시간 낭비일 뿐만 아니라 제각각의 재료·형상·치수가 남발되어 가격상승으로 이어지기 때문이다. 볼트나 너트 종류는 적을수록 좋다.

05 나사의 체결력과 나사산의 이상

계산공식에 대한 상세설명을 생략했다고 해서 중요한 것이 누락되면 안 되기 때문에 보충하기로 하겠다.

가. 나사의 체결력은 나사산의 면이 서로 잘 맞물리면서 폭넓은 면접촉의 마찰저항에 의해 생겨난다. 따라서 나사선에 이상이 있을 경우는 면접촉이 손상되면서 점접촉이 되기 때문에 마찰저항이 없어져 체결력이 약해진다. 나사가 느슨해지는 것이다.

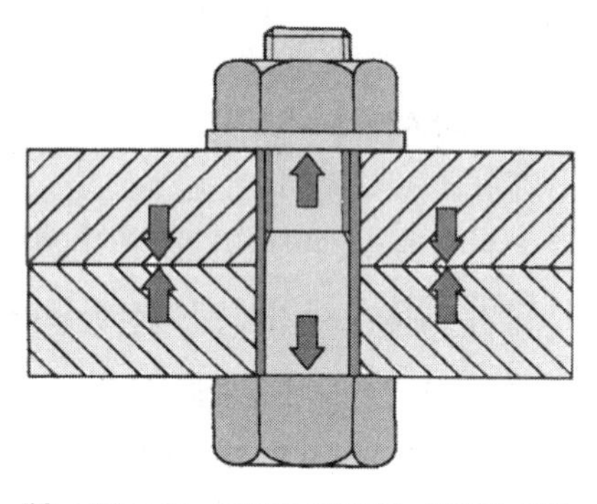

그림 3-12. 나사에 작용하는 반발력 방향

나. 나사산의 이상이란 사용하는 나사의 산 모양이 기본모양과 다른 경우이다. 대표적인 경우는 ① 몇 번의 사용으로 산이 마모되어 "산이 가늘어진" 것. ② 강한 힘으로 과도하게 체결함으로써 "볼트가 늘어나는" 것. 이것은 체결할 때 볼트가 늘어나려고 하는 반발력에 의해서도 체결력이 발생하는 것으로, 엄밀하게 말하면 일단 체결된 볼트는 다소라도 "늘어난다."고 생각하는 편이 좋다.

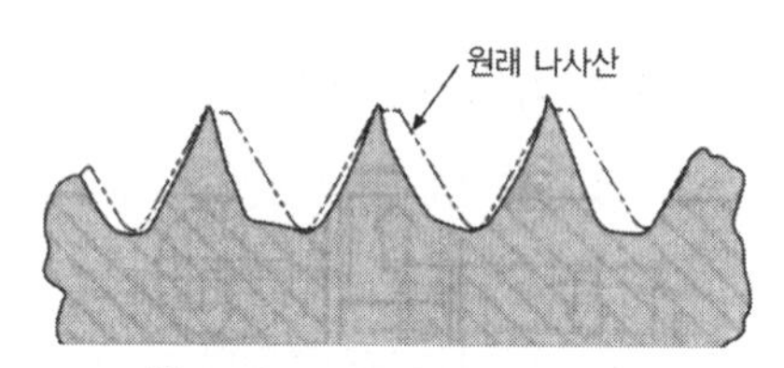

그림 3-13. 가늘어진 나사산

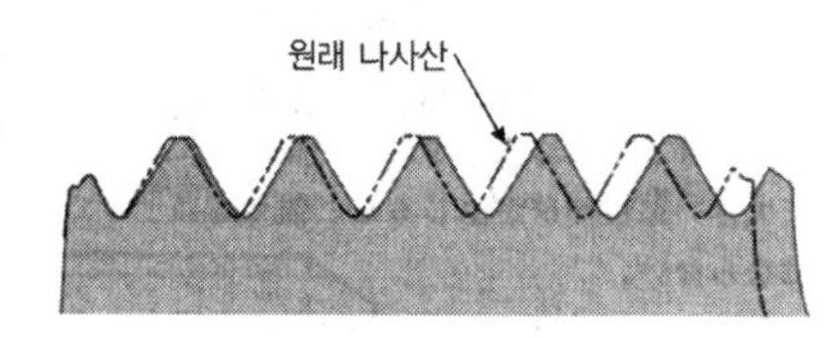

그림 3-14. 늘어난 나사

만약 심하게 늘어나면 산이 손상되어 피치가 맞지 않게 된다. 참고로 체결할 때 볼트에 작용하는 반발력 방향을 그림 3-10으로 나타낸다. ③ 나사를 떨어뜨리거나 다른 물체와 충동시켜 나사산이 크게 손상된 것은 재사용할 수 없다. 그런 모습을 기본 산 모양과 대비

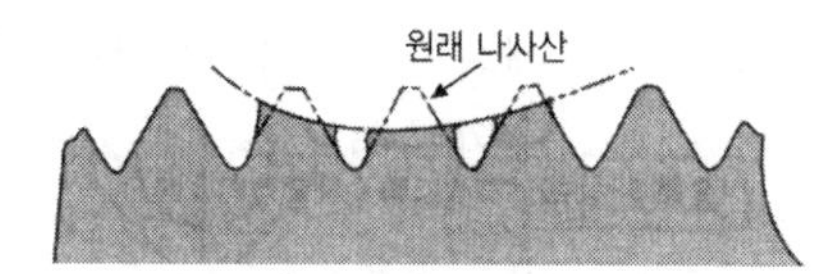

그림 3-15. 찌그러진 나사산

하면서 그림 3-13~15로 나타낸다. 알기 쉽도록 도형을 다소 변형했다. 그림 3-14는 알기 쉽게 피치만 늘어난 모습으로 나타냈지만 실제로는 나사산이 톱날처럼 된다. 극단적인 경우는 나사산이 작은 술잔처럼 심하게 휘는 경우도 있다.

06 나사산의 이상 검사

나사를 뺀 다음 그 나사를 다시 사용할 경우에는 앞에서 설명한 나사선 이상이 없는지 반드시 검사해야 한다.

1 눈으로 점검

나사산을 밝은 방향으로 비추고 상태를 육안으로 살펴본다. 인간의 눈은 백분의 1mm(0.01mm, 10μ)정도의 이상도 놓치지 않기 때문에 나사산이 ① 가늘어지지 않았는지, ② 쓰러지지 않았는지, ③ 늘어나지 않았는지, ④ 상처가 나지 않았는지를 점검한다. 나사산은 나사부분 전체가 박히는 경우는 드물고 사용되지 않는 부분이 있기 때문에 이곳과 비교하면서 보면 좋다.

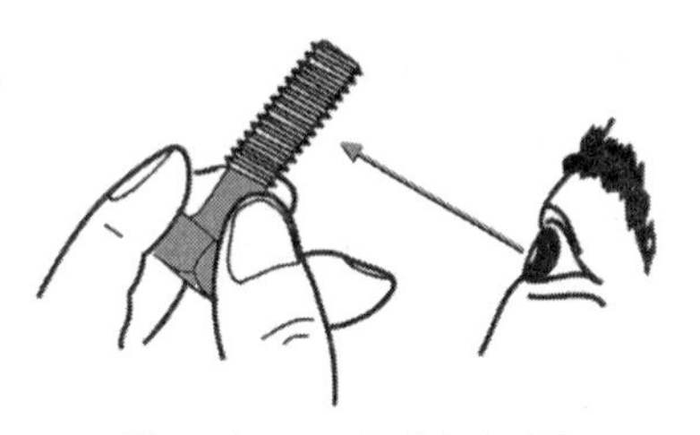

그림 3-16. 육안검사 방법

이것이 조금 이상하다고 생각한다면 곧바로 새 것으로 교환하도록 한다. 값이 비싼 나사라면 뒤에서 설명할 피치 게이지나 버니어 캘리퍼스로 이상 유무를 확인하고 나서 재사용하든지 새 것으로 교환하든지 결정하면 된다. 육안검사 방법을 그림 3-16으로 나타낸다.

2 피치 게이지로 계측

그림 3-17처럼 피치 게이지를 대보고 간극이 있는 것은 재사용하지 않는다. 이상이 없는 것은 간극이 없어서 빛이 새지 않는다.

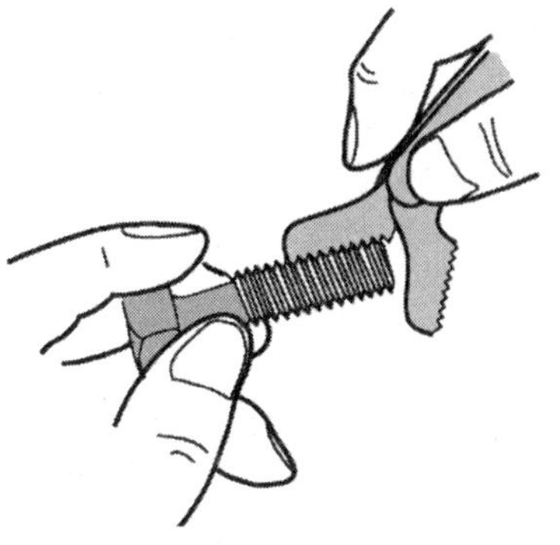

그림 3-17. 피치 측정(피치 게이지)

07 나사의 계측

미터 보통나사는 M10처럼 표시된다. 이 경우의 나사 호칭지수는 10mm로, 피치는 1.5mm로 정해져 있다. 미터 가는 나사는 같은 호칭치수 가운데서도 다양한 피치가 있기 때문에 M8×1과 같이 피치(이 경우는 1mm)를 병기해 표시하도록 되어 있다. 마찬가지로 유니파이 나사나 관용 나사에 있어서도 각각의 표시방법이 정해져 있다.

각 나사의 기호·표시에 관한 도표를 표 3-4로 나타낸다.

표 3-4. 나사 종류와 기호 표시방법 예

나사 종류	기호	나사 호칭 표시방법 예	비 고
미터보통나사	M	M8	기호와 나사의 호칭지수(각 호칭지수에서 피치는 하나)
미터가는나사	M	M8×1	기호, 호칭지수×피치(같은 호칭지수에서 피치가 몇 종류 있다)
유니파이보통나사	UNC	3/8–16UNC	나사의 지름을 나타내는 숫자(인치) – 나사산 개수, 기호
유니파이가는나사	UNF	No.8–36UNF	나사의 지름을 나타내는 번호 – 나사산 개수, 기호
관용테이퍼나사	PT	PT3/4	기호와 지름(인치)을 나타내는 숫자(적합한 파이프의 호칭에서 유래한다)
관용평행나사	PF	PF1/2	기호와 지름(인치)을 나타내는 숫자

이처럼 자동차에는 여러 가지 나사가 사용되고 있기 때문에 잘못된 크기나 피치의 사용을 막기 위해 버니어 캘리퍼스에 의한 측정을 습관적으로 해야 한다. 그 측정방법은 그림 3-18과 같이 하면 된다.

다만 실제 측정값은 기준 치수(여기서는 미터 보통나사의 기준 치수만 표시했지만, 다른 나사에 대해서도 기준치수가 공업규격으로 각각 정해져 있다)에 근접한 값이 된다는 것은, 앞에서 설명한 바와 같다.

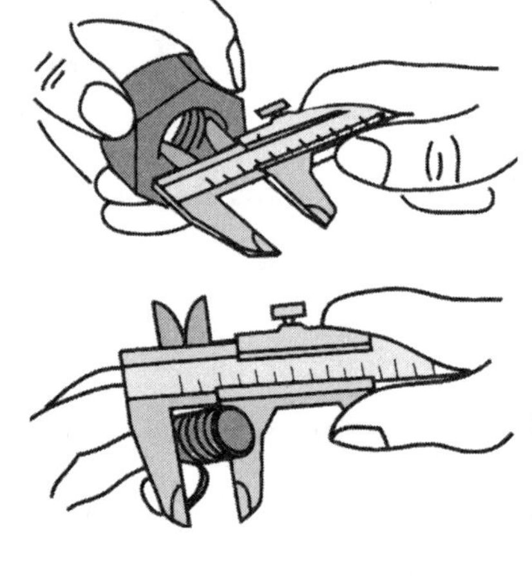

그림 3-18. 버니어 캘리퍼스를 이용한 암나사의 내경(위) 수나사의 외형측정(아래)

예를 들면 M10의 경우, 수나사 바깥지름은 10.000mm보다 매우 미세한 가늘기 차이로 10.000mm 근사 값이 되며, 암나사의 안지름은 8.376mm보다 매우 미세한 너비 차이로 8.376mm에 가까운 값이 된다.

버니어 캘리퍼스로 확인해 보면 정밀도는 0.1mm 정도로서, 수나사 바깥지름이 10.0mm고 암나사 안지름이 8.4mm라면 M10이 되는 것이다. 피치를 버니어 캘리퍼스로 측정하는 것은 그림 3-19와 같은 방법으로 한다.

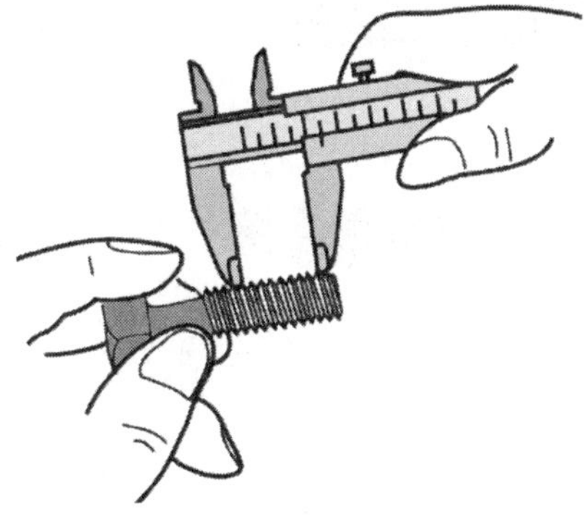

그림 3-19. 피치 측정(버니어 캘리퍼스)

미터나사의 경우는 나사산 10피치만큼의 치수를 계측한다. 이것이 15mm라면 그 피치는 1.5mm가 된다. 마찬가지로 12.5mm라면 피치는 1.25mm다. 유니파이 나사는 인치 나사로서, 25.4mm(1인치) 사이에 나사산이 몇 개 있는가를 세면된다.

정비 실수의 사례 분석

01 조립의 불일치

앞항에서는 가장 실수가 많았던 체결부품 가운데 나사에 대해 그 기초를 복습하는 동시에 원점으로 돌아가 실수를 방지하는 요점을 설명했다. 여기서는 나사 이외의 실수 가운데 비교적 건수가 많았던 내용을 소개하겠다.

1 조립 · 장착위치 실수 조사기간 중 71건 발생

자동차 정비는 분해하고 다시 조립하는 작업의 연속이다. 이런 조립작업 중에 부품을 원래 위치가 아닌 곳에 장착하면 어떻게 될까.

대표적 사례로 라디에이터 호스 밴드의 장착위치 실수가 있다. 라디에이터 탈착은 여러 가지 정비작업 때문에 빈번하게 이루어진다. 특히 세로로 배치된 엔진의 타이밍 벨트를 교환할 때는 라디에이터를 일단 떼어낸 후 작업할 수밖에 없다.

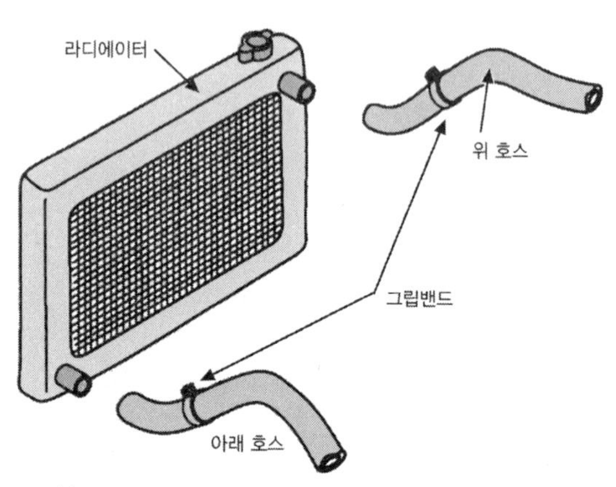

그림 3-20. 분리시켰을 때의 그립밴드 위치 상태

이 작업은 위 호스와 아래호스의 그립밴드를 느슨하게 한 후 그립밴드가 없어지지 않도록 50~60mm 정도 옆으로 옮겨서 호스에 물리게 해놓고 라디에이터에서 호스를 떼어낸다(그림 3-20). 작업이 끝나면 라디에이터 본체를 장착하고 위와 아래 양쪽 호스를 라디에이터에 연결하는, 해체작업의 역순으로 조립이 이루어진다.

이 가운데 옆으로 빼둔 그립밴드를 원래 위치로 이동시켜 체결해야 하는데 근처에 물려

있는 것을 원래위치에 있는 것으로 착각해 일련의 작업을 마치고는 자동차를 인계하는 것이다. 원래위치로 체결하지 않은 그립밴드는 그림 3-21처럼 되어 있을 것이다.

이런 경우 압력을 받은 아래호스 쪽이 떨어져 나가 많은 양의 냉각수가 분출되면서 과열이라는 중대한 사고로 이어진다.

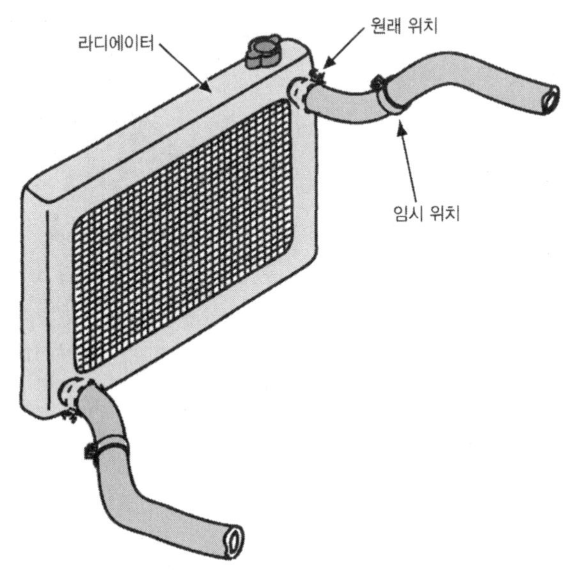

그림 3-21. 그립밴드를 원래 위치에 연결하지 않는 상황

02 조립할 부품을 망실(부정품 오일 포함) 조사시간 중 27건 발생

정비작업에서는 고장 난 부품의 교환이나 노화된 오일을 빼낸 후 새로운 오일로 주입하는 경우가 많다. 그런 장착이나 주입을 깜빡하고 잊은 경우이다. 대표적인 것으로는 오일교환에서 새로운 오일을 넣지 않는 실수가 있다.

오일을 빼내는데 다소 시간이 걸리기 때문에 정비사가 착각을 일으키는 것인지도 모른다.

오일이 다 빠질 때까지 계속 지켜보고 있을 만큼 여유가 없기 때문에 다른 자동차 수리나 다른 작업을 하다가 오일이 빠졌을 거라 생각하고는 드레인 플러그를 끼우게 된다. 바로 잭을 내리고 새 오일을 주입하면 될 텐데 하체 점검이나 정비를 마치고 하려고 마음먹게 된다.

그러는 사이에 휴식이나 긴급하게 정비할 것이 들어오면 새 오일주입을 잊어버린다. 차주에게 인도된 차량은 몇 100미터만 운행하면 곧바로 엔진이 눌어붙는 사고를 겪게 된다.

여기서 한 가지 부탁할 것이 있다. 나는 정비공장으로부터 사고방지 대책에 관한 강연을 의뢰받는 경우가 종종 있다. 정비공장에서도 이런 종류의 사고는 끊이지 않기 때문에 강연할 때 정비사들에게 약속 받는 것이 있다.

자신이 한 작업의 결과를 고객에게 확인받기로 한다는 서비스를 오늘부터 실천해 달라는 것이다. 구체적으로 말하자면, 차량을 건넬 때 오일레벨 게이지를 빼서 이렇게 규정량이 들어가 있다, 하얀 헝겊에 오일레벨 게이지에 묻은 오일을 닦아서 이렇게 깨끗한 오일로 교환했으므로 안심하셔도 된다고 고객에서 확인시켜 주자는 것이다.

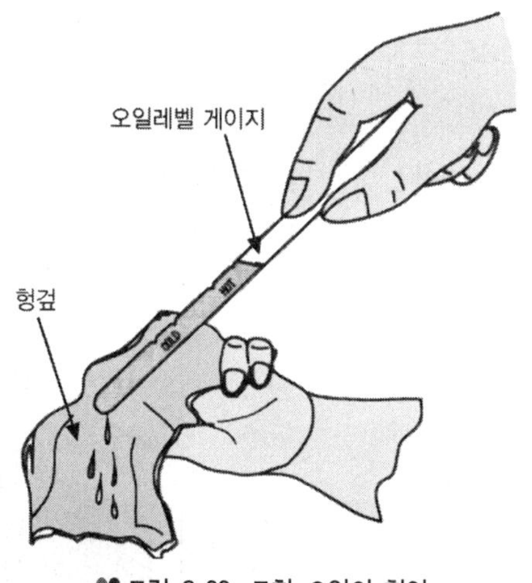

그림 3-22. 교환 오일의 확인

다소라도 엔진에 관심이 있는 고객이라면 엔진은 오일로 채워진다는 것을 잘 알고 있을 것이므로 이 서비스를 기쁘게 받아들일 것이다(그림 3-22). 무엇보다 중요한 것은 이 서비스를 실천함으로써 잊어버리는 실수는 완전히 방지할 수 있다.

03 조립 전에 청소와 이물질 제거 망각 조사시간 중 23건 발생

정비작업에서 부품을 탈착하고 새로운 것으로 교환하는 작업은 빈번하다. 새 부품을 장착할 때 상대부품의 장착 면을 깨끗하게 닦아 이물질이나 상처를 확인하는 것은 정비에 있어서 기본 중의 기본이다. 이물질이 있으면 제거하고 상처가 있으면 연마도구로 상처를 없앨 필요가 있다.

대표적인 것으로는 **오일필터의 이중 패킹**이 있다.

오일필터의 이중 패킹이란 오래된 오일필터를 탈착했을 때 패킹고무이 엔진 쪽 플랜지에 눌어붙으면서 떨어지지 않고 남는 것을 말한다. 이것을 그냥 두고 새 오일필터를 장착하게 되면 패킹이 이중으로 되는 것이다.

① 엔진 쪽 플랜지에 패킹 부분만 남는 이유는 무엇일까? 이것은 다름 아닌 과도한 체결 때문이다. 체결이 과도하면 오일필터의 외주 끝이 플랜지 쪽에 상처를 주기 때문에 손으로 돌려서 멈춰진 지점에서 3/4회전 정도만 힘껏 돌려주는 것이 좋다.

② 엔진 쪽 플랜지 면은 철이든 알루미늄이드 하얗게 빛나고 있고 거기에 검은 패킹이 달라붙어 있는 것이기 때문에 빼먹을 리가 없다고 생각된다. 그런데도 오일필터를 탈착하고

바로 플랜지면을 보면 새카만 오일이 부착되어 있어서 패킹 식별이 곤란한 것도 사실이다(그림 3-23).

③ 그래서 정비의 기본대로 새 부품의 장착 면을 그림 3-24처럼 헝겊으로 닦아내도록 한다. 달라붙어 있으면 닦을 때 걸리는 느낌이 들기 때문에 패킹이 남아있다는 것을 알 수 있고, 또 깨끗하게 닦아낸 플랜지 면은 백색과 흑색이 대비되면서 한 눈에 봐도 패킹잔해 유무를 분명하게 알아볼 수 있다.

④ 이중 패킹의 경우는 예외 없이 오일필터 외주 쪽과 엔진의 플랜지면에 그림 3-25처럼 간극이 만들어지면서 오일펌프의 압력으로 오일이 유출된다. 오일유출은 차량화재나 엔진이 눌어붙는 사고 등의 중대한 결과를 초래한다.

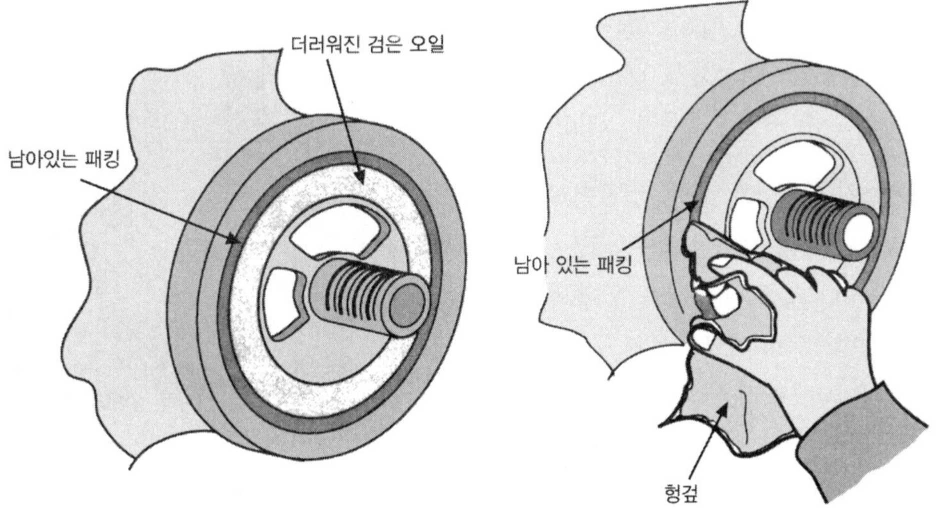

그림 3-23. 오일필터 탈착 직후의 플랜지 쪽 모습

그림 3-24. 플랜지 면을 닦아내기

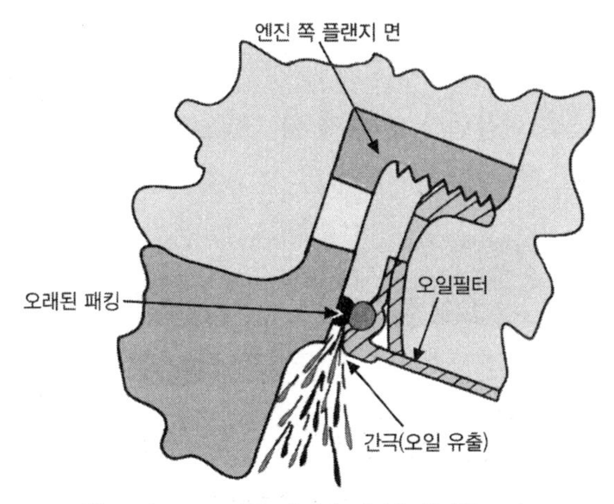

그림 3-25. 이중 패킹의 단면을 확대한 모습

04 개스킷은 재사용하지 않는다

리콜 대상이었던 연료분사 노즐의 개스킷을 "재사용"하는 바람에 고급승용차가 18대나 불에 타는 사례가 있다. 개스킷의 재사용은 절대로 해서는 안 된다.

① 자동차 용어사전에 의하면 개스킷gasket은 부품의 접합부분에서 물·오일·배출가스 등이 새지 않도록 밀봉시키는 작용을 하는 것이다. 양쪽 접합면의 미세한 요철이나 밀착 오차를 흡수하고 기밀을 유지한다. 실린더 헤드와 실린더 블록 사이에 사용되는 헤드개스킷이나, 실린더 헤드와 매니폴드를 연결하는 매니폴드 개스킷 및 EGR배출가스 재순환장치 개스킷 등, 수많은 종류가 있다고 나와 있다.

② 개스킷의 역할은 「양쪽 접합면의 미세한 요철이나 밀착 오차를 흡수하고…」라고 나와 있듯이 스스로의 형상을 상대 부품에 맞춰 변형함으로써 기밀이 유지되도록 해주는 것이다. 약간 수정을 해서 나타내면 그림 3-26와 같이 된다.

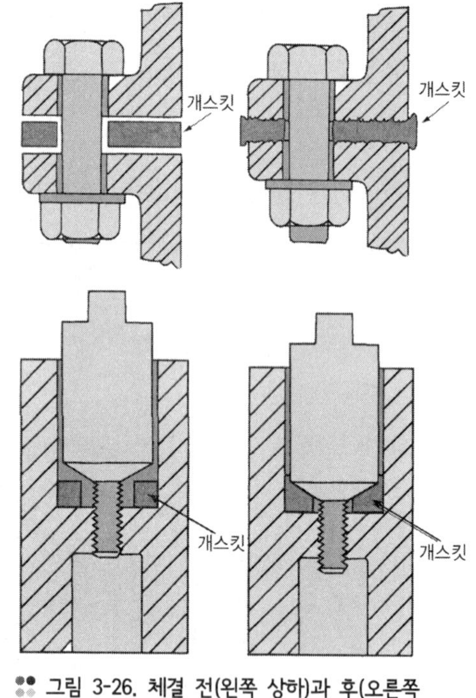

그림 3-26. 체결 전(왼쪽 상하)과 후(오른쪽 상하)의 개스킷 단면도

나는 상대 쪽 형상에 맞춰 변형된 부분을 "죽기" 또는 "죽는"다고 표현한다. "죽는" 것은 원래대로 돌아오지 못한다는 말과 똑같다.

③ 일단 변형을 일으킨 개스킷은 원래 모습으로 되돌아오는 탄성복원력이 없어서 그림 3-27처럼 일그러진 모습을 나타낸다. 이렇게 일그러진 개스킷을 사용하면 기밀을 확보하지 못하는 것은 두말할 것도 없다.

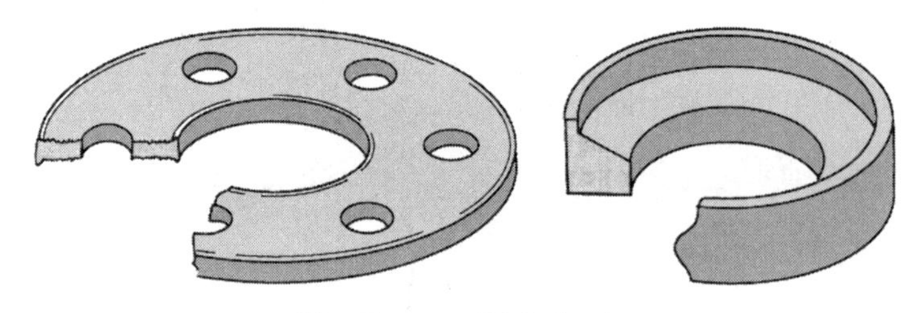
그림 3-27. 변형된 개스킷

05 차량화재의 연구

연재를 마친 후에도 계속해서 **차량화재**를 다루고 있다.

○ 그 후에 다루었던 사고

피해자 유족의 심정을 고려한 것과 다툼 중인 것은 제외했다.

① 담뱃불의 부주의(대형트럭, 운전실 전소, 발화지점은 운전석 뒤 수면실 침대)
② 방화(대형트럭, 운전실 전소, 방화지점은 왼쪽 앞 타이어 하우스)
③ 마찰열 화재(대형트럭, 화물칸과 적재물이 불에 탐, 허브베어링의 조정 실수)
④ 승용차의 적재물(경형 승용차, 운전석이 불에 탐, 가솔린을 조수석에 갖고 탐)
⑤ 건물화재와 얽힘(소형승용차, 외판도장이 불에 탐, 주차장 바로 옆의 건물화재)
⑥ 방화(고급승용차, 차량 뒤쪽 1/2이 불에 탐, 방화지점은 왼쪽 뒤 타이어 하우스)
⑦ 오일계통 화재(소형승용차, 차동기어에서 발화, 가혹한 사용으로 오일 실이 파손)
⑧ 방화(경형 승용차, 전소, 방화지점은 조수석 바닥 아래로 신문지를 말아서 불을 붙임)
⑨ 하니스 화재(대형트럭, 운전실 전소, 차폭등 배선 실수)
⑩ 하니스 화재(경형 승용차, 전소, 원인은 대형 스테레오 장착방법 잘못)
⑪ 배기관계통 화재(승용차, 뒤 엔진, 전소, 오일을 교환할 때 헝겊을 놓아 둠)
⑫ 하니스 화재(소형 밴, 냉각기 통풍구에서 작은 불이 남, 냉각기를 장착할 때 배선 실수)

모두 다 이전에 소개한 사례와 대동소이할 뿐만 아니라 방화가 많다. 헝겊을 잊어먹고 놓아두는 실수 등, 사고 직전의 정비에서 기인하는 것도 많다.

한 가지 마음에 걸리는 것이 있다. 경형 자동차에 터무니없는 스테레오를 친구들끼리 장착하고는 아마추어 같은 배선 때문에 하니스 화재를 일으켜 전소시킨 사고를 언급한 적이 있다. 최근에 비슷한 경우의 사건을 조사하게 되었는데, 기술자로서 용서할 수 없는 새로운 사실을 발견했기 때문에 이 기회에 알리려고 한다.

이 경형 승용차는 마주 오는 차량을 피하다가 옆으로 구르면서 다리 아래로 떨어졌다. 옆으로는 천천히 굴렀기 때문에 자동차가 대파되지는 않았으며, 운전자도 경상만 입었다.
그런데 왼쪽 면을 아래로 한 채로 정지하면서 큰 화재가 일어나 자동차를 전소시켰다.
이 자동차에는 고막이 터질 듯한 대형 오디오 세트가 탑재되어 있었다.

이런 것을 어디서 파는지 조수에게 물었더니, 어디서나 팔고 있고 가정용 TV를 사서 연결하는 것만큼 배선도 간단하고, 그 배선도 세트로 판매된다고 한다. 그래서 아마추어 같은 배선을 하는 것이라는 것을 알았다.

화재가 발생한 메커니즘은 옆으로 구를 때 스피커가 유리를 깨고 자동차 밖으로 튀겨나갔다. 이때 스피커의 중력에 의해 앰프와 연결된 배선이 당겨지게 되었다. 앰프는 옆으로 구르는 동안 자동차 안에서 나뒹굴다가 최종적으로 왼쪽 면 쪽으로 심하게 떨어졌다. 이때 앰프의 보디 접지배선이 단자(압착단자)에서 빠져버렸다.

앰프의 ⊕배선은 공교롭게 배터리의 ⊕단자기둥에서 직접 따온 것이었다. 보디 접지배선이 단선되어 전기도체로서의 기능을 상실한 배터리 전류는 큰 저항에 의해 발열하면서 피복을 녹이게 되었다. 빨개진 열은 최고점에 도달하면서 트래킹에 의한 용융흔적을 크게 만들고는 단선되었다. 배터리 쪽의 1차배선이고 배선 지름도 굵기 때문에 불씨가 컸을 것이라는 건 쉽게 상상할 수 있다. 용융흔적도 컸다.

이 대형 스테레오 화재는 내가 취급한 것만도 2건이다. 전국적으로 조사하면 상당히 많은 건수가 있지 않을까 생각된다.

스테레오 회사의 영업을 방해할 생각은 없기 때문에 판매를 중지해 달라는 것은 아니지만, 다음 사항은 꼭 개선되었으면 한다.

① 차량에 탑재하는 전기장치 제품(이 경우는 스피커와 앰프)은 반드시 차체에 고정할 것. 스테이와 소형 나사를 세트로 판매하고 장착방법을 취급설명서에 명기할 것. 고정하지 않을 경우는 화재위험이 있다는 것을 경고 표시해 둘 것.

② 전원은 배터리 단자기둥에서 2차 배선으로 연결할 것. 꼭 배터리에 연결하지 않아 용량이 부족할 것 같으면(출력 300W로 표시된 것을 보고 놀랐다. 그렇게 대용량의 전기를 소비하는 것을 팔아서는 안 된다는 것이 속마음이긴 하지만...)

(a) 너무 약한 피복(투명한 비닐)을 사용하지 말고 두터운 고무로 된 고압 코드를 사용할 것
(b) 진동대책으로 배선을 보디에 클립으로 고정시킬 것
무엇보다 앞의 ① 항이 전제조건임은 물론이다.

③ 이번에 쉽게 빠져버린 압착단자는 가정용으로는 괜찮지만 차량용으로는 부적당하다. 좀 더 강도가 강한 것을, 구체적으로는 압착부분의 길이를 2배로 할 것

Automobile Fires

제4편

차량화재 사례별 원인 분석

※ 4편에 들어가기 전에..

1. 이 편에서는 원서에 충실하였으며, 국내 차량화재 사건의 분석 · 검증 · 감식 · 감정 등을 할 경우 참고의 역할만 할 뿐임을 밝힙니다.
2. 「자동차명」, 「차량사고일자」, 「최초차량등록일」은 원작자의 요구에 따라 게재하지 않았습니다.

하니스 화재

주차장에 있었던 구급차 발화!

☑ **차종 :** 고품격 구급차

☑ **사고장소 :** 소방서 주차장

☑ **원인 : 배선작업 실수**

이 작업은 2단계로 나뉘어졌는데 최초에는 위법적으로 **배선작업**을 했다. 이때는 화재로 이어지지 않았다. 2번째로 실시한 다른 작업 중에 문제의 배선을 한데 묶어서 좁은 곳에 무리하게 밀어 넣은 것이 원인으로 작용되어 화재가 일어났다.

구체적으로는 배선이 좁은 곳으로 밀려 들어가면서 돌기가 생겼고, 약 1개월 전에 구급 출동을 하면서 진동으로 인해 차체와 간섭을 일으키는 동안 피복(이 경우는 절연 테이프)이 벗겨지며 전선이 노출되기에 이르렀다. 노출된 전선은 약간의 진동(가동 중의 차량탑재 냉장고 진동)으로 차체와의 사이에서 단락에 의한 스파크(spark)를 일으켜 이 불꽃이 염화비닐 재질의 피복에 착화되면서 불이 났다.

사고상황

오전 5시 40분경 신문배달원이 격납 주차중인 구급차에서 연기가 나고 이상한 냄새가 나는 것을 발견, 즉각 당직 소방대원에게 알렸다. 대원이 도착했을 때는 차량 안이 불길에 휩싸여 있었고, 불길로 인해 깨진 유리창으로 불꽃이 뿜어져 나오는 상태였다. 현장은 소방대원의 소화활동으로 즉각 진화되었지만 고가의 심전도 측정기 등 다수의 구명용 기자재가 소실되었다. 무엇보다도 주민 세금으로 만들어진 것이기 때문에 지방신문에서는 손해액 규모를 구체적 숫자로 거론하면서 보도했다.

이때의 원인조사는 제작회사 기술자가 중심이 되어 경찰과 합동으로 비공개로 실시되었다. 소방서는 당사자이므로 합동조사에는 참가하지 못하고, 오히려 조사대상 신세가 되었다. 경찰이 불렀으리라 생각되지만 제작회사 기술자가 현장을 검증하러 오는 일은 이례적이어서 이 사고의 심각성을 대변해 주었다. 나는 합동조사는 물론이고 피해차량도 보지 못했지만 실제로 작업한 딜러 정비사로부터 이야기를 듣는 동시에 어렵게 정비기록과 배선도를 볼 수 있었다.

고품격 구급차의 전원

우리가 일반적으로 알고 있는 자동차의 전원은 엔진에서 벨트로 구동되는 동력으로서, 교류발전기를 돌려 발전시킨다. 발전된 교류전기는 정류기rectifier를 통해 직류로 변환되는 동시에 IC레귤레이터전압조정기에서 12V 정도로 전압이 조정된 다음 일단 배터리에 저장되었다가 필요한 부분으로 공급된다. 남은 전압은 차체를 접지시키고 (-)단자 기둥을 통해 배터리로 회수된다.

그런데 이 고품격 구급차는 용량이 큰 교류발전기를 2개나 갖고 있으면서 사이렌과 스피커, 실내조명뿐만 아니라 심전도 측정기 등과 같은 의료기기 전체를 AC교류 100V로 처리하고 있다. 즉 전압안정기를 장착하고는 있지만 100V의 교류발전기로 만든 전기를 100V 전기기기 그대로 사용하는 셈이다.

■ ■ ■ 자가발전 설비를 갖춘 일반 가정과 똑같다고 생각하면 된다.

따라서 일반가정 내 배선과 조건이 같기 때문에 안전성을 확보하기 위해 배선공사는 「전기사업법에 기초한 전기설비시설기준」을 따라야 할 뿐만 아니라 전기 취급 면허자격자가 작업을 해야 한다. 또한 소방서로 복귀해 엔진 시동을 껐을 때(교류발전기 발전정지)는 소방서 내의 옥내배선에서 전원을 가져와 냉장고 등에 주야로 전기를 공급해 주어야 하는 이유에서라도 옥내배선과 동일한 안전성이 요구된다.

■ ■ ■ 엔진의 가동이 정지되어 있는 동안 옥내배선에서 전원을 가져오는 것에는 냉장차의 수송용 냉동장치가 있는데, 이것은 트럭이기 때문에 배선 공간이 넉넉하다.
심지어 자동차가 진동체인 점을 고려하면 옥내배선 안전기준 이외에 진동대책까지 요구되기 때문에 배선에는 고도의 숙련과 지식이 필요하다.

어떤 실수가 있었는지는 다음 항에서 자세하게 설명하겠지만, 원인의 바탕에 있는 것은 전압 차이(12V와 100V)와 교류배선(정비업체에서는 직류배선이 일상적)이 제대로 이해되지 않았다는 것이다.

최초의 실수

이전부터 소방서에서 「독일제 구명용 냉장고비상용 수액을 24시간 저온 · 보존하는 것」 상태가 좋지 않아 신품과 바꿔달라고 지정정비업체에 요청했었다. 화재가 나기 6개월 전에 냉장고가 입고되어 소방서 내에서 무상 교환 작업을 실시했다. 이때 콘센트 모양이 달라 기존 콘센트에는 들어가지 않는 트러블이 발생했다(그림 1-1).

■ ■ ■ 이것은 독일과 국내 공업규격이 다르기 때문으로, 공업규격이 다른 어느 나라에서 수입해도 마찬가지다. 독자 여러분도 콘센트 모양이 다른 나라를 여행해 본 경험이 있으면 이해할 수 있을 것이다.

다만 제작회사가 수입(해외조달이라고 한다)해 올 경우는 스펙발주 사양서 상에서 「콘센트는 KS한국공업규격」에 맞춰 수입하기 때문에 이런 잘못은 일어나지 않는다.

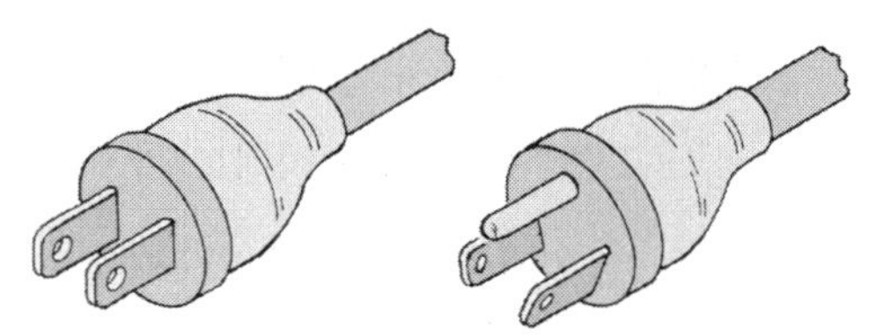

그림 1-1. 콘센트 모양 비교

기존 냉장고는 떼어낸 상태였고 구급차는 언제 출동명령이 떨어질지 모르는 상황이라 크게 당황한 딜러 정비사는 고육지책으로 차

체 쪽 콘센트(암놈)와 냉장고 쪽 콘센트(수놈) 배선을 잘라냈다. 전선의 절연피복을 벗겨 전선과 전선을 감아서 연결시키고는 그 위에 절연 테이프를 감아버렸다(그림 1-2).

이것은 아쉽게도 100V 결선을 모르는 사람의 일처리이다. 그리고 무엇보다 자동차 진동을 꺼리는 「돌기」를 만들었다는 것이다.

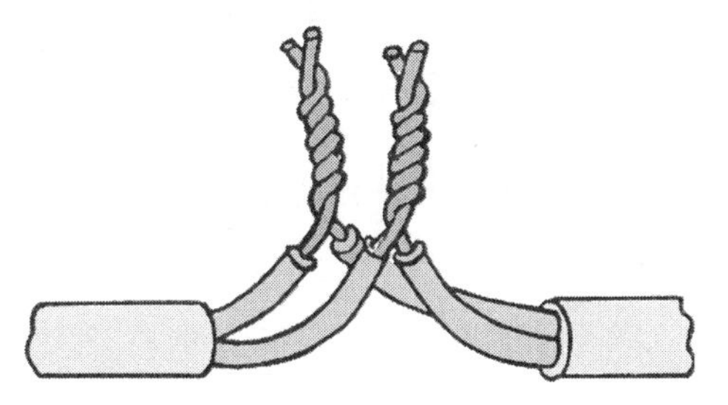

그림 1-2. 잘못된 배선 연결법

이 결선방법이 잘못된 것이 아니라 돌기가 뭔가에 접촉되지 않는 공간에서 하는 경우는 있지만 그때도 V캡이라는 보호 기구를 사용해 결선부분을 보호하도록 되어 있다. 매일같이 취급해 손에 익숙한 12V의 저압배선 처리방법을 그대로 사용했을 것이다.

「전기사업법에 따른 전기설비기술기준」에서는 그림 1-3처럼 결선방법을 의무화하고 있다. 감아서 연결하는 길이는 물론이고, 「돌기가 생기지 않도록 니퍼nipper 등으로 끝을 잘라낸다」 외 자세한 방법이 정해져 있다.

그림 1-3. 올바른 배선 연결법

두 번째 실수

화재 1개월 전에 소방서에서 다시 정비사에게 스타트 컷 릴레이를 달아 달라는 요청을 했다. 스타트 컷 릴레이란 앞서 말한 바와 같이 이 구급차는 주차 할 때에는 옥내배선에서 전원을 가져오기 때문에 출동할 때는 그 배선 코드를 빼야 하는데, 긴급출동처럼 바쁠 때 깜빡 잊고서 배선 코드를 끼운 채 출발하게 되면 코드를 강제로 잡아당기는 꼴이 되기 때문에(실제로 위험스럽게 그런 일이 일어날 뻔 한 경우도 있었다) 코드를 빼지 않으면 엔진 시동을 걸지 못하도록 장착한 부품릴레이이다.

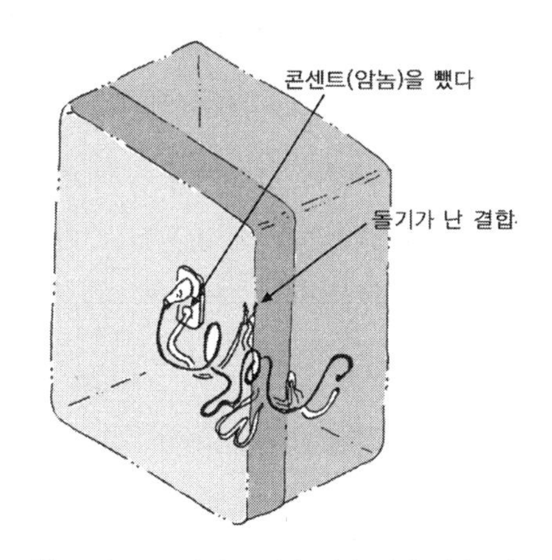

그림 1-4. 접혀 들어간 배선 상태 예상그림

스타트 컷 릴레이를 장착하면서 앞서 말한 냉장고를 앞으로 빼내고(앞으로 빼내는 것은 배선을 차체에서 끌어 쓰기 위해서) 그 좁고 빈 공간에서 배선

작업을 끝낸 다음 냉장고를 다시 원래 위치로 되돌려 놓았다. 이때 심하게 배선이 삐져나왔다(냉장고를 앞으로 빼낼 때 차체에서 끌려나온 분량).

보기에도 안 좋고 밟힐 수도 있어서 냉장고 뒤쪽과 차체 사이의 좁은 공간에 무리하게 집어넣었다(그림 1-4). 무리하게 접혀 들어간 배선 안에는 전항에서 설명한 「해서는 안 되는 배선 연결 방법」도 당연히 포함되어 있다.

Check 피복파괴와 발화 메커니즘

무리하게 접혀 들어간 배선은 출동하는 차의 진동으로 차체와 냉장고 뒤쪽 사이에서 마찰하는 운동을 되풀이하고 있었다. 1개월 동안 거의 매일 출동으로 마찰이 계속 일어났기 때문에 피복이 파괴되면서 전선이 노출되기에 이르렀다.

특히 돌기된 이음매 부위는 날카롭기 때문에 끝 쪽 피복(이 경우는 절연 테이프)이 찢어졌다. 절연기능을 잃어버린 전선은 차체의 철판과 단락에 의한 스파크를 일으키며 격렬하게 불꽃을 발생시킨다. 불꽃은 배선피복연화비닐으로 옮겨 붙으면서 피복을 따라 계속 확대되어 갔다.

합동조사단은 옥내배선에서 전기를 공급하면서 일어났다고 판단해 그 스파크를 차량 탑재 냉장고의 사소한 진동으로 간주했지만 나는 출동 중의 차량 진동이라고 생각한다.

한편 이 구급차는 오전 3시에 출동에서 복귀하고 나서 오전 5시 40분에 큰 화재를 내면서 발견되었는데, 하니스 화재는 시간이 걸리는 특징으로 보건데 스파크 피복 발화는 오전 3시 이전의 출동 중에 생긴 것이었다. 즉 복귀했을 때에는 하니스 화재가 시작되고 있었다고 생각한다.

이것이 하니스 화재가 갖는 특징으로, 주행 중이라도 화염이나 연기로 겨우 알아차리는 정도가 대부분이고 조용히 시간을 두고 진행된다는 무서운 점이 있다.

주차중인 혈액운송차량의 적색 경광등에서 발화!

- **차종 :** 혈액운송차량
- **사고장소 :** 병원 주차장
- **원인 : 배선 관리 소홀**

  혈액운송차량은 긴급자동차로서 도로운송차량법에서 적색경광등 장착이 의무화되어 있다. 이 적색경광등의 배선을 부적절하게 관리함으로써 3년 동안 일상적으로 사용했음에도 불구하고 절연피복이 벗겨져 노출되었고, 그러면서 전원이 지붕(roof) 철판과 스파크(spark)를 일으키며 발화한 경우다. 불은 염화 비닐 피복을 녹이면서 계속 번져나갔다.

Check 사 고 상 황

병원 요청으로 혈액 센터에서 수혈용 혈액을 갖고 와 병원 측에 전달한 뒤 사무실에서 업무협의를 하고 있었다. 한편 차량은 처음에 구급 출입구에 정차하였지만, 혈액을 전달한 다음에는 병원관계자 전용 주차장에 세워두고 업무를 처리하고 있었다.

2시간 정도 경과했을 때 병원출입을 하면서 알고 지내던 업자가 혈액운송차량이 불에 타고 있다고 알려 주었다. 소방서에 연락함과 동시에 병원주차장의 차량을 대피시키도록 병원에 구내방송을 요청했다. 현장에 달려가 보니 불이 타고 있는 정도는 아니지만 차 안에서 검은 연기가 올라오고 있었고 주위에 불쾌한 냄새가 나고 있었다. 출동한 소방대에 의해 화재는 바로 진화되었다.

Check 구급자동차에 대하여

혈액운송차량이 긴급 자동차인 것을 알고 있는가. 나는 몰랐기 때문에 법령을 찾아보았는데, 다음과 같이 나와 있었다. 「긴급자동차란 소방자동차·경찰자동차……보존혈액을 판매하는 의료품 판매업자가 보존혈액을 긴급하게 운송하기 위해 사용하는 자동차, ……」 의심할 여지없이 긴급자동차다. 긴급자동차는 적색경광등을 반드시 장착할 것이라고도 적혀 있다.

한편 차체 도색의 경우 소방차는 적색, 구급차는 백색, 그 밖의 긴급차는 특별히 정하지 않는다고 나와 있다. 따라서 혈액운송차량은 적색경광등을 장착하지 않으면 안 되지만 차체 도색은 정해져 있지 않다.

Check 피해 상황과 사고 원인

① 피해 상황으로는 차량 실내의 천장 내장 패널과 인스트루먼트 패널이 탔다. 차량실내 내부는 시트(우레탄)를 비롯해 타기 쉬운 플라스틱 제품으로 이루어져 있는데 소방대 조치가 빨랐기 때문에 부분적인 화재로 막을 수 있었다.

② 더욱 세밀하게 조사해 보니 불에 탄 천장 내장 패널 중심에 적색 경광등과 연결되는 배선(하니스 화재 특유의 피복)이 완전히 연소되어 구리선이 드러나 있었다. 인스트루먼트 패널이 녹아내려 안쪽의 퓨즈 박스를 직접 볼 수 있는 상황인데, 퓨즈 박스를 중심으로 거기에 집중된 각 배선의 피복이 광범위하게 불에 손상되어 있었다.

③ 하니스 화재 원인이 된 부분을 밝혀내려면 전기가 공급되는 쪽부터 조사하는 것이 바람직하다. 특히 이번처럼 끝부분 배선 가운데 적색경광등과 연결되는 배선피복이 완전히 불에 탄 경우에는 화재장소가 적색경광등 근처에 있는 것이 분명하다.

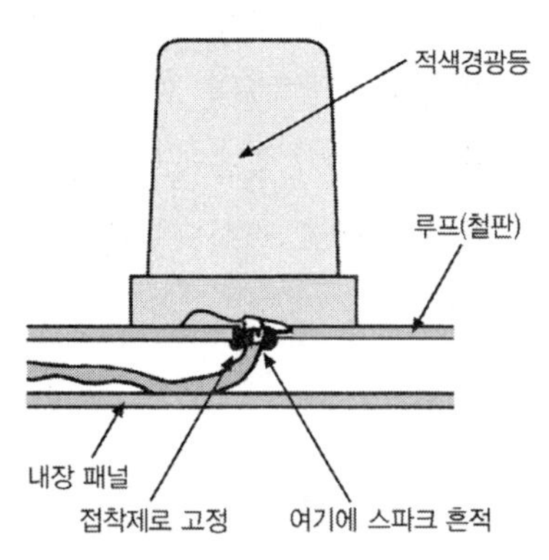

그림 1-5. 적색경광등 아래에서 발견된 스파크의 흔적

④ 한편 적색경광등과 연결되는 배선은 퓨즈 박스에 접속→인스트루먼트 패널과 인접한 스위치→프런트 필러→루프에 구멍을 뚫고→적색 회전등으로 연결되는 식이다. 이 루프에 구멍을 뚫어 통과시킨 그림 1-5

부분에서 스파크 흔적을 발견했다.

⑤ 스파크 흔적은 전선 자체에 용융 흔적을 만드는(이 경우는 녹아내리지는 않았다) 동시에 루프의 철판(구멍)에도 전기충격을 준 흔적이 있었다.

■ ■ ■ **인스트루먼트 패널(instrument panel)**
인스트루먼트 보드(instrument board)라고도 부른다. 인스트루먼트(instrument)는 계기, 패널(panel)은 이를 제어하는 제어판을 뜻한다.
대시보드 가운데서 운전에 필요한 각종 정보를 표시하는 계기판, 자동차의 주행방향을 바꾸기 위해 조작하는 조향핸들, 오디오나 에어컨의 조절판이 장착된 센터페시아(centerfecia) 등을 통틀어 인스트루먼트 패널이라고 부른다. 그러나 인스트루먼트 패널을 대시보드라고 부르는 경우가 많다.

■ ■ ■ 금속에 전기충격을 주는 것은 "열처리" 같은 효과를 내기 때문에 그 부분이 조직변경을 일으켜 딱딱해진다. 주변과는 색이 다르기 때문에 손으로 문지르면 그 부분만 광택이 나는 느낌을 준다.

⑥ 철판에 구멍을 뚫고 전선을 통과시켰기 때문에 전선을 철판의 샤프 에지sharp edge, 예리한 각로 부터 보호하기 위한 어떤 방호책이 되어 있었을 것이라 생각되지만, 피복이나 방호부품이 소실된 지금에는 어떤 작업이 되어있었는지도 모르는 상황이다. 소유자인 제약회사에서 클레임이 있었는지 적색경광등을 장착해 차를 납입한 지정정비업체 관계자가 조사를 하러 나와 있었다. 마침 좋은 기회라고 생각되어 철판을 통과할 경우의 전선 보호에 대해 물어보았다.

⑦ 루프의 경우는 빗물이 흘러들 수도 있기 때문에 퍼티putty 같은 접착제로 막아두었다. 이것으로 원인이 파악되었다. 접착제의 경우는 3년이나 비바람에 노출되면 노화되어 기능을 잃어버리기 때문에 차량 진동으로 전선과 철판의 샤프 에지가 직접 마찰을 일으켜 피복을 벗겼을 것이다.
철판에 전선을 통과시킬 경우는 시판되는 그림 1-6 같은 고무재질의 프로텍터(회사마다 상품이름을 정하는데 심혈을 기울여 판매하고 있다)를 반드시 사용하는 것이 좋다. 비바람이 우려된다면 그 위에다 접착제를 발라도 된다.

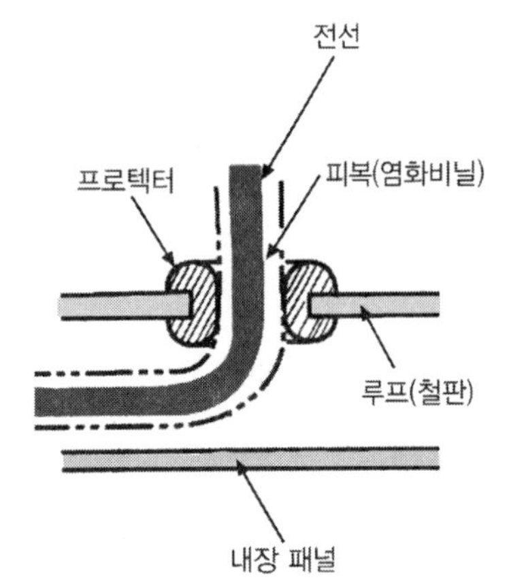

그림 1-6. 철판에 전선을 통과시킬 때는 반드시 고무 재질의 프로텍터를 사용해야 한다.

⑧ 적색경광등도 나중에 장착하는 전장품으로써, 제작회사의 생산라인 밖에서 장착하는 전장품에는 아무쪼록 주의를 기울여야 한다. 특히 철판에 구멍을 뚫는 배선은 신중하게

처리해야 한다. 중·대형 트럭은 정비점검 때 자주 운전실을 앞으로 기울이기 때문에 운전실의 철판에 전선을 통과시키면 아무래도 전선을 그때마다 "당기게" 되기 때문에 매우 위험할 수 있다.

몇 년 전 지방에서 무전기 배선을 하면서 운전실을 앞으로 기울이다 너무 팽팽해지면서 피복이 벗겨져 운전실의 철판과 스파크를 일으켜 차량화재가 난 적이 있었다.

Check

피복화재와 발생 가스

피복화재는 염화비닐을 녹이고 가스를 발생시키며, 가스물체가 탄다고 설명했는데, 이번에는 이 가스의 정체에 대해 약간 설명하도록 하겠다.

전선피복 재료에는 폴리우레탄 / 염화비닐 / 클로로프렌이 있는데, 자동차에서는 대부분 염화비닐을 사용한다. 염화비닐이 타게 되면 탄산가스·일산화탄소가스·염화수소가스·염소가스 등이 대량으로 발생한다. 모두 인체에는 유해하지만 특히 염화수소 가스는 자극이 강한 냄새를 동반하며 인체에 유해할 뿐만 아니라 금속 등을 부식시킨다.

피복화재는 이번 경우처럼 차량실내에서 조용하고 서서히 진행되기 때문에 화재위험 외에 가스중독의 위험성도 있다. 운전 중에 자극이 강한 냄새(불쾌한 냄새)를 맡게 되면 바로 차 밖으로 탈출할 것을 당부한다.

「크세논 램프」로 교환, 정차 후 주차장에서 화재!

- **차종 :** 고급 수입차
- **사고장소 :** 고속도로 휴게소 주차장
- **원인**

  외제 중고차 판매업자가 의뢰하여 동네 정비공장에서 헤드램프 교환 작업이 이루어지면서 중대한 결함이 있었고, 차량을 건네받고 6시간 정도 지난 후, 하니스 화재가 발생했다. 원인은 크세논 램프용 부스터가 느슨하게 장착되어 흔들리면서 발생.

중고차 수입 경위

■ ■ ■ 크세논램프(xenon-lamp)

크세논가스 속에서 일어나는 방전에 의한 발광을 이용한 램프로 각종의 광원 중에서 자연광에 가장 가까운 빛을 낸다. 석영관(石英管) 속에 한 쌍의 전극을 넣고 이 전극 사이에 방전이 일어나게 한다.

전극간격이 수 ㎜이고, 관이 공 또는 달걀 모양의 것을 짧은 아크 크세논램프라고 한다. 이 램프에서는 점등 중의 가스압력은 20atm 이상이다. 수 KW에 이르는 대형램프도 있으며, 발광효율은 1W당 20~40㏐에 달하며, 백열전구의 효율 1w당 10~20㏐에 비해 훨씬 높다.

짧은 아크 크세논램프는 직류용으로 점광원(點光源)에 가까운 것을 얻을 수 있으므로 영사기에 사용되며, 또 자연광에 가까우므로 천연색 영화촬영용의 광원으로 사용된다.

석영관을 길게 하고 그 양쪽 끝에 전극을 설치한 것을 긴 아크 크세논램프라고 하며, 이것은 교류로 점등하는 것이 일반적인데, 대형 램프를 만들 수 있는 20KW가 되는 것도 있다.

예전부터 고급 외제차를 타고 싶어서 아는 외제차 전문 중고 판매업자에게 대략적인 예산을 말하고 좋은 차가 나오면 알려 달라고 부탁해 두었다.

사고가 발생하기 2개월 전, 희망하던 차가 입고되었다는 연락이 왔다. 차량을 직접 보고 마음에 들었기 때문에 ① 에어로파츠aero parts 장착, ② 헤드램프를 크세논으로 교환, ③ 전체 도장과 코팅, ④ 엔진과 하체 정비에 대한 견적을 받았다. 약 2600만원의 견적이 나왔는데 ok 사인을 내리고 구두로 구입계약을 했다. 정비를 마치고 12월 14일에 차량을 인도받았다. 구입가격은 전체 다 해서 7,600만원이었다고 한다.

사 고 상 황

타고 싶던 차를 받고서는 시험주행을 겸하여 고속도로를 주행하기로 했다. 휴식을 위해 휴게소 주차장에 주차 하였다.

휴게소에서 커피를 마시고 있는데 밖이 몹시 소란한 것 같아서 바라보자, 자기 차에서 하얀 연기가 올라오고 있었다. 화재가 발생한 것을 직감하고 휴게소 직원에게 소방서에 신고해 달라고 부탁하는 동시에 본인은 부근 차량들을 이동하도록 조치했다. 다행히 소란한 상황에서 운전자들이 뛰어와 자발적으로 차들을 옮겨 주었다. 얼마 안 있어 소방차가 도착해 물을 뿌리면서 화재는 진화되었다.

운전자 증언

운전자는 차에서 내려 엔진 후드 옆을 지나쳐 휴게소로 향할 때 엔진룸에서 '토드득' 거리는 소리가 난 것 같은 느낌이 들었다. 처음으로 타본 자동차이고, 고속으로 주행하였기 때문에 엔진이 냉각되는 소리라고 생각했다. 주행 중에는 아무런 이상도 느끼지 못했고 토드득 거리는 소리를 들었을 때도 연기는 보지 못했다.

교환하고 얼마 지나지 않은 헤드램프가 완전 타버렸고 믿을 수가 없어서 수입차량 업체에 클레임claim을 요청했다. 자세한 것은 수입차량 업체에 물어봐 달라는 얘기를 들을 수 있었다. 헤드램프를 켜고 난 후, 주행한 시간이 얼마나 되었느냐는 질문에 전날 판매 업자가 차를 몰고 온 시간(정확한 시간은 불확실)하고 사고가 일어난 날 2시간 정도라고 한다.

합동 조사

수입차량 업체에 문의한 바 사고 차량을 둘 수 있는 곳은 "기술 센터" 밖에 없기 때문에 그곳으로 입고시켰다고 한다.

소방서와 경찰의 현장검증은 끝난 상태이기 때문에 보험회사와 수입차량 업체에서 원인 규명을 위한 합동조사가 이루어지게 되었다. 그 조사에 참가할 수 있느냐고 문의를 했더니

수입차량 업체나 보험회사 모두 차량화재 전문가가 없어서 곤란하던 참이었다고 허가해 주었다.

■ ■ ■ 새 차는 어떨지 모르지만 중고차를, 더구나 개조한 이력이 있는 "화재차량"을 수입차량 업체에 집어넣었기 때문에 업체 또한 어떻게 대응해야 좋을지 애를 먹기 마련이다.

약속한 날에 기술 센터를 방문했더니 수입차량 업체의 젊은 직원과 판매를 담당하고 있는 기술과장, 보험회사 과장과 기술조사원(복수), 보험회사에서 위탁받은 조사회사 직원(이 사람은 현장 조사에도 참여했다)이 화재차량 앞에서 내가 도착하기를 기다리고 있었다.

사람들 제각각 임의대로 조사해서는 비효율적일 뿐만 아니라 혼란스러울 수 있으므로 나는 누군가 리더를 정하고 조사방침을 협의하면서 분담하여 작업하자는 의견을 제시했다. 경험과 연륜으로 내가 리더를 맡게 되었다. 조사방침에 있어서 다음 사항을 모두에게 동의 받았다.

- 이것은 분명한 「하니스 화재」라는 점.
- 가장 먼저 손상이 없는 「왼쪽(헤드램프)를 탈거해 어떤 배선을 하고 있는지」를 상세하게 조사할 것
- 원인으로 추정되는 장소는 주행 중일 경우 화재 부위의 가장 앞부분의 가장 아랫부분에 있기 때문에 그 곳에 반드시 「녹아내린 흔적·스파크 흔적·트래킹 흔적」가운데 어떤 것이든 있다. 그것을 발견할 때 까지 조사하고, 발견하면 조사는 종료하는 걸로 한다.
- 조사 결과는 보험회사에서 소유자에게 연락한다(그럴 생각으로 조사상황을 비디오로 촬영하는 직원이 따라와 있었다).

Check 사고 차량의 외관 검사

① 엔진 후드 오른쪽 앞부분과 오른쪽 전륜의 펜더fender 철판에 열로 인한 손상이 있다. 다만 도장이 탈 정도의 비교적 낮은 온도의 열손熱損이다(연료계통·오일계통 화재는 아니다).

② 오른쪽 앞바퀴가 타긴 했지만 최초 불이 난 곳으로부터의 열풍에 의한 팽창파열 양상을 나타내고 있다.

③ 오른쪽 헤드램프는 심하게 연소되어 배선만 남겼고 전장품은 모두 연소되었고, 앞면 유리(플라스틱 제품)는 불을 끄기 위해 소방대원이 깨뜨리면서 산산조각이 났다.

④ 엔진 후드를 열고 엔진룸을 검사했다.

- 엔진 후드 안쪽의 소음재(우레탄 계통의 흡음재를 뿌려둔 것)가 열로 인해 녹은 상태고, 유리 모양의 물체가 되어 엔진 전체를 덮고 있다. 이것이 조사를 곤란하게 했다.
- 오른쪽 헤드램프 뒤에 위치하는 냉각수 보조 물탱크 등의 폴리우레탄 용기는 열로 인해 녹아버려서 형태가 없어졌다. 한편 대칭되는 위치에 있는 배터리는 그을음이 붙어 있는 정도로, 거의 손상이 없다. 배터리는 살아 있었다.
- 전기배선은 1차나 2차 모두 끝에서 끝까지 절연피복이 매끈하게 타서 구리선이 노출되어 있는 등 하니스 화재의 특징을 드러내고 있었다.

check 상처가 없는 헤드램프 배선조사

2군데서 3개의 배선이 완전하지 않았다.

① 헤드램프를 떼어내자 보디의 외판헤드라이트를 잡아주는 틀과 헤드램프 본체에 강력한 힘으로 눌리면서 손상된 배선 2개를 발견했다(그림 1-7). 이 정도로 강하게 눌려서 찌그러질 정도면 안쪽의 가닥 선 가운데 몇 개는 틀림없이 단선되어 있다. 이것이 원인이라면 단선→전기저항→줄 열joule, 熱→피복화재로 이어진다. 그렇다면 같은 위치에서 용융 흔적을 찾아내면 된다.

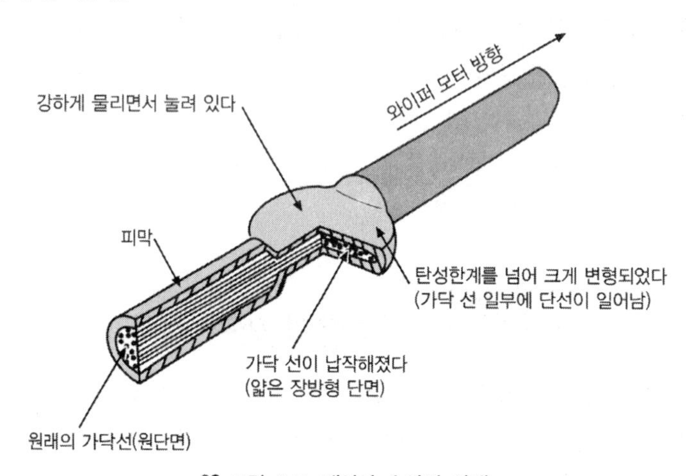

그림 1-7. 배선이 손상된 상태

덧붙이자면 배선 2개는 부스터에서 넘어온 선과 와이퍼 모터로 가는 선으로 크세논에 필요한 배선이며, 원래의 할로겐램프방식에는 없었던 것이다.

이것이 애프터 마켓 장착이 갖는 취약한 부분으로, 원래부터 크세논 방식이었다면 제작

회사에서 보디 외판에 이 2개의 배선 통로를 만든다.

■ ■ ■ 크세논램프 표면은 할로겐램프보다 점등을 해도 온도가 올라가지 않기 때문에 눈이 내리거나 램프에 부착된 눈이 녹지 않기 때문에 어쩔 수 없이 와이퍼로 털어낸다(헤드램프에 와이퍼가 장착된 차량).

② 부스터고전압 발생장치로 가는 전선이 매우 길고 클립으로 고정해 놓지도 않아 배선이 멋대로 움직일 뿐만 아니라 배선이 똬리를 틀고 있다(그림 1-8). 이래서는 곤란하다. 차량의 진동으로 보디 철판과 마찰을 일으키면 피복이 벗겨져 절연파괴→단락이 일어난다. 이 경우는 배선 및 배선과 마찰을 일으킨 부분에서 스파크 흔적을 발견하면 된다는 것을 조사원 모두에게 설명했다.

그런데 대부분이 용융 흔적이나 스파크 흔적을 본 적이 없는 것 같아서 일단 그림을 그려 설명한 다음 그런 흔적 비슷한 것을 발견하면 나에게 보여 달라고 했다.
그때 현장에 입회해 있던 조사회사 직원이 작은 비닐봉투를 꺼내놓고는 이게 뭘까요? 하고 물어왔다.
"금 같은데 대체 뭘까요?"
"이것을 어디서 발견했나요?"
"차대 위에 금가루처럼 붙어 있었습니다. 왠지 참고가 될 것 같아 현장에서 가져온 겁니다."
"거기가 스파크가 난 곳입니다. 이건 금이 아니라 구리입니다. 금과 구리는 친척이기 때문에 녹아서 흩어지면 금처럼 보입니다. 어쨌든 그 곳을 가르쳐 주십시오."

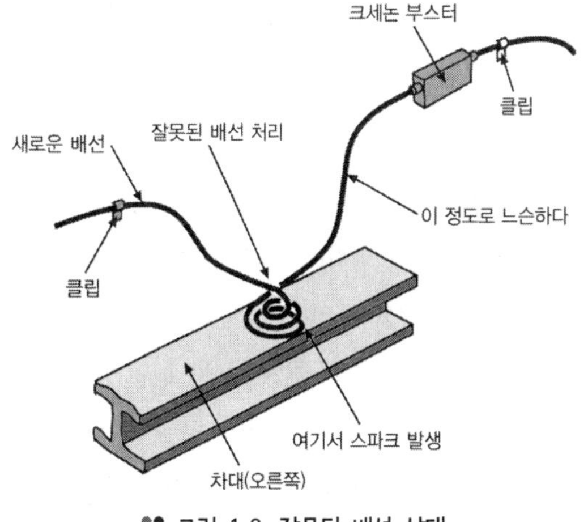

그림 1-8. 잘못된 배선 상태

이렇게 순식간에 해결이 될 것 같은 예감이 들었다.

Check 스파크 흔적 발견

막상 조사를 하는데 있어서는 신중을 기했다. 느낌은 금가루를 발견한 장소에 있지만 일에 대한 실수가 있을 수도 있다. 부스터에서의 연결과 와이퍼 모터 배선으로 생각되는 구리선을 만일을 위해 자세하게 조사해 달라고 했다. 나한테로 계속해서 의심이 갈 만한 구리선을 가져왔는데, 거의 소화 활동에 의해 기계적으로 찢긴 것으로 단면에 예리한 각이 있었다. **불꽃**이 없는 것을 확인했기 때문에, 원인은 이 부분이 아니라고 판단하고 다음 조사로 넘어가기로 했다.

드디어 금가루를 발견한 장소를 조사하는데, 거기는 평평한 차대chassis 위였다(고급 수입 차량 답게 차대는 트럭 같은 H강 재질을 사용하고 있다. 이 정도라면 사소한 충돌정도로는 손상될 일이 없다). 소음재가 녹아 유리 모양(녹은 소음재가 굳어진 것으로 생각하면 된다)을 한 채로 덮고 있는 부분에 100×200mm 정도 크기로 녹은 소음재 덩어리가 떨어져 나간 부분이 있고, H강 재질이 노출되어 있었다.

정말로 금가루 같은 것이 붙어 있어서 이 부근에서 스파크가 있어났나 하며 추정할 수 는 있지만 적어도 그 공간에는 스파크 흔적이 없다. 그러면 이 녹아내린 소음재 덩어리 안에 스파크 흔적이 있을 것이다. 또한 부스터로 향하는 늘어진 배선과도 위치적으로 일치한다.

녹은 소음재 덩어리를 500×500mm 정도 제거해 달라고 부탁하자 무엇을 말하는 건지 그런 표정을 하면서도, 임시라도 리더가 말하는 거라 마지못해 지시에 따라 정chisel으로 소음재 덩어리를 깎아 나갔다.

유리처럼 딱딱한 덩어리를 깨고 차대에서 떼어내는 것은 쉽지 않은 작업이다.

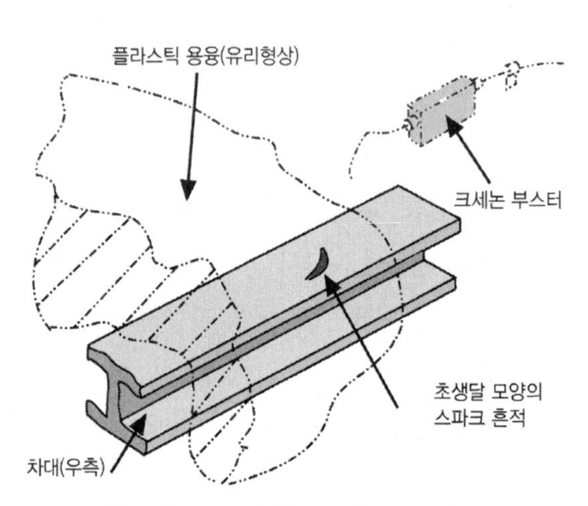

그림 1-9. 초생달 모양의 스파크 흔적

가까스로 덩어리를 제거했더니 노출된 차대에 초승달 모양의 스파크 흔적이 나타났다. 그 위치는 덩어리 쪽으로 불과 50mm 정도 감춰진 곳이었다. 전에도 설명했지만 스파크 전기충격은 열처리하고 비슷하기 때문에 주변과는 색의 농도가 다른데, 맨 손으로 문지르면 선명하게 빛이 난다. 위치관계를 그림 1-9로 표시했다.

스파크를 일으킨 상대는 찾아냈는데, 정작 당사자인 전선이 발견되지 않는다. 잘라낸 덩어리 안에 있을 수 있으므로 부수어서 전선을 찾아달라고 부탁하자 열심히 작업해 주었지만 전선과 같은 것은 나오지 않는다.

시간이 점점 경과하자 초조감에 사로잡힐 즈음 비디오를 촬영하고 있던 보험회사 기술조사원이 "이것을 봐주십시오." 하고 150×300mm 정도의 덩어리 조각을 갖고 왔다.

거기에 선명한 불꽃을 만든 전선이 있는 것이 아닌가.

"이게 어디에 있었죠?"

"덩어리를 떼어낼 때 떨어져나간 조각인데, 떼어낸 것 보다 안쪽입니다."

차대 스파크 흔적과는 500mm 정도 떨어진 곳이다.

"그렇군요, 헤드램프를 깨고 방수총을 집어넣어 물을 쏘았다고 했는데, 그 물줄기 힘으로 남아돌던 배선이 안으로 밀려들어간 것 같네요." 서투른 내 추리 때문에 불필요한 작업을 시켜 미안하다는 말과 함께 발견해 준 카메라맨에게 감사를 표했다.

정신없이 찾고 있을 때 냉정하고 객관적으로 보는 사람이 한 명 정도라도 있으면 생각지도 않는 발견을 할 수 있다는 것을 느꼈다.

결 론

남은 배선을 꽈리를 틀어 차대 위에 올려놓았다. 그것이 엔진 진동으로 흔들렸다. 진동은 배선을 차대에 계속해서 내리치게 되고, 그 충격으로 절연피복이 벗겨져 전선을 노출시켰다. 한편 짧은 시간에 피복이 벗겨진 것은 내리치는 빈도가 엔진 회전수에 가까울 정도로 매우 높았기 때문이라는 것을 쉽게 추정할 수 있다. 초승달 모양의 스파크 흔적은 꽈리를 튼 배선의 원호圓弧 일부와 일치했다.

소형 트럭이 운행을 끝낸 후, 주차와 동시에 화재가 발생!

- **차종 :** 소형 트럭
- **주행거리 :** 210,257km
- **사고 장소 :** 자사 주차장
- **원인 : 오래된 배선피복의 노화로 생긴 균열**

오랫동안 사용함에 따라 경화되어 탄력성을 잃은 배선피복이 엔진 진동으로 마찰하는 동안에 피복이 벗겨지고, 노출된 구리선이 차체(body)와 단락으로 인해 스파크를 일으켜 높은 열을 발생했기 때문에 일부이긴 하지만 주위의 배선피복을 태웠다.

지금까지 소개했던 하니스 화재는 어떤 식이든 인위적 실수가 개입했었지만, 이 경우는 12년이라는 오랜 시간 동안 경화에 의해 발생한 화재로서 방지하기 쉽지 않은 사고였다. 연료 호스나 배선피복은 "균열" 여부를 한 번 더 점검해 두는 편이 좋을 것이다.

사 고 상 황

8월 29일에 엔진 시동이 전혀 걸리지 않아, 단골 정비공장에 수리를 의뢰했다. 수리항목으로는 배터리 충전/교류발전기의 분해검사/전압 조정기와 점화 스위치 교환이었다. 수리를 마친 후, 엔진시동이 순조롭게 걸렸기 때문에 자사제품 운반에 사용하고 있었다.

약 1개월 후인 9월 30일에 업무를 마치고 회사 주차장에 차량을 주차시킨 후 검은 연기를 뿜으며 화재가 났다. 황급히 회사에 있던 소화기로 불을 껐다. 다행히 화재 규모가 작아 피해도 크지는 않았다.

Check 운전자 증언

차량을 세우고 시동을 껐는데 갑자기 불이 나서 많이 놀랐다. 엔진 배선이 타고 있었기 때문에 지난달 엔진 수리가 원인이었을지도 모른다. 자세한 것은 전문가가 아니라 모르겠다고 대답했다.

> ■ ■ ■ 이 사례는 하니스 화재로서, 엔진 시동을 껐더니 갑자기 불이 난 것 같이 보였을 뿐이다. 하니스 화재는 시간이 빨리, 그것도 엔진이 진동하고 있는 운전 중에 일어나는데 마침 주행 중이라 검은 연기가 뒤로 날아가서 보이지 않았을 것이라 생각된다.

주차하던 순간에는 검은 연기가 뒤쪽으로 날아가지 않고 위로 올라갔기 때문에 그 순간을 화재 발생으로 인식했던 것이다. 그리고 운전자가 지난 달에 했던 수리에 의혹을 갖고 있기 때문에 당시에 한 수리의 관계를 잘 조사해 보기로 했다.

Check 사고차량 상황

사고차량은 정비공장 한 쪽 구석진 곳에 주차되어 있었다. 그런데 외관상으로는 차량화재가 있었던 흔적이 전혀 보이지 않기 때문에 커버를 덮지는 않았다.

언제나 이상하게 생각하는 것이지만, 정비공장 주차장에는 심한 충격으로 크게 파괴된 차량이 상당수 있는데 그 중에는 운전자는 괜찮을까 싶을 정도로 심하게 손상된 사고차량도 있다. 그러나 이런 차량에 커버를 덮어서 보이지 않게 한 것은 한 대도 없다.

반면에 화재가 났던 차들은 이번 경우를 제외하고 대부분 커버를 덮어놓는다. 이것은 아마 불타버린 차체가 인간에게 주는 공포감이나 혐오감 같은, 심리적으로 주는 충격이 강하기 때문에 눈에 띄지 않게 하려는 습관이라고 생각한다. 또는 괜찮은 브랜드의 차를 사면 화재가 난다는 근거도 없는 정보를 흘리고 싶지 않은 배려일지도 모른다.

① 그림 1-10은 사고차량 모습으로, 어디서 화재가 났는지 모를 정도로 아무렇지도 않다.

② 불 탄 곳은 그림 1-11에서 볼 수 있듯이 엔진룸 왼쪽 뒷부분의 와이어 하니스로, 이 배선은 기동전동기로 연결된다.
그렇다면 1개월 전의 정비(배터리 / 교류발전기 / 전압 조정기 / 점화 스위치)에서는 손을 대지 않은 곳이기 때문에 정비 작업의 실수는 아니다. 기동전동기 자체의 절연파괴 화재

로 인해 연소된 것인지도 몰라 기동전동기를 조사했지만 그림 1-12에서 보듯이 아무런 이상도 없는 상태였다. 중간의 릴레이(그림 1-13)도 타긴 했지만 그것 자체가 발열한 흔적은 없고 하니스에서 시작되어 연소된 것이다.

그림 1-10. 화재차량 모습으로 외관상으로는 화재 흔적이 발견되지 않는다.

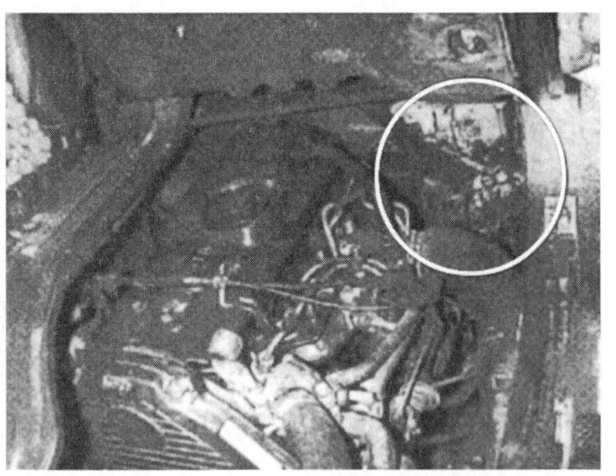

그림 1-11. 불난 중심은 엔진룸 왼쪽 뒷부분으로 와이어 하니스와 조향장치 릴레이를 태웠을 뿐이다.

그림 1-12. 기동전동기를 확인했는데 이상은 없었다.

그림 1-13. 중간 릴레이도 타기는 했지만 그것 자체가 발열한 흔적은 없다.

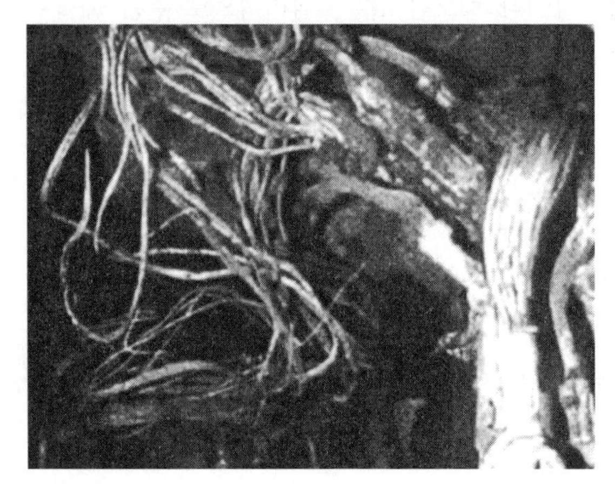

그림 1-14. 불에 탄 하니스 묶음에서 녹아서 섞인(溶融) 흔적을 찾기로 했다.

③ 지금까지의 경험으로 12년이라는 시간이 염화비닐 피복을 경화시키는데 충분하다는 판단을 하고 피해가 없는 **피복**을 검사했다. 아니나 다를까 상당히 **경화**硬化되었다. 이렇게 경화된 피복이라면 배선에서 트러블trouble이 일어날 확률이 매우 높다. 다행히 불탄 범위(그림 1-14)도 좁기 때문에 이 안에서 녹아내린 흔적을 찾기로 했다.
하니스 화재 ④ 에서 녹아내린 흔적과 스파크 흔적을 찾아내는데 따른 어려움을 얘기했는데 이것도 꽤나 까다로운 경우다.

불에 탄 구리선은 그림 1-15에서 보면 깨끗한 구리선 자체적인 광택을 지니고 있어 아무리 봐도 탄력성이 있는 것처럼 보이는데 높은 열에 노출되면 **구리**銅로서의 특성을 잃어버리기 때문에 매우 무르고, 조금만 건드려도 허물어진다.

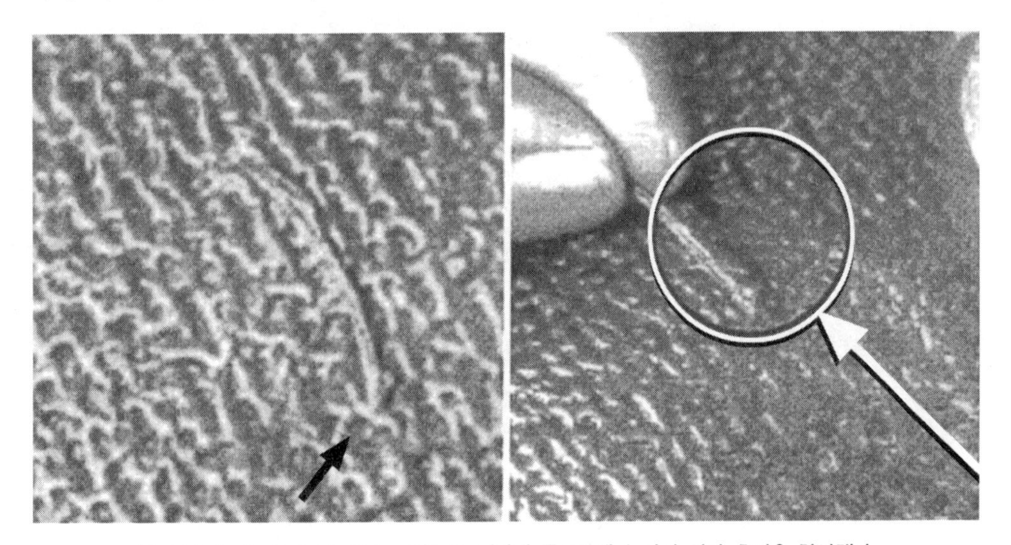

그림 1-15. 불에 탄 하니스 일부를 떼어내 끝부분에 녹아서 섞인 흔적을 확인했다.

따라서 손을 대지 않고 손전등과 거울로 여러 각도에서 **배선**을 조심스럽게 검사해야 하는 인내를 필요로 하는 작업이다. 그만큼 자신이 추리한 장소에서 녹아내린 흔적이나 스파크 흔적을 찾아냈을 때의 쾌감은 각별한 데가 있다. 이런 일에 만족을 느끼는 것이 기술자다.

④ 고생 끝에 발견한 것이 그림 1-15의 **용융**溶融 흔적이다. 용융 흔적은 1개 배선(한 군데)밖에 없고 스파크는 차체와 일어났지, 배선끼리 일어난 것이 아니다. 덧붙이자면 경화를 원인으로 하는 피복 파괴와 구리선 노출(절연파괴)은 이 용융 흔적을 만든다.

사진으로는 용융 흔적이 잘 보이지 않아서 추상적인 그림으로 그린 것이 그림 1-16이다.

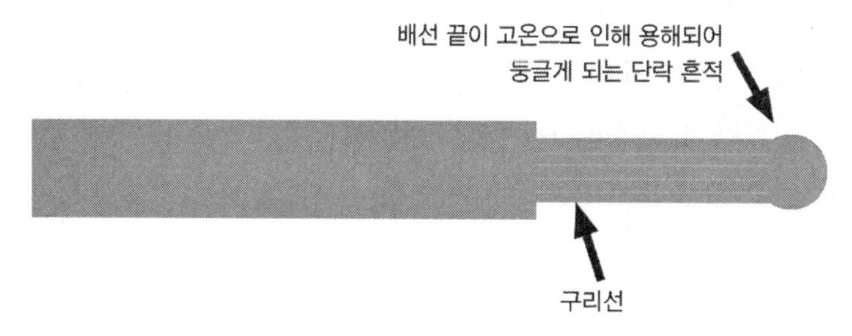

그림 1-16. 그림 1-15의 용융 흔적을 알기 쉽게 나타낸 그림이다.

화재가 발생하기까지의 진행

진행 과정은 다음과 같다.

배선피복이 경화되어 탄력성(연함)을 상실 → 탄력을 잃은 배선은 엔진 진동에 맞춰 움직이지 못하고 보디에 딱딱한 것과 딱딱한 것을 부딪치게 됨 → 지속되는 충격으로 인해 약한 염화비닐(피복)이 마찰을 일으킴 → 노출된 구리선이 차체와 접촉해 단락으로 인해 스파크가 발생 → 고온의 스파크에 의해 피복이 타기 시작함 → 피복자체가 도화선이 되어 하니스 전체로 타 들어감

인버터를 장착하고 주행하던 중, 연기에 덮힌 화재 발생!

- **차종 :** 오프로드(off-road) 차(4WD 차)
- **사고 장소 :** 지방 도로
- **원인**

캠핑을 할 때 커피를 끓이거나 TV를 볼 때 변압기(인버터=자동차용 12V를 가정전기제품인 220V로 변환)를 자동차 용품점에서 구입하고, 이것을 자동차 정비소에 가져가 장착을 의뢰했다. 변압기 본체의 장착이 잘못되어 차량 진동으로 변압기 본체가 떨어지고, 배선단자(터미널) 고정하던 나사가 풀리면서 심한 트래킹(tracking)을 일으켰다. 이로 인해 배선피복에 불이 붙었고, 인스트루먼트 패널(instrument panel)배선 전체가 타면서 플라스틱 제품에까지 번졌다.

Check 사고상황

하루 근무를 마치고 18시 30분경 집으로 향하던 중, 인스트루먼트 패널에서 어둠 속에서도 확실하게 구분이 되는 흰 연기가 올라오는 동시에 뭐라 말할 수 없는 불쾌한 냄새가 났다. 위험하다고 판단해 바로 엔진 시동을 끄고 차량 밖으로 탈출했다.

한편 연기가 나기 전에 ABS 경고등이 점멸했던 것 같은 기억이 있다. 탈출 후 잠시 상황을 봤는데 연기가 그치기는커녕 붉은 불꽃도 보이기 시작했기 때문에 가까운 가게에 들어가 소방서에 신고해 달라고 부탁. 이후 소방차의 출동으로 화재는 간단히 진화되었다.

Check 운전자 증언

구입한 지 얼마 안 되는 자동차에서 화재가 난 것이기 때문에 틀림없이 제작회사 책임이라며 강경한 자세로 새 자동차로 변상해 달라고 할 것이다. 계약서를 보면 구입 후 1년간은 어떤 트러블이 생겨도 보상해 준다고 나와 있다는 입장이다.

자동차는 지정정비업체가 인수해 원인을 조사하고 있기 때문에 그쪽에 물어보라고 해서 지정정비업체 명칭과 주소를 물어보고는 헤어졌다.

정비 기록

즉시, 지정정비업체를 방문해 사고차량을 보기 전에 정비기록을 살펴보기로 했다. 이 차량은 사고가 나기 약 15일 전에 도어 바이저visor 도색 수리와 인버터변압기 장착을 했다. 변압기는 차량 주인이 자동차 용품점에서 구입하여 서비스로 장착을 해 준 것으로, 전표상으로도 무상이었다.

사고차량 상황

① 불이 난 곳은 인스트루먼트패널, 그것도 운전석 쪽에 한정되어 있다.

② 이것은 분명한 하니스 화재로서, 인스트루먼트 패널 안의 실내 배선은 모두 피복이 벗겨져 구리선이 노출되어 있다. 이에 반해 엔진룸의 배터리에서 시작되는 배선의 피복은 약간 타기는 했지만 절연피복의 용융 흔적은 없는 상태다.

③ 양쪽의 경계를 이루고 있는 것이 엔진룸과 실내 사이의 격벽강판으로서, 이 격벽강판에 배선을 다발로 해서 통과시키는 구멍(서비스 홀)이 있고, 구멍에는 배선이 더 이상 들어가지 못할 정도로 꽉 채워져 있다. 어쩌면 여기서 막히면서 실내에서의 불길이 엔진으로 번지지 않고 멈춘 것 같다.

④ 이 서비스 홀service hole에서 생각지도 못한 것이 발견되었다(그림 1-17). 차 주인에게 인버터 장착을 의뢰받은 정비사는 전원을 배터리 퓨즈 박스에서 가져와 차량실내로 끌어올 때 서비스 홀이 꽉 차서 전선이 들어갈 여지가 없기 때문에 프로텍터protector 바깥으로 ⊕ 드라이버를 무리하게 밀어 넣어 공간을 만든 다음

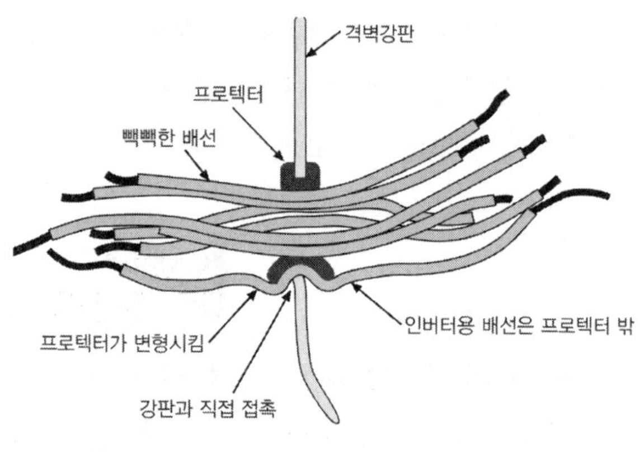

그림 1-17. 서비스 홀에 빽빽하게 들어찬 배선

거기로 배선을 통과시켰다.

이렇게 작업을 하게 되면 배선피복이 날카로운 철판 가장자리와 마찰하면서 피복이 벗겨진다. 함께 있던 서비스 과장에게 "이것은 문제가 있네요. 다른 서비스 홀을 만들어 제대로 프로텍터를 끼운 다음 배선 작업을 하는 것이 좋겠습니다." 하고 말하자, "죄송합니다. 주의를 주겠습니다."하며 수첩에 메모를 했다.

그러나 꽉 조여 놓은 배선이 강한 결속력 때문인지 여기에는 스파크 같은 트러블은 없었다.

⑤ 문제의 인버터는 운전석 발쪽에 규칙성 없이 그림 1-18처럼 굴러다니고 있었다. 그래서 이것을 장착한 정비사를 불러 장착방법을 물었더니 놀랍게도 센터 콘솔center console 오른쪽에 양면테이프로 붙였는데 꿈쩍도 하지 않았다는 것이다. 짚고 넘어가지 않을 수가 없었다. 임시로라도 철판으로 된 물건을 자동차 같이 진동하는 물체에 양면테이프로 고정한다는 것이 말이 되는 것인가.

갑자기 화가 나서 "장착방법이 기록된 취급설명서는 남아 있나요? 취급설명이 상자에 적혀 있을 수도 있으니까 빈 상자는 남아 있나요?" 하고 정비사에게 확인한 다음 빈 상자를 갖고 오게 했다. 나중에 차 주인에게 전화로 물어봤더니 4일 후에 떨어졌다는 것이다.

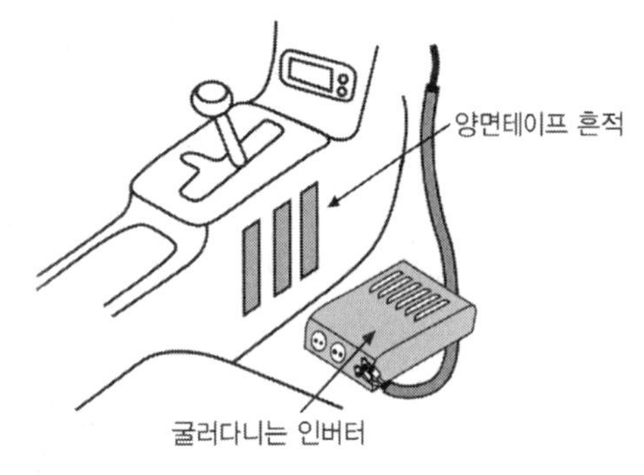

그림 1-18. 떨어져서 굴러다니는 변압기

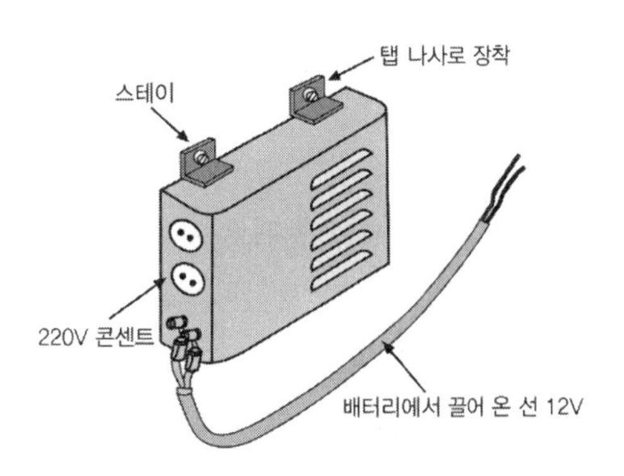

그림 1-19. 장착설명서에 표시된 규격 장착방법

⑥ 잠시 기다리자 굳은 표정의 정비사가 스테이지지하는 금속 부품 4개, 장착 볼트 16개가 들어있는 비닐 봉투와 장착설명서를 갖고 왔다. 설명서에 적힌 작창방법은 그림 1-19와 같다. 설명서대로 장착하지 않았다는 변명은 새 차량에 볼트 구멍을 내는 것을 차 주인이 싫어했기 때문이었다. 정비라는 것은 그런 것이 아니다. 정비사에게는 엔지니어의 양심으로 자신이 없는 작업을 해서는 안 된다. 기술과 식견을 가진 사람이 아마추어의 판단에 대해 그와 관련된 위험을 정확히 설명하고 설득해야 한다고 지적했다.

⑦ 단자를 고정하는 나사가 오래전 가정의 배선에서나 사용할 법한 매우 빈약한 것으로, 진동을 전제로 한 자동차의 용품으로 사용할 만한 것이 아니다. 그 형상을 그림 1-20으로 나타냈다.

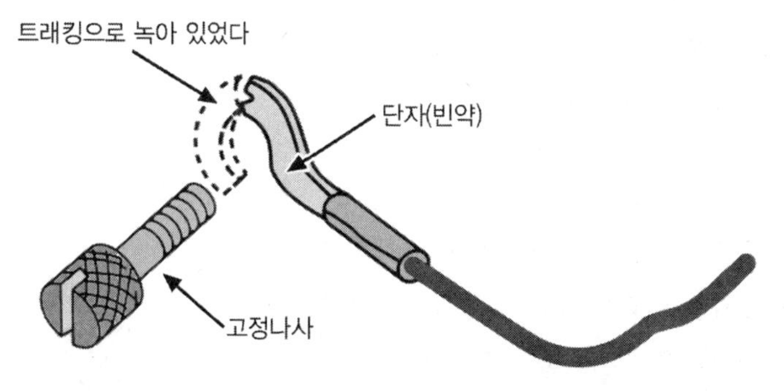

그림 1-20. 빈약한 고정나사와 트래킹을 일으킨 단자

Check 발화 진행과정

① 센터 콘솔 벽에 세로로 장착(정확하게는 붙여 둠)해 두었던 변압기가 진동에 의해 떨어져 운전석 다리 쪽에서 움직였다.

② 고정되지 않은 변압기는 차량 진동으로 상하운동을 하는 동시에 발진이나 브레이크 페달을 밟을 때는 앞뒤로 자유롭게 돌아다녔다. 당연히 배터리 퓨즈 박스에서 온 배선은 변압기가 움직이면서 간헐적으로 당겨진다. 이 운동은 빈약한 단자고정 나사를 느슨하게 하기에 충분하기 때문에 결국에는 단자와 고정나사 사이에서 심한 트래킹이 일어나면서 단자가 그림 1-20처럼 손상되었다.

③ 트래킹은 발열이 높고 같은 배선피복을 용융시켜 하니스 화재로 진전되다 앞서 말한 것처럼 인스트루먼트 패널 안의 배선을 모두 태운 것이다.

대형 스피커를 장착한 소형차, 야외에 주차한 얼마 후 화재!

☑ **차종 :** 소형차

☑ **사고 장소 :** 야외 주차장

☑ **원인**

많은 차량 동호회가 모임을 갖는다고 들은 적이 있는데, 운전자는 그런 모임에 참가하는 사람이다. 시내 공원에서 크게 음악을 틀어놓고 서로 음향 대결을 벌인다고 한다. 그 때문에 초대형 스피커를 구입해 친구와 같이 장착했다.

이번 화재 원인은 배선을 아마추어가 했던 관계로 중대한 결함이 있었고, 그 곳에서 스파크 사고를 일으켜 하니스 화재에서 차량전체를 태우는 대형 화재로 발전한 것이다.

앞에서 몇 번이고 소개했지만 **추가 장착 배선**은 전문가가 해도 매우 위험하다. 하물며 아마추어는 절대로 손대지 않기를 바란다.

Check 사 고 상 황

다세대 주택에 살던 아줌마가 새벽 2시 30분경 밖이 너무 환한 것 같아서 창문을 열었더니 야외 주차장에서 차량 한 대가 큰 불기둥을 내뿜으며 타고 있었다.

황급히 남편을 깨워 소방서에 신고하게 하고, 남편은 바로 옷을 입고 현장으로 달려갔는데 불길이 강해 접근하질 못하고 다른 차에 불길이 옮겨 붙는지를 감시하는 정도였다고 한다. 그림 1-21은 그런 차량화재의 상상도다. 얼마 뒤 소방차가 도착해 신속하게 화재를 진압했다.

그림 1-21. 화재차량의 상상도

운전자 증언

사고 전날 밤 12시 무렵까지 시내공원에서 친구 차량 5대와 사운드를 즐기고, 1시경에 집으로 돌아와 그대로 잠들었기 때문에 화재가 발생한 것도 모른다.

① 점화스위치시동 키는 확실히 껐는지, ② 창문은 모두 닫아 놓았는지, ③ 도어 록은 걸어 두었는지 이런 질문에 대해 ① 엔진 시동은 분명 껐다, ② 창문은 이런 추위에 열어둘 리가 없다(음향을 밖으로 들리게 할 때는 도어를 4개 모두 열어둔다고 한다), ③ 도어 록은 습관이 들어서 잠갔다고 생각한다는 대답이었다.

최초로 발견한 아줌마에게도 화재를 발견하기 전에 유리가 깨지는 소리는 듣지 못했는지 묻자, 전혀 듣지 못했다고 한다. 그것보다도 심야에 큰 소리를 내고 달리는 차에 대단히 화가 나 있었는데, 그 불만을 다 들을 수가 없어서 황급히 돌아섰다.

방화와 하니스 화재 2가지 가능성에 대한 조사

평소라면 이것은 「OO화재」라고 바로 판단할 수 있지만, 이번에는 피해자가 주변 사람들의 유리를 깨고 차량의 실내에 방화를 한 것 같다는 이야기를 언뜻 듣고는 그것을 믿고 있었기 때문에 내가 추측하는 하니스 화재와 방화 양쪽으로 조사하기로 했다.

뒤에 자세히 설명하겠지만 자동차용 압착 유리는 충격에 매우 강하다. 깨뜨린다고 해도 유리창 한 장을 통째로 깨는 것은 너무 힘들며 대부분 부분적으로만 깨진다.

그림 1-22. 열 균열의 특징을 보여주는 루프 몰의 변형

이에 반해 차량 실내가 뜨겁게 달궈진 상태에서는 고온에 의한 **열 균열**cracking이 바깥 기온과의 온도차이로 인해 순식간에 유리창 6장을 전체적으로 어렵지 않게 파괴할 수 있다. 또한 그 파편은 내부압력에 의해 주로 바깥쪽으로 날아간다.

또한 열 균열의 경우는, 가령 비교적 큰 파편을 검사하면 **입계**粒界에 연기가 스며들어 거미집을 만들기 때문에, 바로 알 수 있다. 다른 차량이지만 열 균열이 갖는 특징을 그림 1-22에서 보여주고 있다.

이것만으로 방화 가능성을 부정하는 것이 아니다. 거기에 하니스 화재의 특징인 ① 피복 찌꺼기가 달라붙은 것이 없고, 구리선이 끝에서 끝까지 깨끗하게 노출되어 있다는 점(이것이 연료·오일·우레탄 화재 등 비교적 단시간의 화재로 생긴 열을 받았을 경우에는 차폐물遮蔽物이나 화염이 향하지 않는 부분에 염화비닐 찌꺼기가 남게 되고 동선에 달라붙게 되지만, 끝에서 끝까지 안이나 바깥 피복이 모두 탔다는 것은 구리선 자체가 발열해 도화선처럼 시간을 두고 연소하는 하니스 화재의 특징), ② 하니스가 집중된 인스트루먼트 패널이 가장 심하게 탔다는 점, ③ 격벽을 통과해 엔진룸 안이 탔는데, 그것도 하니스와 전장품만 그렇다는 점 등, 이 화재는 하니스 화재가 확실해 보이고 발화는 12시 이전의 사운드 대결을 한창 벌이던 중이나 귀가하던 중이었을 것이라 생각된다.

Check 피해차량 상황

(1) 그림 1-23은 완전히 타버린 피해차량을 4방향에서 촬영한 모습으로, 심하게 타면서 내·외장품이 모두 소실되었고 차체(모노코크 보디)만 남아 있다. 여담이지만 차량 강도를 공부하는 사람에게는 부가물이 제거된 이 모습이 참고가 될지 모르겠다.

주목할 것은 앞뒤 모두 범퍼가 거의 원형을 갖추고 있다는 점이다. 이 사실에서 등유 등을 붓거나 범퍼에 직접 방화하지 않았다는 것을 알 수 있다. 심지어 타이어 쪽은 4바퀴 모두 완전한 걸 보면 화염은 결코 아래로는 가지 않는다는 사실을 증명하고 있는 듯하다.

그림 1-23 ①. 완전히 타버린 피해차량

그림 1-23 ②. 완전히 타버린 피해차량

(2) 엔진 정지(주차) 중의 화재로서, 엔진 자체가 발화했을 가능성은 없다. 그림 1-24는 엔진룸을 찍은 것인데, 하니스 및 그와 연결된 전장품 이외는 양호한 상태다.

그림 1-24. 피해차량의 엔진룸 내부

(3) 인스트루먼트 패널 안쪽은 하니스의 집합장소로서, 점화를 비롯해 모든 전장품 스위치가 운전석 조향핸들 및 앞전면 패널에 들어있는 구조이다. 즉, 모든 전장품의 배선(하니스)이 인스트루먼트 패널에 모여 있다. 따라서 인스트루먼트 패널 안에는 마치 큰 뱀처럼 하니스 다발이 가로로 놓여 있다(그림 1-25).

이 하니스 다발 전부가 피복이 벗겨져 구리선을 노출하고 있는 것은 명백히 하니스 화재를 뒷받침하는 것이다.
그림 1-25는 멀어서 보기 어렵기 때문에, 다른 사고이긴 하지만 이 부위를 확대한 것이 그림 1-26이다. 하니스 화재로 인스트루먼트 패널에까지 화재가 확산된 것은 모두 같은 상황이다.

그림 1-25. 인스트루먼트 패널 안의 하니스 모습

그림 1-26. 하니스 화재로 인해 인스트루먼트 패널까지 화염이 확대된 차량의 하니스 모습

배선 어디에든 전기적 트러블로 인해 배선피복이 용융·연소되었을 경우는 용융·연소 부위가 도화선처럼 시간을 두고 전달되기 때문에 모르고 지나가면 하니스 다발에까지 이르게 된다. 그렇게 되면 많은 하니스 다발이 일제히 타들어가기 시작한다.

전선의 피복화재는 용융→가스 발생→가스가 난 물체의 연소로 진행되기 때문에(상세한 것은 하니스 화재 두 번째 부분 혈액운반차량 화재를 참고), 연소 온도가 높아지고 인스트루먼트 패널은 물론이고 차량 실내를 연소시키게 된다. 연소에 필요한 산소공기는 열 균열에 따른 유리창을 파괴하는 역할을 한다.

(4) 그림 1-27은 문제의 대형 스피커를 보여주는 그림이다. 이 스피커의 볼륨을 최대로 하고 바깥사람에게 음악을 들려준다고 한다.

나로서는 이해가 되지 않지만, 큰 음향의 진동으로 인해 차량이 부르르 떨린다고 한다. 사람 나름이겠지만, 난청이 되지 않았으면 좋겠다고 생각하고 새삼스럽게 걱정이 된다.

한편, 하니스가 깔끔하게 노출된 것을 보면 이 전기배선 어딘가에서부터 화재원인이 만들어져 있을 것이다.

그림 1-27. 트렁크를 차지한 대형스피커

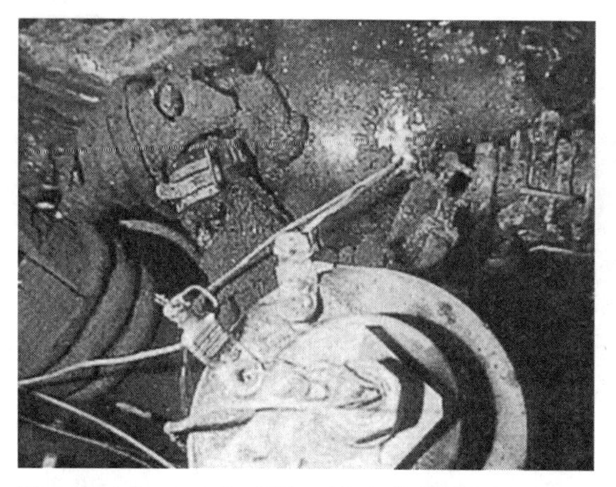

그림 1-28. 스피커 전원은 경음기 단자에서 간략하게 배선을 휘어감아 연결하였다.

(5) 그림 1-28은 스피커 전원 연결 상태를 보여주는 것이다. 그림에서 음향장치의 전원은 경음기에서 따 왔다. 그리고 이 간략하게 휘감긴 배선은 무엇이란 말인가? 전기의 무서움을 모르는지 너무 안일하다.

(6) 더 걱정스러운 것은 경음기에서 연결한 배선이 펜더의 위쪽(펜더 안쪽의 높은 부위)에서 느슨한 상태로 배선되어 있는 것이다(그림 1-29). 그 끝은, 이것도 놀라지 않을 수 없는데, 펜더 틈새에서 일단 밖으로 나와 도어 힌지hinge 쪽에서 도어 내부로 배선되어 있다(그림 1-30). 그림 1-31은 이 배선 모습을 알기 쉽게 그림으로 나타낸 것이다. 이렇게 작업을 해 두면 도어를 열고 닫을 때마다 배선이 마찰되거나, 끼이거나 하지 않겠는가.

그림 1-29. 펜더 위쪽에 느슨하게 배선이 되어 있는 경음기에서 연결한 배선의 모습이다.

그림 1-30. 펜더 틈새에서 일단 밖으로 뺐다가 도어 힌지 부분을 통해 도어 내부로 배선되어 있다.

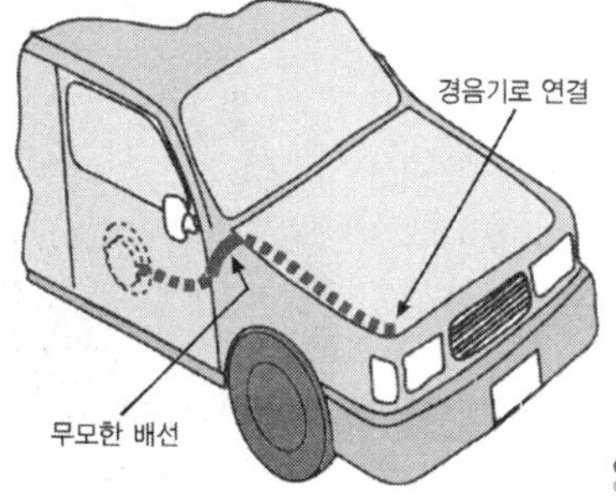

그림 1-31. 위험한 배선 경로

(7) 그림 1-32를 살펴보자. 아니나 다를까, 도어 개폐로 인해 마찰된 배선의 피복이 벗겨지고 도어 철판panel과 단락에 의한 스파크를 일으킨 흔적이 있다. 그림 1-33은 배선 피복 파손(스파크)이 일어난 곳을 그림으로 나타낸 것이다.

여기가 화재발생위치로서, 도어 내부에서 일어난 스파크인 만큼 알아차리기 어려웠을 것이다. 스파크는 조용히 소리를 들어보면 "찌직찌직"하고 날카롭고 작은 소리를 낼 텐데, 음악소리를 크게 틀어놓은 이 사람에게 그것을 듣길 바라는 것은 무리인 것 같다.

그림 1-32. 도어 개폐로 인해 마찰이 일어난 배선 피복이 파괴되면서 도어 철판과 스파크를 낸 흔적이 있었다.

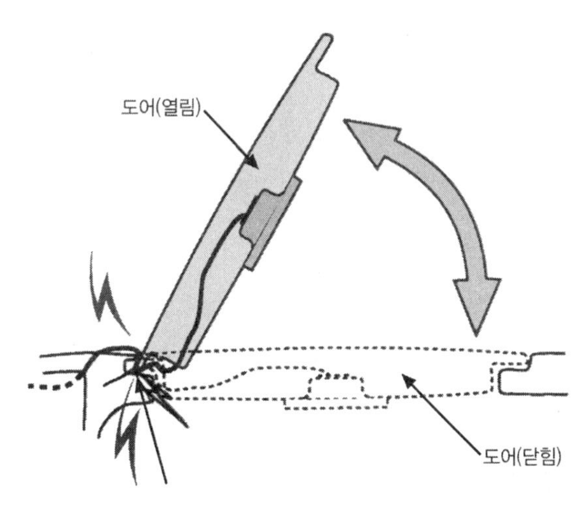

그림 1-33. 도어 개폐와 스파크 위치의 인과관계

내비게이션을 장착 후 귀가한 밴이 야외 주차장에서 전소!

- **차종 :** 대형승용차(밴)
- **사고 장소 :** 야외 주차장
- **원인**

지정정비 업체에서의 카 내비게이션과 레이더의 통신회선 결선에 매우 초보적인 실수가 있어서, 배선까지 스파크를 일으켜 피복화재가 일어났다. 이 작은 피복화재가 기점이 되면서 메인 하니스 전체의 피복화재로 발전했고 결국 차량을 전소시켰다.

사 고 상 황

오후 9시 30분경 야외주차장에서 차량 한 대가 몇 미터나 되는 화염을 내뿜으며 타고 있었다. 이 주차장은 한적한 곳에 떨어져 있어 사람이 그다지 없고 주변에서는 보기 어려운 장소에 위치했기 때문에 최초로 발견한 사람은 집이 타고 있나, 누군가 소방서에 신고는 했을것이라 생각했다고 하는데 맹렬한 화염이 마음에 걸려 화재가 난 방향으로 걸어갔다고 한다.

현장에 가까워짐에 따라 엄청난 기세로 차량이 불타고 있었고, 주위에는 아무도 없었다고 한다. 그래서 황급하게 집으로 돌아가 소방서에 연락했다. 소방차가 도착했을 무렵에는 거의 불에 타서 화재는 사그라지는 중이었다.

운전자의 증언

차량 주인은 공구나 금속을 판매하는 사람으로, 차량은 회사(상점) 소유다. 거래처가 많아서 하루에 100km가 넘게 운행하는 경우도 있기 때문에 예전부터 카 내비게이션이 내장된 차량을 갖고 싶다고 생각하고 있었지만, 회사 사정이 아무래도 그럴 형편이 아니기 때문에

자비로 카 내비게이션을 달았다고 한다.

한편 화재에 관해서는 전혀 짚이는 바가 없고 소방차가 온 것은 알았지만 설마 내 차가 불에 타고 있다고는 생각하지 못했고 다음날에야 비로소 알았다고 한다. 전날 장착한 카 내비게이션에 뭔가 이상은 없었냐고 물었더니, 집으로 돌아왔기 때문에 카 내비게이션은 사용하지 않았다. 카 내비게이션에서 불이 날 리가 없다고 한다.

그 밖에 엔진 오일 교환 등을 포함해 직전의 정비에 대해 이것저것 물었지만 해당될만한 정비는 최근에 하지 않았다는 것이다.

check 피해차량 상황

① 그림 1-34는 피해 차량의 외관이다. 프런트front 그릴 주변을 남기고 차량 전체가 심하게 불에 탔지만 타이어 4개는 모두 무사하다. 엔진 후드와 좌우 펜더에는 도료가 남아 있다. 자동차의 모든 유리는 열 균열로 없어졌다. 이런 강력한 화재는 인스트루먼트 패널 등 플라스틱 내장부품과 시트, 즉 우레탄연소라고 할 수 있다.

그림 1-34. 피해차량의 외관

② 그림 1-35는 앞 유리창이 있었던 위치에서 차량 실내를 본 모습이다. 우레탄을 비롯해 플라스틱 제품은 완전히 연소되고 남아 있는 것은 철재鐵材뿐이다. 이것은 화재속도가 매우 빨랐다거나 연소 온도가 특별하게 높았다는 것이 아니라 초기 소화가 늦어지면서 방치된 시간이 길었기 때문이다. 그림 1-36의 뒷자리 뒤쪽(트렁크에 해당하는 부분)에는 불을 끄기 위해 뿌려진 물에 젖어 판매 카탈로그나 상품 견본으로 생각되는 것들이 타지 않고 남아 있었다.

그림 1-35. 윈도 실드 위치에서 본 차량내부 모습

그림 1-36. 트렁크에 카탈로그 등이 타지 않고 남아 있었다.

여기는 화염의 에어 포켓air pocket이 된 것 같다. 그런 시각에서 바라보니 뒷자리는 우레탄 쪽이 심하게 타긴 했지만 반대쪽은 거의 타지 않아 마치 주변의 화재에서 제외 된 것과 같은 공간을 하고 있었다.

③ 한편 엔진룸에서는 그림 1-37에서 보듯이 연료호스나 라디에이터 호스 등 고무 종류는 모두 타버렸다. 엔진의 작동이 정지되고부터 2시간이 경과한 후 발생한 화재이기 때문에 엔진에서의 발화는 아니다.

그림 1-37. 엔진룸 모습

그림 1-38. 엔진룸을 위에서 본 모습

고무가 탄 것은 실내 화재로 고온이 된 엔진룸 격벽(사진에서는 오른쪽의 하얀 부분)에서 복사열이 나왔기 때문이라는 것을, 같은 부위를 위에서 촬영한 그림 1-38으로도 잘 알 수 있다. 엔진룸은 복사열에 의해 부분적으로 연소되었을 뿐이다. 이것은 그림 1-39의 엔진룸에서 명확하게 볼 수 있다.

④ 그림 1-40의 굵은 쇠 파이프가 인스트루먼트 패널 안의 구조물이라는 것을 확인하면 인스트루먼트 패널이 깨끗하게 소실되었다는 것을 의미한다. 이렇게 깨끗하게 소실시키

는 것은 빽빽하게 내장된 하니스 자체가 발열하는, 즉 하니스 화재 말고는 없다. 그림 1-41에서 보듯이 하니스 끝에서 끝까지 구리선이 노출된 것도 하니스 화재의 큰 특징이라고 할 수 있다.

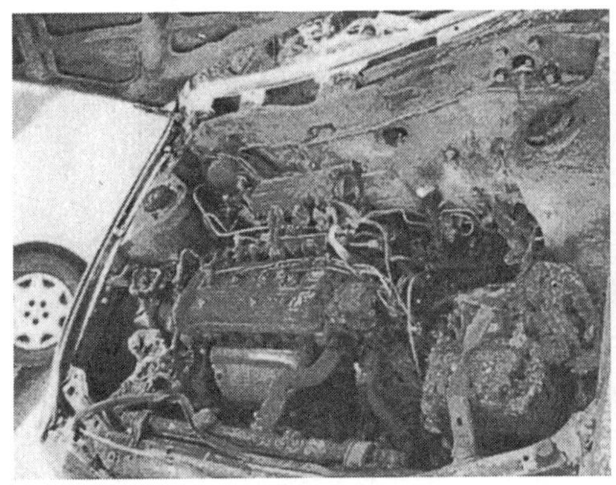
그림 1-39. 엔진룸은 복사열에 의한 부분적 소실로 끝났다.

그림 1-40. 형태도 없이 소실된 인스트루먼트 패널

다만, 이 하니스 화재는 전장품으로 가는 배선, 즉 2차 배선으로 한정된다. 그 이유는 그림 1-42~43에는 점화장치 등 1차배선이 서비스 홀엔진룸과 운전석 사이에 배선을 하기 위해 격벽에 뚫려 있는 구멍을 지나가는 모습이 나와 있는데, 이 하니스에는 피복이 충분히 남아 있고, 스스로 발열한 흔적이 전혀 없기 때문이다. 그림 1-42는 차량 실내, 그림 1-43은 엔진룸에서 찍은 사진이다.

그림 1-41. 하니스는 모두 구리선이 노출된 상태였다.

그림 1-42. 차량 실내에서 본 격벽의 모습

그림 1-43. 엔진룸 쪽에서 본 격벽

그림에서는 잘 보이지 않기 때문에 그림 1-44처럼 불에 탄 2차 배선과 타지 않은 1차 배선을 일러스트로 그려 보았다.

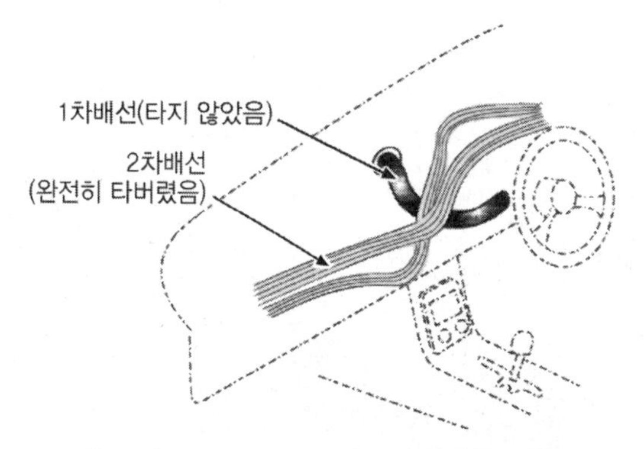

그림 1-44. 불에 탄 배선과 타지 않은 배선

⑤ 여기까지의 조사로 피해 차량의 발화점은 인스트루먼트 패널 내외의 하니스에 있는 것으로 좁혀졌다. 다음은 하니스를 하나씩 확인해가며 스파크 흔적 / 용융 흔적 / 트래킹 흔적을 찾으면 된다.

그림 1-45. 인스트루먼트 패널의 전장품은 원형을 알 수 없을 정도이다.

이번에는 카 내비게이션과 레이더 안테나 및 전원과 관련된 차량 하니스만 건드렸기 때문에 범위가 한정되어 있다고 생각했는데, 그림 1-45를 자세하게 살펴보도록 하자. 너무 심한 화재로 인해 인스트루먼트 패널에 장착되었던 전장품이 원형을 알 수 없을 정도로 완전히 연소된 것이다. 불을 끄기 위해 물을 뿌렸기 때문에 배선이나 부품위치도 크게 바뀌어 있다.

여느 때 같으면 피해 차량과 동일한 차량으로 각종 전장품 위치와 모습을 확인하고 나서 조사를 시작하는데, 이번에는 이런 방법을 쓸 수 없었다. 도와주는 사람과 협의 끝에 위치관계를 무시하고 구석부터 순서대로 찾아가기로 했다. 발견했다고 하더라도 이것이 어떤 배선인지 모를 것 같기 때문에 이것을 지정정비업체 과장에서 보여주고 카 내비게이션 장착과의 인과관계를 상담하기로 했다.

⑥ 조사는 카 내비게이션의 레이더 안테나가 장착되어 있었다고 생각되는 조수석 바닥 도어부터 시작했다. 추가로 장착한 카 내비게이션은 그림 1-46처럼 장착되어 있었다.

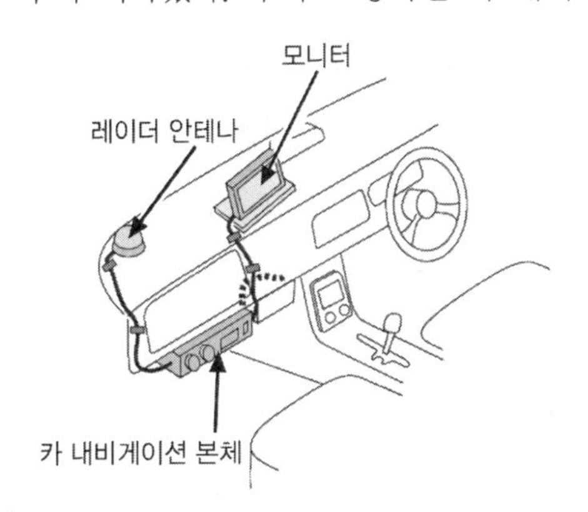

그림 1-46. 카 내비게이션 장착 상태

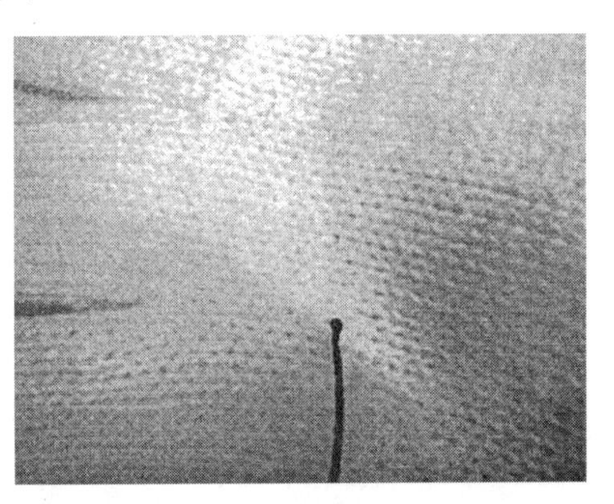
그림 1-47. 조수석 중앙에 있던 가느다란 전선

이 조사는 인스트루먼트 패널이나 전장품의 용융 찌꺼기를 세심하게 제거하면서 배선을 하나하나 검사해 가는 끈기가 필요한 작업이다. 이 작업을 하지 않으면 발화점을 파악할 수 없기 때문에 달리 방법이 없다. 조수석의 중앙부근까지 진행했을 무렵에 용융흔적을 가진 가느다란 전선을 발견했다(그림 1-47).

전선이 매우 가는 것을 보면 신호를 주고받는데 사용하는 통신선 같다. 그러면 이 끝에 카 내비게이션이나 레이더 안테나의 통신선 단자가 있을 것이다. 이것을 찾아내 여기에 용융흔적이 있으면 확실한 증거가 되기 때문에 더욱 분발하게 되었다.
그런데 이것을 찾는다 하더라도 상대부품이 발견되지 않았기 때문에 단념하고 사무실로 돌아가 지정정비업체 과장과 상담하기로 했다.

Check 지정정비업체의 시원스런 인정

용융흔적이 있는 가느다란 통신선을 가지고 "이것은 카 내비게이션과 레이더를 연결하는 통신이 아닌가요?" 하고 서비스 과장에게 묻자, "그러네요. 레이더 쪽의 삽입단자 부근이라고 생각됩니다. 전에도 여기서 접속 단락이 일어나서 카 내비게이션이 손상된 적이 있기 때문에 틀림이 없을 것 같네요." 하고 시원스레 인정을 해주었다. 나는 카 내비게이션이라는 증거를 보여 달라고 말할 줄 알고 이유도 준비하고 있었는데, 맥이 빠졌다.

이전에 카 내비게이션을 손상시켰을 때의 트러블에 대해 묻자, 그림 1-48에서 볼 수 있는 것처럼 단자에 입력, 출력배선을 끼워 넣을 때에 무리하게 끼워 넣음으로써 단자알루미늄 관를 변형시켜 이웃한 배선과 단락이 일어났다는 것이다.

이번에도 같은 곳에서 일어난 단락인지는 물증이 없는 상황 하에서 확인할 방법이 없긴 하지만 분명하게 용융흔적을 남기고 있기 때문에 어떠한 단락을 일으켰다는 것은 틀림없다.

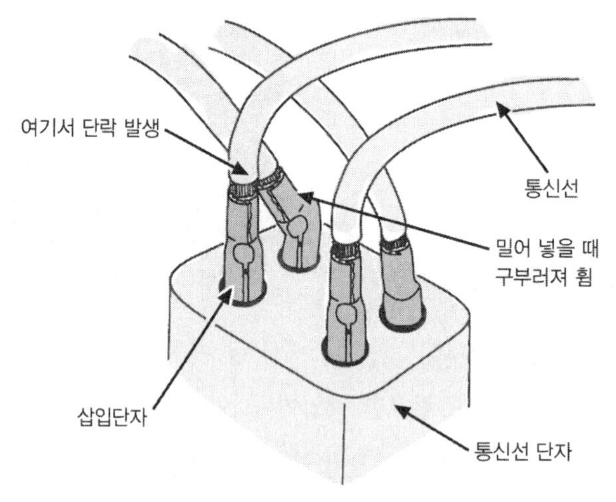

그림 1-48. 단자의 삽입 부분에서 단락이 일어난 상황

중형 트럭을 운행중 인스트루먼트 패널에서 갑작스런 연기와 불꽃이 발생!

- **차종 :** 중형 트럭
- **사고 장소 :** 지방도로(국도)
- **원인**

2년 전에 트럭용 경음기를 장착, 전원은 운전석 앞쪽의 퓨즈 박스 안에서 기존에 설치된 경음기 단자에 연결하였다. 트럭용 경음기는 운전실의 루프 오른쪽 뒤쪽에 장착되는데, 중간에 긴 케이블을 연결해 배선한다. 추가로 장착하는 부품작업에서 흔히 볼 수 있는 경우이며, 배선을 클립으로 고정하지 않고 부실하게 작업하였기 때문이다.

이 느슨한 배선이 운전실을 앞으로 눕힐 때마다 퓨즈 박스의 배선을 끌어당겨 단자 선반을 느슨하게 하면서 간격을 만들었고, 이 간격이 트래킹(공중방전으로 간격을 뛰어넘어 재료를 녹여서 흐르게 하는 것)을 일으켜 끊어진 배선 스파크로 하니스 피복화재가 된 것이다.

Check 사고상황

자동차 부품 제작회사 소유의 트럭이 완성부품(연료 분사노즐)을 적재하고 지방 거래처를 향해 출발했다. 시내로 진입하자 갑자기 인스트루먼트 패널에서 연기가 피어오르고 순식간에 실내에 가득 차 시야가 보이지 않을 정도였다.

다행히 그 국도는 도로 확장공사 중이어서 조향핸들만 돌리면 빈 공간이 있었기 때문에 거기로 차량을 대고 정차시킨 후 황급히 탈출하였다.

그림 1-49. 불타는 트럭의 상상도

멍하니 쳐다보고 있는데 실내에서 맹렬한 화염이 뿜어 나오고 검은 연기가 높이 솟아올랐다. 그러는 사이에 화물칸 덮개로 옮겨 붙어 순식간에 전소되었다(그림 1-49). 누군가 신고를 했는지 소방차가 도착해 화재를 진압했다.

화물칸의 자동차 부품은 열에 의한 피해는 없었지만 아무래도 초정밀 부품이기 때문에 화재진압으로 인한 물 뿌림으로 인해 막대한 손실을 입음과 동시에 **적기공급 생산방식** just-in-time인 조립라인에 부담을 주게 되었다.

운전자 증언

시내로 들어가는 길목은 오랜 공사로 인해 정체가 심하기 때문에 당일에도 여유를 갖고 이른 시간에 출발했다. 시간이 넉넉했기 때문에 40~50km/h로 주행. 엔진도 별 이상 없이 순조롭게 작동하였다. 브레이크 역시 평소 때처럼 잘 작동하였다.

"화재 전에 뭔가 이상한 소리가 나거나, 눈이 따끔거리는 것 같은 자극이나 코를 찌르는 냄새 등은 없었습니까?" 하고 물었더니, "찌직찌직 하고 뭔가 튀는 듯 한 소리가 들렸습니다. 그리고 확실하게 기억은 못하지만 평소와는 다른 냄새가 난 것 같은 느낌이 들었습니다. 그러다 갑자기 인스트루먼트 패널에서 연기가 나오면서 순식간에 앞이 보이지 않게 되고 이렇게 무서운 경험을 한 것은 태어나서 처음입니다." 라며, 당시 기억은 이 정도로 자세한 것은 잘 기억이 나지 않는다고 말했다.

피해차량 상황

피해 차량은 사고 당일에 정비업체로 옮겨졌다. 마침 사고당일에 이 뉴스를 들었기 때문에 다음날 아침에 정비업체를 방문했는데 먼저 온 사람들이 있었다. 소방서 쪽 관계자들로 우리보다 먼저 차량의 원인조사를 시작하고 있었다.

소방서 조사가 앞으로 어느 정도 걸릴지 모르기 때문에 다시 나올지, 아니면 사무실에서 기다릴지 상의한 끝에, 이 정비업체는 정비 불량으로 스프링이 떨어져 나가 주행 불능상태가 되면서 도로에서 11톤 차량이 굴러 떨어진 원인 조사를 위해 점검 매뉴얼 검토를 부탁한 일이 생각났다.

그 일의 진척상황을 물어본다는 것을 핑계로 사무실에서 대기하기로 했다. 대기하고 나서 1시간 30분 정도 흐르자 소방서 관계자들의 조사가 끝났다. 소방서 조사에는 설명을 위해

기술자 한 명이 붙어 있었다. 알고 있던 정비과장이 우리들 조사에도 계속해서 함께 하라는 지시가 있었지만 괜찮다고 사양했다.

① 피해 차량으로 갔더니, 차량 옆으로 트럭용 경음기와 기동전동기, 배터리가 탈착되어 늘어서 있었다(그림 1-50). 왜 저렇게 해 놓았는지 역시나 소방서 조사에 입회했던 기술자에게 물어볼 수밖에 없었다. 함께 간 팀원을 사무실로 보내 정비사를 불러달라고 부탁하도록 했다. 이럴 줄 알았으면 처음부터 정비과장의 호의를 받을 걸하고 후회했다.

그림 1-50. 트럭용 경음기와 기동전동기(왼쪽) 및 배터리(오른쪽) 모습

② 부품을 탈착하고, 하니스를 날카로운 니퍼로 절단한 것이 소방서에서 한 것인지 묻자 전부 소방서 조사원이 작업한 것으로 전혀 손을 대지 않았다고 말했다. 기동전동기와 배터리는 어디에 붙어 있었는지 알기 때문에 물을 필요가 없지만, 트럭용 경음기는 장착 위치를 모르기 때문에 다시 물었다.

"이 트럭용 경음기는 어디에서 떼어 낸 건가요?"

"여깁니다." 하며 차량 실내 루프의 오른쪽 뒤를 가리키며 확인시켜 주었다. "트럭용 경음기의 배선이 없는데 다른데 두지 않았습니까?" 라고 묻자, "그건 소방서가 증거품으로 갖고 갔습니다."라는 유감스런 대답을 해주었다.

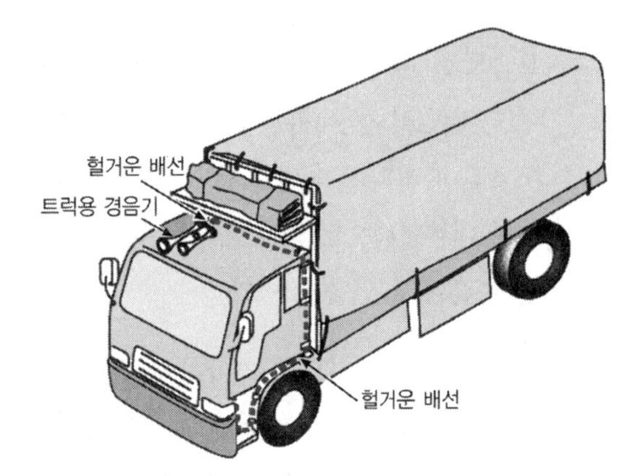

그림 1-51. 추가로 장착한 트럭용 경음기의 배선 상상도

이래서는 문제를 일으킨 장소를 찾을 수 없을지도 모르겠다는 생각에 힘이 빠졌지만 다시 마음을 가다듬고 가져갔다는 하니스는 어디에 어떻게 배선되어 있었는지 묻자, 차량 밖으로 나와 운전실 아래를 지나가도록 하여 왼쪽 뒤에서 올려 지붕 위를 왼쪽에서 오른쪽으로

배선되어 있었다며 친절하게 손가락으로 가리키며 설명해 주었다(그림 1-51). 손가락으로 그려준 장소에 클립으로 고정한 흔적이 없는지 찾아보았지만 외판外板 화재가 너무 심해 클립볼트 구멍인지 열에 의한 산화인지 구분이 되지 않았다. 적당한 거리로 몇 군데만 클립을 고정했다면 흔적을 찾아낼 수 있겠는데 전혀 구분이 되지 않았다. 이것은 배선작업이 제대로 되지 않은 것이라고 생각했다.

③ 소방서가 가져간 하니스에는 틀림없이 선명한 용융흔적이나 스파크 흔적이 있을 거라고 생각되어 입회한 정비사에게, 떼어낸 하니스 어딘가에서 불꽃으로 인해 끝이 약간 뭉쳐진 것을 보지 못했나, 또는 소방서 관계자가 말하는 것을 무언가 듣지 못했는지 물었다.

뭔가 말하긴 했는데 소방서 조사를 엿듣는다고 생각할지 몰라서 가급적 보지 않으려고 했고, 이야기도 들리지 않는 곳에 있었다는 대답으로 말을 붙여 볼 여지가 없게 만든다. 확실히 소방서 조사상황에 입회한 기술자가 제3자에게 이야기를 흘리면 문제이기는 하다.

그림 1-52. 불에 탄 차량 모습

④ 그림 1-52는 운전실의 왼쪽 방향과 앞면에서 본 모습으로, 심한 열로 인해 전체 외판은 완전히 불에 타버렸고, 앞 유리창과 문 유리창은 열 균열로 모조리 파괴되어 파편도 남지 않았다. 화재 열에 의한 내부압력으로 밖으로 떨어지면서 파편은 현장에 흩어져 있을 것이다.

다만 외판은 사진으로 파악하기 어려울지 모르지만 부위에 따라 산화정도가 미묘하게 차이가 난다. 가장 격렬하게 손상을 입은 곳은 앞쪽이고, 이어서 지붕roof top 쪽의 앞면前面이다. 그러면 계속되는 격렬한 화재는 운전석 인스트루먼트 패널로 가게 된다.

여기는 퓨즈 박스가 있을 뿐만 아니라 굵은 메인 하니스 다발이 있다. 시작은 다른 곳에 있다고 하더라도 이 화재의 주요 연소물이 메인 하니스의 절연피복임에는 틀림이 없다.

왼쪽 도어도 완전히 타버린 상태지만 도장이 약간 남아 있는 점에서 앞쪽에 비교해 경미하다고 할 수 있다. 심지어 오른쪽 도어를 보면 거의 산화가 없고 가볍게 탄 정도다.

앞부분과 지붕 중앙의 외판이 움푹 들어갔는데, 이것은 열로 인한 변형이 아니라 견인할 때 와이어로프를 맨 자국이다. 또 잭(jack)으로 높여 놓은 것은 왼쪽 앞 타이어로 불이 옮겨 붙으면서 일부가 타버렸기 때문에 자세를 맞추기 위한 것이다.

⑤ 그림 1-53은 차량 실내를 촬영한 사진인데, 조향핸들이나 인스트루먼트 패널, 시트 등 모든 플라스틱이 완전히 연소되면서 철골만 남은 상태다. 남은 철골의 산화정도를 보더라도 화재가 계속된 곳이 인스트루먼트 패널인 것은 확실하다.

그림 1-53 전소된 차량내부 모습

⑥ 그림 1-54는 전소된 차량 실내 바로 아래에 있는 엔진을 찍은 것으로 언뜻 봐서는 아무런 손상도 없다. 또 엔진 자체가 발화한 흔적은 전혀 없다. 불과 수 십 센티미터 위에서 대형화재가 일어났는데 바로 아래에 위치한 엔진이 아무렇지도 않다는 것은 화재는 아래에서 위로 타오른다는 규칙을 증명하는 것이라고 할 수 있다. 다만 복사열은 간격이 짧으면 나름대로의 피해를 끼치기 때문에 잘 살펴보면 엔진 상부의 고무나 플라스틱 종류는 일부 녹아내린 흔적이 보인다.

그림 1-54. 실내 바로 아래 위치한 엔진 모습

⑦ 그림 1-55는 운전실을 앞으로 기울여 밑에서 본 모습으로 오른쪽은 아무렇지도 않은데 왼쪽은 심하게 산화되어 있다. 앞에서 정비사가 이야기해 준 트럭용 경음기 배선과도 일치하는 걸로 봐서는 여기서 피복화재가 났을 것이다. 아래에 있는 왼쪽 앞 타이어가 불타기 직전에 있었던 것은 피복이 녹아내리면서 떨어졌기 때문일 것이다. 위치적으로도 딱 일치한다.

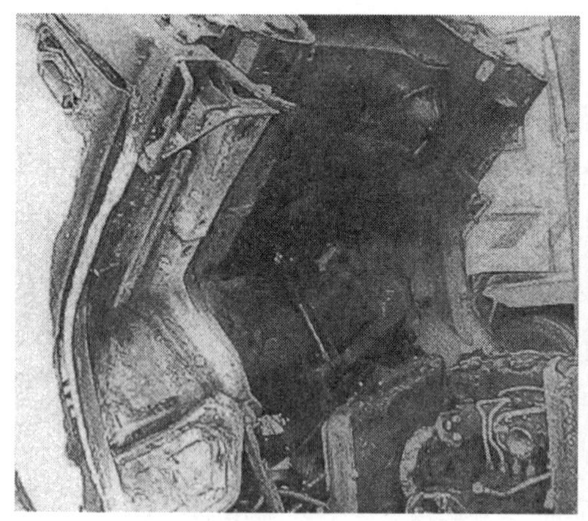

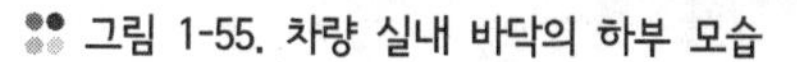
그림 1-55. 차량 실내 바닥의 하부 모습

그림 1-56. 모든 구리선이 노출된 인스트루먼트 패널 내부의 메인 하니스의 모습이다.

⑧ 그림 1-56은 인스트루먼트 패널 안에 배선되어 있던 메인 하니스가 연소된 사진으로 하니스 화재특유의 피복을 전부 태워 구리선이 모두 노출되어 있는 모습이다.

⑨ 그림 1-57은 퓨즈 박스로 여겨지는 장소에서 발견된 용융흔적(복수)이다. 위치적으로는 단자선반에서 구리선으로 옮아가는 부분이다(정비사들은 "2번"이라고 한다). 그런데 약간 곤란해졌다. 단자선반이 느슨해져 생긴 트래킹이라고 하면 당겨진 것은 이 곳이라는 결론이 나오는데, 소방서가 압수해 간 운전실 밖으로 돌려서 연결한 배선과의 연관은 어떻게 되는가? 하고 여러모로 생각한 결과, 다음과 같은 결론을 도출했다.

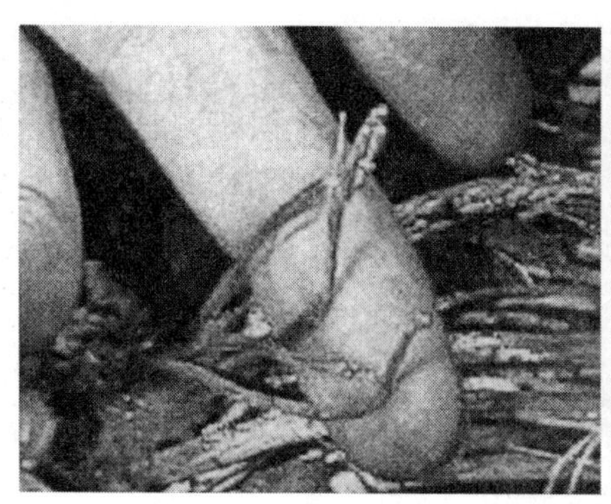

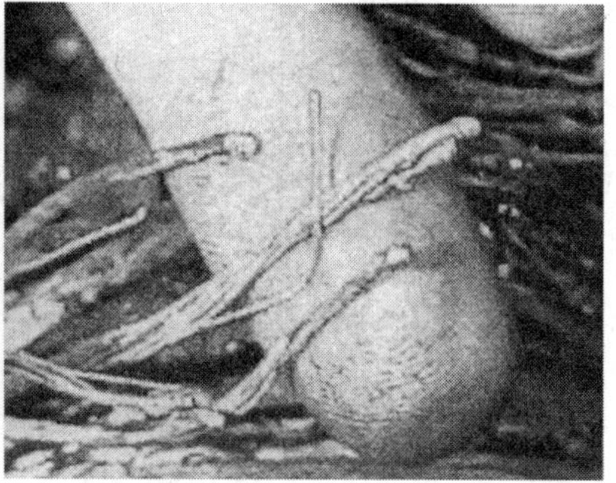

그림 1-57. 퓨즈 박스로 여겨지는 장소에서 발견된 복수의 용융흔적

이 처럼 명확한 용융흔적을 소방서 관계자가 놓쳤을 리가 없다. 여기가 발화점이라는 것을 확인한 후에 단자선반을 느슨하게 할 정도로 반복적으로 당긴 배선은 무엇인지 조사했을 것이다.

트럭용 경음기 배선에 세게 당겨진 손상이나 사이에 끼인 손상으로 절연파괴된 곳을 발견하고 증거품으로 압수했다고 추측한다면 납득이 간다. 그러면 운전실을 앞으로 기울일 때마다 헐거운 배선을 잡아당기는 것을 할 수 있는 것은 그림 1-58에서 보듯이 배선이 뭔가에 걸려야 한다. 이것은 짐받이 차양 위쪽 물건에서 밑으로 처진, 고무 밴드 같은 것이 아닐까 싶다.

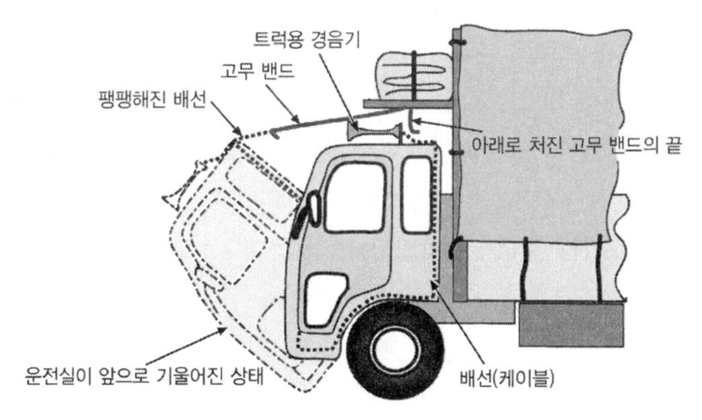

그림 1-58. 배선이 팽팽하게 당겨진 상상도

고속도로 주행중인 대형 트럭의 차실에 갑자기 연기와 화염 발생!

- **차종 :** 대형 트럭(10톤)
- **사고 장소 :** 고속도로
- **원인**

10년 정도 전에 출력이 큰 무전기를 자사 정비공장에서 장착했다. 전원은 배터리 퓨즈 박스에서 가져 왔다. 대형트럭의 경우는 퓨즈 박스로의 입력이나 출력 하니스 다발 모두 염화비닐로 된 주름 호스로 보호되고 있어서 진동이 생기더라도 차체와 간섭하는 일이 없다. 그런데 추가로 장착한 무전기 배선은 주름 호스를 이용하지 않고 단독으로 배선되어 헐거운 상태에 있었다. 이 배선이 오랜 차량진동으로 인해 차체와 간섭이 일어나면서 절연피복을 마모시켰고, 구리선 일부가 노출되면서 차체와의 사이에서 스파크가 일어나며 하니스 화재로 이어졌다.

사 고 상 황

새벽 3시 무렵, 주차장을 1km정도 남기고 좌우 사이드 미러에서 하얀 연기가 나는 것을 확인했다. 동시에 운전실에서도 이상한 냄새와 연기가 피어오르며 시야가 보이지 않는 상태가 되었다. 어떻게든 주차장까지 운행하여 정차를 시켰는데 운전실 뒤 왼쪽에서 순식간에 화염이 솟아올랐다.

소방차가 출동해 신속한 화재를 진압하였다. 진화 후에 소방관과 경찰의 입회하에 현장검증이 이루어졌다. 트럭 화재에서 곤란한 것은 화물에 관한 손해인데 다행히 화물칸 격벽이 높아서 화염을 차단했기 때문에 불꽃이 화물칸까지 미치지 못했다는 점과 적재화물이 철강재라 소화에 의한 영향을 받지 않았기 때문에 급히 대체차량으로 바꿔 실은 후 무사히 화물주인에게 전달되었다.

운전자 증언

"하얀 연기를 보기 전 또는 그 이전에 뭔가 이상한 증상을 느끼지는 못했습니까? 예를 들어 갑자기 조향핸들이 무거워졌다든가, 엔진의 회전속도 상승이 갑자기 나빠졌다든가, 브레이크가 끌리는 느낌이라든가, 헤드램프가 갑자기 어두워지는, 평소와는 다른 소리나 진동이 있었습니까?" 하고 물었지만 평소와 다르게 느껴진 것은 없었다고 단언했다.

어쩌면 사실인 것 같다. 그렇다면 원인은 시간을 두고 조용히 진행되는 하니스 화재일지 모른다. 요컨대 하얀 연기를 발견하기까지의 연속 운전시간이 2시간 정도라는 것이다.

피해차량 상황

① 그림 1-59는 피해차량을 앞면에서 찍은 모습으로, 프런트 그릴은 떨어져나갔고 앞 창유리는 열 균열로 거의 전체가 없어졌다. 속도표시등 주변도 열에 의한 손상을 받았다.

② 그림 1-60은 가장 심하게 연소된 운전실 뒤 왼쪽 모습. 운전실 본체에 비해 왼쪽 도어와 승강사다리 윗부분 등은 도장도 타지 않았다. 계속적으로 고온을 내뿜은 곳은 왼쪽 앞 타이어 안쪽 위일 거라는 예상이 가능하다.

그림 1-59. 앞면에서 본 피해차량

그림 1-60. 가장 심하게 탄 운전실 뒤 왼쪽 부분

③ 그림 1-61은 예상 발화점 지점을 확대한 사진으로, 잘 보면 운전실 댐퍼 스프링이 보이고 앞쪽에 있어야 할 부품들이 없어져 배선 같은 것이 철판 위에 엉혀 있다.

그림 1-61. 운전실 뒷부분을 확대한 모습

그림 1-62. 전소된 상태의 운전실 모습

④ 도장조차 타지 않은 도어를 열어보니 그림 1-62처럼 운전실이 심하게 연소되어 완전 전소되었다. 그림 1-63은 운전실의 피해를 찍은 모습이다.

그림 1-63. 운전실의 모습

⑤ 화재가 난 곳 아래쪽에 위치하는 엔진은 그림 1-64처럼 고무나 배선피복이 연소되었거나 화재로 인한 오물로 더럽혀져 있지만 큰 손상은 없다.

그림 1-64. 큰 손상이 없는 엔진

⑥ 그림 왼쪽 앞 타이어 위에는 무엇이 있었을까. 동일형식·동일연식 차량으로 확인한 것이 그림 1-65이다. 앞쪽으로는 에어클리너가 위치해 있다. 그 안으로 가까운 쪽에 배터리 퓨즈 박스가 보인다. 더 안쪽에 운전실용 댐퍼 스

프링이 보이므로, 그 배선은 퓨즈 박스에서 나오거나 들어가는 것임에 틀림없다.
이 사진을 잘 보면 하니스 보호관(주름 호스)이 많이 손상되었고 테이프를 붙여 임시로 수리되어 있다. 또 무슨 배선인지 모르겠지만 절연 테이프를 엉터리로 감은 배선이 퓨즈 박스 옆으로 난 구멍을 통해 나와 있다.

그림 1-65. 운전실 왼쪽 아래·왼쪽 앞 타이어 위(동일 형식 차량)

정비책임자를 불러 달라고 했다. "이 주름 호스는 상태가 매우 위험하네요. 별로 비싸지도 않으니까 새 것으로 바꿔 주시죠." 하고 부탁한 후, 하니스 피복이 대기에 노출되었을 경우와 보호되고 있는 경우의 수명에 관한 설명과 보호관이 손상되어 피복이 차체와 직접 간섭을 일으켰을 경우의 위험에 대해 설명했더니, "차량들이 오래되어 모두 이런 상태입니다. 그래도 교환은 해야겠지요?" 하고 묻는다. 매우 위험하니까 사장님하고 논의한 후 꼭 바꾸길 권유한다고 이야기했다.

"그런데 이 검은 배선은 나중에 한 것 같은데, 무슨 배선입니까?"
"무전기입니다. 우리 회사의 옛날 차량에는 모두 달려 있습니다."
"장착은 귀사에서 한 겁니까?"
"그럴 거라고 생각됩니다. 제가 있기 전이나 그 전의 정비과장이 했을 겁니다."
"요즘 시대에 무전기가 필요하나요?"
"우리 회사는 지방으로 장거리를 많이 운행하기 때문에 있는 것이 편리합니다."
무전기용 배선의 장착 관련위치를 그림 1-66으로 나타냈다.

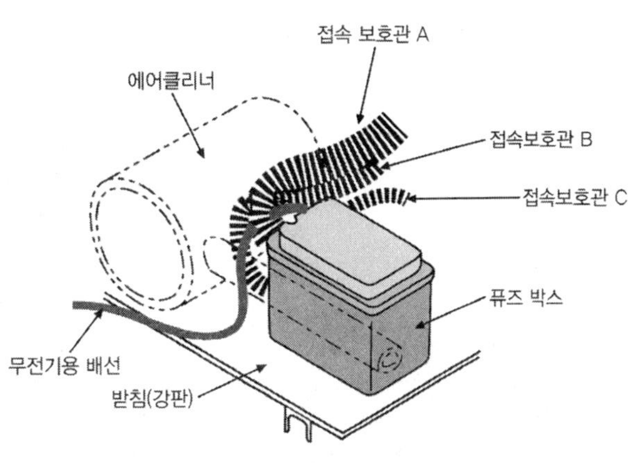

그림 1-66. 퓨즈 박스의 배선 접속도

⑦ 비교했던 동일형식의 차량으로 한 가지 더 매우 위험한 것을 발견했기 때문에 즉시 개선하도록 권유했다. 그림 1-67은 공기압축기 뒤에 장착된 건조기다. 역할은 공기압축기에서 배출되는 기름기나 먼지, 물기를 제거한다. 제거한 기름기나 먼시, 물기는 드레인drain을 통해 노면으로 배출하도록 되어있다.

그런데 이 차량은 드레인에 긴 파이프를 연결해 배출물을 파이프 안에 담아두고 있다. 이래서는 기름기나 먼지, 물기가 제거되지 않고 브레이크 실린더에 혼입되어 중대한 사고로 이어질 수 있다. 파이프는 10cm 정도 수직으로 늘어뜨리고 나머지는 잘라 버리도록 강하게 권유했다.

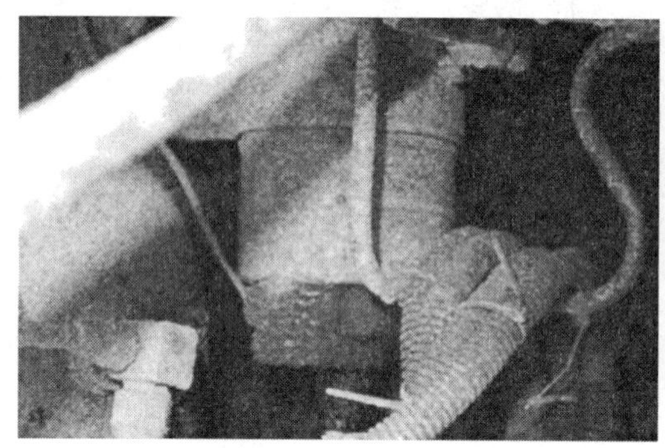

그림 1-67. 공기압축기 뒤에 장착되는 건조기

그림 1-68. 퓨즈 박스가 있던 부근의 배선 잔해

⑧ 그림 1-68은 퓨즈 박스가 있던 부근의 배선 잔해이다. 그런데 박스나 주름 호스가 모두 완전 소실되어 형태가 남지 않았지만, 배선은 말끔하게 남아 있다. 그 가운데 한 개에 그림 1-69처럼 심한 스파크 흔적이 남아 있는 배선을 발견했다.

여기서 단선되었다고 해도 이상하지 않을 만큼 깊은 상처이다. 심지어 스파크 흔적에서 10cm 정도 떨어진 곳에서 녹아내린 흔적을 만듦으로써 단선된 곳이 있다(그림 1-70).

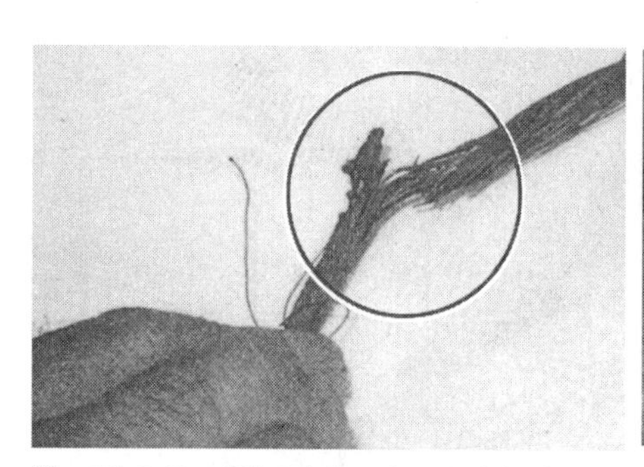

그림 1-69. 배선 1개에 스파크 흔적이 심하게 남아있는 것을 발견했다.

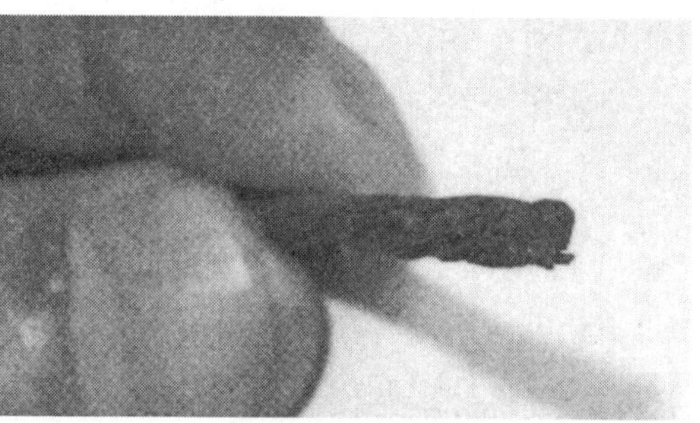

그림 1-70. 그림 1-69의 배선에서 10㎝ 정도 떨어진 곳에 있었던, 녹아내려 단선된 배선이다.

이것은 배선의 가로방향 한 쪽이 강판과 여러 번 심하게 부딪치는 도중에 피복이 벗겨지고 스파크가 일어났을 때의 상처이다(그림 1-71).

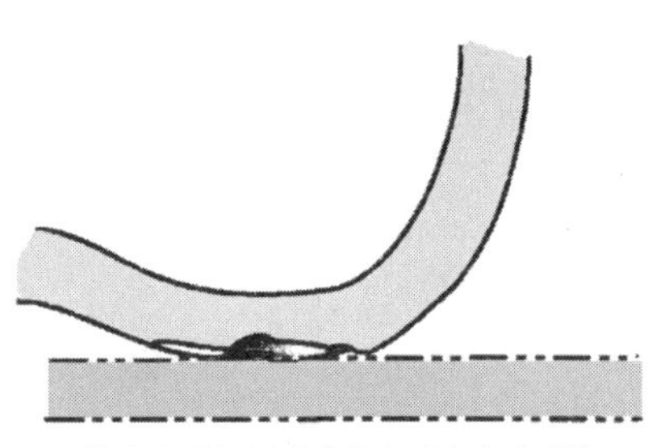

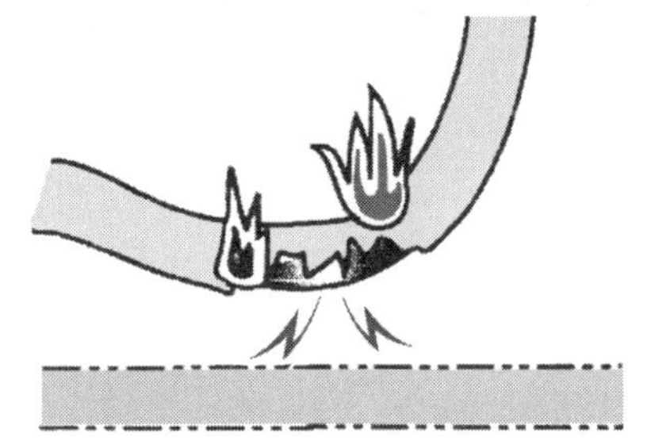

그림 1-71. 스파크 피복 화재의 상상도

단선된 곳의 용융흔적 끝은 단자일 것이다(찾아보았지만 운송도중이나 현장에서 떨어뜨린 건지 발견되지 않았다). 이번처럼 전기회로 중간에 스파크 같은 트러블을 일으킨 경우, 스파크에 의해 전선이 녹은 만큼 전기회로가 줄어들기 때문에 전기저항이 커져 전선 자체에 높은 줄 열joule, 熱이 발생한다.

이 줄열은 내부부터 피복을 태우는 동시에 단자와 전선이 이어진 부분에 직접(단자 근처에서 조금 떨어진 곳에 부하가 집중되어) 용융달구어서 끊는 것을 일으킨다. 동일형식 차량과 비교해 봐도 그 한 가닥이 무전기 배선인 것은 틀림이 없다.

⑨ 복사열의 방향 확인을 위해 한 번 더 그림 1-65를 봐주길 바란다. 왼쪽 앞 타이어 위에 하얀 원통모양이 서 있다. 이것은 그리스의 집중 급유장치다. 그림 1-72(확대한 것이 그림 1-73)는 이 그리스 집중 급유장치가 열에 의해 반 정도 녹은 모습이다. 녹은 방향은 곧바로 퓨즈 박스를 향하고 있다. 이런 사실을 봐도 심하게 계속된 화재는 퓨즈 박스에서 일어났다는 것이 분명하다.

그림 1-72. 열로 인해 반이나 녹은 그리스 집중 급유장치

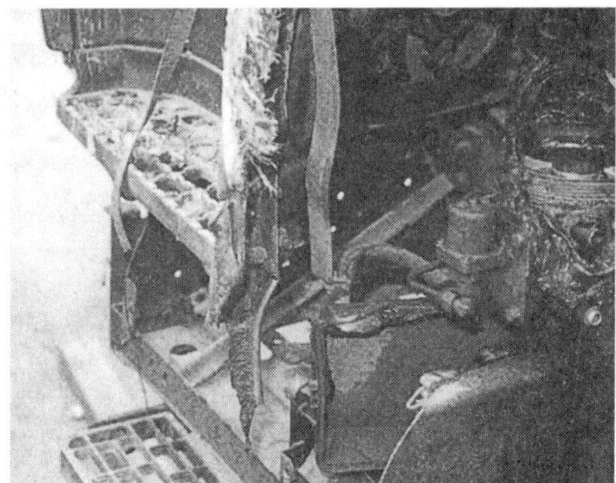

그림 1-73. 확대한 모습

고속도로 주행 중, 엔진 후드 우측 앞쪽에서 검은 연기 발생!

☑ **차종 :** 외제 고급 승용차

☑ **사고 장소 :** 고속 도로

☑ **원인**

에어 혼(air hone)의 공기압축기로 연결되는 배선처리를 잘못한 것으로, 길게 늘어진 배선을 클립으로 고정하지도 않고 둥글게 말아서 차체 위에 놓았다. 오랜 차량진동으로 피복이 벗겨져 차체에 닿으면서 스파크를 일으켰다.

스파크에 의한 피복화재는 헤드램프 등의 배선피복으로 옮겨가 오른쪽 앞부분을 태웠다. 이런 부주의한 배선을 누가 했는지는 정확히 모른다. 차량 소유자가 여러 번 바뀌었기 때문인데, 적어도 현재 소유자는 에어 혼과 관련된 수리나 개조는 전혀 하지 않았기 때문에 이전 소유자나 전전 소유자 또는 그 이전 소유자가 했는지는 모르지만 지금에 와서는 추적할 방법도 없다.

사 고 상 황

업무를 마치고 고속도로를 운행하던 중이었다. 갑자기 엔진 후드에서 검은 연기가 올라왔다. 고속으로 주행하는 상태이므로 검은 연기는 조수석 창문 쪽으로 맹렬하게 흘러지나갔다. 속도를 줄이는데 연기는 점점 크게 올라왔으며, 근처에 있는 주차구역으로 긴급히 피난했다. 정차를 했더니 이번에는 불길이 솟아올랐다.

당황해 하고 있는 순간에 근처의 트럭 운전수들이 차량에 있던 소화기를 가져와 불을 꺼 주었다. 2~3명 정도였던 걸로 기억한다. 잘 기억이 나진 않지만 소화 작업 중에 왼쪽 헤드램프가 점멸했던 것 같다. 또 경음기가 계속 울렸기 때문에 트럭 운전수가 니퍼로 배선을 잘라 중지시켰다.

차량화재를 검증하러 다니다 보면 이런 이야기를 곧잘 듣는다. 재난이 닥친 사람을 외면하지 않고 솔선해서 구조하는 운전자의 인정어린 모습에는 언제나 마음이 훈훈해진다. 또

이런 분들은 시간에 쫓기기 때문에 경찰이 왔을 때에는 이미 출발한 다음으로 이름조차 모르는 경우가 대부분이다.

원인 규명에 어려움

하니스 어딘가에서 중대한 트러블이 발생한 하니스 화재라는 것은 누가 보더라도 분명하다. 다만 이번에는 하니스가 모두 다른 부분이 절단되어 있어서, ① 어느 것이 어떤 배선인지 파악이 안 되고, ② 기계적으로 끊긴 부분과 전기적으로 녹아서 끊어진 부분의 구분이 안 되는 상황이다.

에어 혼의 작동을 중지시키려고 할 때 어떤 것이 에어 혼 배선인지 몰라서 근처에 있던 배선을 마구 자르거나 잡아서 찢은 것 같다. 또 에어 혼의 전원단자는 하니스를 끌어당겨서 뽑은 것처럼 단자가 변형되면서 원형이 바뀌었다. 무엇부터 손을 대야 할지 모를 막막한 상태였지만 마음을 가다듬고 다음과 같이 조사방침을 결정하고 작업에 들어가기로 했다.

① 하니스 화재의 특징인 끝에서 끝까지 피복 전체가 불타면서 구리선이 노출된 하니스 가운데 **용융흔적, 스파크 흔적, 트래킹 흔적**을 찾아낸다. 연소되기는 하였지만 피복이 남아 있는 하니스는 스스로 발화한 것이 아니기 때문에 대상에서 제외한다.

② 동력선과 통신선은 배선의 지름 굵기로 구분해 굵은 선(동력선)을 먼저 조사한다.

③ 양쪽 끝이 절단된 배선은 일단 차량 밖으로 꺼내 양끝 면을 점검해 기계적인 절단인지, 융단전기적으로 녹아 끊어진 것인지 확인한다. 전기적으로 녹아내려 끊어진 면이 발견되었을 경우에는 그 배선이 어디에서 어디로 연결되었는지를 길이·굵기·모양 등으로 추리해 검증한다.

④ 앞의 ③항 점검에서 전기적 트러블 흔적이 발견되지 않을 경우에는 차량 내에 까치집처럼 겹쳐있는 하니스 잔해를 하나하나 벗겨내면서 모두 점검한다. 이 점검으로 전기적 트러블 흔적이 발견될 경우에는 배선의 연결부분 쪽을 추적해 어떤 용도의 배선인지를 밝혀낸다.
하지만 연소된 하니스에는 **색깔**이 남아 있지 않기 때문에 어려움이 따른다. 다행히 단서가 될 만한 헤드램프의 점멸과 에어 혼이 울렸다는 사실이 있기 때문에 이것을 의지하기로 했다.

Check 피해차량 상황

그림 1-74. 사고 차량에서 화재가 난 부분의 외관

① 그림 1-74는 피해부위를 옆면에서 본 모습, 그림 1-75는 이것을 확대한 사진이다. 오른쪽 헤드램프 / 방향지시등 / 스몰램프 등의 램프종류는 모두 소실되어 없어졌다.
오른쪽 펜더는 앞부분이 심하게 불에 탔지만 한정적이어서 조금 더 뒤로 가면 도장도 손상되지 않고 건재하다. 다만 오른쪽 앞 타이어와 휠은 화재로 녹아내린 물질로 더럽혀져 있는 것을 보면, 조금만 소화가 늦었더라도 타이어는 연소되었을 것이다.

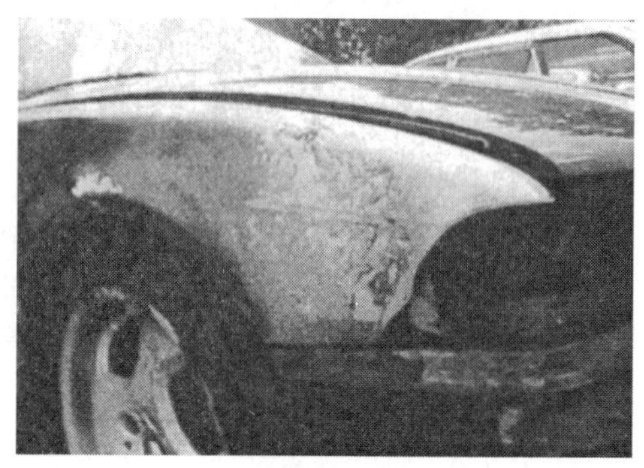

그림 1-75. 오른쪽 앞부분을 확대한 사진

② 이것이 차량 화재를 조사하는데 있어서 답답한 점인데, 소화제를 뿌리면 그림 1-76처럼 도장에 얼룩이 생기고 판금이 이어진 곳으로 소화제가 침투해 제거할 수가 없기 때문에 열로 인한 손실이 없더라도 대부분의 경우는 수리가 불가능하다. 한편, 운전실은 그림 1-77처럼 아무런 피해도 받지 않았다.

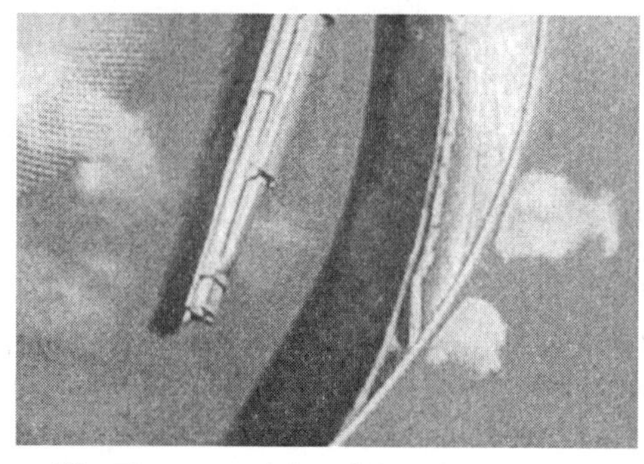

그림 1-76. 소화제로 인해 도장에 생긴 얼룩

그림 1-77. 아무런 피해도 입지 않은 운전실

③ 그림 1-78은 엔진 후드 안쪽을 촬영한 것으로, 오른쪽 앞부분만 열을 받았다. 소음재가 타면서 늘어져 있지만 부분적이다. 그림 1-79는 엔진룸을 찍은 것으로, 오른쪽 앞부분의 하니스가 심하게 불에 타있는 이외에는 엔진본체·보조기계의 피해는 매우 경미하다.

④ 그림 1-80은 오른쪽 앞쪽의 휠 하우스 위에서 하니스가 심하게 연소된 흔적을 찍은 것으로, 그림 1-81은 이것을 크게 본 모습이다. 하니스 화재치고는 범위가 한정적이다. 이렇게 겹치고 뒤엉킨 잔해를 보면 불에 타기 전 모습은 그림 1-82처럼 몇 겹으로 둘둘 감은 배선을 휠 하우스 위에 아무렇게나 방치해 두었던 것이 틀림없다. 누가 언제 했는지는 조사할 방법이 없지만 위험한 마무리가 아닐 수 없다.

그림 1-78. 엔진 후드 안쪽

그림 1-79. 엔진 룸

그림 1-80. 오른쪽 앞부분의 휠 하우스 위에서 심하게 연소한 흔적

그림 1-81. 그림 1-80을 확대한 모습

그림 1-82. 휠 하우스 상의 배선 처리 상상도

⑤ 계속해서 울리는 에어 혼을 정지시키기 위해 날카로운 물건(니퍼로 생각된다)으로 하니스를 자른 흔적을 그림 1-83에서 볼 수 있다. 한군데 모두 전기적 트러블에 의해 녹아서 끊어진 것인지 기계적인 절단인지를 파단면破斷面 검시를 실시해 모두 기계적 절단으로 판명된 것이다.

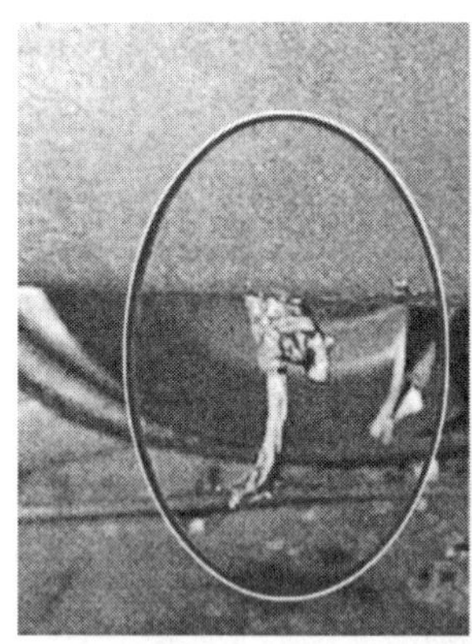

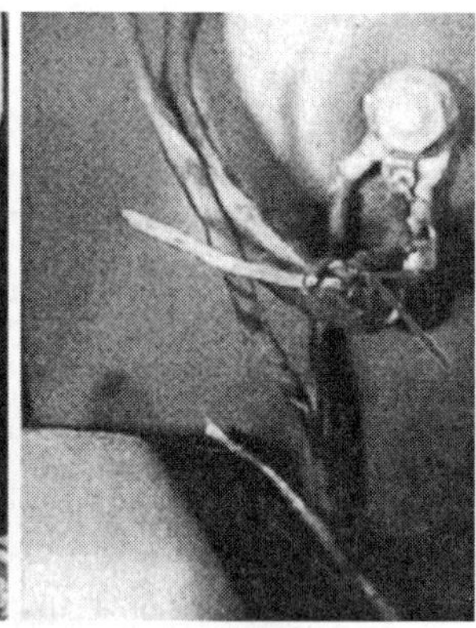

그림 1-83. 날카로운 물건으로 하니스를 자른 흔적

⑥ 그림 1-84는 절단된 하니스를 꺼내 검사한 것으로 이것도 전기적 트러블로 인해 녹아서 끊어진용단 흔적은 없었다.

⑦ 그렇다면 전기적 트러블에 의한 용단·용융흔적은 저 까치집 같은 하니스 덩어리 안에 있을 텐데, 그 전에 에어 혼 배선을 점검하기로 했다. 에어 혼은 그림 1-85처럼 왼쪽 앞부분(화재가 난 곳 반대쪽)에 장착되어 있었다. 점검을 위해 꺼낸 것이 그림 1-86이다.

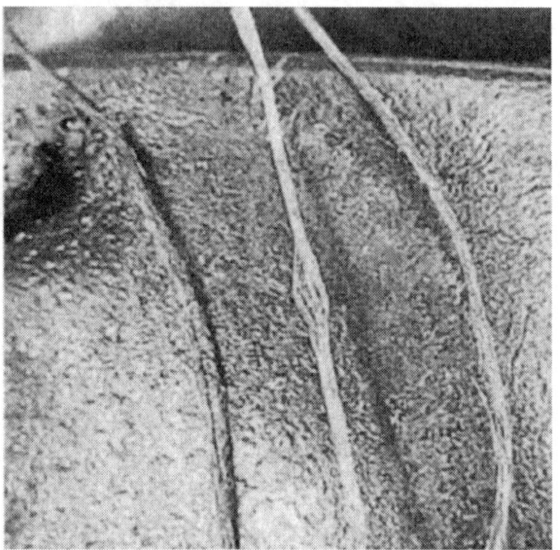

그림 1-84. 절단된 하니스를 꺼내 점검한 것

그림 1-85. 왼쪽 앞부분에 장착된 에어 혼

그림 1-86. 떼어낸 에어 혼

⑧ 그림 1-87은 에어 혼의 릴레이를 확대해 촬영한 것으로 확실히 오른쪽 앞쪽에서 이어진 동력선이 스스로 발열한 흔적을 볼 수 있다. 하니스 덩어리 속에서 어떤 트러블이 있었는지는 알 수 없지만, 연결된 배선 끝이 에어 혼인 것은 틀림이 없다. 서둘러 당겨서 뺀 단자는 그림 1-88처럼 크게 변형되어 있으며, 장착되어 있던 곳은 그림 1-89의 전원단자 쪽임을 확인했다.

그림 1-87. 에어 혼의 릴레이

그림 1-88. 급하게 잡아당겨지면서 크게 변형된 단자

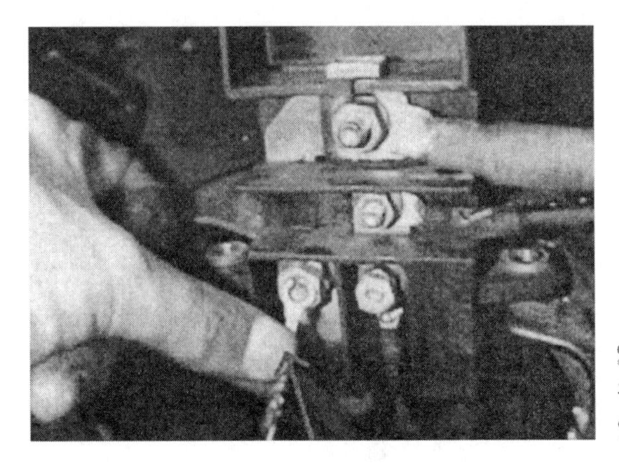

그림 1-89. 빠진 단자는 전원단자 쪽에 장착되어 있었다.

⑨ 연결되는 끝을 확인했기 때문에 일단 하니스 덩어리를 차량 밖으로 꺼내 넓은 곳에서 하나하나 점검했다. 불꽃 방울 같은 것을 기대하고 열심히 찾아보았지만 전혀 발견되지 않는다. 그러던 중 2개의 구리선이 달라붙어 떨어지지 않는 모습이 발견되었다. 이것은 배선끼리 서로 1/3정도가 녹으면서 완전하게 눌어붙은 것이다.

그렇다면 오랫동안의 차량진동으로 휠 하우스와 부딪쳤던 배선은 2개 이상이었다는 뜻으로, 서로의 피복을 마모시키면서 배선끼리 스파크를 일으킨 화재라는 결론이 나온다. 눌어붙은 2개의 배선은 그림 1-90과 같다.

대개의 경우 진동에 의한 피복마모·절연파괴·스파크는 배선 하나에 의해, 더구나 차체와의 사이에서 일어나기 때문에 이 경우는 좀 드문 경우라고 할 수 있다.

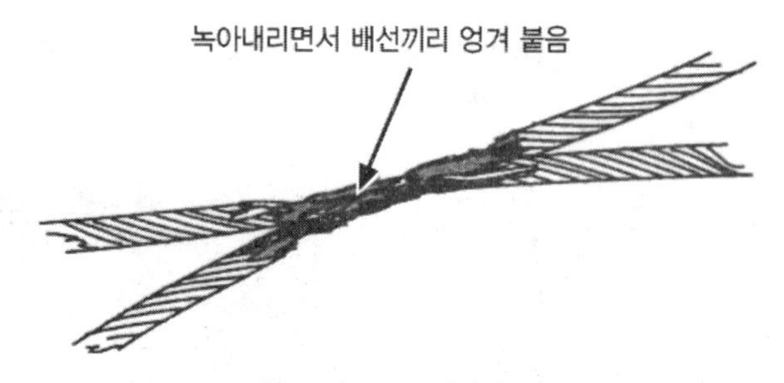

그림 1-90. 에어 혼

엔진을 시동하자마자 에어컨 내에 불길이...

- **차종 :** 상용차
- **사고 장소 :** 부품납품 회사의 공장
- **원인**

이 상용차는 에어컨이 표준사양이 아니기 때문에 구입할 때 지정정비업체에 부탁해 따로 장착했다. 에어컨 제작회사의 숙련된 기술자가 직접 출장을 나와 장착했다.

이때의 배선처리에 사소한 부주의가 있었는데, 배선 2개를 에어컨의 바람세기를 조정하는 레버 근처에 배치한 것이다. 일상적인 차량의 진동으로 이 배선이 움직이면서 레버가 움직이는 범위에 들어가게 되었다.

레버가 움직이면서 배선을 씹어(레버 사이에 끼여 당겨진 상태) 2개의 배선 가운데 하나가 기계적으로 부분 단선되었다. 남은 배선으로는 큰 전기저항이 발생하기 때문에 저항에 의한 높은 줄 열(joule, 熱)로 배선이 가열되어 배선피복이 내부로부터 연소되었다.

사고상황

상용차 차주車主는 지방에 본사를 두고 있는 대형전기 부품 제작회사로, 같은 차량을 여러 대 구입해 전국의 영업소에 배치하고 있다. 같은 판매원에게만 차량을 구입했으며 에어컨 장착도 같은 제작회사에서 장착했다.

사고 당일은 전기 제작회사에 부품을 납품하기 위해 거래처 공장 수위실에서 출입수속을 마치고 운전석으로 돌아왔을 무렵 운전실 내에서 하얀 연기가 피어오르고 있었다. 또 에어컨 통풍구 안으로는 불길이 솟아오르는 것을 발견했다.

수위실 앞은 계속해서 들어오는 방문 차량들로 인해 위험하니까 5m 정도 앞에 있는 주차장으로 신속하게 차량을 이동시킨 후 수위실에 구원을 요청하는 동시에 소화기를 빌려 에어컨의 통풍구로 소화액을 분사했더니 바로 진화되었다. 불을 껐기 때문에 소방차 출동은 요청하지 않고 수위실을 통해 관할 소방서에 신고서만 제출했다.

지정정비공장의 검사

상용차 회사에서는 차량에서 불이 났기 때문에 곧바로 판매한 판매원에게 클레임을 걸었다. 판매원은 소속 정비공장에 차량 견인과 원인규명 검사를 의뢰했다. 검사에 대한 소견서는 판매원 이름으로 회답되었다. 소견서는 상세한 검사과정과 결과를 기록하고 있는데, 결론은 대략 다음과 같다.

"차량 전반에 걸쳐 상세하게 조사한 결과, 차량 쪽에서 이상은 발견되지 않았다. 추가로 장착한 에어컨 스위치에서 불이 난 흔적을 발견하였다. 스위치가 과열된 흔적의 원인에 대해서는 당사 제품이 아닌 관계로 불명".

에어컨 제작회사의 검사

상용차 회사에서는 지정정비공장 소견서를 받고 이번에는 에어컨 제작회사에 클레임을 걸었다. 제작회사는 수도권에 있기 때문에 피해차량은 그 날 중에 지방에서 공장으로 보내졌다. 제작회사에서 에어컨 부품을 해체해 상세한 검사가 이루어졌다. 조사 후 역시 소견서를 보내왔다.

그 소견서에도 상세한 검사과정과 결과를 기록하고 있는데, 결론은 대략 다음과 같다.

"폐사가 조사한 범위 내에서는 에어컨 부품으로 일어난, 즉 발화원인으로 의심되는 이상은 확인되지 않았습니다."

상황이 이러니 상용차 회사는 곤란하지 않을 수 없게 되었다. 차량이나 에어컨 모두 이상이 없었다고 하는데 화재가 일어났기 때문이다. 이럴 때 상담을 해줄만한 공적 기관이 없을까 여기저기 알아보았지만 그럴 만한 곳을 찾지 못했다고 한다.

부품 피해 상황

그런 경위는 전혀 몰랐지만, 나한테 원인조사를 의뢰하는 전화가 걸려왔다. 상황을 물었더니 지정정비공장이나 에어컨 제작회사 모두 원인을 파악하지 못하고 있다는 것이다. 돌연 해보고 싶은 생각이 들어 다음날 만나기로 약속하고 전화를 끊었다.

피해차량은 정비공장에 있었다. 에어컨 제작회사가 작업장소를 거래처에서 빌린 것 같다. 내가 신속히 방문한 탓인지 에어컨 제작회사의 관계자는 나와 있지 않았다. 평소와 상황이 다르다. 평상시는 차량 전체, 또는 운전실 전체나 엔진룸 전체가 연소된 것만 봐왔는데 이번처럼 눈여겨보지 않으면 어디가 연소된 곳인지 모를 정도의 화재는 처음이다.

① 운전석 왼쪽 앞의 에어컨 통풍구 주변배치는 그림 1-91대로, 외관상의 이상은 거의 없다. 2개의 통풍구 가운데 오른쪽의 통풍구 창살이 열로 인해 조금 늘어져 있는 정도다. 더 자세히 관찰해보니 에어컨 스위치가 녹지는 않았지만 열 때문에 찌그러져 있다.

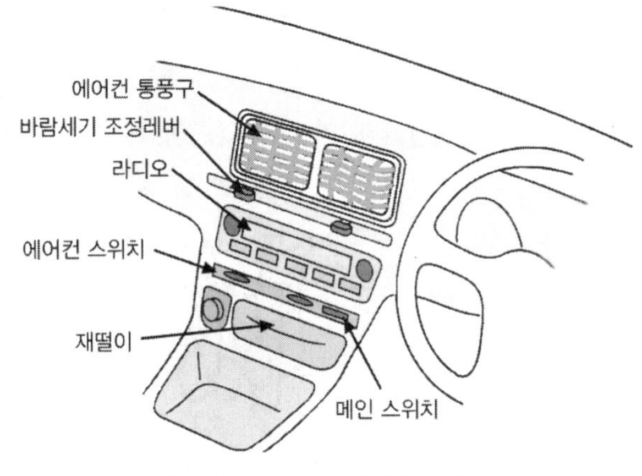

그림 1-91. 에어컨 통풍구 주변

여기서 기묘한 사항에 생각이 미쳤다. 자동차 제작회사에서는 에어컨을 표준사양으로 하지 않는 차량이라도 통풍구 외장은 달려 나온다. 언젠가는 에어컨을 장착할 거라고 생각하여 미리 만들어 놓았는지 아니면 장식인지는 모르겠다. 정곡을 찌르는 의견으로는 제작회사가 차량가격이 싸게 보이게 하려고 한 것이라든가, 결국 에어컨은 장착하게 되어 있지만 고객이 다른 제품을 구입하여 장착해도 되는 것으로 차체가격에는 들어있지 않으니까 괜찮다는 것들이 있다.

안전이라는 측면을 생각하면 에어컨을 장착할 것을 알고 있다면 자동차 제작회사의 생산 라인에서 장착하고 그만큼을 차량 가격에서 올려 받으면 되지 않느냐고 생각하지만, 수출이라는 측면도 있고 정말로 필요 없는 사람도 있을 것이고, 잘 모르는 문제다.

또 그렇게 추가로 장착하는 시장을 바라보는 에어컨 제작회사도 있다고 하니 쉽게 말할 부분은 아니다. 한 가지 확실한 것은 자동차 제작회사의 생산라인 이외에서 설치한 배선은 아무리 솜씨가 좋은 사람이 하더라도 설비관계상 생산라인과 똑같을 수는 없다.

② 중앙 인스트루먼트 패널을 떼어내자 통풍구 외장은 차체에 남고 그 아랫부분이 보인다. 여기에는 떼어낸 에어컨 스위치 박스나 라디오가 원래 위치에서 조금 벗어난 상태로 위치해 있었다. 배선은 이것들을 빼내기 위해 니퍼 같은 예리한 물건에 의해 절단되어 있었다.

위쪽에는 라디오 본체가, 바로 밑으로는 스위치 박스(기판이 내장된, 얇은 도시락 같은 모양)가 아래·위로 위치해 있으며, 둘 다 오른쪽 끝 일부가 열 때문에 녹아 있다. 녹아내린 곳은 에어컨 스위치 박스나 라디오 쪽으로 배선이 늘어져 있었던 것 같다.

이런 이야기하는 것은 사고제품 배선이 에어컨 제작회사 조사 때문에 옮겨졌기 때문에 가능한 구부러진 곳을 기준으로 길이를 원래 위치로 복원한 결과 이런 상태였을 것이라고 추측한 것이기 때문이다. 현장에서 복원한 기기와 배선상황은 그림 1-92와 같다.

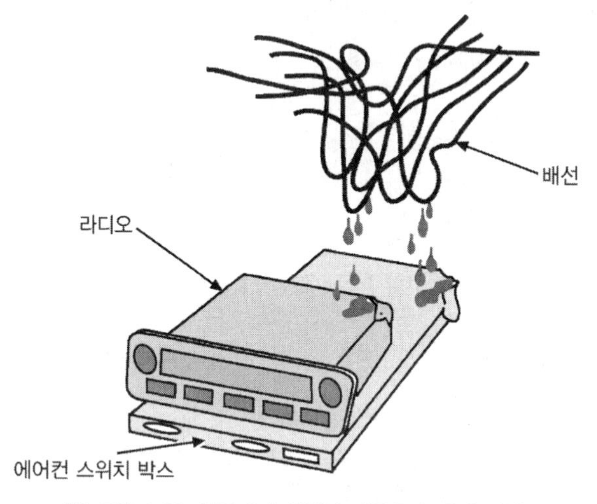

그림 1-92. 현장에서 복원한 제품들과 배선 상황

절단된 전선을 손에 쥐고 녹아내린 부품과의 위치관계를 감안하면서 바라보고 있자니 이 화재는 배선피복이 탔을 뿐이라는 확신이 생겼다. 잘 관찰해 보면 녹아내린 배선피복 방울이 스위치 박스나 라디오 쪽으로 떨어졌고 열로 인해 스위치 박스나 라디오 자체도 녹아내리기는(용융 열분해) 했지만 초기양상을 띠고 있는 것을 알 수 있다. 이런 사실은 화재원인이 배선이라는 반증이다.

③ 피복이 타면서 노출된 구리선을 모두 밖으로 꺼내 밝은 곳에서 하나하나 점검하였다. 그런데 **용융흔적**과 **스파크 흔적**이 모두 보이질 않는다. 분명히 에어컨 제작회사의 소견서 대로의 스파크 같은 흔적은 없었다.

처음부터 한 번 더 날카로운 물건으로 절단된 곳의 확인(칼 같은 것으로 절단된 것은 잘린 부분이 둥글지 않고 예리한 각을 이루고 있다.)과 구분을 시작했다.

이 작업은 10배 확대가 가능한 확대경을 사용해 배선 하나하나의 단면을 확인하는 것으로 끈기가 필요한 작업이다. 그때 다발 배선(배선 안에 선 가닥이 여러 개 들어간 배선) 중 하나에 반 정도는 기계적으로 끊어졌고 나머지 부분은 가열되었다가 냉각된 특성의 색깔을 띤 것을 발견했다. 이것은 니퍼로 절단한 부분에서 100mm 정도 떨어진 곳이었다.

구체적으로는 가느다란 6개의 구리선이 들어간 다발 배선으로 통신회선인 것 같다. 6개 가운데 3개 배선이 기계적으로 끊어져 있었다(단면은 날카로운 물건이 아니라 둔기 같은 것으로 끊어짐).

④ 절단된 모양끼리 구분해 부호를 붙이면서 위치관계를 더듬어갔더니 에어컨 통풍구 끝에 장착되어 있는 바람세기 조정레버 부근이다.

그렇다면 레버에 배선이 물렸고, 레버가 움직이면서 다발 배선을 절반 정도 단선시켰을 지도 모른다. 이번에는 바람세기 조정레버를 탈착해 레버와 바닥사이에 뭔가 물려있었던 흔적이 없는지를 점검하였다. 2개의 레버 가운데 오른쪽 레버 쪽에 배선피복 찌꺼기로 생각되는 것이 발견되었다.

다만 레버나 밑으로도 스파크 흔적은 없었다. 비교해 보기 위해 왼쪽 레버를 봤더니 아무것도 없이 깨끗했다. 이런 상황이라면 염화비닐 피복을 손상시키지 않고 속에 있는 구리선만 일부 단선시킬 수 있다.

한편 레버와 밑바닥 간격은 약 1.5mm 정도로, 바깥지름 약 2mm의 배선피복이 겹으로 접히면서 끼인 것 같다. 어떻게 하면 배선이 끼일까 하고 생각하면서 레버를 움직여 봤더니 레버는 판금으로 만든 철판일 뿐이며 위·아래로 움직인다는 것을 알았다.
그렇다면 배선이 늘어져 레버 밑바닥에 닿아 있을 때 운전자가 무의식적으로 레버를 조작했고 이때 레버에 의해 배선이 끌려가면서 물린 것 같다.

배선이 물린 상황을 그림 1-93으로 나타냈는데, 레버가 움직이는 범위 내에 배선이 늘어지도록 작업하는 것은 문제가 있다고 하겠다.

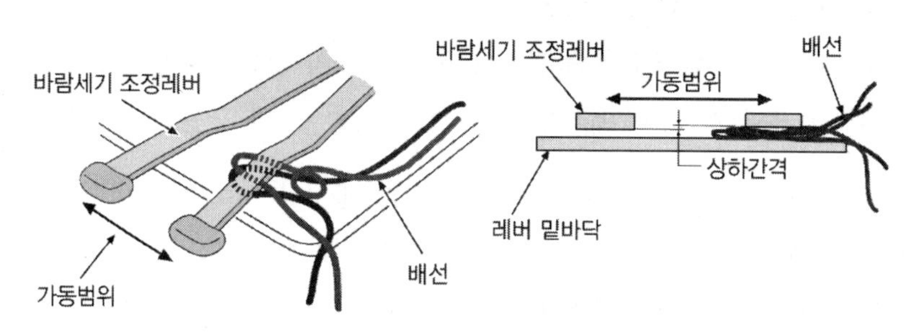

그림 1-93. 레버에 물린 배선

배선이 물린 사실이 파악되므로, 다발 배선 가운데 3개가 단선→남은 3개로 전기저항이 크게 걸림→저항에 의한 줄열 발생→줄열에 의한 구리선 자체가 발열→발열에 의한 피복화재, 이런 방식으로 전개되었을 것이라는 가설을 세우는 것은 어렵지 않다.

다만 이런 경우는 남은 3개도 용융흔적을 남기고 단선되는 것이 일반적인데, 이번처럼 단선되지 않고 피복화재가 일어난 것은 책에서 보거나 이야기를 들은 적은 있어도 실제로 본 것은 처음이었다.

⑤ 원인은 알았지만 여기에는 에어컨을 작동했다는 것이 전제가 된다. 에어컨 제작회사의 탐문조사에 따르면 에어컨은 다음과 같이 가동되었다고 한다.

- 11시 40분 – 에어컨 스위치를 넣음
- 12시 30분 – 점심식사를 위해 차량 정지, 엔진 시동을 끔
- 13시 00분 – 엔진 시동, 에어컨 스위치를 넣었는데 찬바람이 나오지 않음
- 13시 10분 – 거래처 도착, 출입수속. 엔진 시동은 걸려있고, 에어컨도 작동 중
- 13시 15분 – 화재발견, 엔진 시동을 끔

이 시간표를 보면 피복화재 시작은 11시 40분 직후로 추정된다. 점심식사 중에도 피복의 용융은 진행 중이었다. 13시 00분에 에어컨에서 찬바람이 나오지 않은 것은 이때 이미 화재에 의한 장애가 전기회로에 나타났기 때문이라고 생각된다.

대형 트럭을 운전 중, 매케한 냄새와 함께 흰 연기와 불길!

- **차종 :** 대형 트럭
- **사고 장소 :** 지방 국도
- **원인**

  대형 적재함 제작회사가 새 자동차에 적재함 장착작업을 했을 때 보디 마커의 배선 일부가 다른 물체에 압박을 받아오다 절반 정도가 단선되면서 남은 구리선에 큰 전기저항이 걸려 배선화재가 일어났다. 릴레이 박스의 브래킷과 콘솔 내벽에 보디 마커의 배선을 끼워 넣은 것은 나중에 무전기를 장착한 지역 전기업자가 아닌가 하는 적재함 제작회사로부터의 의견에 따라 부득이 재조사가 이루어진 사건이었다.

Check 사고상황

10시 45분경에 거래처를 향해 주행하던 중, 비닐이 타는 것 같은 냄새가 운전실로 들어왔다. 정차할 만한 곳이 없어서 5분 정도를 더 주행을 하다가 정차할 만한 곳을 발견하고 멈춰 섰다. 냄새가 나는 곳을 확인하기 위해 먼저 퓨즈박스 커버를 열어봤지만 이상한 점은 없었다. 이어서 릴레이 박스커버를 열었는데 심한 연기가 솟아오름과 동시에 그 연기에 확하고 불이 붙었다. 순간적으로 위험을 느껴 차량에서 탈출했는데, 화염은 맹렬한 기세로 순식간에 운전실 전체를 태웠다.

상당히 놀랐으리라는 생각이 들긴 하지만, 전후 사실관계를 냉정하게 파악하고 조사해야 하는 사람 입장에서는 큰 도움이 되는 사항이다. 배선화재에 있어서 피복염화비닐의 용융 / 가스발생 / 산소공급을 받은 가스물체가 연소되는 진행과정을 이론에 꼭 맞게 설명해 주었다.

Check 원인분석 의뢰 경위

당일은 외제차량의 차량화재 원인조사 때문에 지방으로 출장을 나가 있었다. 평소에는 출장업무가 끝나면 집으로 바로 돌아가 휴식을 취하는데 그날은 웬일인지 사무실로 발길이 가는 것이었다. 전화 녹음기에 다급한 목소리로 '내일 14시까지 지방 OO시로 와주시기 바랍니다.'라고 녹음되어 있었다.

시간도 늦었고 용건을 확인할 여유도 없어서 다음날 아침 일찍 현장으로 향했다. 사고상황에 대한 설명을 들을 틈도 없이 바로 사고차량을 봐달라고 하는 요청에 뭐가 뭔지도 모른 채 불에 탄 운전실로 들어가 조사를 시작했다.

아무런 정보도 받지 못하고 조사만 해서는 원인을 찾아낼 리가 만무하다. 나를 찾은 사람은 적재함 제작회사 본사의 부품부서 책임자로서, 화재원인 조사에 관련되어 있었다. 그래서 처음으로 앞에서 말한 운전자의 증언이나 상황을 들을 수가 있었다. 또 조사가 상당히 진행되어 마지막 마무리 단계에 있었지만 가장 중요한, 왜 불이 일어났는지에 관한 메커니즘을 몰라서 화재원인을 설명하지 못하고 곤란해 하고 있었다.

심지어 14시까지 결론을 내지 못하면 안 되는 급박한 사정에 대해 설명하는데, 오랫동안의 원인조사로 인해 애를 태우던 트럭 차주(대형 운송회사 사장)가 14시에 이곳을 방문하기 때문에 그때까지 어떠한 결론을 내지 않으면 회사입장이 난처해진다는 것이었다. 지금까지 진행해 온 원인조사를 통해 파악한 단선 발생장소는 그림 1-94와 같다.

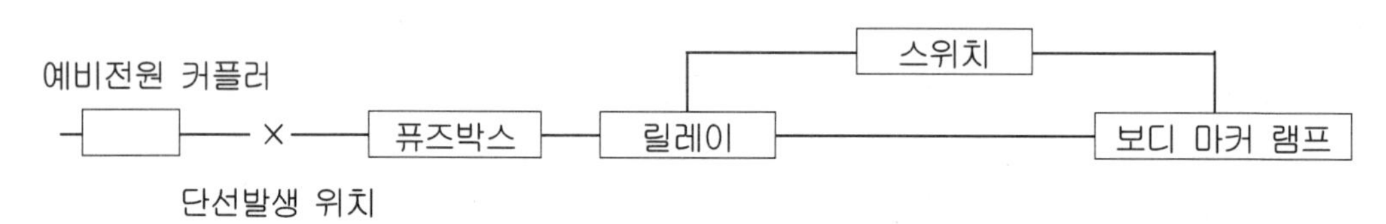

그림 1-94. 지금까지 진행되어 온 원인 조사의해 판명된 단선발생 위치

다행이었다. 불에 탄 배선을 더듬어가면서 어디로 연결되는 배선인지 조사하면 이것만으로 반나절은 보내야 할지 모르기 때문이다. 이제는 왜 단선이 일어났는지에 관한 원인을 해명해 화재가 확대된 메커니즘을 세우면 된다.

Check 피해 차량 상황

① 그림 1-95는 피해차량을 앞에서 본 모습으로, 운전실에서 격렬한 화재가 났었던 증거로 앞 유리창은 열 균열을 일으켰을 뿐만 아니라 그을음으로 새카맣게 변해 있다.

② 그림 1-96은 도어를 열고 운전실을 찍은 모습이다. 천장 내장재가 녹아내려 있는 등 위쪽은 심하게 연소되었지만 바닥 쪽은 멀쩡하다. 역시 화재가 났을 때 불길은 규칙대로 위로 올라가 위쪽을 연소시킨다는 것을 알 수 있다.

그림 1-95. 앞에서 본 피해차량

그림 1-96. 운전실

③ 그림 1-97은 운전석 앞면 패널 주변을 찍은 모습이다. 사진 중앙 아래에 퓨즈박스가 보인다. 운전자 증언처럼 커버는 열려있지만 화재 등의 흔적은 없다. 주변의 불에 탄 흔적도 그다지 심하지 않다.

④ 그림 1-98은 **센터 콘솔**center console, 좌우 시트사이에 설치된 상자로서, 심하게 연소되어 탄화물로 덮여 있다. 여기가 화재발생 지점으로 이 안에 발화점이 있다는 것을 나타낸다.

그림 1-97. 운전석 앞면 패널 주변

그림 1-98. 센터 콘솔

⑤ 배선 화재임은 일목요연하지만 주변에는 그림 1-99처럼 멀쩡하게 남아 있는 배선이 많다. 이런 사실로 보아 배선은 배터리 단자기둥에서 나온 **간선**幹線이 아니라 설명대로 예비 커플러에서 나온 **지선**支線임을 알 수 있다.

그림 1-99. 주변의 멀쩡한 배선

⑥ 인스트루먼트 패널 가운데 가장 심하게 연소된 장소로부터 무전기가 떨어져 있다(그림 1-100). 하니스 화재의 이론대로 '추가로 장착한 전장품과 그 배선을 확인하라'에 따라 신중하게 조사했지만 용융흔적이나 스파크 흔적 등의 이상은 없었다. 즉 무전기가 원인은 아니라는 것을 알았다.

⑦ 그림 1-101은 센터 콘솔 안의 탄화물을 제거했다고 해야 할까 배선을 꺼냈다고 해야 할까 모르겠지만 어쨌든 불에 탄 배선이 보이도록 한 것이다.

그림 1-100. 가장 심하게 타버린 곳에서 떨어진 무전기

그림 1-101. 배선

⑧ 그림 1-102는 그림 1-101 속의 것을 꺼내 이물질을 제거한 퓨즈박스와 릴레이 모습이다. 심하게 연소되어 원형을 알아볼 수 없지만 스스로 발열한 흔적은 없으며, 단선된 곳에서 불이 옮겨온 것이지 발화점은 아니다.

여담이지만, 발화점을 찾아내는데 부품이나 배선의 그을음 또는 오염물을 제거해야

그림 2-102. 오염물을 제거한 퓨즈박스

할 경우가 많다. 다양한 붓 종류를 사용해 봤지만 가장 효율적으로 부품과 배선에 상처를 주지 않는 것은 칫솔이다. 내가 도구상자에 여러 개의 칫솔을 넣고 다니는 모습을 본 나의 팀원은 언제나 의아한 얼굴을 하고 있다. 살포시 화장을 한 듯 소화제를 제거하는 데는 페인트칠용 붓이 좋다.

⑨ 발화점 위치에서 단선이 일어난 것은 한 곳 뿐이어서 곧바로 알아볼 수 있었다. 그런데 이 배선에는 2종류의 배선이 혼재되어 있다(그림 1-103). 구체적으로 설명하면, 12가닥의 다발배선 가운데 8가닥이 기계적으로 절단되어 있다. 기계적으로 절단되어 있는 것만 따로 촬영한 것이 그림 1-104이다. 나머지 4가닥은 전기사고로 용융흔적을 만들고 끊어졌기 때문에 이번 피복화재의 원인을 제공한 발화점이라는 것에 의심의 여지가 없다.

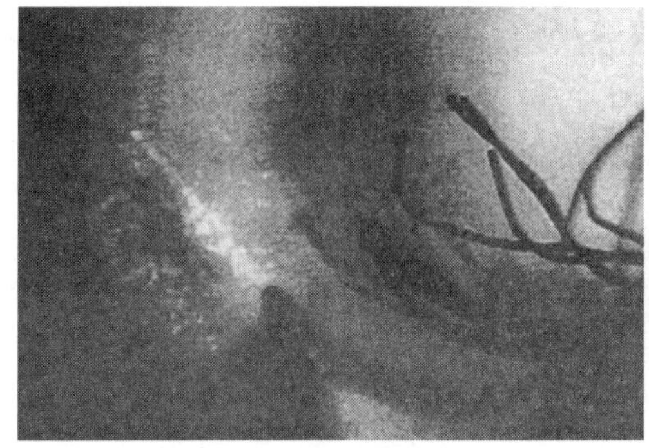

그림 1-103. 단선된 배선

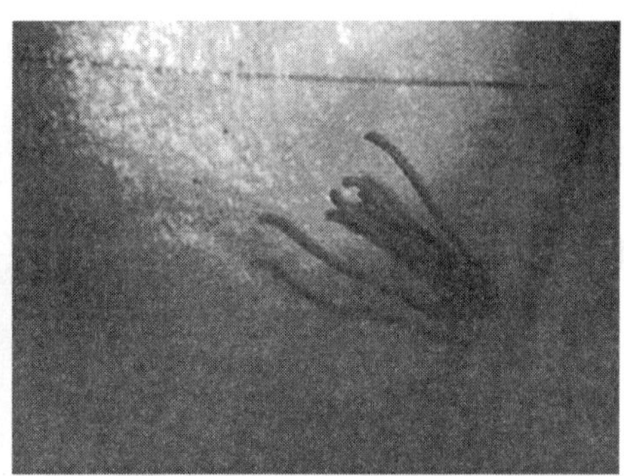

그림 1-104. 기계적으로 단선된 배선

또한, 끊어진 쪽 맞은편은 그림 1-105처럼 4가닥으로, 커다랗게 녹은 흔적이 남아 있다. 이 사진을 촬영하는데 꽤나 고생을 했다. 육안으로는 잘 보일만한 크기가 아니기 때문에 어떻게든 확대사진을 찍어야 했는데 내게는 어두운 곳에서 확대사진을 찍을 기술이 없었기 때문이다.

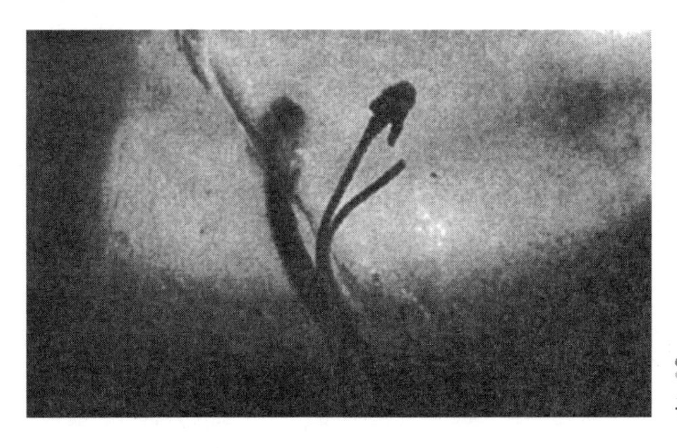

그림 1-105. 4가닥에서 녹은 흔적이 크게 남은 맞은 편 단선

그래서 평소에는 솜씨가 좋은 나의 팀원을 데리고 다녔지만, 처음에 언급했듯이 이번에는 녹음된 전화기 소리를 듣고 급히 혼자서 왔기 때문에 도와줄 사람이 없었던 것이다. 결국에는 부품부서 책임자가 카메라를 들고, 내가 확대경과 플래시를 드는 역할분담 끝에 촬영을 마칠 수 있었다. 때문에 조잡하게 찍힌 것은 이해해 주길 바란다.

⑩ 8가닥의 배선을 기계적으로 단선시키는 데는 어떤 조건이 갖춰져야 가능할까. 화재냄새가 가득한 운전실에서 이리저리 생각을 해봤지만 짐작이 가지 않는다. 따라서 동일형식 차량의 콘솔을 보기로 했다. 다행히 여기는 지정정비업체라서 같은 차량이 여러 대 있었다. 연식이나 형식이 조금 달라도 괜찮기 때문에 콘솔 덮개를 열어가면서 살피고 돌아다녔다. 그 가운데 1대에 퓨즈박스의 브래킷이 콘솔 내벽과 접촉하듯이 위치해 있는 차량을 발견했다.

그렇다면 이 사이로 배선이 끼이면 차량진동으로 콘솔 내벽이 발판이 되고 퓨즈박스의 브래킷이 망치 역할을 하여 끼인 배선을 계속해서 두드릴 수 있다는 예상이 가능하다. 그러면 오랜 동안의 차량진동으로 다발배선 일부(8가닥)가 절단되는 것도 충분히 가능하다.

⑪ 12가닥 가운데 8가닥이 단선되면 남겨진 4가닥에 큰 전기저항이 걸리고 저항에 따른 줄열로 피복이 타기 시작하는 것은 지극히 당연하다.

Check 이번 화재의 정리

① 운전실에서 냄새가 나기 시작한 10시 45분경에는 단선된 곳을 중심으로 배선피복의 용융이 상당히 진행되어 있었다. 야간이라면 **마커 램프**marker lamp, 야간에 대형차량 등의 차종을 알 수 있도록 차체의 앞뒤·좌우 끝 부분에 설치되어 있는 램프가 꺼지기 때문에 단선 순간을 알 수 있지만, 주간에 일어난 사고였기 때문에 눈으로는 보이지 않았을 뿐 단선은 10시 45분보다 몇 십분 이전이었다고 생각된다.

② 배선피복은 염화비닐이기 때문에 높은 열을 받으면 타지 않고 녹는다용융. 용융은 고체를 가스로 바꾸는데 그 가스는 염소가스를 포함한 유독가스로서, 운전자가 맡은 이상한 냄새이다. 또 가스는 하얀 연기로 보이지만 고온을 이루고 있다. 이 상태를 소방용어로는 **무염화재**無炎火災라 부른다고 한다.

③ 릴레이 박스의 덮개를 열었을 때 한꺼번에 연기가스가 나면서 동시에 불길이 올라온 것은 덮개를 엶으로써 고온가스가 바깥공기와 닿아 산소를 공급받게 되면서 급속하게 눈에 보이는 불길, 즉 **유염화재**有炎火災로 발전했기 때문이다.

전장품 화재

유럽차 헤드램프 수리 후, 4개월 뒤 그곳에서 화재

- **차종** : 외제 승용차
- **사고분류** : 전장품 내의 배선화재
- **원인**

정비공장에서 헤드램프 수리를 했는데 배선처리에 실수가 있었다. 구체적으로 설명하면, 헤드램프 하향등(low beam)의 피복노화를 간과하고 무리하게 배선을 구부렸기 때문에 피복이 떨어져 나가면서 전선이 노출되었고, 이것이 차체와 접촉해 스파크를 내면서 피복화재로 이어졌다.

Check 사고상황

헤드램프를 켜고 집으로 돌아오던 중에 헤드램프가 꺼짐과 동시에 엔진룸에서 확하고 검은 연기가 피어올랐다. 위험하다고 판단해 바로 정차시킨 후 차량 밖으로 탈출했다.

정차를 해서인지 검은 연기가 잦아들긴 했지만 연기는 여전히 올라오고 있었고 연기 속으로 빨간 불마저 보였다. 잠시 후 도착한 소방차의 신속한 활동으로 화재는 간단하게 진화되었다.

○ 하니스 화재의 특징

하니스 피복은 합성수지염화비닐로서, 그 자체는 직접적으로 연소하지 않고 일단 고온에서 녹으면서 가스를 발생시킨다. 이 가스는 가연성이며 맹독성이다. 일반적으로는 검은 연기로 인식할 수 있다. 불은 가스가 연소하는 것으로, 과장된 화염을 동반하는 오일화재 등과 비교해 검은 연기가스가 두드러져서 **연기 화재**와 같은 모습을 보인다.

또 녹을 때의 고온이 옆에 있는 합성수지를 용융시키는 연쇄반응은 속도가 느리기 때문에 발견까지 시간이 소요된다. 또 주행할 때나 정차할 때와 같이 바람의 영향을 그다지 받지 않는 특징이다.

소화 방법은 연료계통이나 오일계통 화재는 소화기를 사용하여 산소공급을 차단하는 방법이 유효한데 반해, 하니스 화재는 고온용융을 멈추게 하면 되기 때문에 물에 의한 냉각으로 충분하다.

운전자 증언

이 차량은 헤드램프 상태가 좋지 못해 여러 번 수리를 했었기 때문에 화재 당일의 헤드램프 이상도 항상 그랬듯이 하고 생각했었는데, 생각해 보면 전날의 많은 비로 헤드램프 부근까지 물이 들어갔기 때문에 '물에 의한 누전화재군!' 하고 혼자서 지레짐작을 했다.

피해차량은 수리를 여러 번 했다고 하는 정비공장에 보관되어 있었다.

■ ■ ■ '물이 들어간 차량에서 화재가 일어날 수 있다.' 누군가로부터 이야기를 들은 것 같다. 운전자가 말하는 「물에 의한 누전화재」 라고 한다면 절연파괴에 약할 뿐만 아니라 교류발전기나 기동전동기 등을 생각해 볼 수 있다. 하지만 이번 것은 헤드램프 쪽인 것 같아서 이상하다고 생각했지만 일단 차량을 잘 조사해 보기로 했다.

Check 화재직전의 정비

정비공장에서 정비기록을 확인해 보니 사고 직전에 2번의 정비를 한 것으로 되어있다.

① 5월 8일(사고 약 4개월 전)
- 헤드램프 · 하향등에 관한 수리
- 실내등의 전구교환 수리
- 헤드램프 제어기판 수리(기판단자를 납땜으로 보강)

② 8월 22일(사고 약 1개월 전)
- 후방 안개등 전구교환 수리
- 실내등의 전구교환 수리(또 교환한 것임)
- 트렁크 룸의 전구교환 수리
- 브레이크 점검 수리

운전자가 말한 대로 전구가 자주 끊어지는 차량이다. 그래서 이 정도로 전구가 자주 끊어지는 것은 컴퓨터 기판의 노화 때문이 아닌가? 하고 불필요한 것을 물어 보았다. 그러자 기다렸다는 듯이, 소유자가 여러 번 바뀌면서 이전에 한 개조 내역을 모른다거나 컴퓨터가 동일형식이나 동일연식 차량과 달라서 정비지침서와 맞지 않는다는 등의 화재와는 관계가 없는 정비사의 푸념을 실컷 들어야 하는 처지가 되었다.

제작회사에서도 품질에 불안한 점이 있거나 가격이 유리할 경우에는 생산 도중이라도 부품 제작회사를 바꾸거나 설계를 변경하는 경우는 있지만, 자동차 제작회사는 호환성이 없는 변경은 하지 않는다는 것을 정비사에게 설명했다. 따라서 걱정했던, 바뀐 컴퓨터가 다른 전압신호를 내보내 전구가 끊어지는 경우는 없다. 다만 기판의 ROM Read Only Memory : 기억소자이 오래되어 잘못된 신호를 내보내는 경우는 있다.

또 기판은 전자회로로서 더구나 노화되는 것은 ROM이기 때문에 전기처럼 기판 단자를 납땜하는 것은 의미가 없으며 기판이 이상하다고 판단될 때는 주저하지 말고 교환해 달라고 이야기 했다.

○ 부품 호환성에 대해

호환성이 없는 변경은 하지 않는다는 의미는 자동차 제작회사가 어떤 상황에서 부품을 바꿀 필요가 생겼을 때 전제조건이라 할 수 있는 접속부품까지 변경하지는 않는다는 뜻이다. 예를 들면, "강도에 불안한 점이 있기 때문에 어느 부품의 지름을 굵게 만들었다"고 했을 때 이때도 접속부품에 대한 장착부분 형상·치수는 이전상태와 똑같이 한다.

이것은 한 군데를 변경한다고 해서 주변부품을 차례로 바꿔서는 비경제적일 뿐더러 무엇보다도 앞으로의 보조용품 관리를 복잡하게 함으로써 부품 재고관리의 사무경비가 늘어나기 때문이다. 심지어 정비지침서의 개정판 발행을 필요로 하는 것 등을 고려해 변경은 그 부품에 한해서만 이루어진다.

또 보조용품은 변경시점에서 구형부품을 폐기하고 새 부품만 재고로 남겨둔다. 이렇게 하면, 가령 구형부품이 손상되어 교환을 하여야 하는 경우에도 새 부품을 그대로 장착하면 된다. 이것을 호환성이 있다고 말하는 것이다.

Check 사고차량의 검증

① 운전자가 주장하는 물에 의한 누전화재는 아니었다. 조사를 해 보니 헤드램프 아래쪽에 볏짚 부스러기나 나무 부스러기 등 물이 고였던 흔적을 확인했지만 수위가 낮고 어떤 전장품도 물로 인한 피해를 받은 것이 없다. 물에 잠기면 화재가 일어날 위험성이 높은 교류발전기나 기동전동기도 무사했다.

② 주행 중에 일어난 화재는 대부분 차량 앞부분 아래쪽에 발화지점이 있다(그림 2-1). 가장 앞에 위치하는 왼쪽 헤드램프가 연소되었다.

엔진 후드가 탄 상태로도 판단할 수 있듯이 뒤쪽으로 매우 심하게 연소되었다. 범퍼와 안개등이 무사한 것을 보면 왼쪽 헤드램프가 화재의 가장 아랫부분이다. 이런 사실들로 판단하건데 발화지점은 왼쪽 헤드램프라고 추측할 수 있다.

그림 2-1. 왼쪽 앞면이 불에 탄 화재차량

③ 건물화재에서는 가장 심하게 탄 곳炭化이 발화지점(가장 오랫동안 계속해서 고온에 노출된 곳이 가장 많이 탄화가 진행된다)이라는 공식을 차량화재에 적용하기에는 무리가 있다. 이것은 차량이 목재가 아니라 철과 비철금속 및 합성수지로 만들어져 있다는 점, 또 능동적으로 운동하는 기계이기 때문에 탄화목재에 상당하는 산화철·비철금속 용융합성수지이 가장 심한 곳이 발화지점이라는 공식이 성립하기가 매우 어렵기 때문이다. 그러나 이 경우는 공식대로 가장 용융이 심한 곳이 발화지점이었다.

그림 2-2는 둘 다 왼쪽 헤드램프의 하향등을 촬영한 것으로, 왼쪽 사진은 벌브램프가 들어가는 바깥쪽이고 오른쪽 사진은 배선이 들어가는 뒤쪽이다. 사진에서는 검게 탄 플라스틱 덩어리 밖에는 보이지 않지만 탄(정확하게는 녹아내린)것 가운데 가장 심하게 녹아내렸다. 헤드램프 안이라는 일종의 밀실 같은 것이 산소공급을 막아 고온상태를 오랫동안 지속시켜 심하게 녹아내린 것이다.

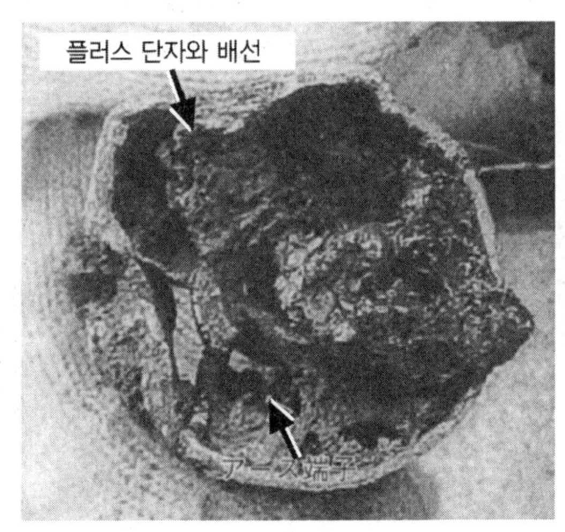

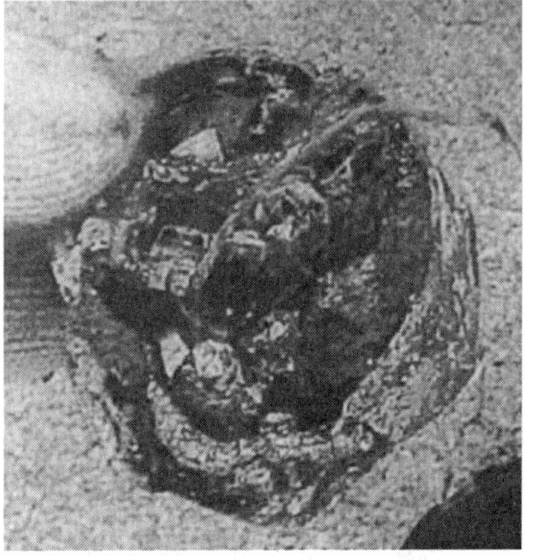

그림 2-2. 발화지점으로 생각되는 왼쪽 하향등. 왼쪽 : 장치 내부, 오른쪽 : 배선 커넥터 부분

이것은 건물화재에서 장시간 화염에 노출된, 즉 최초로 불이 난 지점이 탄화가 가장 크게 진행된다는 공식과 일치하는 것으로 이 작은 부품이 범인임에 틀림없다.

④ 만일을 위해 왼쪽 헤드램프 아래쪽에 위치한 안개등을 조사했지만, 그림 2-3에서 볼 수 있듯이 이것은 나의 지론인 가장 아랫부분을 확인하는 작업에 지나지 않는다. 헤드램프가 녹으면서 흘러내린 물질이 붙어 있을 뿐(왼쪽)이며, 내부(오른쪽)는 아무렇지도 않다.

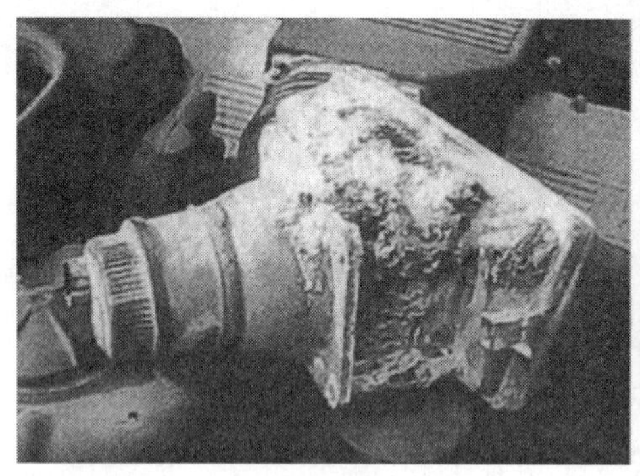

그림 2-3. 왼쪽 안개등의 피해상태는 경미하며, 위쪽에 합성수지가 녹아내린 덩어리가 붙어 있었다.

⑤ 지금까지의 조사로 발화지점은 왼쪽 헤드램프의 하향등이라는 것이 분명해졌는데, 여기는 어떤 문제가 있었던 것일까. 또 그 지점은 약 4개월 전에 한 수리와 관련이 있을지 없을지 지금에 와서는 녹아내려 덩어리가 된 물건으로 아무리 조사해도 알 도리가 없다.

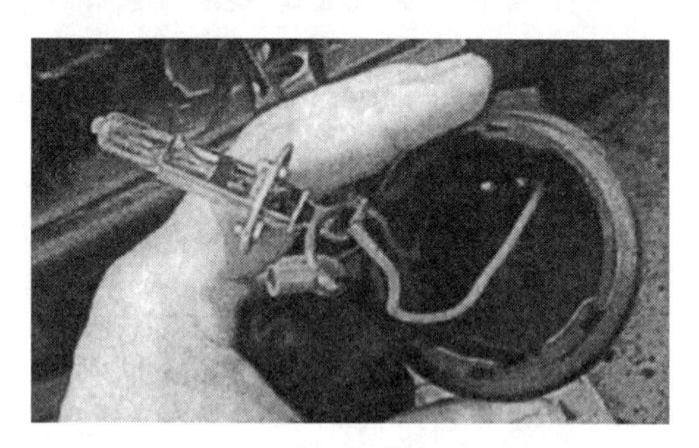

그림 2-4. 피해가 없는 오른쪽 헤드램프 유닛의 벌브와 배선

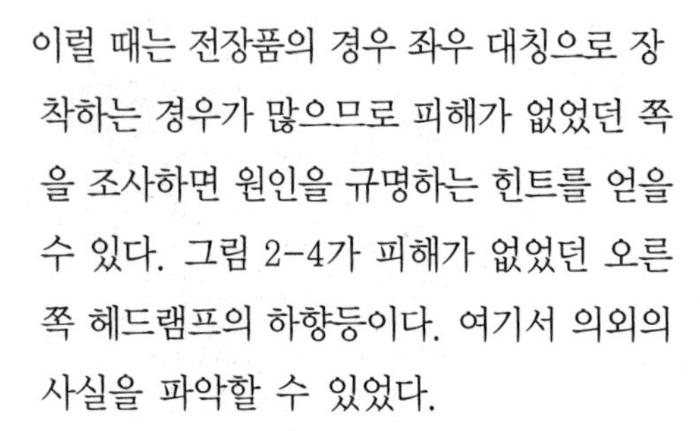

이럴 때는 전장품의 경우 좌우 대칭으로 장착하는 경우가 많으므로 피해가 없었던 쪽을 조사하면 원인을 규명하는 힌트를 얻을 수 있다. 그림 2-4가 피해가 없었던 오른쪽 헤드램프의 하향등이다. 여기서 의외의 사실을 파악할 수 있었다.

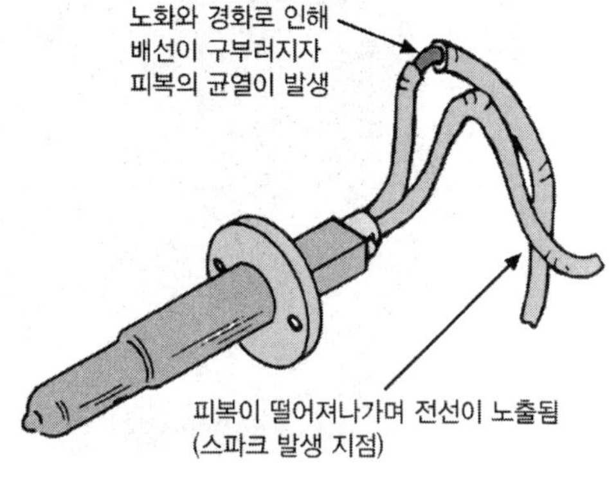

그림 2-5. 피복이 파괴되어 있는 상상도

염화비닐의 피복이 노화로 인해 딱딱해지면서 탄력성을 잃고 있었는데, 교환 작업을 할 때 배선이 구부러지면서 딱딱해진 피복

이 쉽게 벗겨졌고 이로 인해 배선이 노출되었다. 왼쪽 배선도 노화된 진행과정은 오른쪽과 똑같기 때문에 약 4개월 전에 수리를 할 때 구부러진 부분의 전선이 노출되었던 것이 틀림없다(그림 2-5).

⑥ 전선 노출은 처음에는 작게 시작되었으므로 그만큼 스파크도 작았을 거라고 생각되지만, 4개월 동안의 차량진동으로 인해 스파크가 반복적으로 일어나면서 서서히 노출이 넓어져 갔을 걸로 추측된다. 사고 당일 스파크가 크게 나면서 불꽃이 피복을 연소시킨 것이다.

⑦ 처음에는 헤드램프 내부(밀실) 화재로 시작되다가 산소공급이 충분치 않자 찌는 듯 한 고온상태가 진행되었다. 이런 고온상태에서 뒤쪽의 커넥터 커버가 녹아내린 시점에서 순식간에 산소가 공급되면서 큰 화재가 일어났던 것이다.

고장난 백미러의 조정 스위치, 콘솔 부근에서 하얀 연기가...

- **차종 :** 고급 승용차
- **사고 장소 :** 일반 도로
- **원인**

이전부터 도어 미러(door mirror)의 각도조정 스위치가 작동되다 안되다 하는 상태였는데, 바빠서 수리를 하지 않고 그대로 사용해 왔다.
주행 중에 센터 콘솔에서 이상한 냄새와 함께 하얀 연기가 피어올랐다. 원인은 스위치 마모로 인한 접촉 불량으로 단락에 의한 스파크(spark)가 발생한 것이다. 스파크 열로 인해 배선 하나만 피복화재가 났다. 이웃한 배선은 가볍게 탔을 뿐 큰 피해 없이 끝난 매우 드문 화재라 할 수 있다.

Check 사 고 상 황

사고 당일 국도를 주행하고 있는데 콘솔 중앙에서 이상한 냄새와 함께 하얀 연기가 피어올랐다. 담배는 피우지 않기 때문에 차량 화재다 하고 직감해 바로 정차한 뒤 상태를 살펴보는데 연기도 많이 나지 않고 불꽃도 없기 때문에 큰 화재로 이어질 걱정은 없다고 판단해 정비공장으로 천천히 주행하였다. 도중에 다시 연기가 올라오지는 않았다.

Check 운전자 증언

"이 연식 차량은 배선이 자주 타는 것 같습니다. 제작회사에서 철저하게 조사해 원인을 해결해야 합니다. 비싼 돈을 내고 산건데 이래서는 위험해서 탈 수가 없습니다.

누구한테 들었는지 배선이 자주 탄다고 말하고 있다. 그런 정보가 나한테는 없으며, 그렇게 자주 발생하는 트러블이라면 제작회사에서 반드시 리콜을 했을 것이다.

그 이야기는 신빙성이 없다고 판단했기 때문에 이 차량을 수입대리점으로 갖고 가지 않은 이유는 무엇인지 물었더니 명확한 대답이 없다. 중고수입차는 아닌 것 같다. 그러면 늘 그렇듯이 주인이 여러 번 바뀐 중고차로서, 수입대리점의 손을 떠났을 것이다. 따라서 제작 회사뿐만 아니라 지정정비업체도 상대해 주지 않는다.

사고 직전 또는 그 이전에 전장품에 뭔가 이상한 조짐은 없었는지, 어떤 사소한 것이라도 괜찮으니까 알려 달라고 하자, 도어 미러 스위치가 가끔 작동하지 않을 때가 있어서 스위치를 꾹 눌러야 했기 때문에 조만간 수리하려고 생각하고 있었다는 것이다. '이거로군, 여기를 조사하면 원인을 알 수 있겠네' 라고 생각하고, 인사를 나눈 뒤 철수했다.

Check 정비 공장

찾아간 정비공장은 수입차만 취급하는 개인이 운영하는 조그만 공장이었다. 사장은 이 타입(차량의 구체적 타입을 언급하며)은 자주 배선이 탄다. 벌써 3번째라고 말했다. 현재 차주한테 말 한 것도 이 사장이겠거니, 사고차량 검증을 마치면 조금 이야기를 해둘 필요가 있겠는데 하고 생각했다.

이 오래된 차량은 배선피복에도 수명이 있으며, 전기계통의 고장은 방치해 두지 말고 곧바로 수리할 필요가 있다는 2가지 점을 전해둬야 할 것 같다.

Check 피해차량의 상황

① 이것은 차량화재로 분류해야 하는 것이 아닐지 모르겠다. 솟아오른 엔진 후드 안쪽의 소음재는 눌어붙지도 않았다(그림 2-6). 차량화재란 발화원인이 있고, 그 지점에서 발화한 화재가 주변으로 옮겨가거나 피해를 주는 것으로 전장품의 노화로 인해 배선의 단선·접촉 불량 등으로 기능을 하지 못하게 된 것은 단순한 전기적 사고이다. 어느 쪽이든 괜찮은 것 같지만, 자동차 보험에서는 우연한 돌발적 화재는 보상이 되는데 단순한 전기적 사고는 보험대상이 안 된다고 한다.

② 그림 2-7은 퓨즈 박스를 꺼내 촬영한 모습으로, 여기도 외관상으로는 아무런 피해도 없다. 앞에서 소개한 하니스 화재에서는 반드시 이 퓨즈 박스가 소실되어 있었다. 그러면 이것은 배선자체가 트러블을 일으켜 발열하는 하니스 화재는 아니다. 전장품에 어떠한 트러블이 일어나 스파크단락가 튀고 그 열로 전장품으로 연결되는 배선의 피복만 연소된 것 같다.

그림 2-6. 눌러 붙지 않은 엔진 후드 안쪽의 소음재

그림 2-7. 퓨즈 박스 내부

③ 그림 2-8은 문제의 연소된 배선. 손가락 끝 쪽의 3개와 손가락 중간 쪽의 4개 사이에 있는 1개 배선의 피복이 완전히 연소되어 구리선이 노출된 상태로 빛나고 있다. 다른 배선에는 약간의 화상 같은 녹은 흔적을 띄엄띄엄 볼 수 있는데, 이것은 문제의 1개 배선이 녹아내리면서 녹은 덩어리가 부착된 것으로 피복자체의 화재는 아니다. 만일을 위해 바꿔주면 좋겠지만, 절연기능에는 지장이 없다.

④ 그림 2-9는 문제의 1개 배선이 퓨즈 박스로 연결되는 플러그 모습인데, 플러그 직전까지 피복이 연소되어 없어졌다.

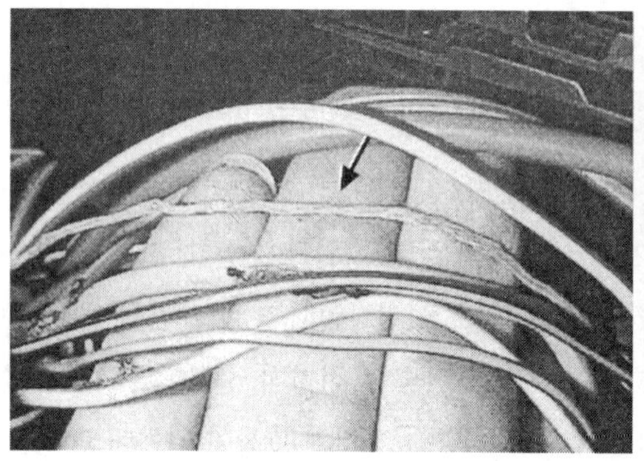

그림 2-8. 중앙의 1개 배선만 불에 타면서 노출된 구리선

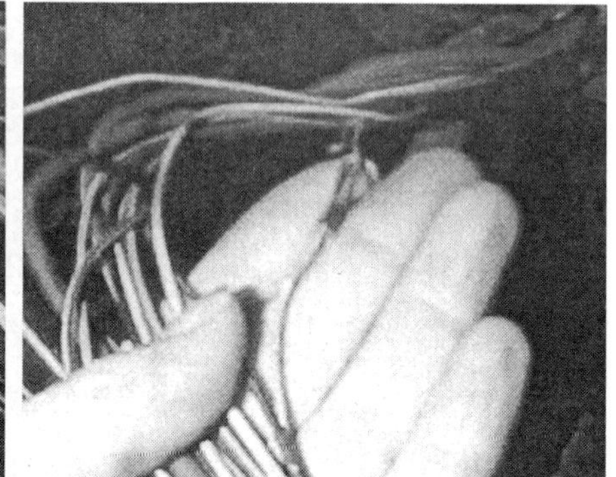

그림 2-9. 배선 끝까지 피복이 없어진 불에 탄 구리선

⑤ 그림 2-10은 불에 탄 배선을 단자부터 점검해 나가는 모습을 촬영한 것이다. 이 하니스 다발은 차량 실내 운전석을 향하고 있다.

⑥ 다다른 끝은 그림 2-11의 파워 윈도와 도어 미러의 조작 패널이다.
사진 오른쪽에 있는 것은 그림 2-12의 다이얼을 떼어낸 도어 미러의 스위치 부분으로,

접촉부분이 마모된 것과 동시에 심한 스파크 흔적을 나타내는 그을음과 그을려 문드러진 것을 확실하게 알 수 있다.
정상적인 접촉과 마모에 의한 스파크 상상도를 그림 2-13으로 나타낸다.

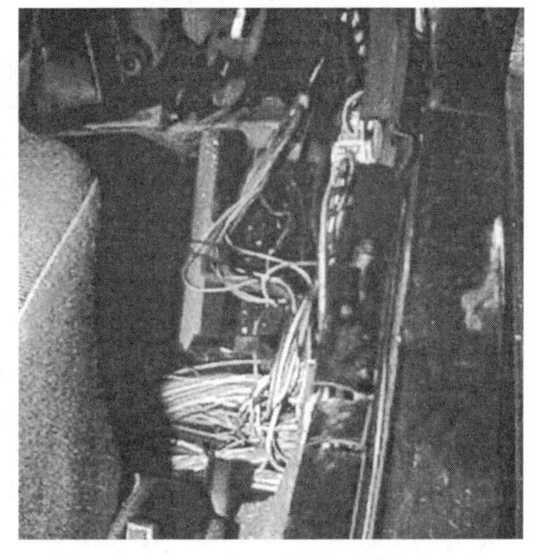
그림 2-10. 불에 탄 배선을 더듬어 갔더니...

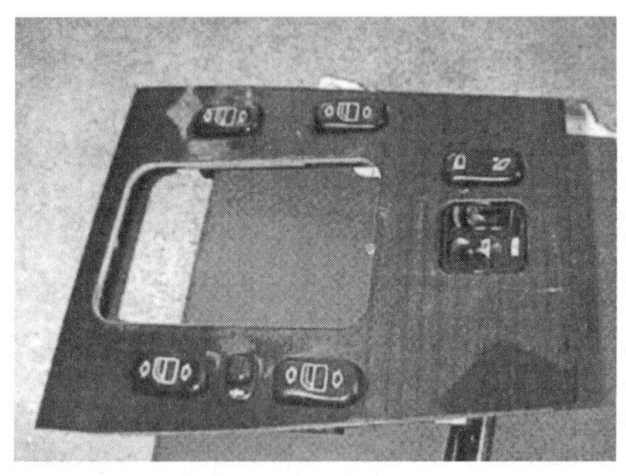
그림 2-11. 파워 윈도와 도어 미러의 조작 패널에 이르렀다.

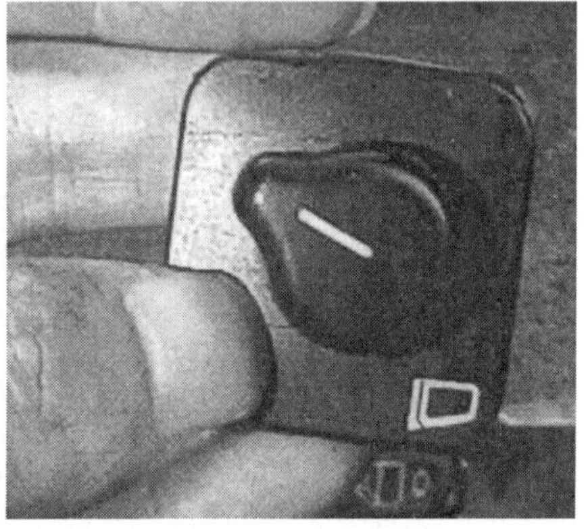
그림 2-12. 다이얼을 떼어낸 도어 미러의 스위치 부분

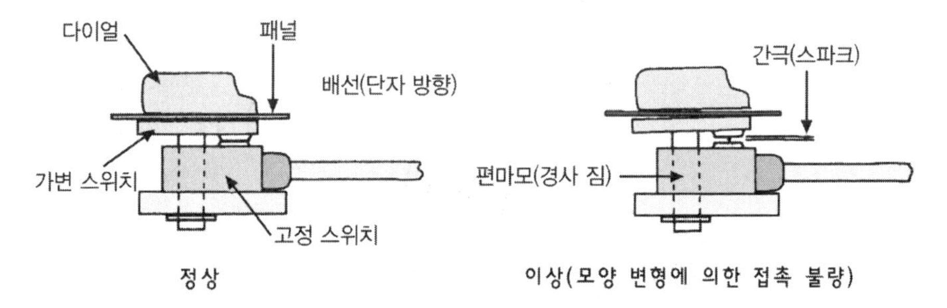

그림 2-13. 도어 미러를 조작하는 스위치의 스파크 상상도

⑦ 이 조작 패널에 붙어 있던 것은 그림 2-14의 변속레버의 패널이다.

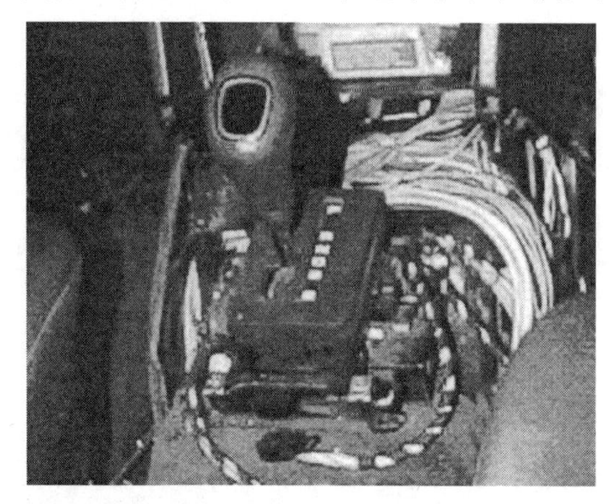

그림 2-14. 조작 패널이 장착되어 있던 변속레버의 패널

배선이 탄 지점

불에 탄 배선은 도어 미러의 조작스위치 부분부터 퓨즈 박스까지이며, 퓨즈 박스부터 도어 미러(엄밀하게는 내장 펄스 모터)까지의 배선에는 아무런 이상이 없었다. 피해가 났던 구간 및 피해가 없었던 구간을 그림 2-15로 나타낸다.

한편, 이것을 우연한 돌발적 화재로 볼 것인가 아니면 단순한 전기부품의 노화에 의한 고장으로 볼 것인가에 관한 문제인데, 이 경우는 매우 소규모이면서 화재가 발생했기 때문에 보험 상으로는 화재로 취급된 것 같다.

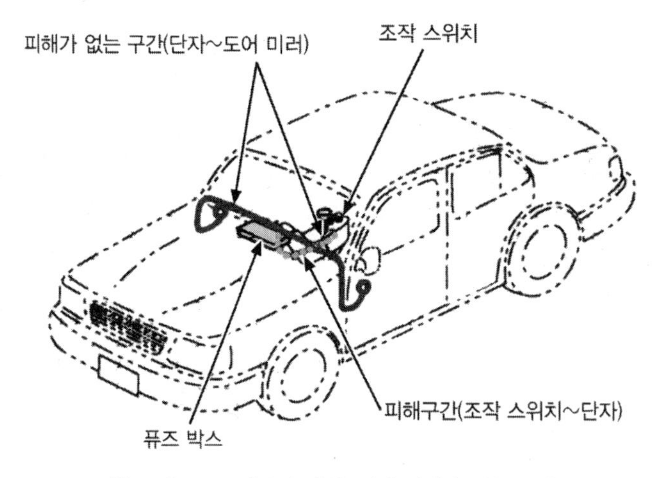

그림 2-15. 배선의 피해구간과 피해가 없는 구간

배터리 화재

새 배터리로 교환한 후 700여 미터 주행하자 갑자기 배터리에서 불!

- **차종 :** 4도어 세단
- **사고 장소 :** 일반 도로(평탄한 길) 주행 중
- **원인**

  카센터에서 배터리가 오래되어 이완되고 변형을 일으켜 헐거워진 단자기둥(terminal post)의 케이블 클램프(고정 밴드)를 확인하지 못하고 단자기둥에 체결했는데 간극이 생겼다.

Check 사고상황

배터리가 수명이 다 했기 때문에 카센터에서 새 배터리로 교환 후 700m 정도를 주행하였는데 갑자기 엔진의 시동이 꺼지고 엔진후드에서 검은 연기가 엄청나게 피어올랐다. 다행히 근처에 소방서가 있어 소방대원이 달려와 불을 꺼 주었다고 한다. 피해 차량의 외관은 그림 3-1과 같다.

그림 3-1. 배터리 화재(트래킹)에 의한 피해 차량의 외관

운전자 증언

제1장에서 언급한 바와 같이 원인을 규명하는데 있어서 운전자의 증언이 중요하기 때문에 즉시 사고 당시의 상황을 자세히 설명해달라고 말을 건네자, "상황이고 뭐고 없었습니다. 그냥 2~3분 주행한 것뿐인데 새 배터리에서 불이 났어요. 잘못했으면 죽을 뻔 했습니다." 라며 매우 화가 난 듯이 뒤돌아섰다. 운전자는 배터리 결함이라고 믿고 있는 눈치였다.

> 증언 청취는 자동차 메커니즘에 대해 각 부분의 작동·기능마다 시스템으로 이해할 뿐만 아니라 차량화재의 발생 메커니즘에 대한 식견이나 지식이 있는 사람이 하는 것이 좋다.

지금까지의 정보로 ① 화재가 매우 짧은 시간이라는 사실, ② 배터리가 관계되어 있다는 사실로부터 트래킹(간극이 있는 곳에서 공중방전에 의해 재료를 녹여서 옮기는 것)이라는 짐작이 갔다.

카센터와 배터리 제작회사

이야기를 듣기 위해 배터리를 교환한 카센터로 갔더니, 운전자로부터 강력한 항의를 받은 듯 배터리 제작회사의 영업소장이 나와서 카센터 사장과 원인에 관해 이야기를 나누고 있었다.

대화 내용은 서로에게 책임이 있다는 것으로, 현장이나 차량은 그냥 두고 이야기만 하는 것은 기술자로서 익숙하지 않기 때문에 그대로 놔두고, 그 사이에 사고제품(버리지 않고 갖고 있었다.)과 동일한 새 배터리의 (+)단자기둥을 버니어 캘리퍼스vernier calipers로 측정하여 치수를 기록했다(그림 3-2).

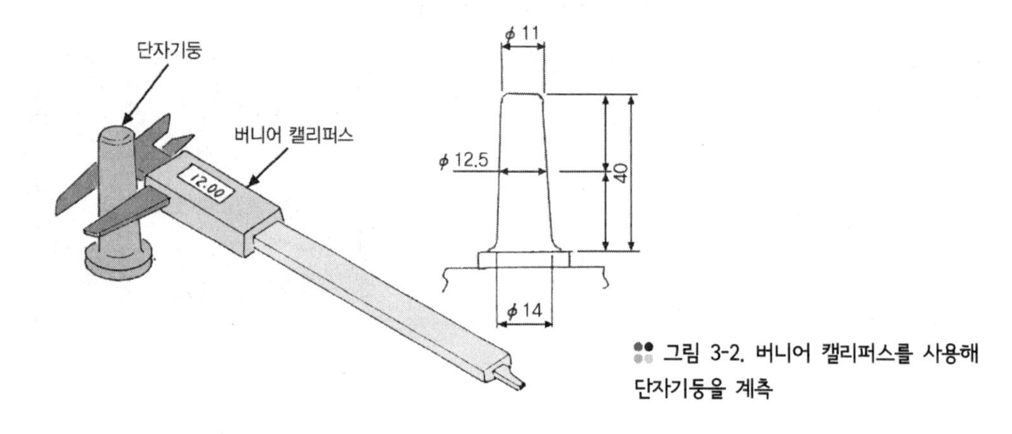

그림 3-2. 버니어 캘리퍼스를 사용해 단자기둥을 계측

참고로 양 쪽의 주장을 정리하자면,

– 제작회사

" 품질관리에 만전을 기하고 있으며, 제품(배터리) 자체에서의 발화는 지금까지 한 번도 없었습니다. 장착작업에 문제가 있었던 것이 아니겠습니까?"

– 카센터

" (+)와 (–) 양쪽 단자기둥에 케이블 클램프를 단단히 체결했습니다. 그러니 문제는 배터리 본체에 있는 것이 아닙니까?"

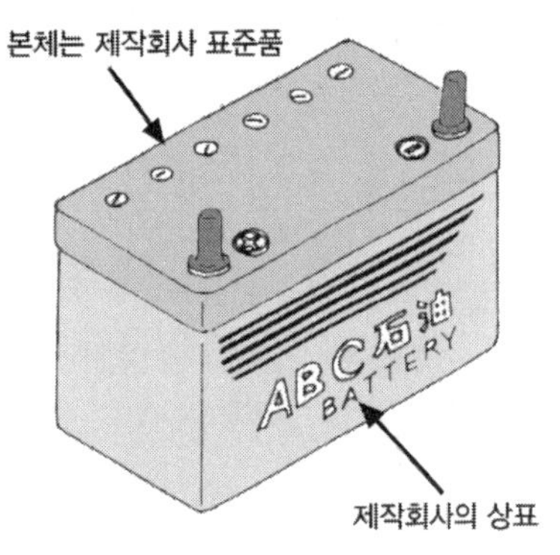

그림 3-3. 카센터에서 판매하고 있는 배터리 그림

피해 차량 검증

카센터에서 피해 차량 쪽으로 가는데 배터리 제작회사와 카센터 관계자가 따라 왔다. 서로의 이해관계가 얽혀 있어서 전문가의 판정결과가 필요할 것이다. 피해 차량은 사고현장 근처의 공터에 있었다.

○ 원인은 배터리 관계

엔진룸 여기저기가 불에 탔지만, 배터리가 가장 심하게 피해를 받아서(그림 3-4), 배터리의 (+)단자기둥이 있던 위치를 중심으로 녹아 흘러내렸다(그림 3-5). 이것은 여기서 고온이 발생했다는 사실을 증명한다.

그림 3-4. 피해 차량의 엔진룸 모습. 배터리가 가장 심하게 피해를 받았다.

그림 3-5. (+)단자기둥이 있던 위치를 중심으로 녹아서 흘러내린 배터리의 모습이다.

○ ⊕ 터미널에 주목

볼트나 너트는 더 이상은 조여지지 않을 정도로 단단히 체결되어 있는 것을 보면 흔히 발생하는 잊어버리고 체결을 하지 않은 것이 아니며, 카센터 사장의 단단히 체결했다는 주장도 수긍이 간다(그림 3-6).

그림 3-6. 배터리 단자기둥의 볼트와 너트는 단단히 체결되어 있었다.

다만 잘 살펴보면 단자기둥을 체결하는 케이블 클램프의 안지름이 비틀려 있을 뿐만 아니라 이완되어 지름이 커져 있었다(그림 3-7).

그림 3-7. 피해 차량 배터리 단자기둥의 케이블 클램프

버니어 캘리퍼스로 케이블 클램프의 비틀린 안지름을 측정했더니 단자기둥 위에 끼우는 지점은 12.5mm, 아래에 끼우는 지점은 13.5mm 이였다. 원래 체결된 상태의 치수는 12.0mm 인데 0.5~1.5mm가 커져 있었다.

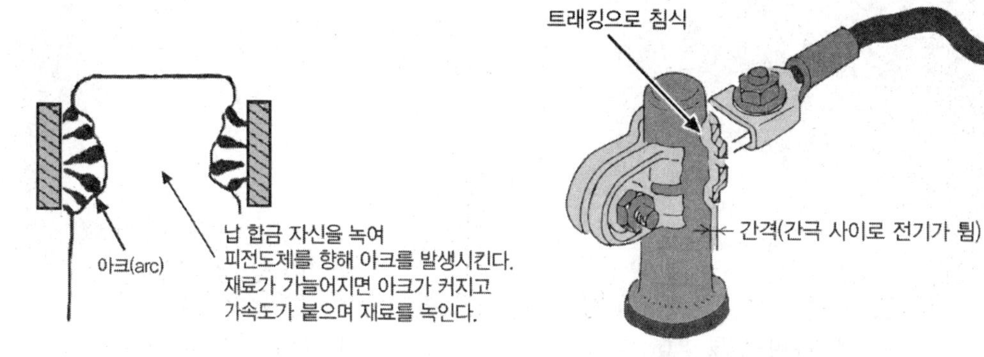

그림 3-8. 피해 차량 배터리의 장착 관계도(좌)와 트래킹에 의함 침식(위)

○ 원인은 트래킹으로 판단

일반적으로 케이블 클램프는 단자기둥의 중간부분에 장착하기 때문에(그림 3-8) 케이블 클램프의 안지름과 단자기둥의 바깥지름 사이에 간극이 생기게 된다. 또 엔진진동으로 케이블 클램프가 흔들려 간극이 점점 커지게 된다.

배터리의 (+)단자기둥에서는 케이블로 큰 전류가 공급되는데 이 사이에 간극이 있으면 방전현상에 의해 아크가 발생하면서 트래킹이 되고 순식간에 단자기둥이 녹는다.

트래킹에 대해

일반적으로 절연파괴로 인해 생긴 과도한 아크방전으로 재료의 일부가 녹아내린다고 알려져 있다.

조금 더 쉽게 설명하면, **전도체**전기를 공급하는 쪽와 **피전도체**전기를 공급받는 쪽 사이에 간극이 있으면 전기는 간극을 뛰어넘기 위해 공중에서 방전된다. 이 아크는 전도체의 재료를 녹여 피전도체로 옮기는 성질이 있다. 이것은 **전기용접**의 원리이기 때문에 용접봉이 순식간에 녹아 상대편 재료에 붙는 모습을 상상해 주기 바란다.

이번 사고는 배터리 단자기둥이 전도체 역할을 한 것으로 단자기둥의 재료가 용융점이 낮은 납 합금이기 때문에 트래킹 현상이 매우 짧은 시간에 진전되었다고 판단되며, 단지 700m를 주행하였는데 화재가 났다는 것도 이를 뒷받침한다고 하겠다. 한편 납 합금은 고온에서 액체 모양으로 변하는데, 사고현장에서는 마치 기름이나 물이 흘러 굳어진 것 같은 모습의 납 합금을 확인할 수 있었다.

정기점검을 마친 경승용차, 차고에 넣자마자 엔진룸에서 불꽃이...

- **차종 :** 승용차
- **사고 장소 :** 주택가 차고
- **화재 분류 :** 제작회사 견해로는 원인불명
- **원인**

이 차량의 주인은 최근에 지방으로 막 전근해 온 사람으로, 전임지에서 구입한 차량의 지정 정비업체가 근처에 없어서 집에서 가까운 다른 자동차 제작회사의 정비공장에서 점검을 받았다. 이때 받은 배터리 점검 작업에서 실수가 있었는데, 단자기둥과 케이블 클램프 사이에 간극이 생겨 트래킹 현상으로 단자기둥을 녹임과 동시에 그 열로 케이블 클램프 하니스의 절연피복에서 화재가 일어났다.

이 하니스 화재를 기점으로 엔진룸 안의 배선으로 옮겨갔으며, 또 연료계통 배관과 오일계통 배관 등을 일부 연소시켰다. 이것은 나의 견해이며, 제작회사 견해는 조금 다른데 지금까지 견해가 나누어진 상태다. 피해자 구제를 위해 제작회사에서는 바로 새 차량으로 변상을 해 주었기 때문에 피해자는 이것으로 납득한 상태라 제작회사와 싸우면서 까지 원인을 밝힐 필요는 없기 때문에 그대로 있는 상태다.

사 고 상 황

점검을 마치고 자택으로 향함. 자택은 5km 정도의 가까운 거리로 짧은 시간의 주행거리였다. 차량을 차고에 넣고 엔진 시동을 끈 후에는 집으로 들어가 거실에서 쉬고 있었다. 한편 주행을 할 때도 그렇고 엔진 시동을 끌 때도 아무런 이상도 없었으며, 순조로웠다고 한다.(운전자의 증언).

한 30분 정도 지났을 때, "OO씨, 차에서 불이나요!" 하고 동네 사람이 큰 소리로 알려주었다. 뛰어가 보니 차량 앞에서 커다란 화염이 솟구쳐 올라 가까이 갈 수도 없었다. 거실로 돌아와 전화로 소방차 출동을 요청했다.

Check 시간대를 조사

일반적으로 엔진 시동을 끄고 정차한 차량이 화재원인을 만드는 것은 방화를 제외하고는 찾아보기가 어렵다. 그렇다면 5km(6~8분 거리)를 주행하는 중에 화재원인이 만들어졌고 주행하는 시간을 포함해 조용히 화재가 진행되었다는 이야기이다. 더구나 가솔린 화재 특유의 폭발음도 들리지 않았고, 점화스위치를 OFF 시켰더니 엔진의 시동은 바로 멈췄다고 한다. 이 조건하에서 30분 뒤에 손도 댈 수 없을 만큼의 화재를 일으키려면 어디가 어떻게 되어야 요건이 충족될 수 있을까?

과거 사례를 찾아가며 이리저리 면밀한 연구를 한 결과, 가능성이 가장 높은 **배터리 단자기둥의 간극에 의한 트래킹**으로 초점을 모아 조사를 해보기로 했다. 그 근거로는 시동을 건 차량의 사소한 진동으로 매우 짧은 시간에 화재를 일으킬 수 있다는 점, 그리고 전기로 화재가 나는 것은 배터리, 더구나 단자기둥 이외는 없다는 점 때문이다.

Check 점검의 실시내용 조사

피해 차량을 살펴본 후 점검을 했다는 정비공장을 방문해 실제로 정비를 실시한 정비사로부터 직접 이야기를 들었다. 정기점검은 대부분의 항목이 눈으로 하는 점검으로 엔진에 손을 댄 것은 오일교환 / 배터리 전압 부하측정 / 에어클리너 청소 / 점화플러그 점검뿐이다.

"배터리 전압의 측정법을 자세히 설명해 주세요. 케이블 클램프를 배터리 단자기둥에서 분리시켜서 측정했습니까?" 하고 물어보니, "우리는 케이블 클램프는 분리하지 않고 장착한 그대로 단자기둥에 전압측정기 클립의 전극을 물리고 측정합니다. 케이블 클램프는 손으로 확인했는데 느슨한 곳은 없었습니다." 라고 한다.

뭐라고 특정 짓지는 못하지만 뭔가가 이상했다. 케이블 클램프는 느슨하지는 않았다는 것을 매우 강조하는 것도 전문가답지 않았다. 스패너를 사용해 한 번 더 체결해 점검하는 것이 기본이 아닐까. 봉급자라면 누구나 이런 대답을 할 거라 생각하고, 깊게 캐묻지 않고 철수했다. 무엇보다 나에게는 그럴 권한이 없기 때문에….

Check 피해 차량의 상황

① 그림 3-9는 피해 차량을 앞에서 본 모습으로, 엔진룸이 심하게 불에 탔다는 것을 잘 알 수 있다. 정차 중에 일어난 화재이기 때문에 바람에 의해 뒷부분으로는 불길이 가지 않았다.

그림 3-9. 전방에서 본 피해 차량

② 그림 3-10은 엔진 후드를 열고 엔진룸을 촬영한 모습인데, 화염은 엔진 위에서 일어난 것이다. 프런트 그릴의 합성수지 제품이 모두 녹아내려 없어졌기 때문에 엔진룸 안이 보이지만, 실린더 블록이나 교류발전기 등 아래쪽에 장착된 전장품은 전혀 타지 않았다. 알루미늄인 라디에이터 코어도 위쪽은 녹았지만 본체는 제대로 남아 있다.

그림 3-11은 앞 유리창이 열 균열로 인해 파괴된 모습으로, 밖에서 열을 받은 상태기 때문에 부분적으로만 파손되었다. 실내에서 열이 발생했다면 열 균열은 전체에 미친다.

그림 3-10. 엔진룸의 모습

그림 3-11. 앞 유리창의 열 균열 상황

③ 엔진 위쪽을 좌우로 나누면 왼쪽(그림 3-12)은 알루미늄 제품이 남아 있을 정도로 그다지 피해를 받지 않고 있다. 오른쪽(그림 3-13)은 배터리(한 가운데의 검은 덩어리)를 중심으로 화재 흔적이 심하게 남아 있다.

엔진 룸을 상하좌우 4개로 나누면(그림 3-14), 배터리가 있는 왼쪽 위 구역에서 계속적으로 화재가 났다는 것을 여실히 보여주고 있다. 불에 탄 것은 배터리가 놓여 있던 구역1이다.

그림 3-12. 엔진룸을 향해 오른쪽의 모습

그림 3-13. 엔진룸을 향해 왼쪽의 모습

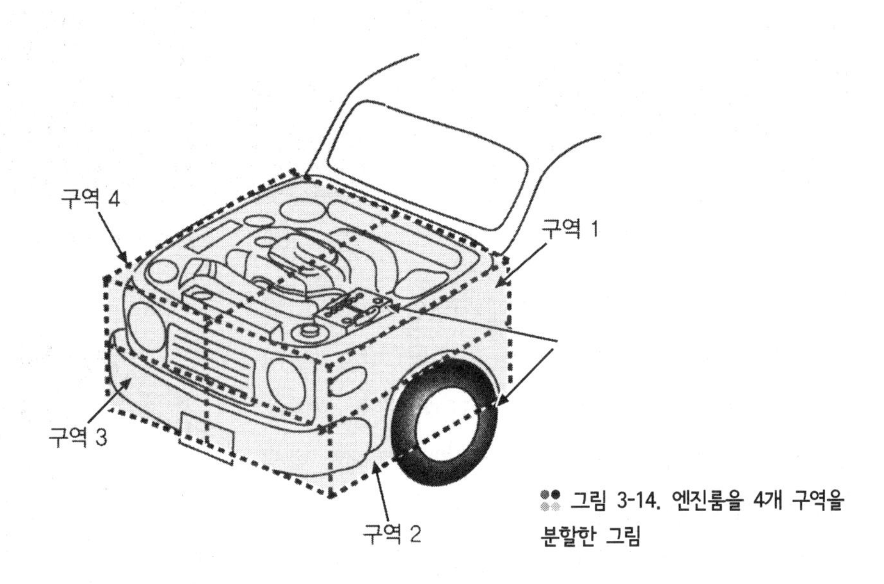

그림 3-14. 엔진룸을 4개 구역을 분할한 그림

④ 그림 3-15는 같은 형식의 차량 엔진룸 모습으로, 배터리 위치를 확인해 주길 바란다.

그림 3-15. 같은 형식의 차량 엔진룸의 모습

⑤ 그림 3-16은 만일을 위해 차량 실내를 촬영한 것으로, 앞 유리창이 깨져 있는 것 외에는 전혀 피해가 없다. 또 하니스 화재 특유의 인스트루먼트 패널이 녹아내려 메인 하니스를 노출시키지도 않았기 때문에 하니스 화재가 아니라는 것이 증명되고 있다.

그림 3-16. 피해 차량의 실내 모습

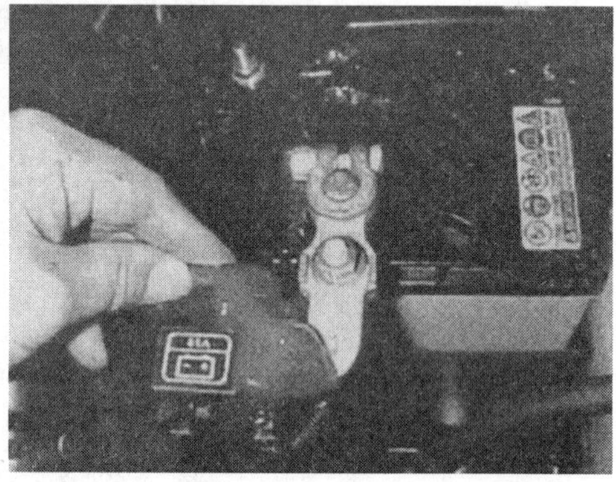

그림 3-17. 같은 형식의 차량 배터리 연결 상태

⑥ 그림 3-17은 같은 형식의 차량 배터리(알기 쉽게 그림 3-18과 비교)이며, 그림 3-19는 불에 탄 피해 차량의 배터리(알기 쉽게 그림 3-20과 비교)이다. 이 모양을 잘 봐주길 바란다. 가령 계속되는 화재가 옆에서 발생하여, 화재로 인해 배터리가 불에 탔다고 한다면 불이 난 쪽 부분이 심하게 타면서 타지 않은 부분과의 차이 contrast가 반드시 생긴다. 그런데 이 배터리에는 이것이 없다.

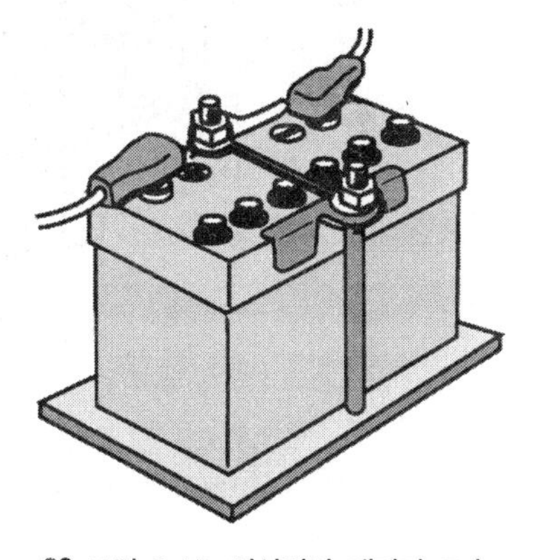

그림 3-18. 정상적인 배터리 모습

하나 더 주목할 것은 이 배터리는 천장에서 60mm 정도 균등하게 높이가 낮게 배치되어 있다(고정 스테이가 아래로 떨어져 있는 것을 주목하길 바란다). 이것은 단자기둥(납합금)이 녹으면서 마치 뜨거운 납을 머리부터 뒤집어 쓴 것처럼 배터리를 녹였기 때문이다.

과거 경험에 비춰보면 이와 같이 배터리가 찌그러진 듯 한 모습을 하는 것은 틀림없이 단자기둥의 용융이다. 또 용융은 트래킹에 의한 것이다. 그렇다면 점검을 받을 때 케이블 클램프 체결작업에 뭔가 실수가 있었다는 결론이다.

그림 3-19. 불에 탄 피해차량의 배터리

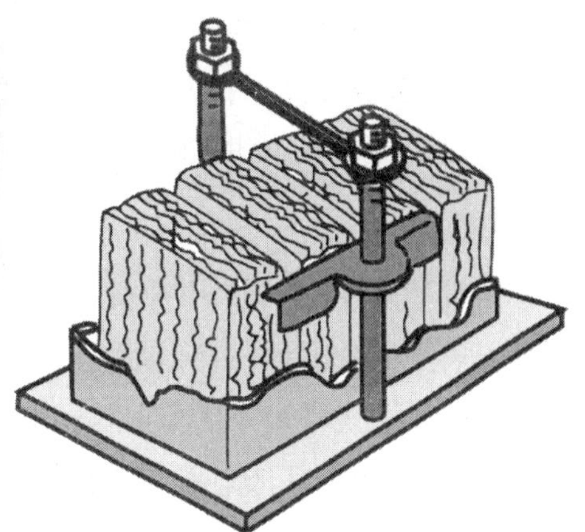

3-20. 불에 탄 배터리 모습

조사 결과

조사결과는 점검을 실시한 정비공장과 제작회사 계열의 지정 정비업체를 통해 이 차량의 자동차 제작회사 관계자에게 연락해 두었다.

점검을 실시한 정비공장에서 납득하지 못하고 제작회사 계열의 지정정비업체와 합동으로 조사하기로 했다고 한다. 결과를 자세히 듣지는 못했지만 합동조사에서는 결론을 못 내려 제작회사에서 기술자가 나와서 재조사를 하기로 했다고 한다.

상상하건데 합동조사는 상당히 엄격했을 테고, 책임을 전가하는 것이 아니었을까. 제작회사 계열이 다르기 때문에 서로의 주장을 굽히지 않은 상태에서 피해 차량은 제쳐놓고 논의만 무성하지는 않았을까.

Check 제작회사의 조사 결과

사고가 나고 1개월 후에(비교적 빠른 편이다) 피해자에게 제작회사로부터 조사결과가 도착했다. 나도 복사본을 받아보았다. 다음과 같이 제작회사의 조사결과에 관한 결론만 옮겨 놓는다.

<<소견>>
불에 탄 상태가 심해 화재 발화지점을 찾아내지 못했다. 연료분배(delivery) 파이프가 굴절되어 균열이 생김으로써 연료가 누출었으며, 엔진 시동을 끈 다음 잠시 후에 엔진의 고온부분에 닿아 발화되면서 화재에 이르렀다고 추정된다.
한편 연료분배 파이프의 파손원인에 관해서는 조사를 품질보증부에 의뢰중이다.

'화재 발화지점을 찾아내지 못했다'에서 끝냈어야 한다. 추측으로 연료분배 파이프의 파손을 언급하고 있는데 나도 그쪽을 보았지만 이것은 소화 작업으로 굴절된 것이다. 그렇게 말하면 다른 곳에도 구부러지거나 절단된 배관과 배선이 많이 있지만 새로 난 손상이고 기계적으로 절단된 것임을 설명할 수가 없다. 연료분배 파이프도 예외는 아니다.

(주행 중에) 연료가 새고 엔진 시동을 끈 다음 잠시 후에 엔진의 고온부분에 닿아 발화라고 한 것은 가솔린 화재의 특징인 순식간의 폭발화재와 부합되지 않는다. 무엇보다도 연락을 했는데도 불구하고 배터리에 관한 소견이 전혀 없는 것은 어떻게 된 것일까?

연료계통 화재

독일산 스포츠카로 주행중에 갑자기 엔진이 멈춰 길 옆으로 붙이자 폭발과 불길이...

- **차종 :** 스포츠카
- **사고 장소 :** 고속도로 주행 중
- **원인**

연료호스(고무 재질)가 노화되면서 작은 균열을 만들고, 균열이 난 곳에서 연료가 분무되어 엔진룸 안에 혼합기를 이루며 가득 참. 혼합기가 기동전동기 기어의 불꽃과 접촉하면서 폭발. 한편 균열은 차량이 멈춰있을 때는 닫혀있지만, 고속으로 주행할 때 연료공급 압력이 높아지면 열리는 정도로 나 있다.

가솔린 연료계통 화재에 대해서는 뒤에 자세히 그 메커니즘을 설명할 예정이므로 여기서는 기술적 해설은 빼고 사고 상황만 언급하겠다.

유럽차량은 연식이 오래되면 그 나름대로의 멋이 있어서 매력적이지만, 어떤 차량이라도 내유성(耐油性)고무의 노화는 피할 수 없다.

구입할 때 연료호스의 노화를 가장 먼저 확인할 것을 권장한다. 제1장 항목에서 수입차량에 연료계통의 화재가 많다는 소방청 통계를 소개했지만, 필자의 연구에 따르면 연식이 오래되면서 고무 노화가 진행된 것이 많다.

스포츠카를 구입한 경위

인터넷의 중고차 옥션을 통해 동경하던 스포츠카를 구입(실제 차량을 시승하지 않으면 결정을 못하는 우리 같이 나이 먹은 사람은 이해하지 못할 방법이지만 인터넷으로 자동차를 산다고 한다). 구매자는 대형 운송회사에 경매장에서 자신의 집까지 직접 운전해서 가져다 달라고 위탁했다.

운전자 증언

경매장에서 차량의 인수 점검을 마치고(중고차를 육로로 운송할 때는 나중에 운송 중에 손상을 입었다는 트러블을 방지하기 위해 작은 찰과상이나 도장이 벗겨졌는지를 자세하게 점검해 기록한 다음 서로 확인을 한다고 한다). 연료를 가득 채운 후 구매자의 집을 향해 고속도로를 주행하던 중에 갑자기 엔진 시동이 꺼졌고 여러 번 재시동을 하려고 했지만 시동이 걸리지 않았다.

교통흐름에 방해가 될까봐 변속기어를 저단으로 하고 기동전동기의 힘으로만 자동차를 길옆으로 붙이려는데 엔진룸에서 엄청난 폭발음과 함께 불기둥이 솟아올랐다.

이때의 충격으로 엔진룸의 덮개가 날아가 버렸다(그림 4-1). 화재는 비교적 짧은 시간에 잦아들어 지나가던 트럭 운전수가 소화기로 불을 꺼 주었다고 한다.

그림 4-1. 폭발·불이 난 순간의 상상도

피해차량 검증

피해 차량은 운송회사의 영업소 차고에 커버를 씌운 상태로 보관되어 있었다.

① 분명히 가솔린 화재의 모습이다. 가솔린 화재는 순식간의 폭발적 연소로 인해 연소효율이 매우 좋기 때문에 오일이나 합성수지처럼 불연소 물질에 의한 그을음이 거의 없어서 불에 탄 부위가 비교적 깨끗하다. 이런 특징으로 볼 때 가솔린 화재임에 틀림없다.

② V엔진의 우측뱅크 쪽 연료호스는 완전히 소실되었다. 이 부근의 금속은 높은 열을 받아 알루미늄 부품은 녹아내렸고 철은 산화되어 있다. 순식간의 폭발뿐만 아니라 연료호스 자체가 타면서 화염방사기처럼 가솔린을 내뿜은 흔적이다.

③ V엔진의 좌측뱅크 쪽 연료호스는 다행히 큰 손상이 없기 때문에 노화된 상태를 확인했더니 여기저기에 미세한 균열이 있어 언제든지 연료가 샐 가능성이 있었던 상태였다(그림 4-2). 따라서 우측뱅크도 동일한 상태였을 것이라고 예상되었다.

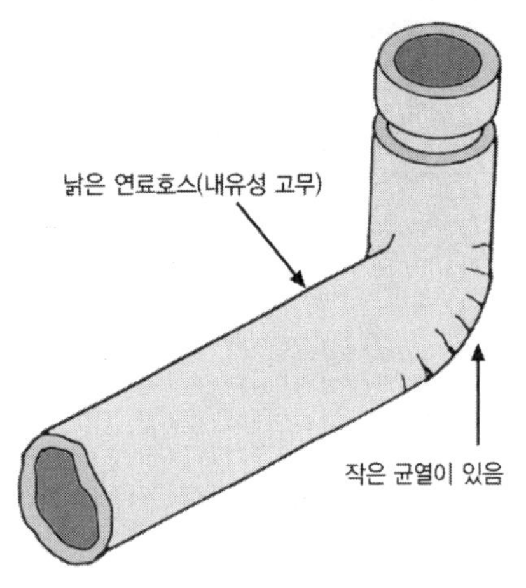

그림 4-2. 작은 균열에서 연료를 분출시킨 연료 호스

공업 업계에서는 「내유성 고무」의 수명을 8년 정도로 본다. 차량 보관 상태에 따라 다소의 차이는 있지만 8년 이상 되면 한 번 점검할 필요가 있다.

④ 인수인계 점검 할 때 확인했다는 점, 엔진 시동을 걸거나 기동전동기로 차량을 움직였기 때문에 전기에는 아무런 이상이 없다는 점으로 미루어 볼 때 연소 전 상태의 연료가 점화플러그를 적셨을 것이라고 예상해 점화플러그를 빼 보았는데, 점화플러그에 가솔린이 묻어서 흠뻑 젖어 있었다.

⑤ 따라서 엔진 시동 꺼짐과 화재와는 직접적 인과관계가 없다고 판단했다.

⑥ 폭발을 일으키려면 엔진룸 안에 많은 양의 가솔린과 산소의 혼합기를 만들어야 한다. 이 가솔린 혼합기는 안개처럼 미세한 입자이여야 한다. 이러한 조건을 충족시키기에 호스의 미세한 균열이 가장 효과적이다.

⑦ 혼합기는 엔진룸 전체를 덮고 있었기 때문에 교류발전기에서 작은 불꽃만 튀겨도 쉽게 폭발을 일으킨다. 이번 사고에서는 기동전동기로 차량을 움직였기 때문에 기동전동기의 기어가 엔진의 플라이휠 링 기어에 물릴 때의 충격으로 발생한 불꽃으로 추정되었다.

자동차 제작회사 리콜에 의해 인젝터를 교환, 귀가 중 갑자기 폭발!

- **차종 :** 고급 승용차
- **사고 장소 :** 특정 지역에 한정되지 않고 전국적으로 발생
- **사고 분류 :** 가솔린
- **원인**

  고급 승용차의 인젝터에서 화재가 발생할 가능성이 발견되어 제작회사에서 즉시 리콜을 실시했다. 리콜에 맞춰 근처 지정 정비업체에서 대체부품으로 교환한 후 귀가하는 도중에 갑자기 큰 폭발음과 함께 엔진 룸에 흰 연기가 자욱하게 끼었다.

Check 사고 상황

여러 건의 사고가 발생했기 때문에 평균적인 상황에서 설명하자면, 지정 정비업체에서 차량을 인수받아 30분 정도 주행하였는데 갑자기 큰 폭발음과 함께 엔진룸에서 하얀 연기가 피어올랐다. 대부분의 화재는 계속되거나 확대되지 않고 한 번의 폭발로 끝났다.

엔진은 지정정비업체로 가져가기 전이나 인수받고 나서도 출력저하나 이상한 소리, 진동 등의 이상증세가 전혀 없는 정상적인 상태였으므로 여우에게 홀린 것 같이 믿을 수 없는 이야기라는 것이 대부분 운전자들의 의견이다.

이 엔진은 컵에 물을 넣고 엔진 위에 올려도 물이 넘치지 않는다고 할 만큼 제작회사가 정숙성을 자랑하는 걸작이고, 차량도 고급 분위기가 넘치는 고가인 만큼 갑작스런 화재가 발생하여 여우에게 홀린 것 같다는 기분이 충분히 이해된다.

Check 피해 상황

이 사례는 제작회사가 화재위험에 대한 가능성을 미연에 방지하기 위해 신중을 기해 실시했던 리콜에서 대체부품의 교환 작업실수로 인해 몇 건의 차량화재가 발생한 불상사이다.

① 가솔린이 엔진룸 안에서 폭발한 흔적으로 엔진 후드가 부풀어 있다. 나도 엔진룸의 가솔린 폭발화재를 많이 봐 왔지만 이런 단발적인 폭발화재는 이 사례가 처음이다.

가장 많은 연료호스의 노화·균열이나 배관 너트의 풀림 등에 의한 폭발은 엔진 후드를 날려버리며, 날려버리지 않더라도 힌지를 찢어놓거나 **로크 훅**lock hook을 늘려버릴 정도로 파괴적인 에너지를 지니고 있기 때문에 이번 폭발은 새어나온 가솔린이 매우 작은 양이라는 것을 추측할 수 있다.

② 엔진룸 안에서 연소하기 쉬운 고무나 플라스틱, 배선들은 전체적으로 잘 들여다보지 않으면 알 수 없을 정도의 손상만 입은 정도이다. 다만 인젝터의 연장선상에 있는 부품이 좁은 범위이긴 하지만 심하게 탔다.
8개의 인젝터 가운데 몇 번째가 그렇다고 할 것도 없이 어느 때는 1번이 다른 때는 8번이, 이런 상태이다. 불에 탄 형태도 일정하지 않아서, 대부분은 한 번의 폭발로 진화되었지만 개중에는 불이 옮겨 붙어서 소화기로 끈 경우도 있다.

여담이지만 이 소화제消化劑가 원인을 조사하는데 방해를 준다. 소화하는 사람은 추후의 조사 따위는 안중에도 없을 뿐만 아니라 흥분상태에 있기 때문에 대부분은 소화제를 다 사용한다. 이렇게 되면 엔진룸 안은 핑크색으로 두텁게 화장을 한 상태가 되어버려 발화지점을 조사하는 것이 매우 어려워진다.
나는 크고 작은 3개의 페인트용 붓을 갖고 다니는데, 이런 경우에는 가장 먼저 소화제를 제거하는 작업부터 시작하곤 한다.

또 소화제는 금속을 부식시키기 때문에 시간이 경과된 것은 열에 의한 산화와 잘 구별이 되지 않아 조사를 더욱더 곤란하게 한다. 이럴 때는 칫솔을 이용해 소화제 때문에 생긴 막을 금속표면이 드러날 때까지 조심스럽게 제거한 후 관찰하는 방식으로 조사를 한다.

사고 원인

매우 단순한 실수다. 인젝터와 엔진을 연결하는 부분 중간에는 **오링**o-ring을 끼워 넣어 고압에 견딜 수 있도록 한다. 리콜 부품(인젝터)을 대체부품(인젝터)로 바꾸는 과정에서 이 패킹은 반드시 새 것으로 교환하여야 했었는데 이 지시가 현장으로 제대로 전달되지 않아서 기존의 패킹을 재사용하게 된 것이다.

패킹은 강력한 힘으로 체결되었을 때 자체탄력에 의해 분자를 좁혀 체적을 작게 하면서 접촉부품에 밀착되어 **기밀성**sealing을 유지한다. 일단 강한 힘으로 체결된 패킹은 **소성변형**plastic deformation에 의해 형태가 변형되기 때문에 힘을 제거하여도 원래의 형태로 돌아오지 않는다(우리들은 원대대로 돌아오지 않는 만큼을 '죽는다' 라고 표현한다). 또 패킹은 탈착할 때 표면에 손상이 난다.

■ ■ ■ 한번 사용한 실린더 헤드개스킷은 두 번 다시 사용하지 않는 것과 마찬가지이다.

따라서 이 제작회사에서는 지정정비업체로 전달한 리콜 정비 매뉴얼에 '패킹을 재사용하지 말 것. 반드시 신품을 사용할 것' 이라는 말을 만에 하나를 위해서 명시했지만 이 사항이 사무실까지는 전달되었지만 현장으로는 전달되지 않은 부분이 있었던 것 같다. 물론 일부의 지정정비업체에서 발생한 실수이다. 그렇다면 패킹을 재사용한 모든 차량들에서 폭발사고가 났었는가 하면 그렇지 않고 그 중에서도 일부에서만 일어났다. 또한, 대부분 가솔린의 누출은 한 개의 실린더에서만 발생하였다.

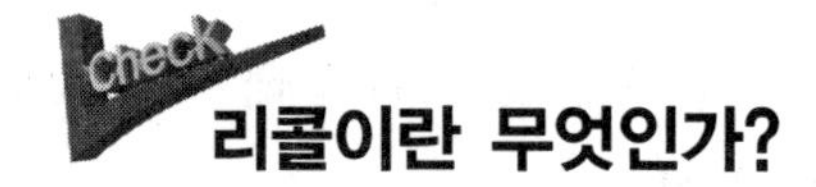

리콜이란 무엇인가?

① **리콜**이란?

리콜 차량에 해당하는 비정상 상태란 의도한 운전기술과 일반적으로 예상되는 상태로 사용하는 도중에 이하 각항에 해당되는 것을 말한다.

- 운전이 불가능해지고, 이것이 원인이 되어 직접 또는 간접적으로 타인에게 손상을 입힐 우려가 있을 때
- 화재를 일으킬 우려가 있을 때
- 그 밖에 타인에게 위험을 끼칠 우려가 있을 때

다만 이하 각항의 비정상 상태는 리콜 차량 대상에서 제외된다.

가 : 정기점검을 명시한 보안 부품으로 교환하지 않았을 때
나 : 제작회사가 승인하지 않은 개조로 생긴 비정상 상태
다 : 제작회사가 품질보증 할 수 없는 부품으로 생긴 비정상 상태.
라 : 천재지변이나 혹사 또는 이상한 사용에 의한 비정상 상태.
마 : 다른 원인이 없으면 일반적으로 일어나지 않는 비정상 상태.

② 리콜대상 부품의 **제작 수량**을 결정하는 것이 쉽지 않다.

리콜을 할 것인지 아닌지를 결정하는 것도 어렵지만, 일단 리콜이 결정되었더라도 대체 부품을 몇 개나 만들어야 할지, 이것 또한 어려운 일이다.

자동차 부품은 여러 가지 차종에 공통적으로 사용되고 있기 때문에 사용하지 않는 차종과 생산대수를 파악할 필요가 있다. 또 설계변경 이력을 조사해 몇 년도 생산차량부터 리콜 해야 할 부품이 사용되었는지를 조사할 필요가 있다. 대체부품을 어떤 구조나 재료로 변경해 안전을 확보할지를 담당하는 설계에 있어서도 안전 확보와 비용 상의 제약이 충돌하기 때문에 그 나름대로 큰일이긴 하지만, 이것은 설계 본연의 사항이기 때문에 어쩔 수 없다고 생각한다.

③ 리콜 실시 시점이 늦어지면 **소유자**를 찾아내는 데 어려움이 생길 수 있다.

자동차는 매매나 사고, 폐차, 도난 등 빠른 속도로 움직이기 때문에 리콜 통지를 해도 응답을 받지 못하는 경우가 많다.
또 소유자와 운전자가 멀리 떨어져 있거나 자주 변경이 되풀이되거나 하면 리콜 통지가 전달되지 않는 경우도 많다. 중고차 시장에 나와 수출된 경우는 그것으로 끝인 것이다. 이런 전체적인 상황에서의 점유율을 예측하지 않으면 앞서 말한 리콜 대체부품의 제작개수도 결정하기 어려워진다.

스포츠용 승용차 운전중, 갑자기 엔진후드가 열리면서 화염이...

- **차종 :** 승용차
- **사고 장소 :** 일반도로
- **원인**

연료호스의 노화로 생긴 균열로부터 가솔린이 분출되면서 순식간에 폭발적 화재 발생

사고 상황

이따금 엔진의 시동이 꺼지기에 정비를 위해 정비공장에 들렀다. 도중에 또 엔진 시동이 꺼졌다. 동시에 펑하는 소리와 함께 엔진 후드가 불룩해지면서 하얀 연기가 피어났다. 자동차에서 내려 엔진 후드를 보는데 불이 타이어로 번지는 것이 보여 서둘러 근처 커피숍에서 소화기를 빌려다 불을 껐다.

피해차량 상황

이 화재는 16년이 지난 오래된 차량의 정품 연료호스의 노화가 원인이다. 연료호스의 노화에 따른 균열 때문에 일어난 가솔린 화재는 앞에서도 메커니즘까지 포함해 소개했기 때문에 이번에는 복습하는 의미에서 사진 위주로 설명하겠다.

그림 4-3은 엔진 후드 안쪽에 고무나 하니스를 태운 그을음이 부착되어 있는 모습이다. 고무나 하니스는 가솔린 화재로 인해 연소되기 때문에 시간 경과 상 가솔린 화재 다음이 된다. 이것이 반대라면 그을음은 가솔린 화재

그림 4-3. 고무와 하니스에서 난 그을음이 눌어붙은 엔진 후드 안 쪽

에 의해 사방으로 흩어진다. 그리고 이 그을음은 오일 화재에 비해 담백하다. 엔진 후드가 전체 또는 일부가 불룩해지는 특징이 있다. 그림 4-4는 언뜻 보면 어디서 화재가 났는지조차 잘 모를 정도로 연소가 일어난 곳이 깨끗하다. 이것이 가솔린 화재의 특징이다. 그림 4-5는 불에 탄 하니스를 떼어낸 모습이다.

그림 4-4. 차량화재가 일어났다고는 느껴지지 않을 정도로 깨끗한 엔진 룸의 모습이다.

그림 4-5. 가까이 보면 하니스가 불에 탄 것을 알 수 있다.

그림 4-6. 불에 탄 하니스를 떼어내 촬영한 모습이다.

그림 4-7은 인젝터연료분사 노즐 관련부품도 상당히 그을려 있다. 이런 경우는 여기가 발화지점이 아니라는 것을 나타낸다. 발화지점이라면 연소되어 더 깨끗하다.

그림 4-7. 그을려진 인젝터 주변

그림 4-8은 불에 그을린 인젝터 관련부품을 떼어내 촬영한 모습이다. 스스로 연료를 내뿜은 흔적은 없다.

그림 4-9는 아래에 고무호스가 보인다. 사진으로는 보기 어렵지만 이 호스가 노화되면서 균열을 만들었다. 여러 번 반복해 강조하지만 예전 차량은 이런 상태가 많기 때문에 한 번 더 연료호스의 균열유무를 점검해야 한다.

그림 4-8. 자체에는 연료가 샌 흔적이 없는 인젝터 관계

그림 4-9. 경화되어 균열을 일으킨 아래의 고무호스

유럽산 스포츠카를 예열하지 않고 운전중 갑자기 엔진 후드의 에어그릴에서 불꽃!

- **이 부분의 설명은 기화기 방식을 사용한 차량이니 참고할 것**
- **차종 :** 스포츠카
- **사고 장소 :** 일반도로
- **화재 분류 :** 연료계통 화재와 하니스 화재가 복합됨
- **원인**

이 자동차는 정통적인 기화기 방식을 사용하고 있는데, 스포츠카답게 1실린더 당 1벤투리의 기화기가 2개 연속 장착된 직렬 4실린더 엔진으로, 배전기와 기화기가 매우 가깝게 배치된 소형 엔진이다. 이번 화재는 급하게 가속페달을 밟으면서 가솔린의 오버플로(over flow, 흘러넘침)와 고압케이블의 노화에 의한 고전압 누전(leak)이 겹쳐서 일어났다. 불이 붙은 것은 가솔린 혼합기이고, 발화원인은 배전기에 근접해 있던 고압케이블의 손상된 부분에서 공중 방전때문이었다.

사고 상황

선배 집에서 밤늦게까지 이야기를 나누다 오전 2시경에 집으로 출발했다. 조금 달렸는데 갑자기 엔진 후드의 에어 그릴에서 화염이 솟아올랐다. 주위는 어두웠기 때문에 화염은 선명하고 컸다. 큰일이다 싶어 근처에서 심야영업을 하던 가게로 들어가 구원을 요청했더니 가게 점원이 신속하게 분말소화기를 가져와 진화해 주었다.

선배 집에서 밤늦게 나왔기 때문에 근처에 피해를 안 주려고 평소에 늘 하던 웜업warm-up을 하지 않고 엔진 시동을 건 후 곧바로 출발했다. 그 직후에 일어난 화재로서, 불이 났을 때는 펑하는 파열음 같은 소리를 들었다고 한다(운전자 증언을 그대로 옮김).

Check 피해 차량

① 이 화재는 엔진룸, 더구나 기화기 및 배전기 주변의 좁은 범위에서 일어난, 가솔린 혼합기에 의한 순식간의 폭발화재라 할 수 있다.

커다란 화염이 솟구쳤다고 하는 엔진 후드의 에어 그릴도 매우 짧은 시간 동안만 열이 통과한 듯 도장이 멀쩡한 상태다. 따라서 엔진 후드를 닫은 상태의 외관에서는 화재가 났던 흔적을 확인하는 것이 곤란하다.

> 어떤 원인으로 가솔린이 새기 시작하고 그 혼합기가 어떤 불씨와 만나 순식간에 폭발화재를 일으키지만, 그 정도로만으로 끝나는 것이 큰 특징이다.

그림 4-10 ①. 엔진 아랫부분은 타지 않았다.

이번 화재사고와 같은 경우는 오히려 드문 케이스로, 대개의 경우는 계속해서 공급되는 미연소 가솔린에 불이 붙어 화염방사기로 바뀌면서 방사선 부위를 태우던가, 순식간의 폭발화재로 인해 불이 붙은 고무호스나 배선피복이 계속해서 타면서 엔진룸 전체 화재로 확대되는 경우가 많다.

② 그림 4-10의 ① ~ ③은 기화기를 떼어낸 상태를 촬영한 것으로, 불에 탄 곳은 배전기와 연결된 고압케이블 뿐이다.

그림 4-10 ②. 오일필터 아래에 엔진오일이 붙어 있었다.

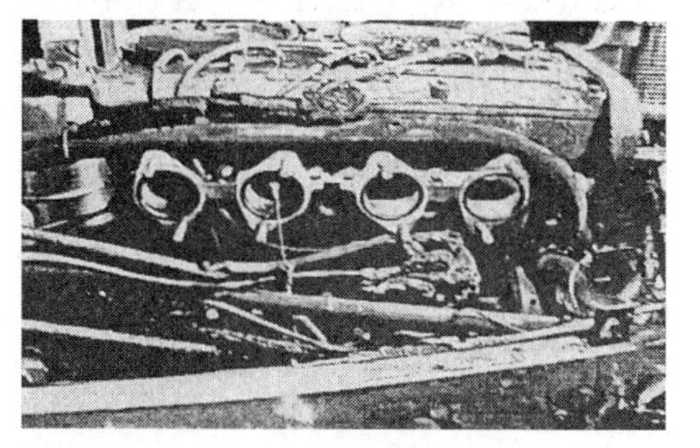

그림 4-10 ③. 기화기를 떼어낸 모습. 엔진 오른쪽의 기화기 아래부근이 탄 것을 볼 수 있다.

③ 그림 4-11은 기화기의 화재손상 상태를 찍은 것으로, 잘 봐야 분명히 화재가 났다는 것을 확인할 수 있을 정도다. 에어클리너 엘리먼트종이가 탄 것을 봐야 겨우 확인할 수 있는 정도인데, 이것도 거의 원형을 갖추고 있다. 이것 하나만 봐도 심하게 탔던 것은 역시 가솔린 혼합기에 의한 일순간의 폭발적 화재였으며, 미연소 가솔린 공급이 계속되지 않았다는 것을 잘 알 수 있다.

그림 4-11. 기화기와 에어클리너. 뒤쪽 3, 4번 쪽이 많이 탔다.

그렇다면 웜업warm-up 후에 운전하지 않고 급하게 가속페달을 밟아 가솔린의 기화가 충분하게 이루어지지 않으면서 **미연소 가스**가 벤투리관으로 들어간 후 기화기에서 역류한 것으로 생각할 수 있다. 일반적으로 이런 경우에는 미연소 가스에 의한 **점화플러그의 누전**으로 이어지는데, 그것도 있었는지 모른다. 여하튼 엔진 운전시간이 짧아서 엔진 상태에서 뭔가를 파악하기는 어렵다.

그러나 기화기 방식의 엔진에서는 이런 일이 많이 있기 때문에 이 자체는 사고도 화재원인도 아니다. 문제는 기화기를 직격할 정도의 엄청난 전기적 충격이 있어야 하는데, 그 전기적 충격은 어디에서 온 것일까?

④ 그림 4-12는 기화기 아래에 배전기가 장착된 위치관계를 촬영한 것인데, 너무 좁다는 것을 알 수 있다. 이래서는 자동차와 엔진의 진동으로 간섭을 일으켜 고압케이블을 손상시킬 염려가 있다. 적어도 15~20mm는 떨어져 있어야 한다.

그림 4-12. 배전기와 기화기 간격 매우 좁지만, 캡은 파손되지 않았다.

⑤ 그림 4-13은 배전기 캡을 벗겨내고 안을 촬영한 모습. 누출된 혼합기가 가스가 빠지는 구멍으로 들어가 배전기의 불티와 만나면서 폭발화재로 이어진 경우는 여기에 연소흔적을 남기지만, 이 경우는 그런 형태가 전혀 없는 깨끗한 상태다.

그림 4-13 ①. 캡을 벗겨내고 안쪽을 촬영한 모습

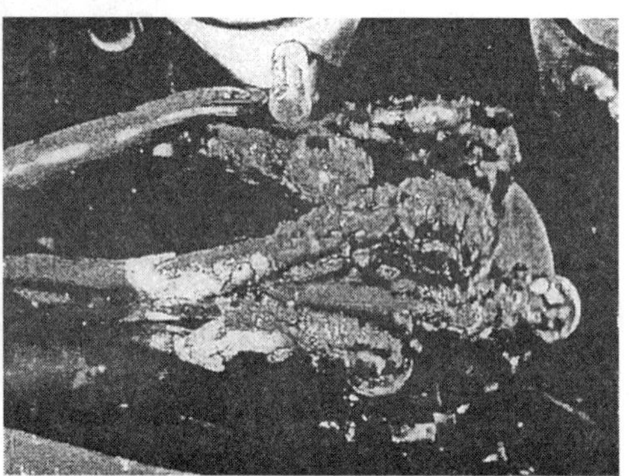

그림 4-13 ②. 캡 위쪽의 고압케이블 상태

이번에는 누출된 혼합기 양이 엔진 룸을 가득 채우지도 못할 만큼 소량이어서 가스가 빠지는 구멍에서의 침입은 없었다고 판단할 수 있다.

⑥ 그림 4-14는(보기 어려워 그림 4-15를 그렸다) 파손된 고압케이블의 모습이다. 파손된 부위는 배전기에서 나온 바로 다음으로, 기화기와 가장 가까운 장소이다. 마치 전선내부에서 압력을 받아 뭔가가 분출한 것처럼 보인다. 더구나 분출한 곳 부근의 전선 일부가 어디론가 날아가 없어졌다.

:: 그림 4-14. 고압케이블의 손상 상태. 내부에서 탄 것임을 알 수 있다.

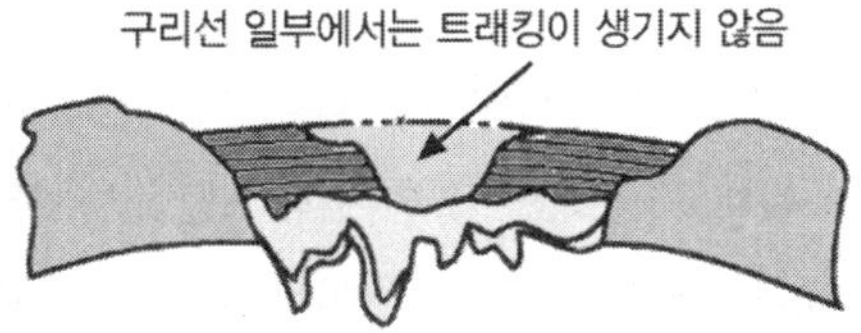

:: 그림 4-15. 녹아내린 부분의 상상도

이것은 고압케이블의 절연피복이 손상되는 절연파괴가 일어나고, 고압전류가 가장 가까운 기화기 아랫면을 향해 누전되었기 때문에 고압케이블의 전선이 녹아내리면서 **트래킹 현상**절연파괴에 의해 생기는 과도기적 아크 방전으로 일부가 붕괴하는 것으로 기화기 아랫면 쪽으로 흐른 것 같다.

마치 고압케이블이 파열할 것 같은 큰 **공중방전**의 불기둥이라면 미연소 가스가 있던 없던 간에 기화기 안을 태우는 것은 어렵지 않다.

⑦ 고압케이블의 피복이 손상된 것은 간섭에 의한 피복 마모와 노화에 의한 피복의 균열 때문에 생긴 것으로 생각되며, 피복이 파괴되지 않은 부분에는 양쪽의 흔적이 있기 때문에 어느 쪽을 선택해도 이상하지는 않다. 또는 양쪽의 복합인지도 모른다. 균열된 곳에서 발생한 방전을 그림 4-16으로, 마모된 곳에서 일어난 방전을 그림 4-17로 나타낸다.

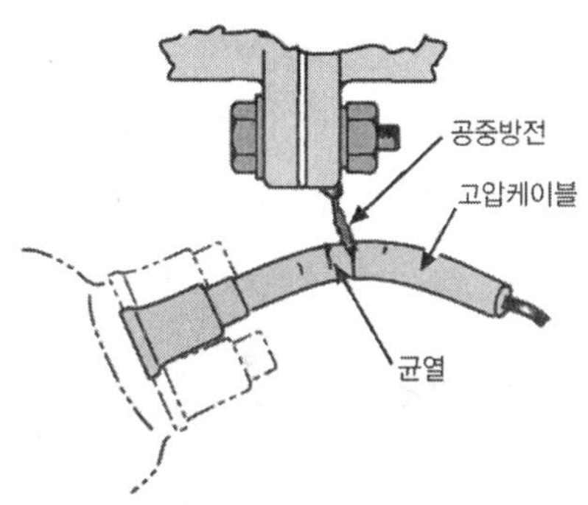

:: 그림 4-16. 피복균열에서 발생한 누전(공중방전)의 모습이다.

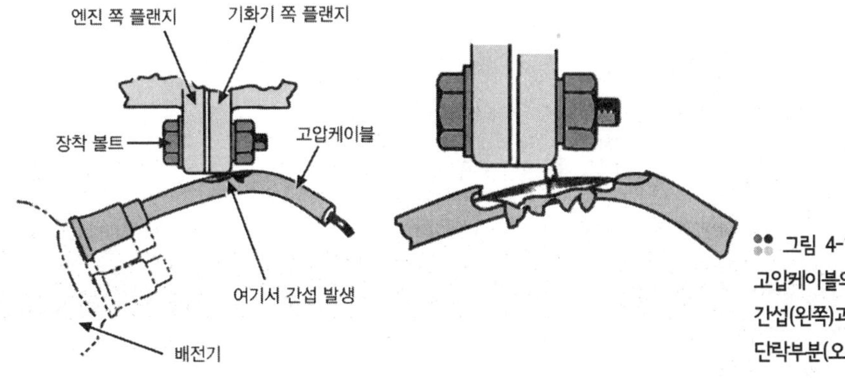

:: 그림 4-17 고압케이블의 간섭(왼쪽)과 단락부분(오른쪽) 상상도

Check 피해가 크고 위험한 연료계통 화재

이번에 소개한 화새는 연료계통 화재치고는 매우 소규모고, 가게 점원의 활약으로 소화가 신속하게 이루어지면서 피해는 최소한으로 끝났다. 이런 경우는 드문 케이스로서, 연료계통 화재 특히 가솔린인 경우는 대폭발을 동반한 대형화재로 이어지는 경우가 많기 때문에 주의를 해야 한다. 그런 대형화재 사례를 사진으로만 1건 소개하겠다.

사고 개요는 다음과 같다. 이 자동차는 엔진이 가끔 “숨을 몰아쉬는 것” 같은 트러블이 있었기 때문에 사고 직전에 지정정비업체에서 연료분사와 관련해 정비를 받았다. 고속도로를 120km/h 정도로 주행하고 있는데 큰 소리와 함께 갑자기 엔진 후드가 유리창으로 튀어오라 앞이 전혀 보이지 않게 되었다. 순간 ‘이제 끝이다!’ 하고 공포가 밀려오는 중에도 필사적으로 브레이크를 조작해 다행히 큰 충돌 없이 정차시키는데 성공했다. 자동차가 멈춰 섰을 때는 이미 운전석이 화염에 뒤덮여 있었다.

너무나 무서워서 ‘어떻게 문을 열고 빠져나왔는지 모르겠네.’ 라고 할 정도로 전혀 기억하지 못하는 구사일생의 순간이었다. 원인은 엔진룸의 뒤쪽 중앙 격벽에 장착되었던 가솔린의 진공탱크 배관이 갑자기 느슨해지면서(조이는 것을 잊은 것 같다) 진공탱크 안의 가솔린이 순식간에 전부 유출된 것이다(그림 4-18).

그림 4-18. 큰 폭발을 동반한 가솔린 차량에서의 연료계통 화재

정비 후 처음으로 교차로에서 일단 정지, 폭음을 동반한 맹렬한 화재!

- **차종 :** 스포츠카
- **사고 장소 :** 수도권 일반도로 교차로
- **원인**

이 자동차는 심한 충돌사고가 났었는데 이때 엔진을 바꾸는 수리를 했다. 엔진교환 수리를 할 때 작업에 실수가 있어서, 연료리턴 파이프와 라디에이터 호스의 그립밴드의 돌출물, 구체적으로는 밴드를 체결하는 볼트와 너트가 간섭을 일으키면서 연료리턴 파이프에 구멍을 만들었다. 이곳에서 압력을 지닌 가솔린이 누출되면서 엔진룸 안에 혼합기가 가득 차게 되고, 이 혼합기가 배기관의 고온부분이 닿음으로써 순식간의 폭발화재로 이어졌다.

Check 사고 상황

수리를 마치고 처음 운전에서 교차로에서 적색신호 때문에 정차해 있는데, 갑자기 큰 소리와 함께 엔진룸에서 폭발이 일어났다. 이 스포츠카는 리어 미드십rear midship 엔진으로, 바로 운전자 등 뒤에서 폭발이 일어난 것인데 운전자가 얼마나 놀랐을지는 상상이 간다.

또 폭발과 동시에 커다란 불기둥이 솟구치며 맹렬한 화재가 발생했기 때문에 필사적으로 탈출했다. 탈출 후에도 공포에 휩싸여 망연자실 상태였기 때문에 전후 사정을 잘 기억하지 못한다.

소방차가 빨리 도착해 진화작업을 함으로써 차량 앞쪽으로의 화재는 최소한으로 끝났다. 또 현장검증에서는 연료파이프와 라디에이터 호스의 그립밴드가 증거품으로 수거되었다.

수거부품은 이쪽에서도 원인을 조사하고 싶다고 반환을 요구했더니 바로 그날 안으로 반환해 주었다. 소방서에서는 원인해명이 끝난 상태라 부품들을 갖고 있을 이유가 없었을 것으로 생각된다.

리어 미드십 엔진(rear midship engine)

엔진을 뒤차축보다 앞에 배치한 것으로 뒷바퀴 구동방식에서 많이 쓰인다. 엔진, 변속기, 승객실 등 무게가 많이 나가는 것을 앞뒤 차축 중앙에 배치하여 차량의 운동성능을 향상시킨다.
또 무게중심을 한가운데로 배치했기 때문에 고속에서의 빠른 코너링, 급발진, 급가속, 가벼운 핸들링 등이 가능하다. 미드십의 단점은 승용차의 뒷좌석에 해당되는 곳에 엔진을 배치하기 때문에 승차인원이 2인승에 그치거나 뒷좌석이 매우 좁다.

Check 운전자 증언

① 화재가 발생할 때 폭발음이 있었나? → 커다란 폭발음을 들었다.

② 탈출할 때 점화스위치는 껐나? → 순식간에 일어난 상황이라 기억이 나지 않는다.

③ 화재가 나는 동안 엔진은 가동되고 있었나, 그 시간은 → 전혀 기억나지 않는다.

④ 연기 색깔이 “흰 색”에서 “검은 색”으로 바뀌었을 텐데 → 그것도 전혀 기억나지 않는다. 갑작스런 화재로 차량에서 탈출하는데 정신이 없었기 때문에 정신이 나갔었는지 거의 기억이 나지 않지만, 점화스위치는 끄지 않았다고 생각한다. 그럴 여유가 없었다.

Check 피해 차량의 상황

① 그림 4-19는 피해 차량을 비스듬하게 전방에서 찍은 모습이다. 트렁크 리드라고 할까 프런트 후드나 프런트 그릴 및 앞 타이어에는 화재로 인한 손상이 없다. 다만 리드rid가 두 군데 젖혀져 올라와 있다. 이것은 소화활동을 할 때 소방대원이 물을 뿌리기 위해 지렛대로 억지로 열었던 흔적이다.

이런 흔적은 차량화재를 보러 가면 작든 크든 간에 거의 있기 때문에 열에 의한 비틀림이나 원래부터의 손상과 엄격하게 구분하여 조사해야 한다.

그림 4-19. 전방에서 비스듬히 촬영한 화재차량

최근에는 지렛대를 사용한 차량실내 털이도 증가추세에 있는 등, 지렛대를 사용하는 것이 소방대원만은 아니기 때문에 잘 관찰하여야 한다.

② 그림 4-20~21은 좌우 뒤쪽 펜더를 촬영한 것으로 왼쪽 뒤 펜더는 고온에 심하게 노출되면서 철판이 산화되어 있다. 반면에 오른쪽 뒤 펜더는 도장이 불에 타 있긴 하지만 초벌 도장이 남은 정도의 손상이다.

그림 4-20. 왼쪽 뒤 펜더 모습

그림 4-21. 오른쪽 뒤 펜더 모습

"이 자동차에는 엔진 후드가 없는데 현장에 떨어뜨리고 온 것입니까?" 하고 묻자, "이겁니다." 하고 보여준 것이 그림 4-21의 아래쪽에 있는 하얀 천 봉투 같은 것이다. 안을 조사해 보니 **FRP**fiberglass reinforced plastic=섬유강화 플라스틱 파편이 가득 담겨 있다. 그렇다면 엔진 후드는 FRP로 만들어져 있었고 폭발에 의해 산산조각 나면서 공중으로 날아갔던 것 같다. 이것은 누가 회수해 온 것인지 물어보니, 소방대원이 모아서 증거품으로 수거해 갔던 것을 반환받았다고 한다. 여기 소방대원은 매우 꼼꼼하다고 느꼈다.

뒤에서 설명할 연료호스 하며, 정확하게 증거를 보전하고 있다가 민간의 요청이 있으면 바로 이것을 반환해 주는 경우는 처음 겪어 보아서 소방대원에게 감사할 따름이다.

③ 그림 4-22는 차량 실내를 촬영한 것으로, 뒤쪽(엔진 룸)에서 화염이 격렬한 기세로 덮쳐왔음을 잘 알 수 있다. 오픈카는 산소공급이 잘 되는 상황에 있기 때문에 강하고 빠르게 불에 탄 것이다.

가령 세단처럼 차량 실내가 철판과 유리로 덮여있었다면 차량 실내로 불길이 쉽게 들어오지는 못했을지도 모른다. 또 운전석과 엔진룸은 1장의 격벽을 두고 10cm도 떨어져 있지 않다. 등 뒤에 엔진이 설치된 배치이다.

그림 4-22. 차량 실내 모습

④ 그림 4-23은 엔진이 불에 탄 상태를 뒤에서 촬영한 것이다. 이 엔진은 V8 세로배치 타입으로, 실린더 헤드는 좌우로 균등하게 배치되어 있다. 사진 오른쪽의 하얗고 긴 것은 알루미늄 재질의 실린더 헤드 커버인데, 사진 왼쪽에는 소실되어 실린더 헤드 커버가 없어졌다.

그림 4-23. 뒤에서 본 엔진 파손상태

그림 4-24는 왼쪽 뒷바퀴를 밑에서 촬영한 것으로, 타이어는 소실되어 타이어 비드bead만 남았다.

그림 4-24. 밑에서 본 왼쪽 뒷바퀴

이것은 많은 양의 가솔린이 실린더 헤드 커버를 타고 넘어 왼쪽 뒤 타이어 쪽으로 포물선을 그리면서 수돗물처럼 분출했기 때문이다. 분출된 가솔린은 불이 붙었기 때문에 화염방사기 같은 역할을 한다.

손가락으로 그 궤적을 그려보면 엔진 앞, 즉 좌석 뒤쪽에 도달한다. 그 광경을 상상해 그린 것이 그림 4-25이다.

⑤ 가솔린이 분출했을 것으로 추측되는 장소는 그림 4-26과 같다.

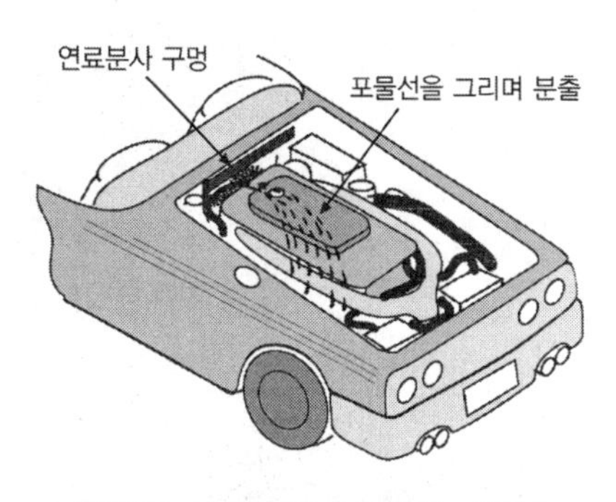

그림 4-25. 연료가 분출되는 상상도

그림 4-26. 가솔린이 분출했을 것으로 추측되는 지점

굵은 금속 파이프는 냉각수 통로로 고무부분은 모두 연소되어 없어졌다. 또 연료호스는 탈착되어 없어졌다(소방대원이 원인조사를 위해 빼낸 것으로, 요청에 의해 반환해 주었다).

잔해만 보고는 위치를 알기 어렵기 때문에 그림 4-27의 동일 차량과 엔진룸을 비교해 보았다.

그림 4-27. 동일 차량의 엔진으로 본 연료리턴 파이프 위치관계

⑥ 반환되어 온 것은 연료호스 쪽(분리장치와 직결되는 2개)과 냉각수 호스 결속밴드 2개다. 그 장착위치는 그림 4-28의 동일 차량에서 확인할 수 있다. 상세한 것은 그림 4-29에 나타나 있다.

그림 4-28. 동일차량의 연료 파이프 배관 장착 위치

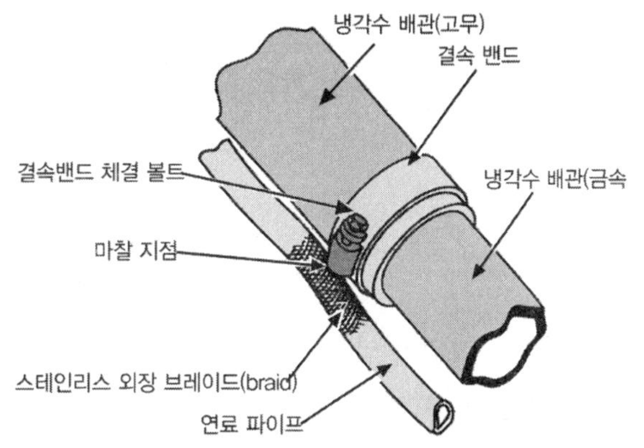

그림 4-29. 체결볼트와 연료 파이프의 간섭 모습

⑦ 혼합기를 만든 메커니즘 연료리턴 파이프 1개에 세로 30~40×가로 5~8mm의 깊이(관통)의 구멍이 마찰로 인해 뚫려 있다. 결속밴드 1개에 너트부분이 마찰로 인해 구부러진 것이 있다. 마찰된 부분을 맞춰보면 정확히 일치한다.

이것은 엔진을 바꾸면서 배관연결 작업을 할 때 냉각수 호스 결속밴드를 체결하면서 밴드를 헛돌게 해 너트부분이 안쪽의 연료리턴 파이프에 박힌 것 같다. 그 위치관계는 그림 4-30에 나타나 있다.

너트부분은 연료리턴 파이프에 박혀 있어서 가솔린이 액체 상태로 분출되지는 않고 연료압력에 의해 안개상태로 분출되었을 것으로 예상할 수 있다. 안개상태는 그림 4-31에 나타나 있다. 안개상태로 분출된 혼합기는 연소하기에 가장 좋은 조건이기 때문에 배기관의 고온에 닿아 순식간의 대폭발을 일으켰다.

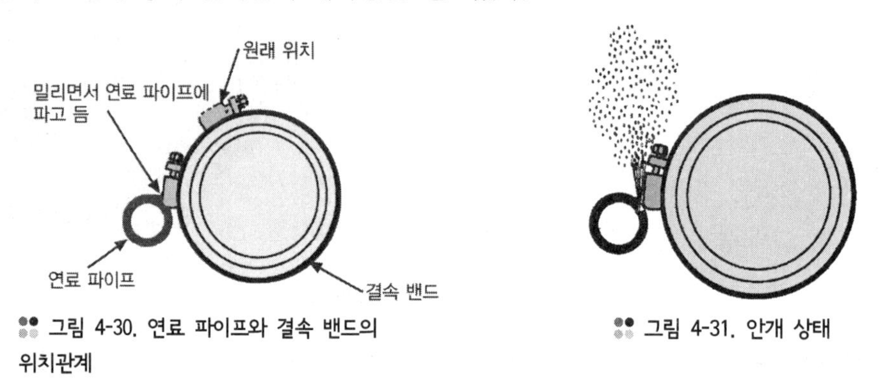

그림 4-30. 연료 파이프와 결속 밴드의 위치관계

그림 4-31. 안개 상태

폭발로 연소된 혼합기는 발생원에 화염이 된 채 거슬러 가게 되고, 타기 쉬운 냉각수 호스를 태워 결속 밴드를 느슨하게 했다. 이 단계에서 손상된 덮개가 없어진 것처럼 액체 상태의 가솔린이 압력을 받아 분출되었다(엔진은 화재 중에도 가동되고, 연료펌프는 작동하고 있었다). 이때 가솔린에 불이 붙으면서 화염방사기처럼 엔진룸을 태웠다.

그 밖의 사항

이번 사고의 원인을 제공한 것은 냉각수 고무배관과 연료리턴 파이프의 수납공간인데, 결속밴드를 약간 원주 방향으로 돌린 정도만으로 연료리턴 파이프를 파고 들어갔다는 것은 수납공간이 너무 좁아서 작업이 어려웠기 때문일 것이다. 그래서 동일 차량들의 수납공간(격벽과 엔진과의 간격)을 측정했다.

처음 자동차는 눈으로 봐서 250mm 정도, 다음 자동차는 200mm, 그 다음 자동차는 230mm 정도로 모두 치수가 다르다. 이 스포츠카는 수제로 만들기 때문에 엔진 마운트의 볼트구멍 위치를 눈대중으로 정하는 것 같다. 이것이 수제 제작의 장점일 것이다. 또한, 똑같은 차량이 전 세계에 둘도 없다고 이야기하는 근거일 것이다.

그런데 수납공간으로 다시 돌아오면, 200mm는 조금 비좁은 것 같고 250mm는 되어야 할 것 같다. 사고차량은 엔진을 바꿔야 할 정도로 큰 충돌이 났었기 때문에 200mm보다 더 좁아졌을 것으로 추측된다. 이것이 배관연결 작업을 곤란하게 한 것은 아닐까?

오일계통 화재

대형 트럭을 운전 중, 갑자기 「퍼~엉!」 소리와 함께 대형 화재 발생!

☑ **차종 :** 대형 트럭(11톤)

☑ **사고 장소 :** 일반도로 (언덕길) 주행 중

☑ **원인**

터보차저 브래킷(오일통로)의 목 아래쪽이 진동에 의해 구부러지면서 많은 양의 오일이 분출되었다. 분출된 오일이 엔진의 고온부분에 닿으면서 발화. 브래킷 목이 구부러질 정도로 큰 진동이 일어난 것은 제어가 안 될 만큼 임펠러가 과다하게 회전했기 때문이다. 과다한 회전의 원인은 지정정비업체의 웨이스트 게이트 밸브 정비 불량이라고 하는, 삼단논법으로 이어지는 복잡한 것이었다.

화물 피해

■ ■ ■ **웨이스트 게이트 밸브(waste gate valve)**

터보차저의 과급압력을 제어하는 장치로서, 터빈 바로 앞에서 열리는 방출밸브이다.
배기 쪽의 과급압력이 일정한 압력이 되면 작동하고, 그 이상 임펠러가 가압되지 않도록 터빈이 움직임을 멈춰서 방출하도록 한다. 이때 배기가스는 바이패스 하여 배기관을 흐르게 된다.

차량화재 가운데 트럭이 지닌 특유의 문제는 화물이다. 이번처럼 자동차 제작회사에 납품하는 부품을 실었을 경우는 제작회사의 생산라인을 멈추게 할 수도 있다. 일반적인 차량고장이나 교통사고라면 대체차량으로 운반하면 되겠지만, 화재인 경우는 화물 자체가 연소되기 때문에 복구할 방법이 없다.

그만큼 화물이 갖는 가치 외에 기회손실이라는 경제적인 손해가 따른다. 피해차량의 외관은 그림 5-1과 같다.

그림 5-1. 오일계통 화재가 난 피해차량

운전자 증언

엔진 기술자인 필자는 소리에 흥미가 갔다. 펑하고 났다는 소리가 폭발음인지, 충돌음이나 파괴음인지에 따라 화재원인 규명의 실마리가 된다고 생각했기 때문이다.

어떻게든 어떤 소리인지를 알아야 했기에 운전자에게 물어보기 위해 운송회사를 방문했다. 운송회사는 "오래 됐다고는 해도 주행거리 1,200,000km면 트럭치고는 양호한 편입니다. 그런데 갑자기 화재가 났기 때문에 제작회사 책임 외에는 생각할 수 없습니다. 그 증거로 제작회사가 차량을 회수해 원인을 조사하고 있고, 차량과 고객 화물은 제작회사로부터 보상받을 것입니다." 라고 한다. 운전자를 만나 볼 수는 없는지 물어보고 겨우 들을 수 있었던 이야기는 아래와 같다.

① 소리는 "쿵-"이나 "쾅-"처럼 둔하고 무거운 배에서 울리는 듯 한 소리로서, 폭발음이나 충돌음이 아니다. → 이것으로 굵은 금속 파괴가 있었다는 것을 예상할 수 있었다.

> 전문 기술자가 아닌 일반인에게 소리의 종류를 구분해 달라는 것이 얼마나 어려운 것인지 잘 알았다.

② 사고 직전에 엔진상태가 이상하다든가 조향핸들로 전달되는 진동은 없었는지 물었는데, 여기서 중요한 단서로 여겨지는 답변을 들었다.

③ 예전부터 엔진상태가 이상해 정비업체에 들렸는데 터보차저의 어떤 부품을 주문해서 교환해야 하니까 1개월 후에 들려 달라는 말을 들었다는 것이다.

④ 엔진은 어떻게 이상했는지 물었더니, 가속페달을 밟을 때와 다르게 엔진 회전속도가

상승하는 경우가 가끔 있었다는 것이다. 이것은 회전제어 장치 가운데 뭔가가 고장을 일으켜 과다한 회전을 일으킨 것인지 모르겠다는 생각이 들었다.

이 차량의 화재원인은 운전자가 말하는 어떤 부품을 밝혀내면 된다. 그 부품에 어떤 이상이 있었는지를 조사하면 사고 진행과정을 추적하는 것은 엔진 기술자로서 그다지 어려운 작업이 아니다.

즉시, 지정정비업체의 정비기록을 열람해 주문부품이 터보차저의 웨이스트 게이트 밸브 액추에이터의 다이어프램diaphragm, 고무 진동판인 것을 파악했다. 지정정비업체 쪽에서 운전자에게 이대로 운전을 계속할 경우의 위험에 관해 아무런 언급을 하지 않은 것도 알게 되었다.

Check 터보차저의 작동 원리

이 이야기는 상당히 복잡하게 얽혀 있기 때문에, 터보차저의 작동원리를 먼저 설명하겠다(그림 5-2). 실린더에서 배출된 배기가스는 터빈의 날개에 부딪쳐 터빈 축을 강하게 회전시킨다. 터빈 날개 반대쪽에는 임펠러가 터빈 축에 장착되어 있어 터빈 축이 회전함에 따라 많은 양의 신선한 공기를 실린더 내로 보내는 역할을 한다.

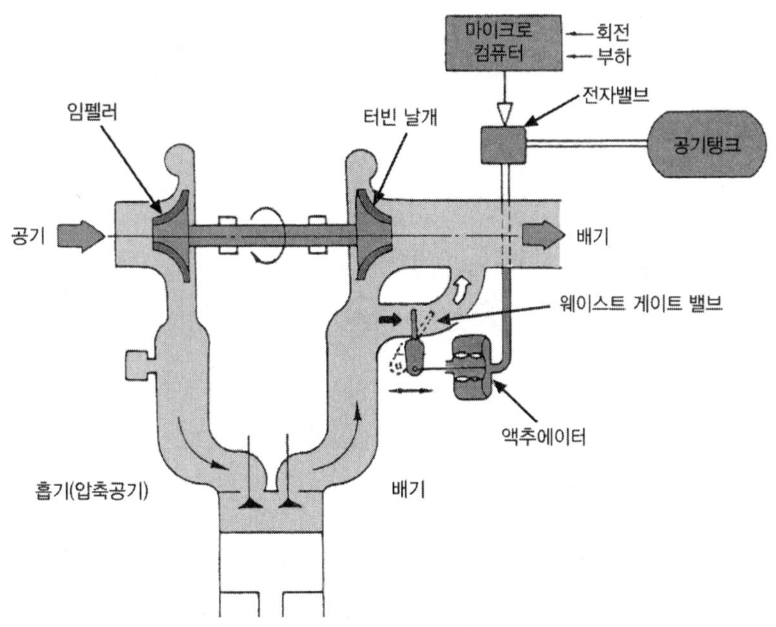

그림 5-2. 전자제어 웨이스트 게이트 타입 터보차저의 작동원리

터빈 축의 특징은 그대로 두면 관성력으로 점점 회전수가 올라가게 되는데 만약 그 회전수가 설계한계를 넘어서면 갑자기 터빈 축이 부러진다.

따라서 어떻게든 회전수를 제어하는 장치가 필요한데, 이 사고차량의 경우는 웨이스트 게이트 밸브 방식을 사용하여 회전수가 올라가면 배출가스를 옆으로 빼서(바이패스) 터빈 날개로 공급되는 양을 조절하도록 되어있다.

이 웨이스트 게이트 밸브는 액추에이터로 작동하며, 동력은 압축공기로부터 얻는다. 이 압축공기를 공급하는 고무 다이어그램에서 **공기유출**이 일어났기 때문에 웨이스트 게이트 밸브가 **닫힌** 채로, 즉 바이패스로 공기량을 조절하지 못하고 있었다는 것을 쉽게 상상할 수 있다.

Check 터보차저의 파괴된 메커니즘

그림 5-3은 임펠러가 설계한계를 넘어선 초고속 회전에 견디지 못하고 날개 1개가 파괴되어 떨어져나가면서 그 파편이 다른 날개를 손상시킨 모습이다. 여기서 왜 이런 일이 발생했는지를 설명해 보겠다.

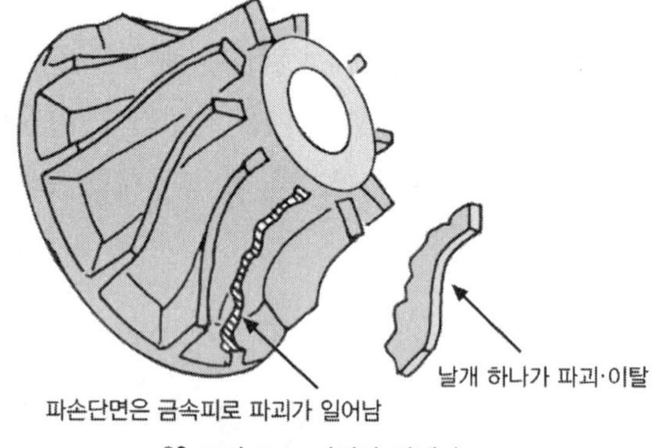

그림 5-3. 파괴된 임펠러

① 다이어그램의 **공기배출**이 심해지면서 액추에이터 기능이 정지되었다.

② 액추에이터 기능이 정지되면 웨이스트 게이트 밸브는 닫힌 상태가 되므로 바이패스 되어야 할 배출 가스는 빠져나갈 곳을 차단당한다.

③ 빠져나갈 곳이 없어진 배출 가스는 터빈 날개를 향해 점점 더 많은 양을 공급하기 때문에 터빈 축 회전수는 제어되지 않은 상태로 무제한으로 돌아갔다. 즉 **오버 레볼루션**over revolution, 제어가 되지 않는 과다한 회전상태가 되었다.

④ 그 회전수는 설계한계치를 넘어(40~50만rpm 이상으로 추정) 순식간에 금속의 피로도를 높이게 되었다.

⑤ 금속의 피로 증가에 의한 파괴는 그림 2-174처럼 터빈 날개 반대편에 있는 임펠러 날개에서 발생했다. 이것은 터빈 날개가 고열에 견딜 수 있는 내열강인데 반해 그럴 필요성이 없는 임펠러는 알루미늄 합금으로 만들어지기 때문에 같은 고회전의 스트레스를 받을 경우 알루미늄 합금이 먼저 파괴되는 것은 당연하다.

⑥ 임펠러 날개 하나가 파괴되어 파편이 다른 날개를 손상시킬 때 매우 큰 진동이 발생했다. 고속으로 회전하는 물체는 균형을 잘 잡고 정상적으로 회전하고 있을 때는 진동이 전혀 없다. 그러나 날개 하나의 중량이 빠진 불균형 상태에서 고속회전을 하게 되면 상상하지 못할 만큼 큰 진동을 일으킨다.

■ ■ ■ 가정 내 세탁기가 탈수를 할 때 세탁물이 한 쪽으로 치우치면 탕탕거리며 세탁기가 진동하는 것을 경험해본 적이 있을 걸로 생각되는데, 이것은 원심탈수가 편심운동을 일으켜 회전이 불균형해지면서 생기는 것이다. 회전수로 계산하면 터빈 축이 세탁기 진동보다 1만 배보다 더 큰 진동을 일으킬 것이다.

⑦ 그림 5-4만 봐서는 여러 곳에서 터보차저와 엔진 본체가 연결되어 있는 것처럼 보이지만 실제로는 그림 5-5의 "오일입구"라고 쓰여 있는 플랜지가 볼트 2개로 연결되어 있을 뿐이다.

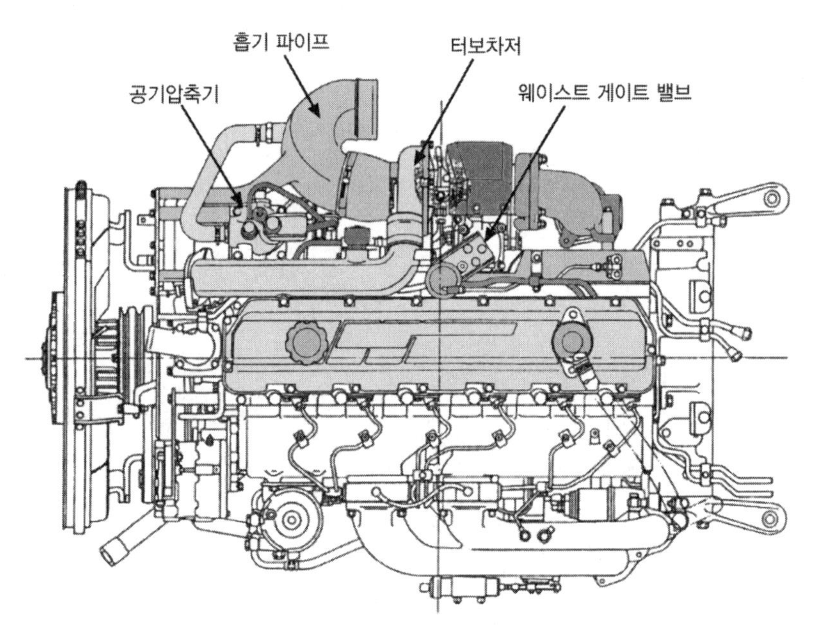

그림 5-4. 터보차저가 장착된 디젤 엔진의 외관

■ ■ ■ 설계를 해석할 생각은 없지만, 엔진 진동과 공진(共振)시키려면 이 방법이 최선이라는 점만 언급해 두겠다.

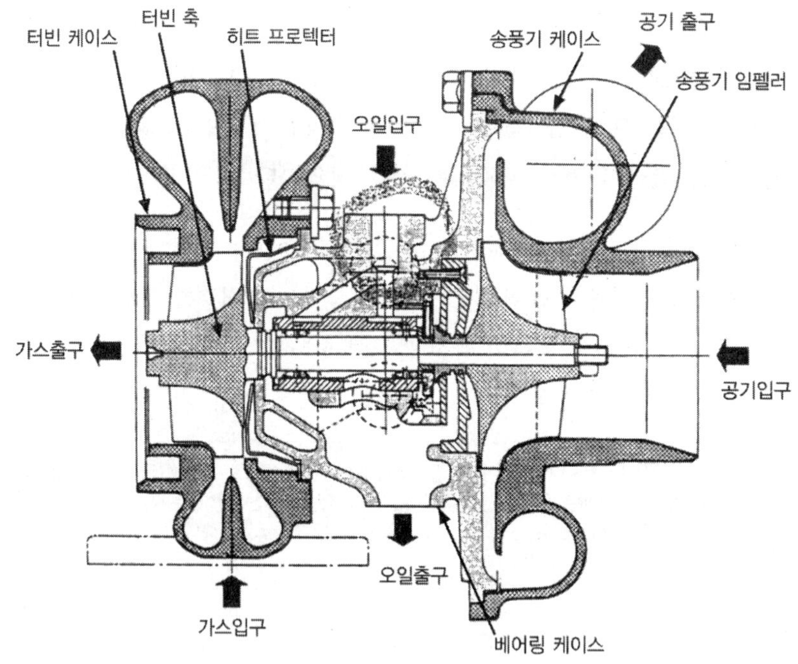

그림 5-5. 터보차저의 구조

⑧ 구조역학 이론대로 임펠러 파괴에 의한 큰 진동 스트레스응력가 연결부위에 집중되고, 이 연결부위가 부러졌다. 이때 운전자는 "쿵-" 또는 "꽝-"하는 큰 소리를 들은 것이다. 그림 5-6과 같다.

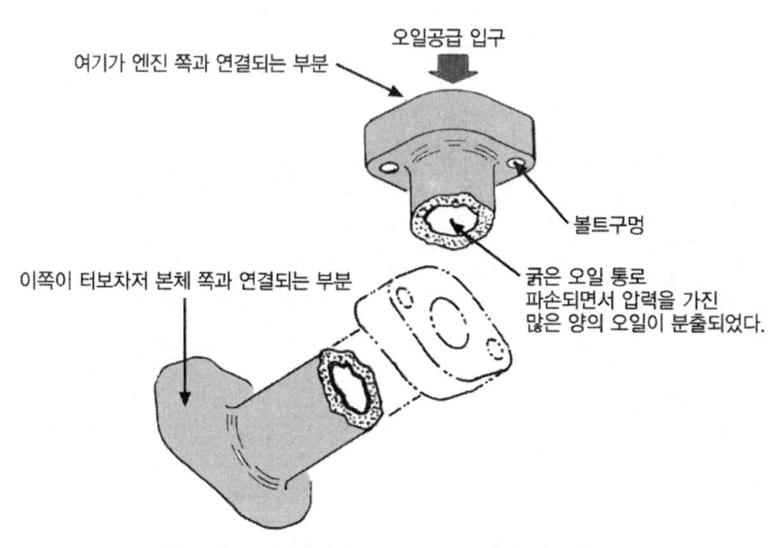

그림 5-6. 브래킷 바로 아래(목 부분)의 파손 상황

Check 화재발생 진행과정

① 그림 5-5를 한 번 더 살펴보자. 파손된 연결부위의 내부는 굵은(30mm) 오일 통로로서, 압력을 가진 많은 양의 오일이 흐르고 있다. 이것은 10만rpm으로 회전하는 터빈 축의 윤활을 확보하기 위해 필요한 구조이다.

② 파손부위에서 유출된 오일은 다음 과정을 거치며 큰 화재로 발전했다.

- 고압의 엔진오일이 분출
- 많은 양의 오일이 엔진 각 부분에 뿌려짐
- 뿌려진 오일은 뜨거운 엔진부위에 닿으면서 증발하고 안개(mist)처럼 확산됨.

■ ■ ■ 오일은 가솔린과 달리 상온에서는 공기 속으로 날아가지 않는다. 오일(액체)은 뜨거운 부위에 닿았을 때 순식간에 증발되면서 기체 상태로 공중으로 뿌려지는데(이것은 물도 마찬가지다) 이것이 미스트(mist)이다.
이 미스트는 증발하면서 미세해진 오일입자와 공기(산소)의 혼합기체이기 때문에 하얀 연기처럼 보인다. 운전자가 말한 「흰 연기가 피어올랐다」는 사실과 일치한다.

- 확산된 미스트는 엔진룸 안팎으로 넓게 퍼져 나갔다.
- 액체 오일에 불이 붙기는 어렵지만 떠다니는 오일입자에 불이 붙는 것은 배기관 온도(400℃)로 충분하다.
- 오일입자 하나가 발화되면 주변 혼합기체 속의 입자로 점차적으로 화염전파 되면서(그 화염전파 속도는 35m/초 이상이라고 한다) 순식간에 폭발적 화재를 일으켰다.
- 미스트 화재는 파손부위에서 계속 유출되는 오일에도 불이 붙어 타오르기 때문에 처음에 설명한 것처럼 큰 화재가 된 것이다.

■ ■ ■ 공업 업계에서는 「내유성 고무」의 수명을 8년 정도로 본다. 차량 보관 상태에 따라 다소의 차이는 있지만 8년 이상 되면 한 번 점검할 필요가 있다.

Check

이 화재는 막을 수 있었다

이 화재의 원인은 다이어프램의 공기유출에 있으며, 공기유출이 과다한 회전을 일으키고 이어서 터보차저를 파괴한다는 지식이나 정보를 운전자에게 요구할 수는 없지만, 정비사라면 그런 위험성을 지식으로 알고 있어야 한다. 이것이 전문 정비사가 아닐까?

정비에 있어서는 다음과 같은 조치가 필요했다.

① 최근에는 강력한 접착제도 많기 때문에 부품입고 때까지 공기유출이 일어나는 부위를 응급으로라도 처리했어야 했다.

② 정비공장에서 곧잘 하는, 다른 엔진에서 부품을 잠깐 가져와서라도 교환했어야 했다.

③ 앞 항, ①과 ②가 안 될 상황이라면 부품입고 때까지 운전을 하지 못하게 경고했어야 했다.

작업중이던 굴착기의 유압배관 손상, 작동 오일의 누출 발화!

- **차종 :** 굴착기
- **사고 장소 :** 토지조성 현장
- **화재 분류 :** 작동유
- **원인**

약 2개월 전에 받은 점검 작업에서 유압배관을 잘못 처리해 다른 부품과 간섭이 일어났다. 엔진 진동으로 간섭부위의 배관이 마찰을 일으키며 손상된 후 이곳에서 작동유가 분무되었고, 이 작동유는 고온부분에 닿으면서 발화·큰 화재로 이어졌다.

Check 사고 상황

16시 15분 경, 굴착기의 엔진룸 부근에서 검은 연기가 맹렬한 기세로 솟아나는 것을 같은 현장에서 드릴작업 중이던 작업자가 발견했다. 굴착기 운전석은 엔진룸과 독립된 앞쪽에 위치해 있기 때문에 운전자는 화재가 일어난 것을 전혀 알지 못하고 작업에 몰두해 있었다.

화재를 본 사람은 큰 소리로 위험을 알렸지만 소음 때문에 들리지 않는 듯 계속 작업만 하고 있어서 급하게 굴착기 앞으로 돌아가 큰 몸짓으로 운전자에게 위험을 알렸다. 겨우 알아차린 운전자는 즉각 엔진 시동을 끄고 운전석에서 뛰어내려왔다. 이때는 이미 화재가 상당한 크기로 번지고 있었다.

뛰어온 현장 관계자와 소화기 10개로 신속히 소화 작업에 나섰지만 불길이 점점 강해지면서 불붙은 작동유가 굴착기에서 흘러나와 떨어지는 상황이라 손을 쓸 수가 없어서 소방서에 연락해 화학소방차 출동을 요청했다. 화학소방차 도착 후 겨우 화재는 진압되었다.

이때의 사고를 소방서 **현장검증 결과 보고**를 참고로 설명하겠다.

① 화재상황으로 봤을 때 엔진 룸에서 발화된 것으로 판정.

② 연료나 작동유 등, 가연성 물질이 머플러 등과 같은 뜨거운 부품과 접촉하면서 불이 난 것으로 추정.

③ 화재원인은 불명

운전자 증언

화재가 나기 전에 이상한 증상(이상한 소리 · 진동 · 냄새 · 유압저하 · 각종 경고등 점등 등)은 운전자로부터 들을 수 없었다. 동료에게 듣고 화재를 알았을 정도기 때문에 아무것도 눈치 채지 못 한 것 같았다.

다만 약 2개월 전에 작동유의 온도가 이상하게 높이 올라가(오일온도계 확인) 굴착기 AS센터에서 수리를 받았다는 사실을 들을 수 있었다. 차량화재는 아무런 작업도 하지 않으면 좀처럼 발생하지 않기 때문에 정비작업에서 어떤 수리를 했는지 꼼꼼히 들어보기로 했다.

유압油壓에 대하여

차량화재를 연료계통 화재나 오일계통 화재 등으로 분류했는데, 이 오일계통 화재에는 각종 윤활유(그리스 포함)와 각종 작동유가 있다. 굴착기를 비롯한 건설기계가 유압힘으로 작동한다는 것은 잘 알려졌지만, 건설기계 이외에도 자동차의 동력조향 장치/제동력 증폭 장치/차고 조정 장치 등 여러 곳에 유압이 사용되고 있기 때문에 그 원리를 간단히 설명하겠다.

유압은 파스칼의 원리, 즉 밀폐된 용기의 액체에 압력을 가하면 액체는 모든 방향으로 증감 없이 일정하게 이 압력을 전달한다는 원리를 응용한 메커니즘이다(그림 5-7).

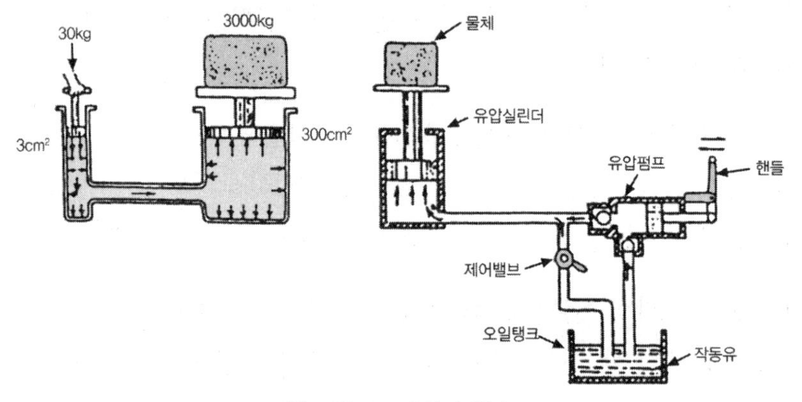

그림 5-7. 유압의 원리

그림에서 볼 수 있듯이 3cm²의 통(실린더)에 30kg의 힘을 가하면, 300cm²의 통(실린더) 쪽에서는 3000kg의 물체를 들어 올릴 수 있는 힘이 생긴다. 구성요소는 표 5-1과 같은데, 이중 어느 하나만 빠져도 시스템은 작동하지 않는다. 또 구성요소에는 없지만, 배관도 엄연한 밀폐된 용기로서, 중요한 구성요소라고 할 수 있다. 이 배관은 유압실린더로 들어가는 파이프와 오일탱크로 되돌아가는 파이프로 구성된다.

■■■ 실린더로 가는 파이프와 오일탱크로 되돌아가는 파이프는 그 역할이 다르다는 것을 기억해 주기 바란다. 이 화재의 원인은 나중에 자세히 설명하겠지만, 이 파이프들 가운데 돌아가는 파이프를 잘못 처리한데서부터 시작되었다.

나아가 유압의 중요한 역할을 담당하는 것 가운데 **작동유**가 있다. 파스칼의 원리에서는 단순히 액체로 나와 있지만, 기능성·운동성·내구성을 생각하면, 액체는 아무 것이나 된다는 것은 아니기 때문에 정유회사마다 개발한 유압용 작동유가 사용된다. 작동유에는 다양한 성질과 역할이 요구된다(표 5-2). 유압은 이 정도로 해두고, 본론으로 돌아가겠다.

표 5-1. 유압장치의 구성요소

구성 요소	목적과 작동
엔진	유압펌프의 동력원
유압펌프	유압장치의 심장부이며, 필요한 압력과 유량을 발생한다.
액추에이터 (유압 실린더/모터)	작동유의 정지 상태 압력을 이용해 회전(모터)/왕복운동(실린더)을 발생시킨다.
제어밸브 ① 압력제어 밸브 ② 방향제어 밸브 ③ 유량제어 밸브 ④ 전기-유압 서보밸브 ⑤ 비례 전자제어 밸브	① 유압을 규정 압력으로 제어한다. (릴리프 밸브/시퀀스 밸브/감압밸브/언로브 밸브 등) ② 액추에이터의 시동/정지/감속/방향전환 등을 위해, 작동유가 흐르는 방향을 제어한다. (스프롤 타입/로터리 타입 전환밸브, 체크밸브 등) ③ 유량을 설정된 값으로 유지시킨다. ④ 전기-변위 변환부와 유압 변환부로 구성, 전기신호에 따라 압력/방향을 제어한다. ⑤ 전기신호로 압력이나 유량을 원격조작하기 위한 밸브. (비례 전자 파일럿 릴리프 밸브 등)
어큐뮬레이터	유압펌프를 대신해 에너지 축적/방출/유로 내에 발생하는 서지압의 방지할 목적으로 사용한다. (다이어프램 타입/블래드 타입/피스톤 타입 등)
오일 탱크	회로 내의 유량을 유지해 열을 발산시킴으로써 작동유 안의 공기/오물/이물질을 분리하는 것이 목적.
필터	작동유를 청결한 상태로 유지하기 위해 유압회로 안 또는 탱크 안에 설치해 여과한다. (탱크용 필터/라인 필터 등)
오일 쿨러	과열된 작동유를 적절한 온도로 냉각 제어한다.

– 작동유의 역할

유압장치에 있어서 작동유는 주로 다음과 같은 역할을 한다.

표 5-2. 작동유의 역할과 요구되는 성질

역할	필요성
동력전달 촉매	압축성이 작은 이점을 이용한다. 따라서 기포 같은 것들이 들어가지 않도록 할 필요가 있다.
윤활	유압펌프나 밸브 등이 접촉하는 부분은 윤활유로서의 역할을 겸하고 있기 때문에 윤활성이 필요하다.
밀봉작용	유압펌프나 접촉부분의 틈새를 막아주는(seal) 작용을 한다. 따라서 점도가 사용온도 조건에서 변화가 적어야 한다.
녹 방지 작용	유압장치 전체의 녹 방지에 사용된다. 소량의 수분이 들어와도 녹으로부터 장치를 지킬 필요가 있다.
열, 오염물의 반송	접촉부분의 냉각작용, 금속가루나 녹 등 오염물을 운반해 탱크 안에서 침전 분리시키는 작용을 한다.

– 작동유에 필요한 성질

작동유는 위에서 설명한 역할을 충분히 하기 위해 일반적으로 다음과 같은 성질이 요구된다.

- 점도가 적당할 것
- 온도변화에 대해 점도변화가 적도록 점도지수가 높을 것
- 저온시동성이 좋도록 유동점이 낮을 것
- 장시간 사용에 견딜 수 있도록 열/산화 안정성이 뛰어날 것
- 녹 방지성·내마모성이 좋을 것
- 실(seal) 성능을 팽창시키거나 경화(硬化)시키지 않을 것
- 물 분리성이 좋을 것

Check 사고 전의 정비 내용과 피해상황 확인

화재가 난 굴착기는 2개월 전에 정비를 한 AS센터에 보관되어 있었다. 미리 연락을 해두었기 때문인지 제작회사에서 엔지니어가 나와 있었다. 들어보니 제작회사에서는 이 사고를 심각하게 받아들여 사내에 사고조사 위원회를 꾸렸다고 하면서, 원인은 2가지로 보고 있는데 현 시점에서는 한 가지로 결론을 내지 못하고 있는데 마침 좋은 기회여서 전문가 의견을 듣고 싶다며 매우 협조적이었다.

참고로 제작회사에서 보는 2가지 원인을 소개하겠다.

① 엔진의 냉각 팬 펌프의 유압호스가 파손되어 있는 것으로 볼 때 여기서 작동유가 분출되어 엔진의 뜨거운 부분에 작동유가 닿으면서 화재 발생.

■ ■ ■ 엔진의 냉각, 즉 라디에이터의 냉각팬 구동방식은 자동차인 경우는 크랭크축에 의해 벨트로 구동되거나 전동 팬이 일반적이지만, 이 굴착기는 유압펌프로 냉각팬을 구동하는 방식이었다.

② 엔진오일 레벨 게이지가 빠져나와 있는 것으로 봐서는 레벨 게이지가 들어가는 입구에서 엔진오일이 분출되어 엔진의 고온부위에 오일이 닿으면서 발화. 이렇게 작동유와 엔진오일윤활유로 나뉘어 있었다.

사고 전의 정비 내용

☑ 정비 목적 : 작동유의 온도 상승

☑ 정비 작업 : AS센터에서 갖고 있던 작업보고서(정비기록)에는 14항목의 정비작업이 기록되어 있었다. 그 가운데 교환부품으로는 (냉각팬 구동용)유압펌프뿐이다. 당연히 교환에 따른 유압파이프를 탈착했을 것이고, 정비기록에도 그렇게 기록되어 있기 때문에, 제작회사의 추측원인 ①과 연결된다.

■ ■ ■ 한편, 유압펌프를 교환한 것으로 봐서 작동유의 온도가 이상할 정도로 상승한 원인은 유압펌프의 고장이라는 것도 알 수 있다.

피해 상황의 검증

각 부위가 얼마나 불탔는지를 그림 5-8에 나타나 있다. 불탄 상황으로 판단하건데 이것은 분명한 작동유 화재이다. ⑤의 오일탱크에 한 방울의 작동유도 남지 않고 모두 연소된 것을 보더라도 증명이 된다. ⑦의 부위가 가장 장시간 고온에 노출된 흔적을 엿볼 수 있는 곳으로, 사고 전 정비에서(냉각팬 구동용) 유압펌프를 교환한 사실과 연결된다.

⑩이 사고 전의 정비 때 교환한 문제의 유압펌프인데, 배관이 없다. 제작회사에서 원인조사를 위해 떼어냈을 것이다. 이 탈착된 배관을 상세히 조사하면 발화 메커니즘은 분석할 수 있다는 확증을 얻었기 때문에 피해 굴착기의 검증을 마쳤다. 한편 제작회사에서 생각했던 또 다른 하나의 원인인 엔진오일의 분출 가능성은 없었다.

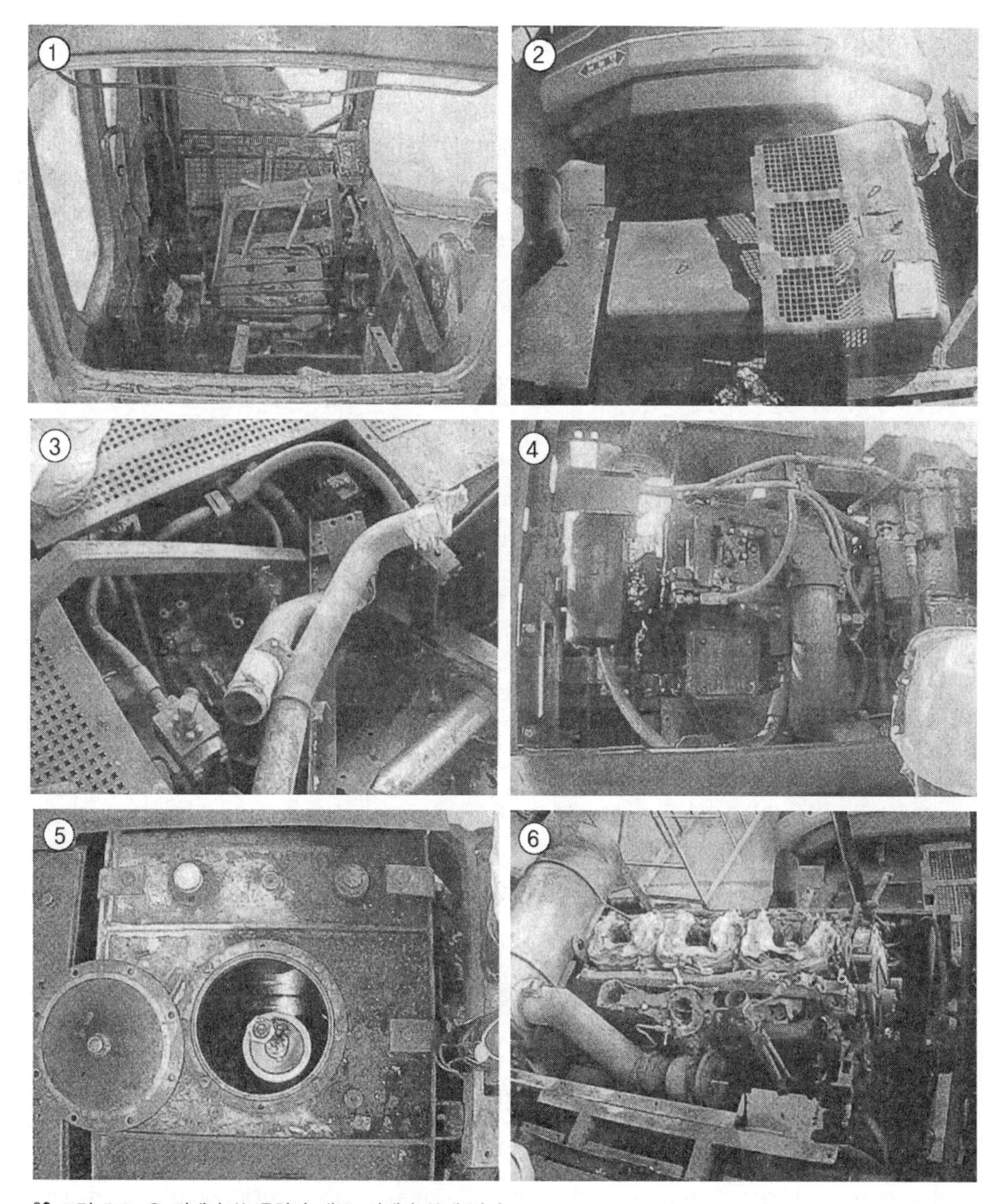

그림 5-8. ① 뒤에서 본 굴착기 내부, 전체가 불에 탔다.
② 엔진 후드는 열로 인해 변형되었으며, 아래쪽이 발화지점으로 추정.
③ 파일럿 호스와 고압호스 모두 피복이 불에 탐
④ 메인 유압펌프는 불이 옮겨 붙어 검게 변색되었다.
⑤ 오일탱크 안에는 작동유가 거의 남아있지 않은 상태였다.
⑥ 엔진이 불에 탄 모습. 알루미늄 부품은 녹아내렸다.

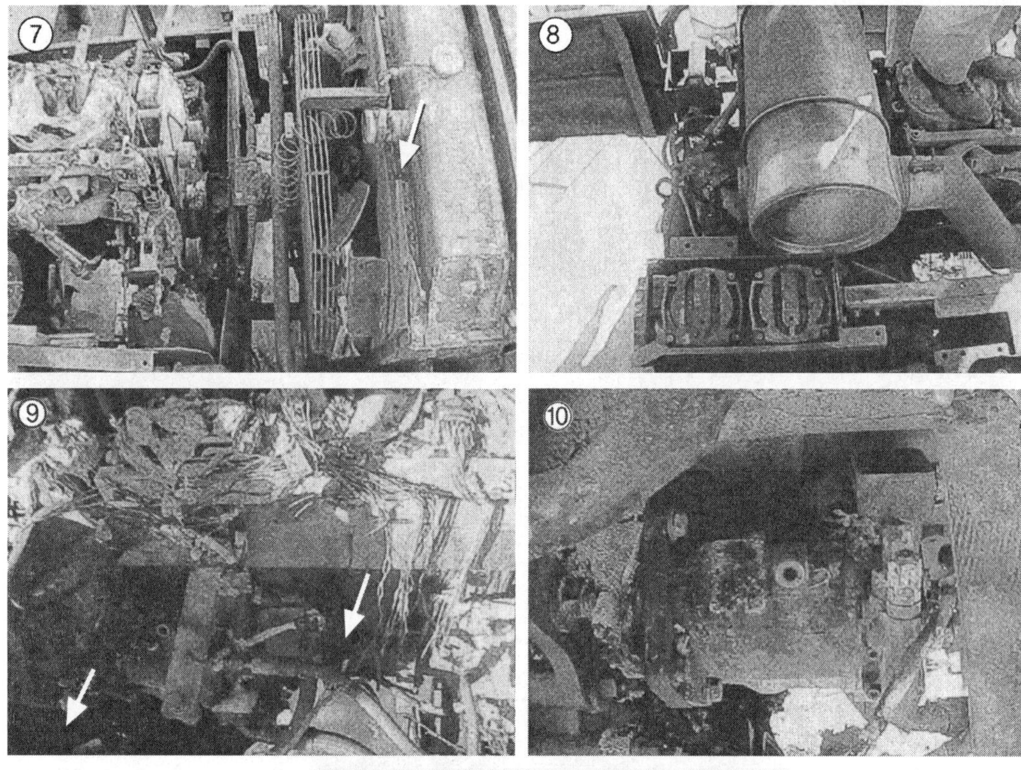

그림 5-8. ⑦ 냉각팬은 유압펌프로 구동된다.
⑧ 엔진 뒷부분은 비교적 가볍게 탔다.
⑨ 왼쪽 화살표 : 사고 전에 교환한 냉각팬 유압펌프.
오른쪽 화살표 : 각 호스의 피복은 불에 타 와이어가 노출된 상태였다.
⑩ 사고원인인 드레인(drain)라인 호스 연결부위.
⑪ 왼쪽 화살표 : 터보차저의 흡기 쪽은 녹아내려 없어졌다. 오른쪽 화살표 : 오일레벨 게이지 장착부분

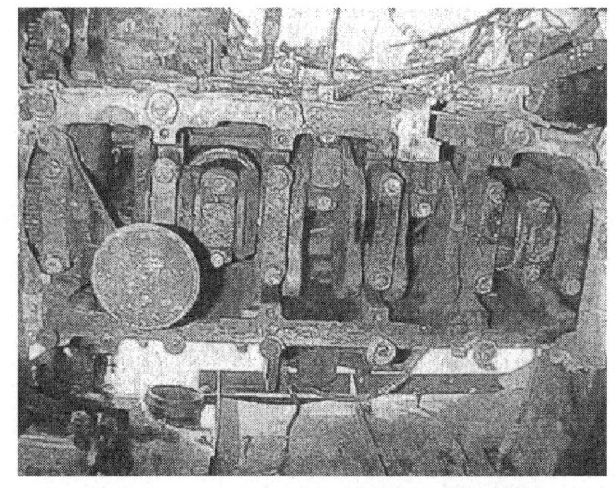
그림 5-9. 오일 팬은 녹아내려 떨어져 나갔다.

그림 5-9는 엔진을 밑에서 본 모습으로, 엔진오일이 담겨지는 오일 팬알루미늄 합금이 완전히 녹아내려 없어졌다. 이것은 오일 팬보다 더 밑에 있는 언더커버에 유출된 작동유가 연소했다는 것을 나타내며, 이때 발생한 고온으로 실린더 블록 내부의 공기가 팽창하면서 오일레벨 게이지(레벨 게이지의 부위를 그림 5-8의 ⑪로 나타냄)를 내뿜은 것이다. 오일레벨 게이지의 이탈(진동이나 충격으로 이탈될 것 같은 구조는 아니다.)은 화재 후반에 발생한 것으로 발화 원인과는 상관이 없다.

원인 해명

그림 5-10. 교류발전기 하우징과 간섭을 일으켜 작동유가 샜을 것으로 추정되는 냉각팬 유압펌프 드레인 호스와 작동유 유출 부위

제작회사의 엔지니어에게 떼어낸 배관을 보여 달라고 했는데, 이미 가장 의심이 가는 부분으로 생각돼 조사가 이루어졌다(그림 5-10). 제작회사에서 이것이라고 판단하지 못했던 것은 ① 분명 마찰로 인한 손상이 있긴 하지만 손상된 곳이 안쪽까지 이르지 못했다는 점, ② 배관 자체는 불에 타 약간 그을리긴 했지만 거의 손상 없이 남아 있다는 점 때문이었다.

■ ■ ■ 연료화재 부분에서 언급했듯이 오일화재도 화재의 원인을 만든 지점이 의외로 타지 않고 남아 있는 경우가 있다.

배관을 자세히 살펴보니 유압배관 특유의 내유성 고무호스를 금속 망으로 감싼 것이었다(**플렉시블 호스 또는 고압호스라고 한다**). 사진으로는 마찰 손상이 상당히 심한 것으로 보이지만 실제로는 금속 망외장 와이어 블레이드라고 하며, 이 경우는 스테인리스이 벗겨진 정도로, 내유성 고무

호스 자체는 약간의 마찰 손상만 확인할 수 있는 상태이다. 더 자세히 관찰하기 위해 제작회사의 허락을 받고 손상된 부근의 금속 망을 일단 제거했다.

노출된 내유성 고무호스의 손상부위를 바깥쪽으로 구부려(손상부위가 벌어지도록) 확대경으로 보았더니 금속 망 부스러기가 날카로운 모양으로 내유성 고무호스에 박혀있거나 고무를 갈라놓고 있었다.

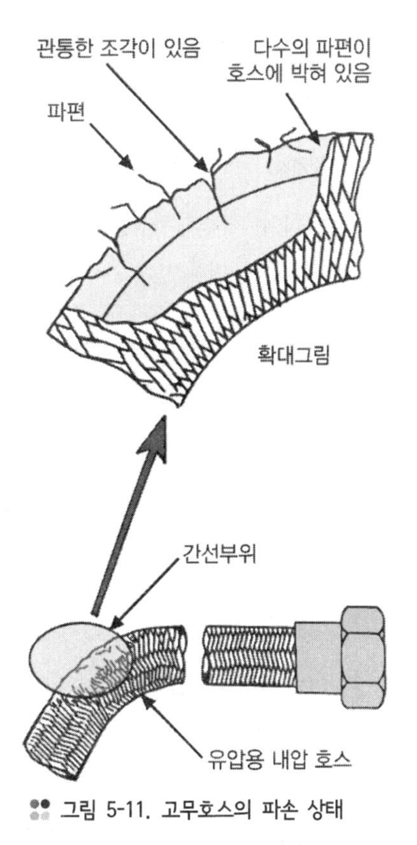

그림 5-11. 고무호스의 파손 상태

이 작은 손상부위가 압력을 받았을 때 작동유를 안개처럼 분출시키는데 효과적이라는 것과 안개 같은 작동유가 배기관에 닿으면 바로 발화한다는 점을 설명하고 원인을 이것으로 추정했다(그림 5-11).

원인을 밝혀냈으면 다음은 엔지니어들의 대화로 진행되기 때문에 서로 간에 화재발생에서 확대로 넘어가는 과정을 다른 의견 없이 다음과 같이 추론했다. 이 확인 작업은 엔지니어답게 제작회사의 도면으로 했는데, 제작회사의 노하우 관계도 있어서 도면을 그대로 소개할 수 없기 때문에 원인 부분만 그림 5-12로 나타낸다.

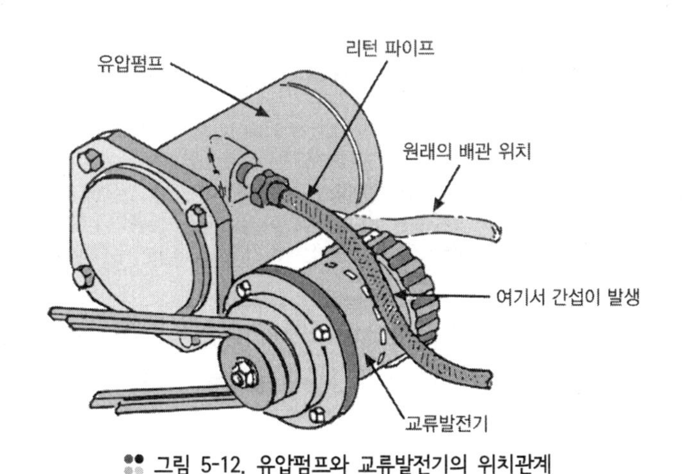

그림 5-12. 유압펌프와 교류발전기의 위치관계

○ 서로 확인한, 원인과 화재발생부터 확대에 이르기까지의 과정

① 2개월 전에 실시한 유압펌프의 교환 작업에서 드레인 파이프(이하 “리턴 파이프”)의 배관 처리를 잘못해 인접한 교류발전기의 하우징바깥 덮개과 간섭이 일어났다. 원래는 30mm의 배관 간격이 필요하다.

② 2개월 동안 사용하면서 엔진 진동으로 간섭부위의 리턴 파이프가 교류발전기에 의해 심하게 계속해서 마찰되었다. 이로 인해 금속 망이 마모되고 그 파편이 고무호스에 작은 핀 홀을 만들었다. 여기서 작동유가 뿜어져 나온 것이 사고 당일이다.

③ 손상 부위에서 나온 안개 같은 작동유는 엔진 위로 포물선을 그리며 날아갔다. 반대쪽에 있는 뜨거운 배기관에 닿으면서 발화했다.

④ 이 시점에서는 유압계통에 결정적인 충격을 주지 않았기 때문에 손상된 부위에서는 압력을 가진 작동유가 계속 분출되었고 배기관 부근에서 작동유가 연소되는 화재로 번졌다.

⑤ 불길은 화재가 일어난 지점에 있던 냉각팬 드라이브펌프에서 나온 작동유를 회전운동으로 변환시켜 팬을 돌리는, 모터 같은 것의 리턴 파이프도 불태웠다.

⑥ 냉각팬 드라이브의 리턴 파이프가 일부 녹아내리자 많은 양의 작동유가 유출되면서 화재를 키웠다.

> ■ ■ ■ 리턴 파이프였기 때문에 오일탱크에 작동유가 남아 있는 한 유압펌프가 작동유를 뿜어내 배송 파이프로 계속 공급하기 때문에 유압저하 등의 이상을 느끼는 것이 늦었다. 가령 화재가 배송 파이프 쪽이었다면 유압이 바로 떨어져 유압장치에 이상이 발생하기 때문에 운전자가 바로 알았을 것이다.

⑦ 유출된 작동유는 일부는 연소되지만 대부분은 엔진 아래의 언더커버에 고여서 여기서 연소를 계속하다가 엔진 오일 팬알루미늄 합금까지 태워서 녹여버렸다.

> ■ ■ ■ 알루미늄 합금에는 Mg(마그네슘)을 포함하고 있어서 고온에 도달하면 알루미늄 합금 자체가 연소하게 된다. 소화기로는 어찌할 방법이 없었다는 상황의 강력한 불길도 그렇지만 언더커버와 같이 감싸인 공간에서의 화재를 진화하기에 소화기는 무력하다.

⑧ 오일 팬이 녹아내려 많은 양의 엔진오일윤활유이 유출되고 여기에 불이 붙었기 때문에 화재는 점점 커져 갔다. 처음에 들었던, 불붙은 오일이 굴착기에서 흘러내렸다는 상태는 이때일 것이다.

캠핑카가 홈에 빠져 탈출을 시도하던 중 큰 화재가 발생!

- **차종 :** 캠핑카(트럭)
- **사고 장소 :** 일반도로(언덕길)
- **화재 분류 :** 오일계통 화재, 중간부터 연료계통(가솔린) 화재
- **원인**

산기슭 비탈진 곳 특유의 깊고 큰 배수구에 오른쪽 바퀴가 빠지면서 벗어나려고 하던 중 노면과의 충돌로 알루미늄 합금의 변속기 케이스가 파손됨. 많은 양의 변속기 오일이 노면으로 유출되었고 이것이 배기관의 뜨거운 곳에 닿으면서 발화가 되었다.
차량 아래에서 모닥불이 난 것 같은 상태가 된 것이다. 화염은 연료호스까지 태우면서 많은 양의 가솔린을 유출시킴으로써 순식간에 캠핑카를 완전히 집어삼켰다.

Check 사고 상황

캠핑장에서 오토캠핑을 즐기기 위해 심야에 집을 나섰다. 캠핑장으로 가는 도중에 200ℓ의 가솔린을 넣은 후 계속해서 목적지를 향해 갔다. 오전 4시 무렵 졸음이 밀려와 잠깐 휴식을 취하기 위해 적당한 공터를 찾던 중 전방에 공터가 보여 그곳을 향해 방향을 트는 순간, 꽈당 하고 큰 소리를 내며 오른쪽 앞바퀴가 갓길 홈에 빠져버렸다(그림 5-13).

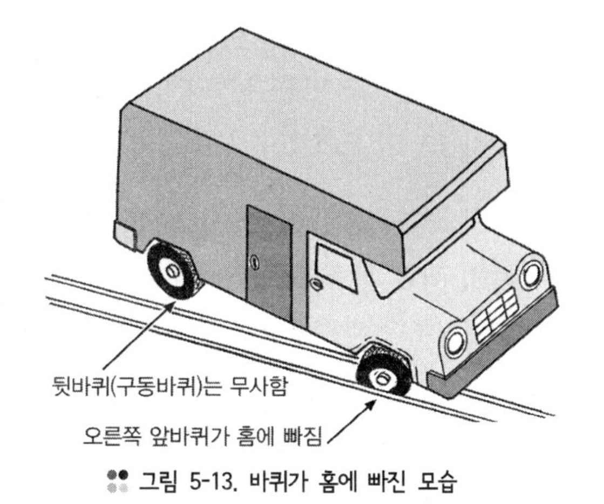

그림 5-13. 바퀴가 홈에 빠진 모습

여름이라고는 하지만 오전 4시 무렵은 아직 어둡기 때문에 갓길 홈 덮개가 없는 것을 몰랐던 것이다. 당황해서 전진과 후퇴를 반복하며 탈출을 시도했지만 그럴수록 차량은 크게 요동쳤다. 탈출하기 위해 그런 운전을 15~20분 정도 계속했다고 한다.

가속페달을 최대로 밟고 조향핸들을 좌우로 돌리면서 필사적으로 홈에서 탈출하려고 하던 그 순간, 갑자기 운전석 아래에서 엄청난 화염이 솟구쳤다. 화염은 엔진 후드타입 엔진룸 전체에서 무서운 정도로 타올랐다. 이때 운전자는 강한 가솔린 냄새를 맡았다고 한다.

뒤쪽 실내에는 부인이 자고 있었기 때문에 구출이 우선이라고 생각해 서둘러 운전석에서 뛰어내리는 동시에 뒤쪽 실내로 뛰어 들어갔다. 이미 불길은 실내까지 번지기 시작해 연기가 가득했지만 간발의 차이로 부인을 데리고 나오는데 성공했다고 한다. 이 화재속도가 얼마나 빠르고 무서웠는지는 두 사람 모두 지갑을 비롯해 아무것도 챙기지 못하고 입은 옷 상태 그대로 탈출했다는 데서도 짐작할 수 있다.

FRP유리섬유 강화 플라스틱과 목재로 된 캠핑카는 순식간에 연소되어 큰 화재로 번졌다. 두 사람은 가까스로 지나가던 차량(상하 2대)을 붙잡고 소방서에 연락해 주길 각각 부탁했다.
휴대전화를 차량에 놓고 탈출했기 때문에 어쩔 수 없이 차량을 멈춰 세웠지만, 나중에 조사한 바로는 휴대전화가 있었어도 산간지대여서 통화가 되지 않는 지역이었다.

Check 화재 진압

운전자한테 연락을 받은 소방서는 관할지역 소방대에 바로 출동을 요청했다. 현장에서 가장 가까운 소방대가 도착한 것은 불이 나고 약 1시간 후인 5시 50분 무렵이었다. 이때는 이미 원형을 알아보지 못할 만큼 차량이 거의 전소된 상태였다.

불길이 산으로 번질 우려가 없을 정도로 수그러들었기 때문에 무엇보다 산기슭이어서 수리시설이 안 되어 있어서 물이 빠지지 않을 수 있기 때문에 잠시 상태를 지켜보기로 했다. 그러는 사이에 탱크차가 도착해 잔불만 남은 것을 완전 진화했다.

불이 꺼진 후 교통방해가 되지 않도록 잔해를 (운전자가 쉬려고 했던) 공터로 옮겼다. 옮겼다기보다 파편들을 쌓아올렸다는 것이 적절할지 모르겠다.

■ ■ ■ 소방대 활동에는 경의를 표하는 바이지만 나중에 원인조사를 하는 사람 입장도 조금은 생각해 주었으면 좋겠다. 파편을 쌓아올린 것 같아서는 위에 있던 것이 아래에 있는 등 발화지점이나 연소가 확대된 흔적을 추적하기가 어려워진다. 이런 산 속에서의 차량화재는 소방대나 경찰도 현장검증을 하지 않는 것 같다.

원인규명 작업이 매우 어려워지다

지금까지 수많은 차량화재를 다루어 왔지만, 어떤 화재에서 아무리 심하게 불이 났어도 차체를 꼼꼼히 조사하면 여기서 불이 났다고 짐작이 가는 흔적을 반드시 찾아낼 수 있는데, 이번만큼은 차체 자체가 없는 것이나 마찬가지 상태다. 잔해 덩어리를 앞에 두고 멍하니 바라만 보았다. 잠시 후 차체가 안 되면 도로나 갓길 홈에 원인규명을 위한 힌트가 있을지도 모른다고 생각을 다시 가다듬고 도로나 갓길 홈을 철저하게 조사하기로 했다.

사고현장의 스케치를 작성

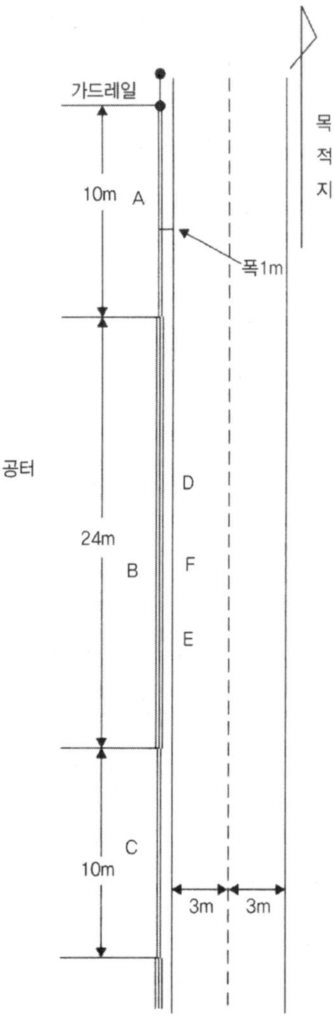

팀원에게 줄자를 사용해 측정하도록 한 것이 그림 5-14로, 이것의 배경을 풍경화처럼 그린 것이 그림 5-15이다. 그림 5-14의 D지점과 E지점의 갓길 홈에 콘크리트가 깨진 큰 흔적이 있다. D지점은 바퀴가 빠진 곳이고, E지점은 탈출을 시도했던 곳이다. 이 그림으로 보면 공터에 진입하는 것은 약 10m 앞인 C지점인 것은 누가 보더라도 분명하지만, 아쉽게 가로등도 없는 어두운 산속도로에서 자기 차량의 헤드램프만으로는 갓길 홈의 덮개까지는 확인할 수 없었던 것 같다.

가드레일
목적지
10m A
폭1m
공터
D
24m
B F
E
C
10m
3m 3m

그림 5-14. 사고현장의 스케치

그림 5-15 사고현장의 배경스케치

나는 여름에 햇빛이 강한 정오 쯤 현장에 도착했기 때문에 이런 곳에서 바퀴가 빠지거나 탈출하지 못했다는 것을 믿지 못했다. 밝을 때 보면 바로 전에(약 10m 후방, 그림 5-14의

C지점) 갓길 홈에 덮개를 한 공터 진입로가 있다. 거기까지 슬슬 후진시키면 뒷바퀴 구동축은 빠지지 않고 무사했기 때문에 홈에 빠져 헛돌던 앞바퀴가 갓길 홈의 덮개를 타고 올라오는 것은 간단한 일이다.

밝을 때라면, 나중이니까 하고 말하는 것이라고 이야기하지 말고 들어두어야 할 대목이다. 바퀴가 빠지면 먼저 차량에서 내려 다음 상황을 확인해야 한다.

- 바퀴가 공중에 떠 있는지, 슬립만 하고 있을 뿐인지.
- 뭔가 지지(슬립 하는 경우는 마찰저항)가 될 만한 것을 찾는다.
- 주변지형을 잘 관찰해(홈에 빠진 차량을 끌고) 전진시킬지 후진시킬지, 또한 세게 할지 천천히 할지 작전(공법)을 세운다.
- 작전 결과 자력으로 탈출할 수 있다고 확신이 서면 시도해 봐도 좋지만, 자신이 없거나 자력으로 탈출은 불가능하다고 판단되면 바로 구원을 요청할 것

최근에는 앞바퀴 구동 또는 **4륜구동**4WD에 익숙해 있기 때문에 앞바퀴가 콘크리트 벽을 타고 오를 수 있다고 잘못 판단했을지도 모르지만, 홈에 빠진 상황을 보지도 않고 15분, 20분이나 엔진을 무리하게 가동해 가며 차량을 요동치게 하면서 전진과 후진을 반복하는 것은 무모하다고 밖에 할 수 없다.

내 이야기를 해서 미안하지만, 젊을 때 신규제작 차량의 내구성 테스트 때문에 야간에 산간지대를 주행하는 일이 자주 있었다. 지금과 달리 도로도 좋지 못하고, 차량도 내구성을 위한 차량이라 정상이 아닌 상태에서 헤드램프가 한 쪽만 들어오면서 바퀴가 빠지는 일은 다반사였다.

일반적으로 여러 대가 같이 다닐 뿐만 아니라 구호차량인 4륜구동(윈치 부착)차량이 함께 움직이기 때문에 바퀴가 빠지는 사고라도 팀워크로 대응했지만, 이것이 테스트 일정이나 신규제작 차량의 정비 상황 등으로 야간 단독주행이 되는 경우도 가끔 있었다.

이렇게 혼자 나가면 꼭 바퀴가 빠지는 등의 트러블이 일어난다. 이런 경우에 대비해 회사가 정한 대처방법은 그대로 차량 안에서 자라, 절대로 혼자서 탈출하려고 하지 마라, 아침이면 반드시 구조가 된다였다. 이것은 중요한 신규제작 차량을 손상시키지 않기 위한 회사의 방침이라고 생각하지만 한편으로 테스트 운전자의 안전을 첫 째로 생각한 최선책이라고 지금도 생각한다. 이번 사고에서도 앞으로 1시간, 밝아질 때 까지 기다리기만 했어도 아무런 일도 일어나지 않았을 거라 생각한다.

아스팔트가 탄 흔적을 발견

그림 5-14의 F지점에서 길이 2.5m·폭 1.5m의 타원형 아스팔트가 심하게 연소된 흔적을 발견. 과거 연구에서도 차체가 타면서 나는 복사열 때문에 아스팔트가 연소되는 경우는 없었다. 이처럼 피치타르가 완전히 연소되어 자갈이 노출된 것은 여기에 많은 양의 오일(가솔린이 아니다)이 고여 있다가 연소됐다는 증거다. 이 오일이 유출된 곳을 조사하면 원인을 추적할 수 있을 거라는 조금의 희망이 생겨났다.

노면에서는 단서를 못 찾음

오일이 유출된 곳을 밝힐만한 금속파편은 없을까 하고 연소된 부근의 노면을 샅샅이 조사했지만 금속파편 뿐만 아니라 플라스틱이 녹은 흔적조차 없었다.

아스팔트가 연소된 흔적이 너무 깨끗한 것을 보면, 화재진압이 끝나고 현장을 정리할 때 여기에 물을 뿌려 쓰레기를 갓길 홈으로 흘려보낸 것 같다. 알루미늄이든 철이든 아니면 구리라도 뭔가 있었을 텐데, 그것만 있으면 어디가 부러졌는지 또는 깨졌는지 대략적이나마 짐작이 갔을 텐데 하는 아쉬움이 밀려왔다.

○ 갓길 홈에 빠졌을 때 노면과 충돌한 부위 가운데 오일이 들어 있던 곳은 어디일까?

차체만 조사할 수 있어도 파손부위가 바로 오일이 유출된 곳이기 때문에 간단히 해명할 수 있지만, 이번처럼 잔해 덩어리를 산처럼 쌓아놓은 차체에서는 어디부터 손을 대야 할지 엄두가 안 난다.

그래서 차량의 하체를 포함한 아래쪽의 위치관계를 머리로만 도면을 그려가며 검토했다. 이런 것이 가능한 것도 오랫동안 설계를 해온 덕분이라 감사한 마음이었다.

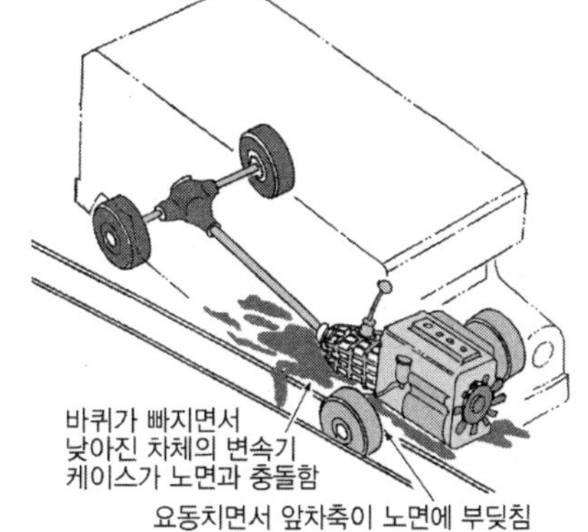

그림 5-16. 노면과 마찰을 보여주는 상상도

몇 번을 검토해도 앞차축이 노면에 부딪치고 다른 곳은 노면과 충돌하지 않았다. 여기서 난관에 부딪쳤다. 앞 차축을 아무리 심하게 충돌시켜도 오일을 유출시킬 수는 없다. 안 되겠는데 하고 생각했을 때, 운전자의 크게 요동리바운드쳤다는 말이 떠올랐다. 차량이 요동을 치면 차량무게는 노면에 부딪칠 것으로 예상되는 앞차축으로 집중된다. 여기에 하중이 걸리면 앞 차축은 스프링 효과로 인해 크게 가라앉는다. 이렇게 되면 노면과 부딪치는 부분은 변속기 케이스이다. 변속기 케이스라면 많은 양의 오일이 들어 있다. 그렇다, 변속기 케이스임이 분명하다(그림 5-16).

잔해 덩어리를 파헤치다

한 여름의 쨍쨍한 햇살 아래서 소방대가 쌓아올린 잔해 덩어리를 파헤치는 작업은 쉽지 않았다. 금방 땀과 기름 범벅이 되었다.

다만 조사할 것은 변속기 케이스 부분으로 그 밑에까지 내 몸이 들어가면 되기 때문에 터널을 파듯이 잔해 덩어리를 요령껏 파헤쳤기 때문에 생각보다 빨리 작업을 마칠 수 있었다.

원인이 된 부위를 발견

얼마 떨어지지 않은 차대와 지면사이로 얼굴을 밀어 넣어 변속기 케이스 아랫부분을 살펴보니 그림 5-17처럼 깨져서 큰 구멍이 나 있었다.

■ ■ ■ 이렇게 보기 어려운 부위의 확인은 정비공장에서 사용하는 손거울로 하면 쉽다.

당연하지만 파손부위는 변속기 케이스의 가장 낮은 부분이기 때문에 변속기 오일은 모두 유출되어 한 방울도 남지 않았다. 노면에 고여 있다가 연소한 것은 이 오일이 틀림없다.

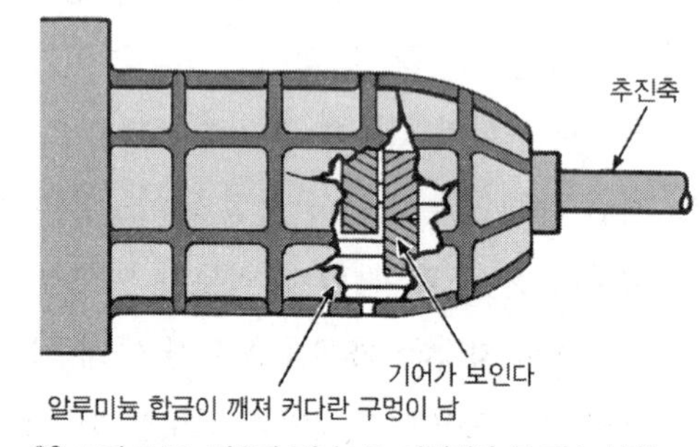

그림 5-17. 변속기 케이스를 아래에서 본 파손 상태

Check 발화와 확대되어 간 진행과정

발생원인 부위를 찾아낸 다음에 운전자 증언과 맞춰 봤더니 다음과 같이 발화와 확대가 진행된 것으로 추측된다.

① 당일 심야 0시경 집을 나와 오전 4시가 조금 지나서 현지에 도착할 수 있을까. 더구나 속도도 빠르지 않은 캠핑카로…. 납득이 가지 않기는 하지만 다른 사람에게 말하지 못할 사정이 있을 수 있으니까 깊이 파고들지는 않기로 했지만, 어쨌든 상당히 오랜 시간동안 운전을 한 것도 맞는 이야기고, 더구나 언덕길이었기 때문에 배기관이 상당히 뜨거워진 것도 사실이다.

② 오른쪽 앞바퀴가 빠졌을 때의 충격은 즉 앞차축 아랫면과 타이어 둘레와의 차이(30㎝정도)에 의한 낙차이긴 하지만 속도가 거의 나지 않은 상태였기 때문에 그다지 크지는 않았을 것으로 상상된다.

③ 충격이 작았기 때문에 간단히 탈출할 수 있다고 생각한 것 같은데, 이 차량은 소형트럭과 같아서 전통적인 **앞 엔진 뒷바퀴 구동**FR, Front engine, Rear drive이기 때문에 앞바퀴는 구동되지 않는다. 오히려 갓길 홈의 콘크리트에 철제 휠이나 허브볼트가 물리면서 좀처럼 움직이질 않는다(갓길 홈에는 휠에 의해 갈린 콘크리트 손상과 허브볼트가 갉아놓아 콘크리트가 떨어져나간 곳이 매우 많았다).

가속페달을 끝까지 밟고 후진을 시키면 물려있는 콘크리트의 반력에 의해 일단 차체가 들려 올라가기는 하지만 다시 차체의 무게 때문에 떨어지면서 원래자세로 돌아가게 된다. 이번에는 전진을 시도했지만 역시나 같은 운동이 반복되면서 마치 차체를 크게 요동리바운드치게 할 뿐으로, 앞바퀴는 홈에서 전혀 빠져나오질 못한다.

④ 여러 번 반복되는 상황에서 차체가 심하게 요동치며 노면과 충돌했을 때 기울어진 차체에서 노면과 가장 가까운 위치에 있던 변속기 케이스의 뒤쪽 아랫부분이 깨졌다. 깨진 변속기 케이스에서 많은 양의 변속기 오일이 노면으로 유출된 것이다. 변속기 케이스 근처에는 오랜 시간동안 더구나 언덕길 운전으로 뜨거워진 배기관이 연결되어 있다. 이것은 노면에 오일을 흘려 두고 뜨거워진 철봉을 가까이 갖다 대는 것과 같아서 쉽게 발화하기 때문에 노면은 격렬한 오일화재로 번졌다.

⑤ 따라서 처음에는 아스팔트의 노면화재로 시작된 것이고, 불길 위에 차체를 올려놓은

상태가 되기 때문에 운전석에서는 화재가 보이지 않는다. 그래서 계속해서 전진, 후진을 되풀이 했다(갓길 홈의 상처로 보건데, 전·후진한 거리는 4~5m로 추정된다).

이것은 결과적으로 화재 위에서 섰다, 움직였다 반복한 꼴이 되면서 조금 후진시켜 정지를 하면 정확히 엔진룸 바로 아래를 불길 위에 갖다 댄 것이어서 이 화염이 엔진룸의 고무호스를 태우고, 그 중에서도 연료호스를 손상시키면서 가솔린이 유출되고 나서부터는 폭발적인 속도로 타오르게 되었다(그림 5-18).

그림 5-18. 노면화재에 엔진이 얹어진 상태

⑥ 운전자가 강한 가솔린 냄새와 함께 불길에 휩싸였다고 말한 것은 이 순간으로 눈 깜짝할 사이에 발생했다고 생각한다. 이 경우는 가솔린 화재 특유의 폭발음이 없다. 폭발음은 가솔린이 안개 같은 혼합기가 되면서 연소에 동반되는 파열음이라고 언급했지만, 이 경우는 액체 가솔린이 노면에 일어난 오일화재의 불길로 액체 상태 그대로 직접 연소된 것이기 때문에 폭발음이 없는 것이다.

다만 화염방사기와 같은 원리이기 때문에 화재는 매우 격렬해서 FRP와 목재로 만들어진 캠핑카는 조금도 버티지 못하고 모두 불에 탄 것이다.

주차중이던 소형 트럭에서 갑자기 화재 발생!

- **차종 :** 소형 트럭
- **사고 장소 :** 고속도로 휴게소 주차장
- **화재 분류 :** 오일계통 화재, 중간부터 연료계통(가솔린) 화재
- **원인**

  카센터에서 엔진오일을 교환할 때 오일필터 안의 오래된 엔진오일이 엔진 언더커버 바닥에 떨어져 고여 있었다. 이것이 주행 중의 진동과 바람으로 날리면서 뜨거운 배기관에 닿으면서 불이 난 것이다.

사고 상황

전기부품 공장의 소형 트럭이 100kg 정도의 짐을 싣고 80km/h정도로 주행하고 있었다. 주행 중에는 아무런 이상도 없이 순조로웠다. 도중에 휴식을 취하기 위해 휴게소 주차구역으로 들어간 다음 화장실에 갔다가 트럭을 향해 걸어가고 있는데 주위에서 차가 불타고 있다며 웅성거리는 소리를 들었다. 바로 내 트럭이 불에 타고 있었던 것이다.

누군가가 소방서에 연락한 듯 바로 소방차가 도착해 소화활동을 벌인 결과, 화재는 짧은 시간에 진화되었다.

Check 운전자 증언

왜 화재가 일어났는지 전혀 심작이 안 가고 트럭에서 벗어나 있는 동안에 생긴 일이며, 불길이 올라오는 것을 보지 못했기 때문에 화재가 난 것이 믿어지지 않는다고 한다.

사고 전에 정비를 받았는지를 물었더니 2개월 전에 지정정비업체에서 정기점검 정비를 받았다고 한다.

사고 당시의 소방서 기록으로는 엔진오일·연료·냉각수의 이상은 발견되지 않았으며, 원인 불명이라고 나와 있었다.

Check 사고차량 확인

처음에는 오일필터에서 난 화재라고 들었기 때문에, 이중 패킹일 것이다. 흔히 있는 화재다고 여겨 흥미가 없었다.

이중 패킹의 체결을 잊어먹은 것도 아니고, 오일필터는 정확히 장착되어 있었다. 오일이 샌 흔적도 전혀 없어서 원인을 도대체 모르겠으니 한번 와서 자동차를 봐줄 수 있는지 라는 부탁이었다.

원인을 모르겠다는 한마디에 갑자기 흥미가 생겼기 때문에 바로 현장에 가서 사고차량을 검증하기로 했다. 사고차량은 늘 그렇듯이 눈에 띄지 않는 지정정비업체의 한 쪽 구석에 놓여 있었다. 화재가 있었다고는 하지만 외관은 전혀 눈치를 채지 못할 정도로 깨끗하였고 시트는 덮여 있지 않았다.

○ 기술해설

차량화재나 엔진화재 사고에 자주 등장하는 **이중 패킹**이라는 것에 대해 간단히 설명을 하고 넘어 가겠다 (오일필터라고만 해도 이중 패킹을 떠올릴 정도로 사고가 많으며, 사례를 들자면 헤아릴 수 없을 만큼 많기 때문에 발생 메커니즘만 설명한다).

엔진오일을 교환할 때는 오래 된 오일필터의 패킹 고무가 엔진 쪽 플랜지에 눌어붙어 남게 된다. 여기에 새로운 오일필터의 패킹을 설치하기 때문에 패킹이 부풀어지면서 규정토크로 조여도 오일필터 플랜지와 엔진 쪽 플랜지 사이에 간극이 생기게 된다. 한편 패킹끼리는 밀착해 있기는 하지만 재질이 고무이기 때문에 엔진오일이 유출되면서 차량화재나 엔진화재 사고로 이어진다.

엔진 쪽 플랜지에 고무패킹이 눌어붙게 되는 이유는 무엇일까? 이것은 너무 세게 조이기 때문이다. 제작회사 순정부품의 취급설명서에는 손으로 힘껏 3/4회전시켜 조인다고 나와 있다. 최근에는 좋은 공구가 있기 때문에 손으로 힘껏 돌릴 필요는 없지만 3/4회전시켜 조이기는 지켜야 한다.

너무 조이게 되면 고무를 엔진 쪽 플랜지에 강한 힘으로 밀어붙이는 결과가 되어 압착이 된다. 한편 눌어붙는 것을 방지하기 위해 패킹에 오일을 얇게 바르는 것도 잊지 말아야 한다. 또 하얗고 깨끗한 플랜지에 검은 고무가 선명하게 남기 때문에 알아차리지 못하는 것이 이상하다고 말하는 사람도 있다.

그 이유는 ①교환 작업을 하는 현장이 어둡다는 점, ②플랜지 면의 오일을 걸레로 깨끗이 닦아내는 작업이 생략된다는 점 때문이다. 이것은 이물질을 제거하는 측면도 있는 중요한 작업이다.

나사는 강하게 조이기만 하면 되는 것이 아니라 어디까지나 **규정토크**로 조여야 한다. 제3장에서 나사를 체결하는 이론에 대해 설명하고 있는데, 나사를 규정토크 이상으로 체결하면 나사산이 파손되면서 오히려 **체결력**締結力을 잃게 된다. 간단한 오일필터 교환이라 하더라도 정비의 기본(특히 나사 체결)은 충실하게 지켜야 한다.

check 피해차량의 상황

① 운전실(캐빈)은 그림 5-19처럼 외관상으로는 아무런 피해도 없다. 그림 5-20은 화물칸을 뒤에서 찍은 모습으로 여기도 외형상의 피해는 전혀 없다.

그림 5-19. 외관상으로는 아무런 손상도 보이지 않는 사고차량의 운전실

그림 5-20. 화물칸에도 피해는 없다.

② 운전실 안은 그림 5-21처럼 변속기 아래에서 올라온 검은 연기로 상당히 그을렸지만, 불에 의한 피해는 입지 않았다. 그림 5-22는 엔진 언더커버 너머로 오일필터(둥근 물체)를 본 것으로, 오일필터는 그 아래쪽의 화염 때문에 불에 탔다.

엔진 언더커버 밑으로는 아무것도 없기 때문에 여기서 연소가 계속된 것으로 추측된다.

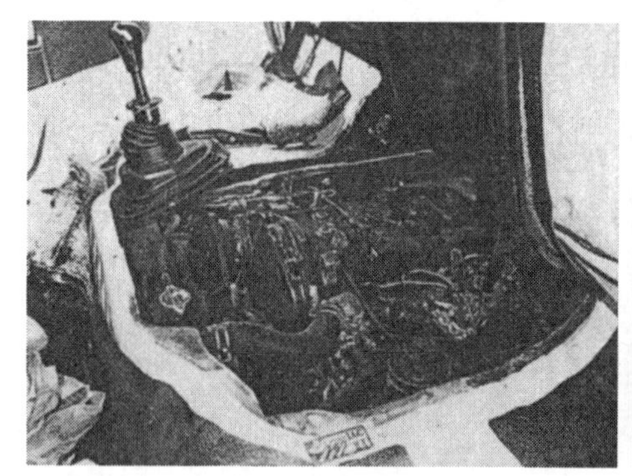

그림 5-21. 운전실 내부는 변속기 아래에서 난 검은 연기로 그을려 있지만, 불에 의한 손상은 입지 않았다.

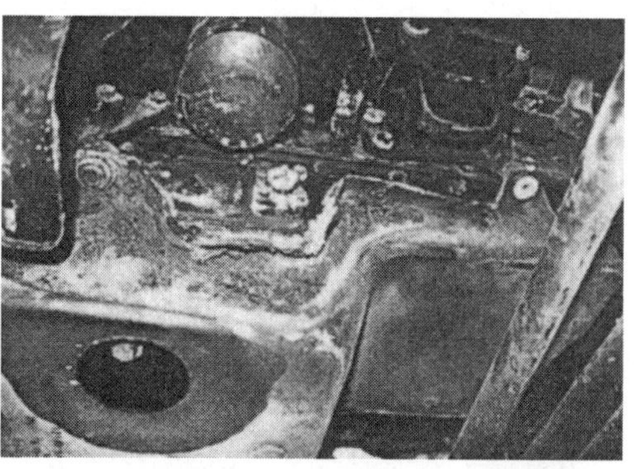

그림 5-22. 오일필터는 불에 탔으며, 그 아래의 엔진 언더커버가 없어진 것을 보면 여기서 계속해서 연소가 일어났다고 추측된다.

③ 피해 상황을 보면, 엔진 언더커버의 바닥을 끝으로 한 매우 한정된 범위, 즉 언더커버 안쪽만 피해를 보았다. 그림 5-23은 추진축의 자재이음으로 검은 그을음이 부착되어 있긴 하지만 불로 인한 손상은 입지 않았다.

그 아래의 (하얗게 보이는) 배기관은 아무런 피해도 없다. 여기까지 조사한 바로는 배기관 계통 화재가 아니라 역시 오일계통 화재다.

그림 5-24는 엔진 언더커버를 분해해 위에서 본 모습으로 여기서 오일이 연소된 증거로서 바닥부분이 연소로 인한 손상을 입은 모습을 볼 수 있다(사진에서 하얗게 보이는 부분).

다만 오일은 한 방울도 남지 않고 모두 연

그림 5-23. 추진축의 자재이음(유니버설 조인트)에 검은 그을음이 붙어있지만, 불의 손상은 입지 않았다.

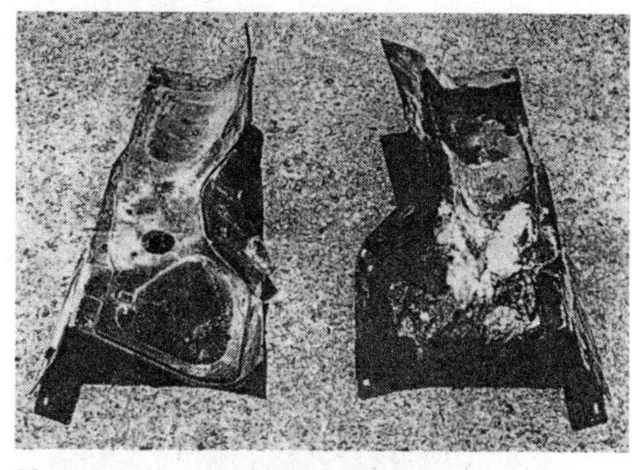

그림 5-24. 여기서 오일이 연소된 증거로, 엔진 언더커버의 바닥이 연소 때문에 불이 난 흔적이 있다.

소되었다. 한편, 벽에 해당되는 부분에는 새카만 그을음이 많이 부착되어 있다. 불에 의한 손상을 받은 범위와 그을음의 부착범위를 보면 연소된 오일은 많은 양이 아니라 바닥에 고여 있던 오일이 연소된 정도라는 것을 알 수 있다.

④ 사실도 확인하지 않고 이중 패킹으로 단정한 것에 반성하는 바이다.
그림 5-25의 둥글게 빛나는 것이 엔진 쪽 플랜지로 아무 것도 없다. 역시 현장·현물주의를 지켜야 한다고 다시 한 번 되새겼다.

⑤ 엔진 언더커버에 많은 양의 오일이 있었다고 간주하면, 그림 5-26처럼 배기관과 근접해 있기 때문에 열과 만나기는 어렵지 않다. 사실 그림 5-27에서 볼 수 있듯이 배기관과 오일이 접촉한 흔적은 분명하다.

그림 5-25. 엔진 쪽 플랜지에는 이중 패킹을 입증하는 것이 아무 것도 없었다.

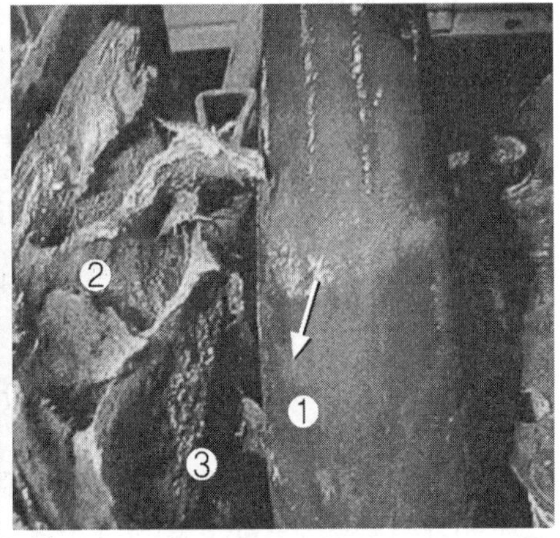

그림 5-26. 발화지점으로 판정된 부분과 배기관의 위치관계. ① 발화지점으로 판정된 부분.
단열재(유리섬유)와 배기관의 접촉상태.
② 엔진오일은 하나도 남김없이 완전 연소되었다.
③ 배기관과 단열재 사이의 간극이 작다.

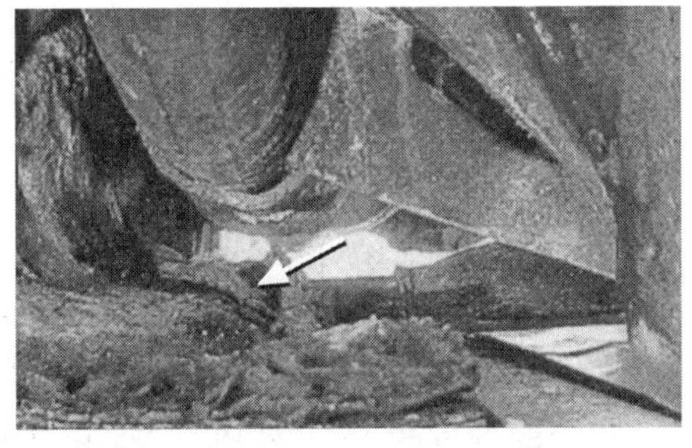

그림 5-27. 배기관 아랫부분도 불이 옮겨 붙으면서 탔다.

참고 데이터 – 엔진오일의 발화온도는 약 380℃, 고속으로 주행할 때 배출 가스는 690℃ 정도로 추정된다.

그건 그렇다 하더라도, 언더커버에 고여 있던 오일은 대체 어디서 나온 것일까. 엔진의 어느 부분에서 오일이 누출되어 커버에 고였다고 봐야겠지만, 여러 곳을 아무리 조사해도 엔진에서 오일이 누출된 흔적은 없다. 적은 양이라고는 하지만 소방차까지 출동한 화재다. 이 오일은 도대체 어디서 나온 것일까, 수수께끼는 깊어만 갈 뿐이다.

Check 원인은 카센터에서 작업한 오일필터 교환에 있었다

① 엔진 언더커버의 구조를 차분히 관찰해보니 이런 구조라면 오일필터를 교환할 때 언더커버를 탈착해야 한다. 만약 커버를 떼어내지 않고 그대로 오일필터를 빼면 오일필터가 기울어지면서 안에 있던 오일이 언더커버로 떨어지게 되고 떨어진 오일은 바닥에 모이게 된다. 그런데 정비사의 눈에는 이것이 잘 안 보일 수 있다.

한 번에 떨어지는 양이 그리 많지 않겠지만 여러 번 반복되다 보면 빠져나갈 곳이 없기 때문에 양동이에 오일을 모아두는 셈이 된다. 그림 5-28그림에 예상되는 작업순서와 오일이 넘치는 메커니즘(언더커버를 붙인 채 오일필터를 뺐을 때의 궤적)을 그려보았다.

그림 5-28. 오일필터를 빼는 과정을 그린 상상도

현장조사는 이것으로 마치고 다음에는 오일필터 교환(오일교환)을 어디서 어떤 방법으로 했는지 물어보면 된다. 또 같은 형식의 차량에 비슷한 형태로 오일이 남아있는지도 조사하기로 했다.

② 다음은 운전자와의 문답 내용이다.

"엔진오일 교환은 지정된 곳에서 하는가?" → "회사 근처의 OO으로 지정되어 있다."
"오일교환은 얼마 정도에 하는가?" → "엔진을 위해 5000km마다 하고 있다."
"오일필터 교환은 얼마 정도에 하는가?" → "오일교환을 하면서 같이 한다."

■ ■ ■ 5000㎞마다 엔진오일을 교환한다는 것도 대단하지만, 트럭에서 이렇게 자주 교환하는 사람은 흔치 않기 때문에 상당히 자동차를 아끼는 것 같았다. 오일필터 교환을 엔진오일 교환 때마다 하는 것은 좋은 습관이다.
무엇보다도 오일필터 가격이 싸다. 부품수와 기능을 생각하면 상당히 싼 편이기 때문에, 그리고 순정부품이 아닌 경우는 순정부품의 2/3 정도 가격에 살 수 있어서 자주 교환해도 경제적 부담은 적은 것 같다.

③ 카센터를 방문해 화재상황은 말하지 않고, 소형 트럭과 동일인 형식의 차량에서 오일필터를 교환하는 방법을 물었더니 역시나 언더커버는 떼어내지 않고 작업을 하고 있었다.

■ ■ ■ 언더커버를 떼어내면 오일이 고이지 않을 뿐더러 고여 있더라도 제거하면 되기 때문에 설명할 필요도 없겠지만, 이번 사고도 있고 해서 설명하기로 했다.
언더커버를 탈착하지 않았을 때 한 번에 흘리는 양을 300cc로 가정하면 (이 오일필터는 교환할 때 오일량을 +0.5ℓ:오일필터에 들어가는 양을 500cc로 잡고 있기 때문에 한 번에 흘리는 양을 300cc로 한 것은 낮게 계산한 것이다), 10만km÷5000km=20회×0.3ℓ=6ℓ로, 6ℓ나 되는 오일을 깔고 다니는 꼴이다.
이것은 위험하니 반드시 이야기 해야겠다고 다음처럼 부탁했다.

a. 오일필터를 교환할 때 차체 아래가 어둡기 때문에 필터에 있던 오일을 흘리는 경우가 있다. 필터입구를 아래로 향하지 않도록 쥐는 방법을 바꿔야 한다.

b. 언더커버는 2개로 나뉘기 때문에 귀찮더라도 오일필터 쪽은 탈착하고 교환 작업을 해야 한다.

c. 오일필터에 남은 오일을 폐유 통에 넣을 때 남아 있는 오일이 매우 적을 때는 주의해야 한다.

여담이지만 주유소에서는 연료를 잘못 넣거나 카센터에서 오일 팬의 드레인 플러그(drain plug)를 끼우지 않는 등, 엔진과 관련된 트러블을 쉽게 일으키는 경향이 있다.

④ 동일 차량에서 오일이 고이는 정도를 조사했다. 알고 있던 정비사 3~4명에게 물었더니 "전혀 없지는 않고, 가끔 있습니다. 있어도 양은 적습니다." 라고 한다. 거의 오일이 고여 있고, 그것도 많이 고여있다고 했다면 제작회사에 설계변경을 제의할 생각이었지만, 그 정도는 아닌 것 같아서 다음에 똑같은 사고가 일어나면 제의하기로 했다.

제의할 내용으로는 언더커버 바닥에 5mm의 구멍을 2개(커버 각각에) 뚫어 달라는 것이다. 만에 하나 이번처럼 옆으로 오일필터를 뺄 때 오일을 흘리더라도 구멍을 뚫어 놓으면 흘러나가기 때문이다.

차량 검사를 마친 고급 승용차가 귀가 도중 화재발생

- **차종 :** 승용차
- **사고 장소 :** 일반도로
- **원인**

밸브장치의 상태가 안 좋아 수리를 했는데, 탈착한 오일배관을 다시 조립할 때 유니언 너트를 제대로 체결하지 않고 임시체결 한 상태로 고객에게 인도했다. 임시체결이기 때문에 압력을 가진 엔진오일이 나사사이로 안개처럼 분출되었고, 이것이 뜨거운 배기관에 닿으면서 발화된 것이다. 동시에 엔진 진동으로 유니언 너트가 더 많이 느슨해지면서 많은 양의 오일을 유출시켰고, 이 오일에도 불이 붙으면서 타이밍 벨트 등을 태웠다.

사고 상황

2일 전에 차량검사 때문에 지정정비업체에 입고시켰다. 밸브에서 "삭-삭"거리는 이상한 소리가 나는데 기분 탓인지 출력도 떨어진 느낌이라며, 점검도 함께 의뢰했다. 사고 당일에 검사가 끝난 차량을 받고 귀가하던 중에 갑자기 "탁-탁"거리며 이상한 소리가 크게 나면서 엔진 후드에서 검은 연기가 자욱하게 올라왔다.

큰일이다 싶어 갓길에 정차한 후 엔진 시동을 끄는 순간 엄청난 기세로 엔진 후드 사이로 화염이 삐져나왔다. 차량 밖으로 나와 잠시 바라보고 있는데 화재는 점점 심해져 황급하게 소방서에 신고를 했다. 소방차를 기다리는 동안 불길은 사그라지고 있었다.

운전자 증언

차량검사·수리를 마치고 돌아오다가 겪은 사고로, 수리할 때 뭔가 잘못된 것이 틀림없다고 지정정비업체에 강력하게 항의하고, 지금 원인을 (지정정비업체에게)조사시키고 있는

중이라고 한다. 또한, 당연히 차량은 지정정비업체로부터 변상 받을 것이라고도 했다.

피해차량의 상황

피해차량은 차량검사·수리를 한 지정정비업체에서 커버를 덮어서 보관하고 있었다. 원인이 밝혀졌는지 묻자 "당사가 잘못한 것은 확실한데 이렇다 할 단서가 밝혀지지 않고 있습니다." 라고 한다. 참고가 될지 모르니 조사해 봐도 되는지 묻고 신청하여 허가를 얻었다. 한편 지정정비업체의 호의로 젊은 보조원 2명의 도움을 받게 되었다.

■ ■ ■ 보조원은 엔진 시동이 걸리지 않는 차량을 이동시키거나 잭업(jack-up), 조명을 들어 주는 등의 보조를 받을 수 있기 때문에 언제나 내 쪽에서 부탁하는 상황이었다. 지정정비업체에서도 공부가 되기 때문에 대부분 승낙해 준다.

① 피해는 엔진룸에만 머물렀다. 이야기로 들은 만큼 큰 화재는 아니고, 라디에이터와 엔진 본체사이로 한정될 만큼 불에 탄 손상이나 열로 인한 손상은 매우 좁은 범위이다. 가장 피해가 큰 곳은 타이밍 벨트로, 소실되어 형태도 없다(운전자가 말하는 심한 화재는 타이밍 벨트가 탈 때의 불길 같다). 그밖에는 에어클리너 케이스 일부가 녹아내렸고, 고무 배관도 일부 녹았다. 각종 배선은 가벼운 화상을 입은 정도로 녹아내리지는 않았다. 배터리는 새카맣게 그을리긴 했지만 화상은 입지 않았다.

② 한편 그을음은 대단하다. 엔진 후드 안쪽은 그을음이 덩어리져 늘어져 있을 정도로, 그을음을 손가락으로 문지르자 오일 성분이 잔뜩 묻어난다. 이것은 오일화재가 틀림없다!

③ 프런트 그릴과 라디에이터, 오일쿨러 등 차량 앞쪽에 있는 부품들은 그을음도 붙어 있지 않았다.

■ ■ ■ 주행 중에 있어난 화재는 가장 앞쪽, 가장 아래쪽에 발생 원인이 있다는 기본을 따른다면, 라디에이터보다 뒤에서 타이밍 벨트를 태울 수 있는 위치여야 하고, 더구나 주요 연소물질이 엔진오일(오일에도 여러 종류가 있지만, 이 정도의 양은 승용차에서는 엔진오일이라고 보는 것이 타당)이라고 한다면 대체 엔진오일은 어디서 나온 것일까?

④ 오일이 심하게 탄 지점은 파악됐지만 그 부근에는 오일탱크는 물론이고 오일배관 조차 없기 때문에 이상하다고 잠시 생각하고 있을 때, 운전자가 화재가 발생할 때 "탁-탁" 하고 이상한 소리가 났다고 말했던 것이 생각났다. "탁-탁" 하는 소리라면 밸브장치의 고장이다. 수리도 밸브에서 "삭-삭"거리는 소리가 난다고 해서 의뢰한 것이다. 그렇다면 수리는 밸브간극 조정을 했을 것이다.

이 수리는 실린더 헤드 커버태핏 커버를 탈착하고 작업하여야 하기 때문에 실린더 헤드 커버를 다시 장착하는데 실수가 있어서 오일이 샜고, 오일이 소진되면서 밸브장치가 손상된 것인지 모른다.」 라는 예상이 가능하다. 그래서 오일이 샌 곳을 찾아보았지만 발견되지 않았다.

⑤ 타이밍 벨트보다 위쪽에 해당하는 위치에서 오일을 가진 부품으로 실린더 헤드 커버에서 오일배관 하나가 나오는 것을 발견했다. 아마 캠축에서 리턴되는 배관일 것이다. 이 오일 배관은 뜨거운 열을 받았는지 심하게 연소되어 있고, 그을음 범벅인 주변부품과 다르게 보이는데, 언뜻 보기에는 아무런 이상도 없는 것처럼 보인다.

⑥ 육안으로는 보이지 않는 균열이나 파손이 있을지도 모르기 때문에 자세히 점검해 보기 위해 불에 탄 배관을 솔과 헝겊으로 닦아낸 순간 유니언 너트가 심하게 흔들리는 것을 발견했다. 맨 손으로 확인해 보니 완전히 풀렸다고 할까 조여 있지 않았다. 보조원에게 체결되지 않은 것을 손으로 확인시키는 동시에 서비스 과장을 불러 달라고 부탁했다.

⑦ 유니언 너트는 그림 5-29와 같이 되어 있으며, 외관상으로는 잘 체결되어 있는지 느슨한지 알기가 쉽지 않다.

밸브간극 조정 때문에 실린더 헤드 커버를 탈착하였을 때 이 유니언 너트에서 배관을 분리했다가 다시 조립할 때 유니언 너트를 임시로 조여 놓았다가 나중에 제대로 조일 생각이었지만, 잊은 것 같다. 이렇게 임시로 체결하는 경우가 상당히 많기 때문에 반드시 주의해야 한다.

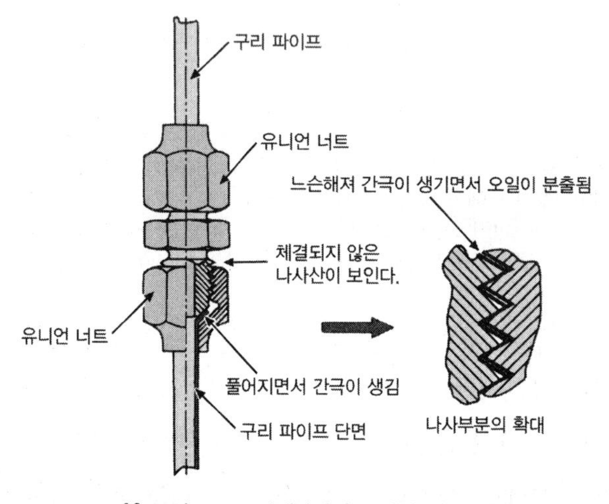

그림 5-29. 피해차량의 유니언 너트 상태

Check 탈착수리 때 자주 일어나는 체결작업 실수

내 앞에 어느 자동차 제작회사 계열사 지정정비업체의 정비작업 실수로 차량이 손상되거나 불이 나 클레임이 걸린 통계자료가 있다.

이 자료에 따르면 클레임은 1년 동안 541건이 발생했다. 그 가운데 나사와 관련된 체결작업 실수는 230건으로, 전체 1위인 42.5%를 차지하고 있다. 그 중에서도 본 체결을 잊고 임시체결 상태로 일어난 것이 134건(58.3%)으로, 60%에 가까운 숫자다.

그러면 어떤 체결 실수가 있었는지를 살펴보자.

① 정식 체결점검 잊음 : 134건 – 임시체결 후 정식으로 체결하는 것을 잊는 것
② 체결 잊음 : 68건 – 체결을 전혀 하지 않는 것
③ 과잉 체결 토크 : 24건 – 과도한 토크로 체결하여 볼트를 부러뜨리는 실수 외
④ 불량 나사 사용 : 2건 – 나사산이 손상되거나 휘는 것
⑤ 확인 작업 생략 : 2건 – 나사가 들어가는 입구를 손으로 돌려 확인하는 확인의 생략

마지막으로 어느 부품의 체결작업 실수로 차량의 어느 부분이 손상되는 지를 몇 가지 소개한다.

① 타이밍 벨트 아이들러 텐셔너 장착볼트 : 34건 – 엔진 손상
② 크랭크축 V벨트 풀리 장착볼트 : 26건 – 엔진 손상
③ 타이어 휠 장착볼트 : 23건 – 보디 파손
④ 볼 조인트 장착볼트 : 21건 – 보디 파손
⑤ 엔진오일 드레인 플러그 : 13건 – 엔진이 눌어붙음燒付
⑥ 라디에이터 드레인 플러그 : 12건 – 엔진 과열
⑦ 변속기 오일 드레인 플러그 : 11건 – 변속기 손상

한편 체결작업 실수로 차량화재가 난 것은 17건이었다.

왜건을 운전하다 가속 페달을 밟았더니 차체 밑에서 화재 발생

- **차종 : 왜건** 상용차
- **사고 장소 :** 일반도로(산간지대)
- **원인**

카센터에서 교환한 오일필터의 나사에 중대한 결함이 생기면서 엔진오일에 압력이 걸렸을 때 오일필터가 빠져버렸다. 여기서 샌(샜다고 하기보다 압력이 걸려 분출되었다) 오일이 사방으로 휘날리면서 뜨거운 부위에 닿아 안개를 만들었으며 이것이 또 엔진의 뜨거운 부분에 닿아 화재로 번졌고, 동시에 언더커버에 고여 있던 오일까지 연소시켰다. 이중 패킹이나 체결불량으로 인해 이런 종류의 화재가 발생한 사례는 많이 접해봤지만, 이 경우는 나사가공이 잘못되어 일어난 매우 드문 케이스다.

Check 사고 상황

세탁업에 사용하는 왜건이 급격한 언덕길을 올라가기 위해 가속페달을 밟아 엔진 회전속도를 높이는 순간 갑자기 차체 밑에서 검은 연기가 심하게 피어나면서 엔진이 "탕탕"거리며 이상한 소리를 내면서 멈추었다. 원인은 오일필터가 엔진 본체에서 빠져나갔기 때문으로 그림 5-30은 당시의 상상도다.

언덕길이라는 점과 엔진의 가동이 멈추었다는 점 때문에 바로 사이드 브레이크를 걸어 정지시킨 후 탈출은 했지만, 엔진(바닥 아래에 위치) 부근에서 매우 큰 화염이 솟아올라 손도 못 대는 상태에서 멍하니 바라볼 수밖에 없었다.

그림 5-30. 오일필터가 엔진 본체에서 빠져나간 상상도

이 자동차는 왜건이기 때문에 엔진은 미드 십midship 방식이었으며 더구나 바닥 아래에 배치되어 있다.

나사 트러블

평소대로라면 운전자 증언과 피해차량 상황 등을 상세히 설명하겠지만 지면 관계상 생략한다. 그 이유는 이 나사 이야기가 매우 길고, 나사가 자동차 안전을 지키는데 중요한 위치를 차지한다는 것을 알아주었으면 하는 바람 때문이다.

현장에서 빠져나간 오일필터를 겨우 찾아냈다. 다행히 풀이 여기저기 나 있는 비포장 언덕길이고, 자동차 왕래가 적은 시골길이었기 때문에 운 좋게 발견된 것이다. 물론 오일필터는 화재 전에 떨어져 나갔기 때문에 열에 의한 손상은 입지 않았다.

오일필터를 손에 들고 잡아 엔진 쪽으로 들어가는 암나사를 보니 나사산 끝만 반짝거리며 빛난다. 묻어 나오는 오일을 여러 번 닦아내도 역시나 나사산 끝만 빛이 난다. 이건 나사산 끝인데, 어떻게 이런 나사를 만들었을까? 하고 화가 날 정도로 기술자로서 용서가 안 되는 기분에 휩싸였다.

○ 해설

나사는 수나사든 암나사든 그림 5-31처럼 나선으로 생긴 면과 면이 넓게 접촉하면서 그 마찰에 의해 체결력을 만들기 때문에 나사산 끝부분은 접촉되지 않도록 왕관처럼 끝이 잘려나가게 만드는 것이 제대로 된 나사다. 따라서 선 끝이 접촉하게 되어 있는, 다시 말하면 빛나고 있는 이 나사는 불량품으로 체결력이 없다는 것을 증명하고 있다.

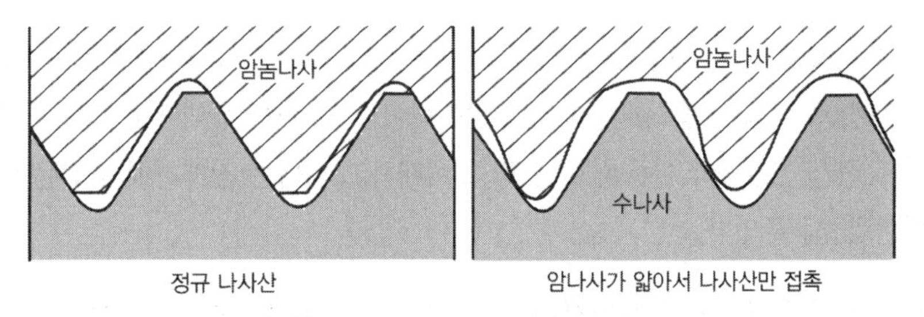

그림 5-31. 불량 나사산의 모습

말로하면 간단하지만, 몇 십 년 동안 이것으로 밥을 먹고 산 기술자 정도나 되니까 게이지로 측정하지 않고 한 눈에 이 나사산은 이상하다! 알 수 있는 것이지 이것을 일반인에게 요구할 생각은 추호도 없다. 다만 사외제품(순정부품이 아닌 제품)인 자동차 부품의 나사 모두가 올바로 가공되었다고는 할 수 없다는 것 정도는 알아뒀으면 싶다. 또한, 제작회사 순정부품 이외 사외제품은 이런 부분에서 차이가 난다는 것도 알아두길 바란다.

① 이 차량화재의 원인이 불량 나사 때문이라는 것을 알았기 때문에, 그 다음은 팀원에게 맡기고 카센터로 가 신품 오일필터를 하나 구입했다.
나는 현장에 나갈 때 언제나 7가지 도구를 가지고 다니기 때문에 순정부품과 카센터에서 산 신품 양쪽의 나사산에 나사피치 게이지를 대고 전구 빛에 비추면서 간극차이를 카센터 사장에게 확인해 달라고 했다. 카센터 사장은 그 차이가 의미하는 바를 이해하지 못하는 것 같았다.

② 이 나사는 매우 위험한데, 부품 판매점에다가 이 오일필터를 어디서 납품받고 있는지 물어봐 줄 수 있겠냐고 정중하게 요청했다. 그러자 의외의 대답이 카센터 사장한테서 돌아왔다. 최근에 같은 차종의 차량이 한 달에 2번이나 오일필터가 빠지면서 엔진이 손상되는 사고가 나서 현재 오일필터 제조업체에 항의를 제기한 상태이다. 잘 모르겠지만 나사가 잘못된 것 같다면서 순순히 오일필터 제조업체 담당부서로 전화를 해 주었다.

③ 오일필터 제작업체 담당자도 기술자가 아니어서 내가 말하는 것을 다 이해하지 못하긴 했지만 사안의 심각성을 알아차린 듯 제조원에 바로 연락해 나에게 전화를 하도록 조치를 취해 주었다.

④ 이미 클레임이 들어가기도 했기 때문에 다음날 이른 시간에 오일필터 제조업체의 사장한테서 전화가 걸려왔다. 내 이력을 모르기 때문에 처음에는 어디서 굴러먹던 말 뼈다귀인지 모르는 것이 우리 회사제품에 트집을 잡는다고 생각한 듯, 거만하고 무례한 태도로 나왔다.

나사라는 것이 원래 각이 있어야 하는데 귀사 제품은 나사산이 얇아서 원래의 면 접촉을 하지 못하고 점으로 접촉하기 때문에 결속력이 거의 없는 상태에서 서서히 빠져버린다고 하며 상대가 정밀공학 이론을 어느 정도 이해하고 있다는 전제하에서 전문용어를 사용해 이야기를 해 주었다.

그러는 도중에 태도가 바뀌면서 조금 더 전문적인 이야기를 듣고 싶으니 방문해도 되겠는가 하고 물어 왔다. 나도 여기서 조치를 취하지 않으면 이런 위험한 부품이 계속 유통될 수 있으므로 꼭 오시고, 다만 기술부장이든 누구든 엔지니어를 동행해 달라고 했다. 또한, 기술지도료는 없지만 대신에 이번에 나한테 받은 조언을 오일필터 제조업체 전체

에 알려달라고 했더니 마침 사장이 업계의 이번 회기 이사장이라며 내 희망사항이 잘 전달됐다.

⑤ 다음 날, 영업기술 부장과 함께 방문했다. 자사에서 만든 오일필터(세일즈용 견본) / 나사 게이지 / 다이얼 버니어 캘리퍼스 / 공업 규격서를 들고 와서는 영업기술 부장이 이것들을 사용해 자사 제품의 우수함을 설명했다. 기술적인 이야기는 하지 않아 내가 영업 상담을 받는 것 같다고 했더니, 이 분은 기술부장이 아니라 영업부장이라고 한다.

그래서는 이야기가 되지 않기 때문에 공법을 결정하거나 단가 인하, 품질관리를 담당하는 생산기술자는 있느냐고 묻자 사장이 그 방면을 담당하고 있다고 한다. 다만 판금을 전문으로 하고 있지 나사 같은 정밀공학은 잘 모른다고 솔직하게 말했다. 오일필터는 거의 판금과 용접으로 되어 있으며, 나사는 문제가 된 부위 한 군데 정도다.

⑥ 의견을 서로 주고받는 대화가 아니라 내 쪽에서 일방적으로 알려만 주는 간단한 대화가 되었다. 간단 하다고는 하지만 이 대화만으로도 내 앞에는 A4 용지 5장 분량의 내용이 쌓였는데, 항목만 소개하겠다.

- 규격대로 가공된 **유니파이**unify나사는 사람 손으로 직접 돌려도 빠지지 않는다. 순정부품 취급설명서에도 '손으로 힘껏 3/4회전시켜 조인다.' 라고 나와 있지 않은가? (필자) → 이것은 취급설명서가 개정되지 않아서 그런 것이고, 공업규격서에는 공구로 체결하는 것으로 바뀌었다.(사장) → 그런 말이 아니다. 귀사 제품은 손으로 조여도 나사산이 손상되는데 공구로 조이면 손상되라는 말밖에 더 되느냐?(필자).
- 귀사의 취급설명서도 3/4회전으로 나와 있고, 순정부품과는 나사산 정밀도(특히 면 거칠기)·허용오차·유효 나사길이가 상당히 다른데 어디서라도 실제 체결력을 측정한 적이 있는가? → 공업연구소 같은 곳에서 측정한 적은 없지만 제작회사나 당사 모두 같은 규격으로 가공한 나사이기 때문에 체결력이 같다고 생각한다. → 그건 아닌 것 같다.
- 허용오차는 얼마나 되나? → 최대 허용오차는 17.323mm → 버니어 캘리퍼스로 재보니 17.2mm이였다.
- 순정부품의 허용오차는 알고 있나? → 17.678mm로, 어느 쪽이건 허용오차 범위 안이기 때문에 문제는 없다고 생각한다.
- 허용오차는 나사산 모양이 여기서 나타내는 치수기계공학 편람에 상세한 치수·각도·면 거칠기가 기재로 가공되어 있다는 것을 전제로 하는데, 귀사의 나사산 모양은 얇게 되어 있어서 기계공

학에 나타난 치수를 지키지 못하고 있다. 면 거칠기surface roughness는 논외다. 눈으로 본 것이라 신용할 수 없다고 할지 몰라 측정기로 이것을 20만 배 확대해 보여주었다. 본래는 나사 스코프로 측정하는 이야기나, 중소기업이라면 공공 연구기관에서 저렴한 비용으로 측정해 줌과 동시에 기술적인 애로사항도 상담해 준다는 이야기도 나누었다. 의뢰 결과는 그림 5-32에 나타난 대로 매우 불량한 상태였다.

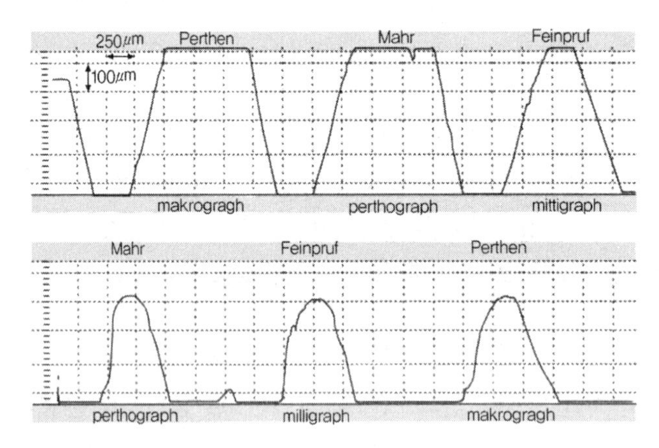

5-32. 순정부품(상)과 사고부품(하)의 나사산 끝을 확대해 비교한 그래프

한편 이 결과(공업연구소의 테스트 데이터)를 알려줬더니 저쪽에서는 "잘 알았다. 앞으로는 그런 불량품이 나오지 않도록 품질관리에 만전을 기하겠다. 그래서 이쪽 공장에 와서 직접 기술을 지도해 줄 수 있나?" 하고 요청해 오는 바람에 곤혹스러웠는데, 오지랖도 적당해야지 하고 반성하게 되었다.

그리고 면 거칠기와 체결력 관계를 이해하지 못하는 것 같아서, 마무리 정밀도가 얼마나 중요한지 설명해 주었다. 어느 뛰어난 대패공이 판 2장에 대패질을 한 후 물에 넣었더니 어떤 괴력으로도 그 판 2장을 떼어내지 못했다는 옛날이야기를 예로 들어 설명했더니 바로 이해하는 것 같았다.

- 이 오일필터를 보면 귀사의 부단한 단가인하 노력이 엿보인다. 단가인하 노력에는 경의를 표하지만, 유효 나사길이가 5mm밖에 안 되는 것은 너무 지나치지 않나. 순정부품은 9mm나 되는데, 공업규격에서는 나사산이 몇 개 걸려야 한다고 규정되어 있나?→3개로 규정되어 있다
- 3개 이상이 아닌가(여기서 나사산을 헤아리는 방법을 설명). 귀사의 나사산은 2.75. 어떻게든 개량을 해서 가격을 올리지 않고 3.25정도로 할 수는 없나?→노력해서 나사산 3개가 걸리도록 할 생각이지만…, 이래저래 살 두께를 만들어낼 방법을 생각하고 있다(나는 스피닝spinning 가공에 의한 압연성형을 사용해 볼 것을 추천했다).

대형트럭이 엔진이 오버히트 발생 염려, 무리하게 주행하자 화재 발생

- **차종 :** 대형 트럭
- **사고 장소 :** 고속도로
- **원인**

  이 화재는 사고 시작부터 12단계를 거치다 최종적으로 운전석(차량실내)을 모두 태웠다. 지정정비업체의 정비에서 시작된 것으로, 캡 틸트 실린더(운전실을 앞으로 기울이는 실린더)의 장착볼트와 히터호스가 간섭을 일으킨 것이다.

사고 상황

사고 당일 오전 2시경(심야)에 고속도로를 주행하던 중, 사이드 미러에 운전실 뒤쪽에서 불이 올라오는 것을 발견했다. 화염은 뒤쪽이 밝게 보일 만큼 크게 났기 때문에 황급히 갓길에다 트럭을 세웠다. 화염은 순식간에 손도 못 댈 만큼 번지면서 지금까지 있었던 운전석 쪽으로 옮겨와서는 커다란 화재로 이어졌다.

약 10분 정도 후에 소방차가 도착해 신속한 화재진압으로 바로 불을 껐다. 운전석 바닥부터 위쪽이 전소되고 화물칸은 앞쪽만 탔지만, 가장 피해가 컸던 것은 화물(2억원 상당)이 타버린 것이다.

운전자 증언

이 트럭은 오일이 좀 새고 과열증상을 보이는, 900,000km 이상을 주행하였다. 지방으로 화물배송을 나갔을 때 엔진 힘이 너무 떨어졌기 때문에 제작회사 계열 지정정비업체에 긴급 수리를 의뢰해 라디에이터 관련 교환정비를 받았다고 한다.

운송회사

제작회사에서 검사하러 온다고 하여 그 검사결과를 기다리겠다는 것이다.

"제작회사라면 납득이 갈만한 설명을 해주리라 생각하는데, 만약 제작회사의 설명이 충분하지 못하거나 의문이 생기면 그때 상담해 드리죠. 어느 쪽이든 제작회사의 결과가 나오면 저에게도 한 부 전해 주십시오." 하고 정리했다.

제작회사 소견서

제작회사 소견서에 제시된 내용에는 논리정연하게 화재사고가 분석되어 있었다. 사고가 시작된 원인도 지정정비업체가 작업한 히터호스의 장착실수라고 명기된 공식적인 결과이기 때문에 운송회사에 아무런 불만도 없었다.

개인적으로는 이렇게 큰 화재로 이어지는 과열은 왜 수위경고나 수온계의 이상으로 알 수 없었는지 의문에도 답을 준 것이기 때문에 과연 제작회사답다고, 제작회사 출신의 한 사람으로 내심 기쁜 마음마저 들었다.

이하 제작회사 소견서에 내가 독자적으로 조사한 내용(주로 사진)을 추가해 원인과 화재 진행과정을 설명한다.

① 피해차량의 조사결과
(문장은 제작회사, 사진은 필자)

- 운전석은 바닥부터 위쪽이 전소.
- 화물칸 앞쪽 벽과 덮개 소실, 화물 손실

  사진을 올리면 자동차와 운송회사 이름이 밝혀지기 때문에 그림 5-33처럼 불이 난 상태로 주행하는 모습을 그림으로 나타내는 정도로 처리했다.

그림 5-33. 불에 타면서 주행하는 대형 트럭의 상상도

- 엔진 위쪽 전체가 화염, 즉 열에 의한 영향을 확인할 수 있다. 특히 제6번 실린더 쪽이 현저하다(그림 5-34).

그림 5-34 ①. 엔진 위쪽 전체에서 열에 인한 영향을 확인할 수 있다.

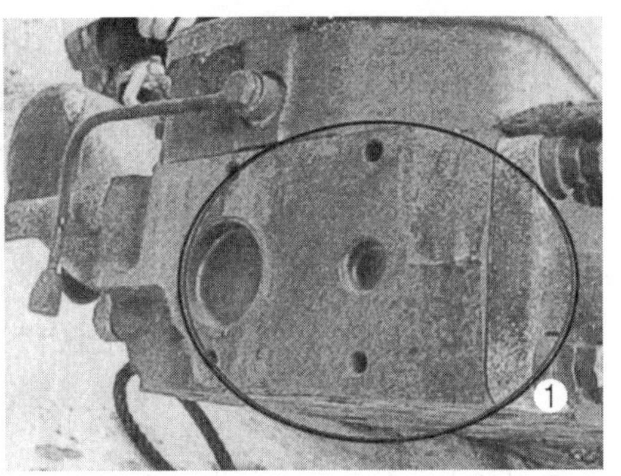

그림 5-34 ②. 실린더 헤드 뒤쪽에 불에 탄 손상이 현저하다.

그림 5-34 ③. 6번 실린더의 배기다기관 위쪽의 불탄 흔적 ①과 실린더 헤드 뒤쪽 ②

- 리어 아치 위쪽에서 불에 의한 영향을 확인할 수 있다(그림 5-35).
- 리어 아치rear arch 안쪽과 엔진 위쪽에 배선되어 있는 하니스의 피복 일부가 불에 탔지만 단락 흔적은 발견되지 않았으며, 하니스 자체 발열 흔적도 없었다(그림 5-36).

그림 5-35. 리어 아치 위쪽의 불에 탄 흔적

그림 5-36. 하니스가 스스로 발열한 흔적은 없다.

- 라디에이터 왼쪽의 히터호스(온수공급 쪽)에 길이 1mm의 균열과 인접한 에어클리너 상태 등으로 볼 때 이 균열에서 상당한 양의 누수가 발생했다고 판단된다(제작회사에서는 균열이라고 하지만 마모에 의해 생긴 관통 구멍인 것 같다). -그림 5-37.
  호스의 마모는 캡 틸트 실린더의 위쪽 브래킷과 간섭하면서 생긴 것으로, 차량정지 상태에서는 간섭이 일어나지 않지만, 주행으로 인한 운전실의 요동으로 간섭이 생긴다(브래킷에는 장착볼트가 분명하게 튀어나와 있었다). -그림 5-38.
  호스와 볼트의 간섭 상태를 알기 쉽게 도면으로 나타낸 것이 그림 5-39이다.

- 엔진 앞과 뒤쪽에서 실린더 헤드~개스킷~실린더 블록이 맞닿는 면에서 오일이 유출된 흔적이 있으며, 특히 뒤쪽에서는 오일이 탄화되어 눌어붙은 상태이다(그림 5-40).

그림 5-37. 히터호스의 마찰로 생긴 균열

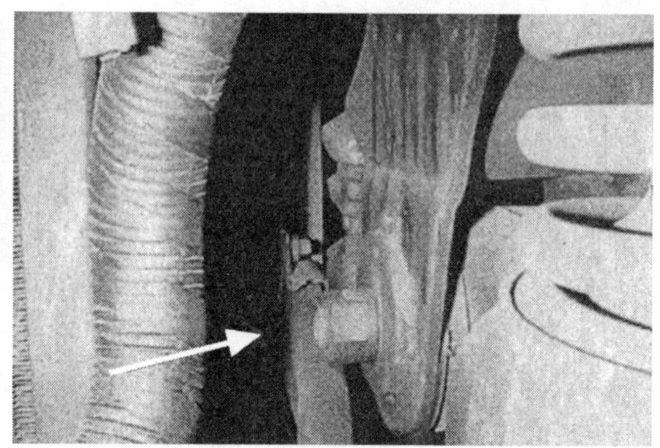

그림 5-38. P형 클램프 왼쪽의 볼록(凸)부분. 틸트 실린더 브래킷과의 간격이 작다.

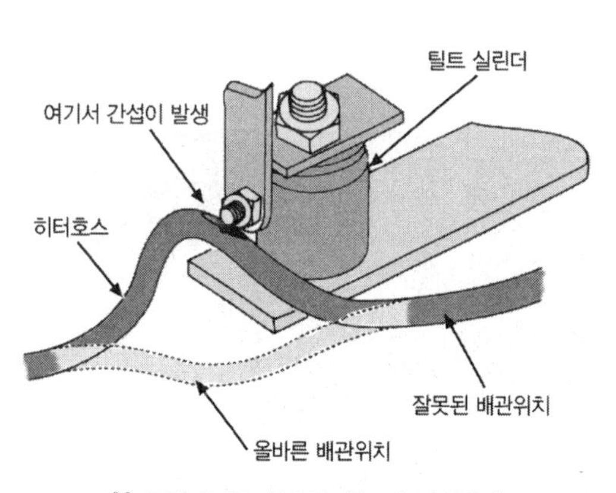

그림 5-39. 호스와 볼트의 간섭상태

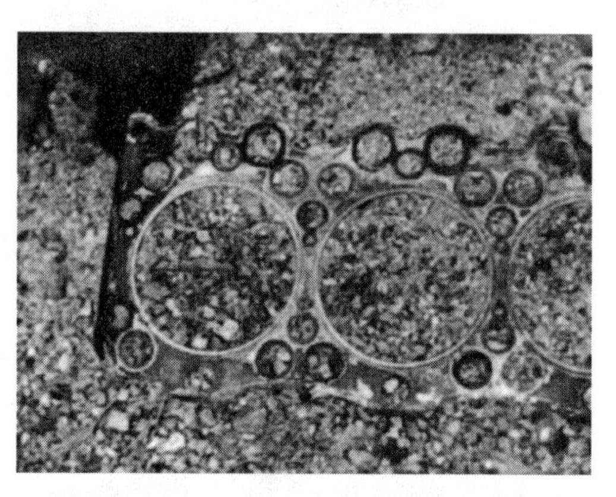

그림 5-40. 제6번 실린더 뒤쪽의 헤드개스킷에 오일이 샌 흔적이 있었다.

② 화재발생과 확대된 진행과정

캡 틸트 실린더와 히터호스 간섭 → 히터호스 마모 균열발생 → 냉각수 유출 → 냉각수 부족에 따른 과열 → 헤드개스킷 물·오일 통로·O링이 노화(여기에는 약간의 견해차이가 있는데, 나는 실린더 헤드의 열로 인한 변형이라고 생각하며 심한 열 때문에 실린더 헤드의 앞뒤가 위로 휜 것이라고 생각한다). → 실린더 블록과 블록 사이에서 오일유출 → 주행 바람에 의해 뒤쪽으로 오일이 날리며 엔진 뒤쪽에 오일이 부착 → 제6번 실린더 배기구멍 부근에서 발화(이 엔진은 직렬6실린더) → 달라붙은 오일로 불이 옮겨감 → 그 불꽃은 캡 페인트·포장 덮개·로프 등으로 이동 → 고온으로 인해 운전실 뒤쪽 유리가 열 균열에 의해 크게 파손 → 구멍이 생기면서 화염은 순식간에 운전실을 집어 삼킴.

③ 6번 실린더 배기밸브 구멍 부근에서 발화한 것은 이 엔진의 배기온도가 400~700℃나 됐기 때문에 과열로 냉각효과를 상실한 실린더 헤드와 블록 사이에서 빠져나온 배기도 비슷한 정도의 고온이었을 것으로 추정되기 때문이다.

한편 같은 지점에서 누출된 엔진오일의 자연발화 온도가 260~370℃인 점을 감안하면 순식간에 발화한 것을 쉽게 상상할 수 있다. 과열로 실린더 헤드가 비틀리면서 실린더 블록과의 사이에 커다란 간격이 생기고 여기서 오일이 빠져나와 그 오일이 불타는 모습을 그림 5-41로 나타낸다.

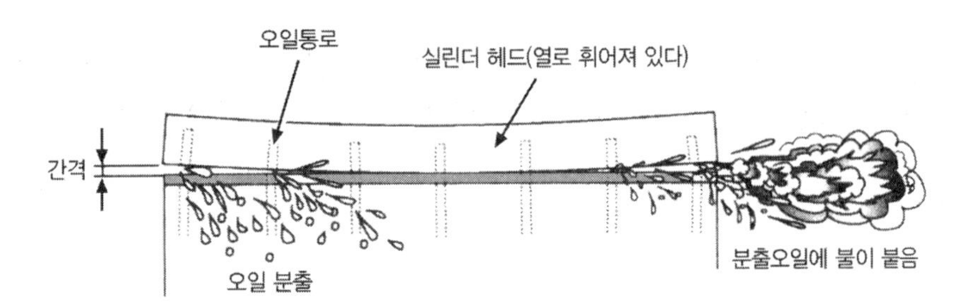

그림 5-41. 실린더 헤드와 블록 사이에서 오일이 분출하며 타오르는 모습

④ 심한 과열을 수온계 등으로 감지하지 못했던 것은 다음과 같은 이유 때문이다.

- 수위경고 - 센서는 헤더탱크header tank, 보조 물탱크의 아래쪽에 장착되어 있어서 헤더탱크의 부동액이 부족하면 경고하는 방식인데, 이물질 등으로 센서의 뜨개float 작동이 방해를 받으면 동작하지 않는 경우가 있다. 사고차량에는 슬라임slime, 끈적끈적한 물질이 많은 양으로 뭉쳐 있었다(뜨개 작동이 되지 않았다).

- 수온계의 지시수치 – 센서가 완전히 부동액에 잠기지 않으면 수온계는 정확한 수치를 표시하지 못한다. 예를 들어 공기와 수증기 경우에는 실제보다 낮은 수치를 나타낸다. 센서는 엔진 위쪽에 장착되어 있어서 부동액이 없어질 경우에는 바로 공기와 수증기를 측정하게 된다. 이러한 이유 때문에 수온계는 정확한 수치를 몰랐던 것이다.

  그리고 보면 과열 가운데 가장 많은 LLC부동액교환, 공기제거 불충분은 수온계로는 파악이 안 되는 경우가 있는 것이다.

결론

이번에는 우리 쪽 조사나 제작회사의 조사가 일치하였기 때문에 제작회사의 소견서를 우선으로 삼아 충실하게 알렸다.

이 사고는 매우 드문 케이스다. 부동액 유출에 따른 과열은 수도 없이 많지만 대부분은 엔진이 열에 의해 파괴된 시점에서 엔진의 가동이 멈추기 때문에 그 이상의 손해(예를 들면 화재)로 확대되는 경우는 거의 없다. 변형된 실린더 헤드의 틈새를 통해 부동액이 실린더로 유입되어 워터 해머water hammer가 되거나, 가스가 빠져나가면서 압축압력이 낮아져 엔진의 가동이 멈추는 것이 일반적인 패턴이다. 이번처럼 화재로 발전하는 경우는 나도 처음 겪은 일이다.

실린더 헤드가 열 변형을 일으켜 압축압력이 손실된 상태에서 남은 실린더로 운전을 계속해 자동차를 운행할 수 있었던 것은 디젤엔진이기 때문에 가능한 사건이었다고 할 수 있다.

승용차의 개스킷 교환 작업 후, 엔진룸에서 갑자기 화재 발생!

- **차종 :** 승용차
- **사고 장소 :** 고속도로
- **원인**

  실린더 헤드개스킷 교환 작업 후 체결 순서를 잘못하여 개스킷에 주름이 생겼다. 주름 사이로 엔진오일이 유출되어 연기 상태로 넓게 퍼지다가 뜨거운 부분에 닿으면서 순식간에 화재를 일으켰다.

사고 상황

고속도로에서 엔진 회전속도rpm를 조금 높여 주행하던 중, "펑-"하는 가벼운 파열음 같은 소리가 들리는가 싶더니 눈앞의 엔진 후드에서 검은 연기가 피어올랐다. 황급히 갓길에 자동차를 정차시키고 엔진 시동을 껐더니 약간 잦아들긴 했지만 여전히 검은 연기가 올라왔다.

휴대전화로 소방서에 연락을 취한 이후 진화된 후에 엔진룸을 보았더니 무슨 배관인지 잘 모르는 고무관과 배선 및 단자 일부가 연소되어 있었다.

운전자 증언

엔진 상태가 이상해서 이틀 전 지정정비공장에 가져갔었다. 헤드개스킷의 노화에 따른 압축압력 저하 때문이니 헤드개스킷을 교환하자고 해서 그날 중에 수리를 마치고 바로 귀가했는데 특별한 이상은 없었다. 전날에는 운행을 하지 않았고 당일에는 업무 때문에 외근을 나가던 중에 일어난 사고로 인해 상담에 늦어진 것을 매우 아쉬워했다.

지정정비공장 이름을 거론하며 거기서 뭔가 잘못한 것이 틀림없다. 자동차는 지정정비공장에서 가져가 원인을 조사하고 있다. 상담이 무산된 책임은 누가 지냐며 흥분해 있었다.

지정정비공장의 조사

지정정비공장을 방문했을 때는 이미 원인을 파악하고 있었다. 내가 할 일이 없어져서 지정정비공장 관계자의 이야기를 들은 후 사고차량을 살펴보고 그대로 돌아서 왔다.

원인

어찌된 영문인지 헤드개스킷에 주름(굴곡)이 생겼다. 이 주름 때문에 실린더 블록과 실린더 헤드사이에 작은 간극이 생겨 여기서 엔진오일이 분출되었다.

헤드개스킷을 보았더니 5번 실린더 왼쪽에 주름이 있다. 이 주름 모양을 일러스트로 그린 것이 그림 5-42이다. 치수는 알기 쉽도록 하기 위해 조금 과장되어 있다.

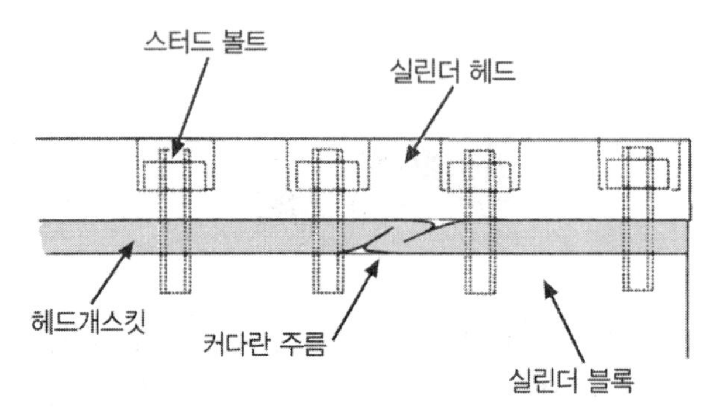

그림 5-42. 5번 실린더 왼쪽에 있었던 헤드개스킷 주름

헤드개스킷의 역할

헤드개스킷은 실린더 블록과 실린더 헤드사이에서 쿠션 역할의 가소성可塑性이 있는 금속판을 끼워 높은 실링sealing 성능을 확보하는 것으로, 이 실링 성능에 의해 실린더 내의 고압가스가 새지 않도록 하여 엔진 성능을 확보하게 된다.

동시에 실린더 블록에서 실린더 헤드로 부동액과 엔진오일을 중개하는 통로를 확보해 부동액과 엔진오일이 통로에서 절대로 누출되지 않도록 하는 역할도 맡고 있다. 이런 중요한 역할을 하고 있는 헤드개스킷에 주름이 생기게 한 책임은 매우 큰 것이다.

Check 헤드개스킷 체결

우리들은 실린더 헤드의 스터드 볼트를 체결할 때는 한 가운데서부터 양쪽 끝으로 순서대로 조이라고 배웠다. 이것은 지금도 변함없는 정비의 철칙이라고 생각하므로 꼭 지켜야 할 것이다. 이번에는 체결순서를 자세히 묻지는 않았지만, 아마도 그림 5-43의 '틀림'처럼 양쪽 끝을 먼저 고정한 후 앞에서부터 순서대로 체결해 나갔을 것으로 생각된다. 이렇게 체결된 헤드개스킷은 끝 부분에 있는 제5번 실린더 부근에서 더 이상 똑바로 체결되지 않고 주름을 만들었을 것이다.

헤드개스킷은 그림 5-43처럼 기본을 지켜 체결하면 실린더 블록과 헤드에 잘 밀착되어 가스나 냉각수, 엔진오일이 절대로 새지 않는다.

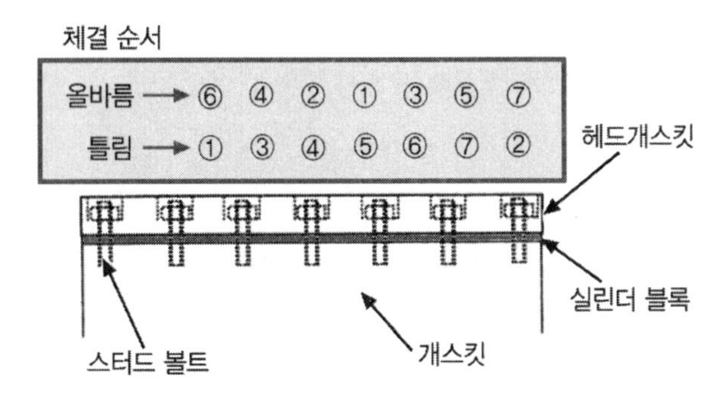

그림 5-43. 헤드개스킷 체결 순서

이번처럼 새 헤드개스킷에 주름이 가도록 하는 경우는 예외 중의 예외지만, 새 헤드개스킷의 좌우가 잘못 체결되면 오일통로가 막혀 순식간에 엔진이 눌어붙는 경우도 있으므로 주의해야 한다.

엔진 오일을 교환한 후 귀가 도중, 엔진룸에서 갑자기 발화!

- **차종 :** 승용차(디젤엔진의 4륜구동)
- **사고 장소 :** 일반도로(자택 앞)
- **원인**

지정정비공장에서 엔진오일을 교환했을 때 정비사가 필러 캡(엔진오일 주입구 캡)을 끼우는 것을 잊고 그대로 고객에게 건넸다.

엔진이 가동되면서 주입구에서는 오일이 뿜어져 나왔고 이 오일은 실린더 헤드커버의 외벽을 따라 배기관에 닿았기 때문에 오일증기(mist), 즉 하얀 연기로 변해 피어올랐다.

운전자는 봤다고 하는데 화염이 발생했는지 아니지는 엔진룸을 조사한 바로는 연소흔적이 없었다.

사고 상황

엔진오일을 교환하고 집에 도착하였는데 엔진 후드에서 흰 연기가 심하게 솟아올라 화재란 것을 직감하고 정차시킨 뒤 곧바로 집으로 뛰어 들어가 물을 대야에 담아 와서는 엔진에 뿌렸더니 바로 불이 꺼졌다.

필러 캡을 끼우는 것을 잊었다는 것은 도저히 납득이 안 가며, 너무 화가 난다. 물까지 뿌렸고 엔진오일이 새어나와 엔진은 눌어붙어 다시 사용하지도 못하기 때문에 새 자동차로 변상해 줘야 한다(운전자 증언을 그대로 옮김).

피해차량 상황

여느 때라면 피해 상황을 사진이나 도면으로 설명하겠지만, 엔진룸을 여러 번 쳐다봐도 필러 캡이 없는 것 외에는 아무런 이상이 없다. 물론 실린더 헤드커버 등에 오일이 넘쳐서 흐른 흔적은 그림 5-44와 같지만, 이 정도로 더러워지는 것은 흔히 있는 일이다. 배기다기

관은 원래 고온의 배기가스로 인해 빨갛게 녹이 슬어 있는 등, 평소와 다른 것이 아무 것도 없다. 물을 뿌렸다고 하는데 내가 봤을 때에는 말라 있어서 그 흔적을 확인할 수도 없었다.

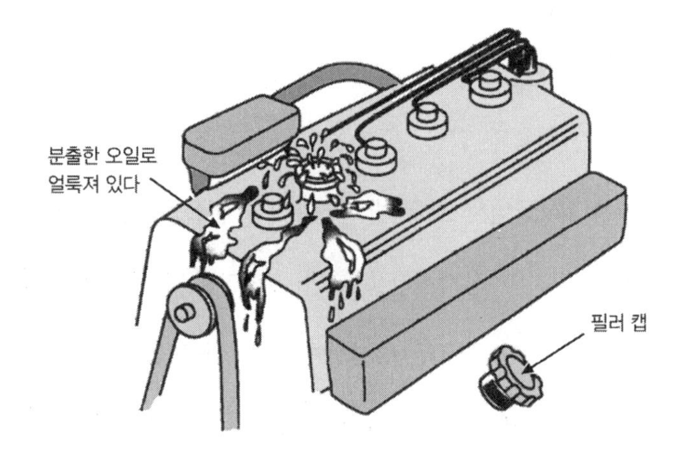

그림 5-44. 실린더 헤드커버가 오염되는 상황

① 나의 오랜 경험으로 엔진에는 아무런 손상도 없을 것이라는 확신이 있었기 때문에, 소리를 들으면 눌어붙었는지 곧바로 알 수 있으니 엔진 시동을 걸어달라고 요청했지만 그러다 엔진이 손상되면 당신이 변상 할 것이냐며 시동을 걸려고 하지 않는다. 이것으로 지정정비공장으로부터 부탁받은 진의를 알아차렸다.

이것은 필러 캡을 끼우지 않은 것을 핑계로 트집을 잡으려는 것이다. 그렇다면 운전자가 말한 화재가 났을 때의 상황도 의심스러워서 차량을 세밀히 검증하지 않으면 안 되겠다고 생각했다.

② 분명한 어조로 엔진이 손상되면 내가 변상할 테니 시동을 걸어 검사해야겠다고 말했다. 또 내가 엔진 개발기술자라는 것도 전달했다. 몇 가지 항목을 검사한 결과, 이 엔진은 상태가 좋다. 아무런 이상도 없으니 안심하고 타도된다. 내가 검사한 것은 이것, 이것들이고 이런 결과가 나왔다하고 전문용어까지 사용해가며 자세히 설명해 주었다(오해가 없도록 말해 두지만, 나는 신념적으로 일반인에게 전문용어나 기술용어를 구사해 설명하는 것은 실례라고 생각하기 때문에 평소에는 전혀 사용하지 않는다).

운전자는 내가 한 말을 이해하지 못하는 것 같았지만, 모르는 것이 민망했던지 아니면 전문가가 말하는 것이니 틀림이 없을 것이라 생각했는지 솔직하게 엔진 보상요구는 내가 잘못 한 것 같다고 한발 물러섰다.

엔진 시동은 지정정비공장에서 가져온 새 필러 캡을 끼운 후에 걸었다. 엔진오일은 따로 갖고 있었지만 오일레벨 게이지로 확인했더니 규정양이 들어있어서 별도로 보충하지는 않았다. 배터리가 조금 노후 되어 있었기 때문에 만일을 위해 예비용 배터리를 갖다 놓고 시동을 걸게 했다.

③ 내가 한 테스트는 다음과 같다.

- 시동 : 크랭크축 1회전에서 첫 폭발 확인(이상 없음), 3회 실시.
- 정지 : 엔진가동 정지와 정지시간을 확인(순식간의 정지, 이상 없음), 3회 실시.
- 공회전에서 이상한 소리의 유무·회전상태 확인(이상 없음), 3회 실시.
- 엔진 시동을 걸고 가속페달을 밟았다가 놓았다가 하여 회전속도 변화와 연동하지 않는 회전속도rpm상승이나 지연이 없는지를 확인(이상 없음), 5~6회 실시.
- 팀원에게 배기가스의 농도를 눈으로 확인시켜(농도가 짙은 검은 연기 없음, 이상 없음) 앞 4개 항목에 관해 점검하도록 함.

> ■ ■ ■ 이것으로 무엇을 알 수 있는지 자세히 설명해야 하지만 이것만으로도 꽤 길어지기 때문에 흥미가 있는 독자는 관련 서적을 참고하길 바란다.

④ 결론적으로 이 사고는 화재가 있었을지도 모르지만, 피해가 없기 때문에 엔진룸의 세척과 세차를 지정정비공장에서 하는 것으로 정리되었다. 소란스런 사건이었지만 이런 종류의 고객도 있으므로 정비공장이나 카센터에서는 주의해야 한다. 무엇보다 필러 캡을 끼우지 않는 실수를 해서는 안 된다.

이번에는 엔진오일이 뜨거운 부위에 닿으면서 발생한 증기mist를 화재로 인한 연기로 착각했다고 선의로 해석하고 싶지만, 그렇다고 해서 새 자동차를 요구하는 것 까지는 억지가 아닐까?

⑤ 3~5ℓ나 되는 엔진오일이 엔진 가장 아래쪽에 고여 있다가 오일펌프의 힘으로 기관내부로 압송되면서 회전 장치와 접촉 장치가 부드럽게 작동하도록 해준다. 역할이 끝나면 리턴 파이프와 일부의 자연낙하로 다시 오일 팬으로 돌아온다.

그런데, 이런 사이클 도중에 무엇인가를 잘못 건드리면, 엔진 내부에는 압력이 높이 걸리기 때문에 출구(이 경우는 필러 캡)만 있으면, 순식간에 모든 오일을 분출하게 되고

그러면 엔진이 눌어붙는다고 생각하는 사람이 의외로 많다. 주유구에서 넘치는 것은 그림 5-45에서 보듯이 트윈 캠과 같이 움직이는 캠축 스프로킷이나 캠축 본체가 튀게 하는 정도로 양도 그렇게 많은 편은 아니다.

어쨌든 엔진은 회전수가 높기 때문에 소량이라 하더라도 오랫동안 운전하게 되면 없어지는 양도 많아져 느린 속도겠지만 오일은 줄어든다. 평소에 운전하기 전에 오일레벨 게이지로 확인하면 엔진이 손상되는 사태는 방지할 수 있으므로 참고해 주기 바란다.

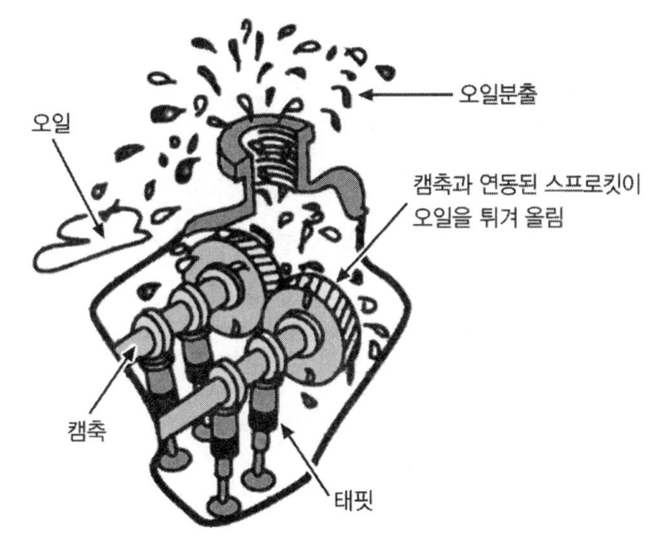

그림 5-45. 오일분출 상상도

디젤 승용차 거버너가 고장 발생 → 과회전으로 엔진 손상 → 유출된 오일에 불이...

- **차종 :** 디젤 승용차
- **화재 분류 :** 오일계통 화재(직접적인 원인은 과다 회전에 의한 커넥팅로드 이탈 – 커넥팅로드가 실린더 블록을 뚫는 사고 발생)
- **원인**

이 자동차는 1개월 전에 엔진 이상으로 정비공장에서 연료분사 펌프를 재생부품으로 교환하였다. 운전을 하는데 사람들이 뒤돌아 볼 정도로 검은 연기가 피어올라 오일이 샜다고 생각해 정비공장에 들려 오일을 보충하고 시운전을 하는 순간에 엔진제어가 되지 않을 만큼 폭주를 하다가 엔진이 파괴되는 큰 사고를 내며 멈춰 섰다.

이때 유출된 오일에 불이 붙으면서 불길이 솟았다. 장소가 장소인 만큼 큰 소란이 났지만 정비공장 직원의 신속한 대처로 소화기 3개를 사용한 끝에 진화하면서 최악의 사태를 막았다.

사고 상황

거버너(governor, 조속기)

디젤기관은 그 사용조건의 변화가 커 부하 및 회전속도 등이 광범위하게 변동하므로 오버 런(over run, 과속)이나 기관 가동정지를 일으키기 쉽다. 이를 방지하기 위하여 분사펌프에 거버너를 두고 자동적으로 연료분사량을 가감하여 운전을 안정시킨다. 즉, 거버너는 최고 회전속도를 조절하고 동시에 저속운전을 안정시키는 작용을 한다.
특히 저속운전에서는 연료분사량이 매우 적은 양이고, 제어래크의 작은 움직임에 대하여 연료분사량의 변화가 크고 또 기관의 부하 변동에 대해서도 거버너 없이는 조절이 어렵다.

운전자한테 들은 내용을 그대로 전한다.

회사 일로 시청에 가게 되어 회사 차량을 몰고 나왔는데 엔진 쪽으로 생각되는 곳에서 이상한 소리가 났다. 바로 얼마 전에 엔진오일도 교환했는데 이상하게 생각하며 일단 정비공장으로 향했다. 정비공장 근처까지 왔는데 검은 연기가 솟아올랐다. 지나가던 사람이 뒤돌아 볼 정도로 연기가 많았다. 교차로에서 일시 정지하는데 검은 연기가 더 강해졌지만 바로 앞이 정비공장이라서 내리지 않고 그대로 정비공장으로 들어갔다. 곧바로 엔진오일을 점검해 봤지만 "그다지 많이 줄지는 않았네요, 그래도 만일을 위해 보충은 해 넣겠습니다." 하고 엔진오일을 넣고 시운전을 해 주었다. 이때 정비사가 가속페달을 밟는 순간 엔진에서 커다란 소리가 들리며 검은 연기도 더 많이 피어오르기 시작했다. 가속페달에서 발을 떼도 회전수는 떨어지지 않고 오히려 올라가면서 소리도 점점 심해지는 상황이었다.

정비사와 젊은 종업원이 배터리 케이블을 떼었지만 그래도 엔진은 멈추지 않아서 이러고 저러고 있는 사이에 엔진 어딘가에서 폭발이 일어났다. 폭발과 동시에 물이 뿜어져 나왔고 나(운전자)한테도 조금 튀겼기 때문에 무서워서 도망갔다. 멀리서 보고 있는데 엔진은 굉음을 내면서 계속해서 돌아가고 있었다. 정비공장 직원들도 조금 떨어져서 멍하니 바라보고 있을 뿐이었다.

이때 "쾅-" 하는 큰 소리와 함께 엔진이 다시 폭발했다. 폭발과 동시에 엔진은 멈췄지만 이번에는 엔진룸에서 화염이 솟아나며 화재가 났다. 정비공장 직원 4명이 필사적으로 불을 껐기 때문에 큰 사고로 이어지지는 않았다. 엔진이 제멋대로 회전한 이유를 모르겠다. 정비사도 모르겠다고 한다.

Check 사고 엔진의 상황

① 엔진오일을 보충하면서 엔진 후드를 열어 놓고 있었던 것과 정비사의 조치가 빨랐기 때문에 엔진 후드 안쪽만 불로 인한 피해를 입었다. 그리고 배기다기관 부근에 오일이 타면서 그을음이 붙은 정도다. 고무배관이나 하니스 절연피복이 그슬리기는 했지만 불에 타지는 않았다.

이런 상황에서 새어나온 오일이 배기관의 뜨거운 부분에 닿으면서 수증기mist가 만들어지고 이것이 공중에서 불탄 것으로 생각된다. 화염 크기에 비해 불에 탄 부위가 적은 것은 공중에서 탔기 때문이다.

② 엔진을 점검하려고 언더커버를 탈착하였을 때 언더커버 위에 고여 있던 오일이 흘러넘쳤다. 이 오일은 하얗게 변해 있었다. 만일을 위해 오일 팬에 남은 오일을 드레인 플러그 쪽으로 빼냈더니 역시 하얗게 변해 있었다. 이것은 냉각수가 많은 양으로 섞였기 때문인데, 이런 경우는 과열에 의한 실린더 헤드의 변형 즉, 냉각수 통로와 실린더 연소실 사이에 틈이 생기기 때문에 피스톤이 내려갈 때 많은 양의 물을 빨아들이는, **워터 해머**water hammer를 일으켰다는 것을 증명하는 것이다.

이것으로 운전자가 말하던 (최초의) 폭발이 워터 해머가 피스톤을 때렸을 때 난 소리라는 것을 알았다. 이때 물이 튄 것도 과열에 의한 실린더 헤드의 변형 때문에 생긴 것이기 때문에 운전자 증언과 일치한다.

③ 손거울과 작업등을 이용해 실린더 블록 외벽을 조사했더니 제2·3번 실린더의 오른쪽 외벽 아래에 큰 구멍이 뚫려 있었다. 이 엔진은 직렬4실린더 디젤엔진이다. 오일 팬에도 5군데 정도 안에서 총을 쏜 것처럼 관통구멍이 나 있었다. 이것은 커넥팅로드가 실린더 블록을 뚫으면서 생긴 흔적이다.

그렇다면 (2번째) 폭발이라고 하는 것은 피스톤이 워터 해머로 충격을 받았을 때 방향을 잃어버린 커넥팅로드가 부러지는 소리와 동시에 실린더 블록을 뚫고 나가던 소리가 너무 커 이것을 폭발이라고 표현했던 것 같다.

■ ■ ■ 이론적으로는 금속파괴와 폭발은 기본적으로 다르기 때문에 "폭발"이라는 표현은 적절하지 않다. 나는 신규제작 엔진의 연속 내구운전 테스트를 통해 여러 번 이런 사고를 봐왔기 때문에 금속파편이 튀고, 오일이 뿜어지고, 땅을 울리는 것 같은 소리가 나는 것들이 「금속파괴」라는 것을 알고 있지만 엔진 내부에서 "폭발"했다고 말하는 편이 표현적으로는 실감이 난다. 그럴 정도로 엄청난 것이다.

④ 과열이나 워터 해머, 금속파괴 모두 제어가 되지 않는 과다 회전over revolution 때문에 일어난 사고로서, 이 과다 회전을 일으킨 원인은 무엇일까? 디젤 엔진, 제어가 되지 않는 과다한 회전, 검은 연기 등으로 보건데 거버너 고장 말고는 없다. 운전자에게 다시 "거버너 상태는 어땠습니까, 최근에 거버너를 수리한 적은 없나요?" 하고 전화로 물었더니, "거버너라고 하는 것이 뭔지 잘 모르겠지만, 1개월 전에 엔진이 이상해 정비공장에서 분사계통의 교환 수리를 했습니다." 라고 한다.

⑤ 곧바로 정비공장을 찾아가 정비기록을 뒤져봤더니 거버너를 재생부품으로 교환한 기록이 있었다. 파괴상황으로 봤을 때 원인은 거버너 이외에 생각되지 않는다는 점을 설명하고, 피해차량의 인수와 거버너 분해조사를 의뢰했다.

⑥ 2일 후에 거버너를 장착할 때 이물질이 들어가 거버너에 끼였다는 연락을 받았다. 가장 안도했던 사람은 내가 손상시킨 것이 아닌가 하고 생각하고 있었던 정비공장 정비사였다.

Check 의외로 모르고 있는 디젤 엔진의 원리

① 디젤 엔진의 회전수 제어는 거버너가 한다.

② 이것은 디젤 엔진만의 고유한 특성으로서, 어떠한 경우에 거버너가 기능을 하지 않게 되면 회전수가 점점 올라가게 된다. 이때 설계한도를 넘어서면 엔진은 파괴되고 마는데, 기능을 하지 않게 되는 이유는 이물질이 끼거나 링크가 느슨해지거나 떨어졌을 때이다.

③ 디젤 엔진에는 점화플러그가 없기 때문에 이번에 정비사가 취한 행동처럼 배터리 케이블을 떼어내도 엔진은 멈추지 않는다.

④ 디젤 엔진의 시동을 끄려면 연료공급을 차단하든가 공기의 공급 차단하는 방법 말고는 없다. 남은 수단으로는 펜치나 플라이어plier로 연료호스를 누른 후 그대로 잠시 있으면 회전하는 엔진을 멈추게 할 수는 있다.

■ ■ ■ 선박용, 육상용 대형 디젤 엔진에는 연료를 긴급히 차단시키는 핸들이 장착되어 있지만, 자동차용에는 달려 있지 않다.

⑤ 다만 굉음을 내면서 방금이라도 폭발할 것 같은 엔진의 연료호스를 잡고 있어야 하냐고 물을 수 있다. 나도 그다지 권하고 싶지는 않지만 금속이 파괴되는 사고에서 튀는 파편은 실린더 블록 옆으로만 날아가기 때문에 엔진 앞이나 뒤에서 작업할 수 있는 경우에 한해서라면 해 볼만 하다. 이것도 빨리 해야지, 실린더 헤드의 틈에서 뜨거운 물이 나올 것 같으면 절대로 해서는 안 된다.

오래된 4륜구동 탑차에서 화재 발생

차종 : 4륜구동 차량

원인

이 차량은 자동변속기의 ATF(자동변속기용 오일) 자주 줄어들어 조수석에 보충용 ATF를 항상 2통이나 갖고 다니면서 계속 ATF를 보충해 왔다. 또 피스톤 링이 마모되어 엔진오일 손실도 심했던 것 같으며, 연소실은 카본으로 가득했고 점화스위치를 OFF로 하여도 엔진 가동이 멈추지 않는, 소위 말하는 "조기점화(pre-ignition, 점화플러그 · 배기밸브 등의 고온 부분이 점화원이 되어, 정규 점화시기보다도 일찍 혼합기가 발화하여 연소하는 현상)" 차량이었다.

원래 군사용 사양인만큼 언더커버는 튼튼하게 잘 장착되어 있다. 토크컨버터와 변속기에서 누출된 ATF는 이 언더커버에 고여 있다가 넘쳤던 것 같으며, 넘친 ATF가 배기관의 고온부위에 닿으면서 발화된 화재다.

사고 상황

저녁 11시 무렵에 일과를 마치고 귀가하던 중에 야식거리를 사기 위해 국도 길가에 있던 편의점에 들렀다. 점화스위치를 OFF로 하였는데도 엔진 시동이 꺼지질 않았다. 또 이러네 하고는 아무 걱정 없이 물건을 산 다음 편의점을 나서려고 하는데 본인 차량이 불에 타고 있는 것이었다.

편의점 직원에게 도움을 요청하자 갖고 있던 소화기로 불을 끄려고 달려왔는데, 작은 불인데도 불구하고 좀처럼 꺼지지 않았다. 그러고 있는데 누가 신고했는지 소방차가 도착해 불을 꺼 주었다.

Check 피해자의 태도

이 피해자를 상대하는데 있어서 아래와 같은 어려움이 있었다.

① 원인을 조사하는데 있어서 힌트를 얻기 위해 면담을 요청했지만 응해주지를 않음.

② 소화 작업을 편의점 점원에게 맡겨두고는 방관만 했으며, 소방서에 신고도 하지 않았다.

③ 오일 유실이 심하고 조기점화가 일어나는 차량을 수리도 하지 않고 타고 다녔다.

④ 나의 현장검증(정비공장)에 입회하도록 연락했지만 여기에도 응하지 않음(정비 불량 차량을 운전해서는 안 된다고 강하게 충고하려고 했었다).

⑤ 화재로 탄 전장품을 카 용품점이나 중고 부품가게에서 사서는 아마추어 같은 수리를 해 왔다. 이렇게 해서 고쳐지면 그대로 타고 다닐 생각이었겠지만, 이런 위험한 차량을 운전해서는 안 될 뿐만 아니라 정비사 자격도 없는 사람이 자동차를 수리해서도 안 된다. 심지어 전장품을 고쳤다 하더라도 공기튜브 파손이나 ATF 유출, 조기점화는 어떻게 할 생각이었을까?

뒤에서 설명하겠지만 엔진 제어용 통신회로의 배선이 교체되어 있었다. 이것은 아마추어가 하기에는 무리한 작업으로, 피해자에게 자동차 정비에 대한 이해가 얼마간 있었는지 아니면 친구나 지인 중에 정비사가 있었는지는 모르지만 앞에서 말한 것처럼 면담에 응해주질 않아서 확인할 방법이 없었다.

⑥ 곤란해 하는 곳은 정비공장 쪽인데, 피해자로부터 최소한의 수리비로 움직이게만 해주면 된다고 부탁받았지만 엔진과 변속기를 분해정비오버홀를 하지 않으면 복구는 불가능한 상태라 이런 점을 내가 피해자에게 확실하게 말해 주길 바라는 눈치였다. 내 진단결과는 전화나 문자로 피해자에게 전달하기로 했다. 피해자 중에는 이런 사람도 있기 마련이다.

Check 피해차량의 상황

① 그림 5-46은 4륜구동 차량들로, 가운데 엔진 후드가 젖혀져 있는 것이 피해차량이다. 그림 5-47은 엔진 후드 안쪽을 촬영한 것인데, 정말로 군사용 차량답게 흡음재가 없다. 철판은 그을음으로 더럽혀져 있지만 불에 탄 흔적이 없는 것을 보면 엔진 후드까지 번진 화재는 아니었다.

그림 5-46. 피해차량인 4륜구동 차량 (가운데 엔진 후드를 연 차량)

그림 5-47. 엔진 후드 안쪽

② 그림 5-48은 조향핸들과 인스트루먼트 패널, 그림 5-49는 시트의 모습이다.

그림 5-48. 인스트루먼트 패널 상태

그림 5-49. 시트 모습

③ 그림 5-50은 배터리 사진으로, 새 제품이 장착되어 있다. 자동차 용품점 이름이 새겨진 스티커가 붙어 있는 것을 보면 스스로 교환한 것 같은데, 이쪽은 화재 영향을 받지 않은 상태로서, 수리 도중에 전압부족을 겪다가 새 것으로 교환한 것 같다.

그림 5-50. 장착되어 있던 새 배터리

그림 5-51은 디스트리뷰터로서, 이것은 중고품으로 교환되어 있다.

근처에 고무호스가 탄 흔적이 있는 것을 보면 열에 의한 영향을 받은 것 같지만 피해를 받은 곳이 없기 때문에 정확한 것을 알 수가 없다. 그림 5-52는 엔진 제어용 통신회선 배선(사진 중앙에 하얗게 보이는 배선)으로, 새 것으로 교환되어 있다. 이것도 열 영향을 받은 것 같지만 확실한 것은 알 수 없다.

정비공장 사장에게 "이런 아마추어같이 수리를 해놓고 엔진 시동은 걸렸나요?" 하고 물었더니, "걸리긴 하는데 시원스럽게 엔진 회전수가 올라가지 않고, 고객은 엔진이 시원스럽게 작동되도록 해달라고 하는데 곤란한 상황입니다." 라고 한다.

그림 5-51. 중고품으로 교환되어 있던 디스트리뷰터

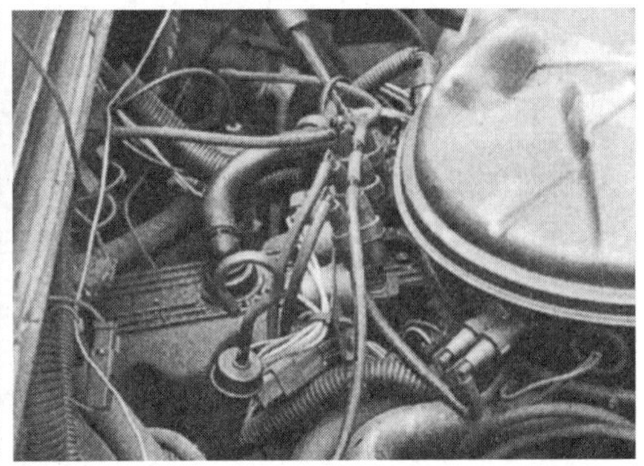

그림 5-52. 새 것으로 교환되어 있던 엔진 제어용 통신회로 배선

④ 그림 5-53은 완전히 불에 타서 끊어진 에어클리너의 분기관branch tube으로 여겨지는데, 이걸로는 공기튜브의 기밀성機密性을 확보할 수 없다. 그림 5-54는 배기관 근처에서 따뜻한 공기를 공급하는 온도 제어용 배관으로 생각되는데, 이것도 불에 타면서 끊어졌으며 공기튜브의 기밀성은 확보할 수 없다.

그림 5-53. 완전히 파손된 에어클리너의 분기관

그림 5-54. 불에 타 손상된 온도 제어용 배관

이렇게 손상된 공기튜브로는 흡기장치가 제대로 기능을 할 리가 없다. 또 그을음으로 새까맣게 변해 있으며 다른 곳에도 손상된 곳이 있을지도 모르고, 검댕이가 전장품에 들어갔는지도 모르기 때문에 이대로 운행하는 것은 너무 위험하다.

엔진룸 안에서 불에 탄 것은 에어클리너 배관으로, 전기나 기름이 없는 부위이기 때문에 이것은 불이 옮겨와서 탄 것이다. 그렇다면 발화지점은 엔진 밑에 있을 것이다.

⑤ 그림 5-55는 배기 파이프를 촬영한 모습으로, ATF나 오일화재 특유의 기름기가 들어있는 검댕이가 달라붙어 있다. 손전등과 거울을 사용해 엔진 언더커버를 살펴보니 많은 양의 ATF가 고여 있는데, ATF는 이때까지도 계속해서 새고 있다. 불씨는 엔진 바로 뒤의 배기 파이프에서 생긴 것 같다.

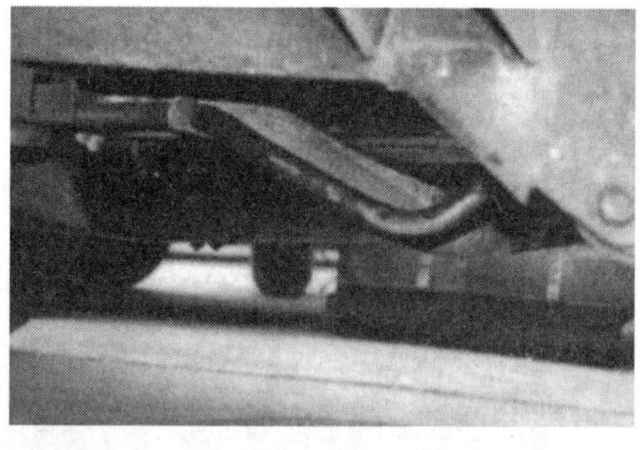

그림 5-55. 오일화재 특유의, 기름성분이 들어있는 검댕이가 찰싹 붙어 있는 배기 파이프

이로써 편의점 직원이 좀처럼 불을 끄지 못한 이유도 파악되었다. 이렇게 깊숙한 곳에서 일어난 화재는 전문가가 아니면 끌 수 없다. 그림 5-57은 ATF 손실이 심해서 계속 갖고 다녔던 보충용 ATF이다.

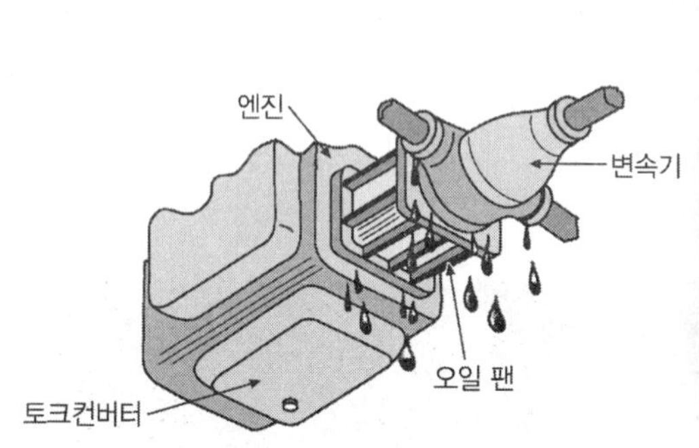

그림 5-56. 오일이 심하게 유출되는 모습

그림 5-57. 항상 갖고 다녔던 ATF

Check 기 타

참고로 어떤 것을 장착해 광고·선전 차량(영업용 번호판)으로 사용했는지를 소개한다. 피해차량의 물건이 없어서 수리공장의 도움으로 부품을 빌려 촬영한 것이다.

① 그림 5-58은 손바닥보다 조금 큰, 장난감 같은 스피커다.

② 그림 5-59는 도시락 정도의 소형 앰프와 핸드 마이크로서, 전원은 액세서리 소켓에서 따온다. 이것만 장착하면 영업용 번호판을 달 수 있다고 하는데, 좀처럼 납득은 가지 않는다.

그림 5-58. 영업용 번호판을 달기 위한 장치 ①
: 장난감같은 스피커

그림 5-59
영업용 번호판을 달기 위한 장치 ②
: 소형 앰프와 핸드 마이크

신호대기 중에 앞 범퍼에서 갑자기 격렬한 불꽃이 솟아오름

☑ **차종 :** 승용차(스테이션 왜건)

☑ **원인**

이 차량 소유자는 엔진과 관련된 튜닝 마니아로서, 여기저기 본인이 직접 개조해 왔다. 그 중 하나인 엔진오일 쿨러의 이음새 부분이 느슨해지면서 그쪽으로 엔진오일이 유출되었고, 이것이 배기관의 고온부위에 닿아 화재가 난 상태에서 운전을 했던 것이다. 신호 때문에 정차하게 되자 오일이 노면에 떨어지면서 고였고 거기에 불이 붙으면서 차체 앞부분을 태웠다.

오일 쿨러 연결을 배관용 파이프 탭 엘보(tap elbow)를 사용한, 원래의 플레어 파이프(미니스커트처럼 관 끝을 넓힌 것)와 플레어 너트로 연결했다면 느슨해지는 일은 없었을 것이다.

Check 사고 상황

신호를 기다리느라 정차를 하고 있는데 앞 자동차의 창문이 열리면서 차에 불이 났다고 알려주었다. 운전자 눈에는 아무 것도 안 보이기 때문에 장난이라고 생각해 무시했다. 이번에는 운전자가 자동차에서 내려서는 정말로 차가 타고 있다며, 빨리 엔진 시동을 끄라고 말했다. 당황해서 엔진 시동을 끄고 자동차 앞으로 다가갔더니 범퍼가 심하게 타고 있었다.

휴대전화로 소방서에 신고한 이후 소방대의 활약으로 화재는 진압되었다. 소방대도 출동기록에 원인을 기록할 필요가 있기 때문에 왜 엔진오일이 분출했는지 정비업체에 가져가 조사할 것을 강하게 권유했다. 그런데 개조한 곳을 정비업체에 보여주는 것이 싫다는 이유로 가져가는 것을 거절했다. 그 때문에 화재는 원인불명으로 처리되려고 했다.

그런 정보를 알려준 사람이 있었기 때문에, 원인을 모르는 화재는 있을 수 없다고 판단해 즉시 보러 가기로 했다.

엔진 보조장치의 개조

피해차량은 소유자가 근무하는 공장의 빈 공터에서 파란 커버가 덮인 상태로 로프가 둘러쳐 있었다. 전체적인 관찰, 즉 불에 탄 부위를 역삼각 원통으로 연결하면 그 끝 부분에서 발화지점을 찾을 수 있다. 그런 자세로 시작하려고 했는데 이 자동차는 주로 엔진 쪽에 개조가 많이 되어 있어서 그쪽이 먼저 눈에 들어왔다.

개조는 너무 불균형하게 되어 있었고 장착방법도 조잡하다. 가장 먼저, 무엇을 위한 개조인지 그 목적을 잘 모르겠다. 이런 상태로는 정비업체에 보이고 싶지 않다는 이야기도 이해는 간다. 이런 제멋대로 작업을 해서는 제작회사의 안전기준에서 완전하게 벗어나 있다고 밖에 할 수 없다.

나는 엔진 전문가이기 때문에 화재원인을 규명하는 것도 그렇지만 개조한 상태가 신경이 쓰인다. 눈에 띄는 개조만 열거해도 다음과 같다.

① 에어클리너에서 나온 에어 덕트는 지름이 큰 제품으로 교환되어 있었다(그림 5-60). 무엇 때문에 지름이 큰 것으로 했는지 이유를 모르겠다. 공기흡입량을 늘리고 싶다면 에어클리너의 용량이 큰 것을 달면 되므로 중간배관은 아무런 의미도 없다고 생각한다. 공기흡입량은 제작회사에서 계산해 필요에 맞게 충분한 양을 확보하고 있기 때문에 굳이 개조를 할 필요성은 없다.

② 엔진오일 쿨러가 그림 5-61처럼 용량이 큰 제품으로 바뀌었다. 아마 이것은 엔진 내부에서 고온이 된 오일을 방열효과가 큰 쿨러로 냉각시키면 엔진성능이 더 나을 것이라고 생각한 것 같다. 이것도 제작회사에서 필요에 맞게 충분한 방열효과의 쿨러를 장착하고 있기 때문에 필요 없는 것이라고 밖에 할 수 없다.

그림 5-60. 에어 덕트는 지름이 큰 걸로 바꾸었다.

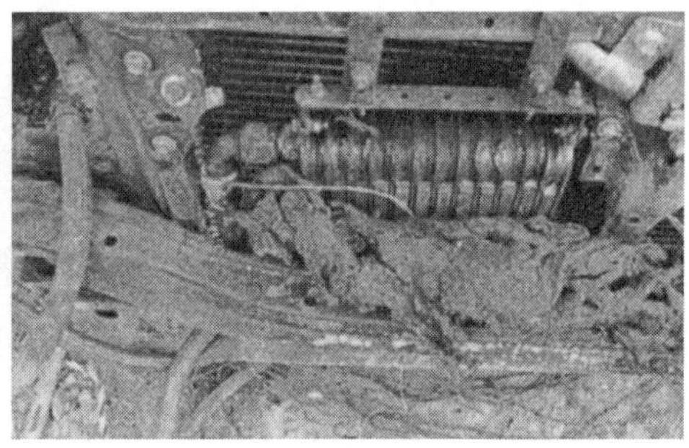

그림 5-61. 오일 쿨러는 용량이 큰 제품으로 바꾸었다.

③ 그림 5-62는 엔진오일 쿨러의 배관으로, 이것은 허용되지 않는다. 손으로 들고 보니 이것은 유압기기용 고압 고무호스다. 높이가 높은 엔진오일 쿨러를 장착하려는데 기존 배관이 치수에 맞지 않아서 구리 파이프銅管를 구입해 구부려 사용할 생각이었겠지만 전용공구인 파이프 굴절기계bender가 없었을 것이고, 고육지책으로 기존의 고무호스를 사용한 것 같다. 그런데 이것은 매우 위험한 행위로서 해서는 안 되는 개조다.

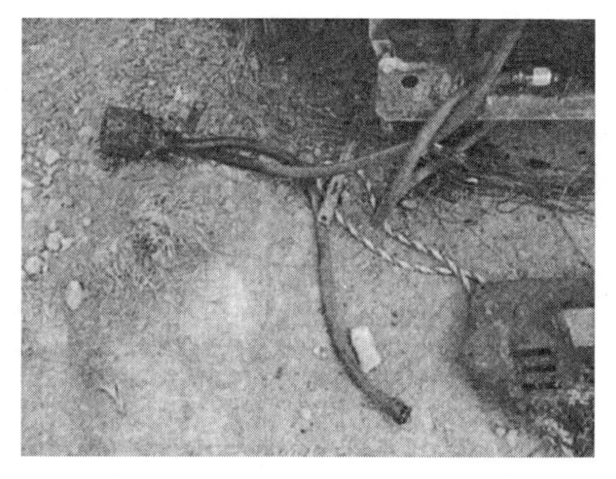

그림 5-62. 유압기기용 고압 고무호스를 사용한 엔진오일 쿨러의 배관

고무호스는 차량 진동으로 요동치지만, 압력이 있는 배관은 맥동pulsation을 치기 때문에 다른 물체와의 간섭은 피할 수 없다. 더구나 이것이 고무라면 간섭에 의해 마모나 손상될 위험이 매우 높다. 또 맥동은 배관 가운데 연결된 부위를 점점 느슨하게 만든다. 나의 신조이지만 자동차의 배선과 배관은 제작회사에서 처음 세팅setting한 라인에서 절대로 변경해서는 안 된다고 생각한다.

④ ATF 쿨러도 그림 5-63에서 보듯이 대형 쿨러로 교환되어 있다. 교환한 목적도 엔진오일 쿨러와 똑같을 것으로 생각되지만 의미가 없는 것으로 판단된다.

⑤ 그림 5-64는 전자 경음기로서, 나의 신조인 '제작회사 라인 이외의 배선은 삼가야 한다'는 것에는 변함이 없지만 이것은 관대하게 봐주고 싶다.

그림 5-63. 대형 제품으로 교환된 ATF 쿨러

그림 5-64. 개조된 전자 경음기

⑥ 터보차저의 부압 조정기도 다른 제품으로 교환되어 있었다(그림 5-65). 이것이야 말로 터보차저의 성능에 문제가 있기 때문에 순정부품을 바꾸지 말아야 할 것으로 생각하는데, 터보차저 성능을 해치는 것은 아닐지 걱정이다.

그림 5-65. 다른 제품으로 교환된 터보차저의 부압조정 장치

⑦ 아마도 운전자의 취미가 엔진을 개조하는 것 같다. 레이싱 카도 아닌데 그림 5-66에서 보듯이 인스트루먼트 패널 위에 여러 개의 계기를 장착하고 있다. 그것도 속도계에는 관심이 없는 듯, 엔진을 관리하는 부스트boost 압력 계기, 온도계, 오일압력계, 회전속도rpm계만 장착했다.

그림 5-66. 추가로 장착한 계기들

Check 피해차량의 상황

① 불이 난 곳은 차량 실내와 엔진룸으로, 앞으로 갈수록 심하게 탔다. 프런트 범퍼나 헤드램프는 형체도 남기지 않고 모두 탔다. 오른쪽 앞 타이어는 불이 옮겨 붙어 타버렸으며, 그 열로 인해 오른쪽 펜더가 손상되었다. 엔진 후드는 열 때문에 크게 비틀어져 있다(그림 5-67).

② 격벽 하나를 사이에 두고 차량 실내는 그림 5-68에서 보듯이 아무렇지도 않다.

그림 5-67. 피해 부위와 엔진 룸 모습(하단 왼쪽그림까지)

그림 5-68. 격벽 하나를 사이에 둔 차량 실내

③ 그림 5-69의 중앙 왼쪽 방향으로 대형 엔진오일 쿨러가 보인다. 쿨러의 왼쪽 윗부분으로 배관이 연결되어 있다. L자로 구부러진 연결 장치가 뭔가 이상하다. 자동차 배관용으로 많이 쓰이는 물건인데, 여기만 뚜렷이 드러나 시선을 끈다.

이것은 가정용 가스배관에 사용되는 파이프 탭을 잘라서 만든 암수 엘보elbow였다. 이런 것이 자동차 진동을 견뎌낼 리가 없다. 실제로 이 부위의 나사가 느슨해져 있다. 유출된 오일로 인해 유압용 고압호스도 이 부분만 시커멓게 더럽혀져 있다. 이 정도로 큰 화재의 원인이 느슨해진 나사 때문인 것이다. 느슨해진 이유는 억지로 끼워 맞춘, 조잡한 배관공사에 있다.

그림 5-69. 차량 앞면의 모습

④ 사진으로는 알기가 쉽지 않아 그림으로 나타낸 것이 그림 2-241이다. 정규배관은 자동차에 일반적으로 사용하는 방법으로, 이 배관이라면 진동으로 느슨해지는 일은 없다. 반면에 개조(조잡한) 배관은 이번에 사고가 난 방법으로, 진동이 심한 자동차 배관에는 금물이다.

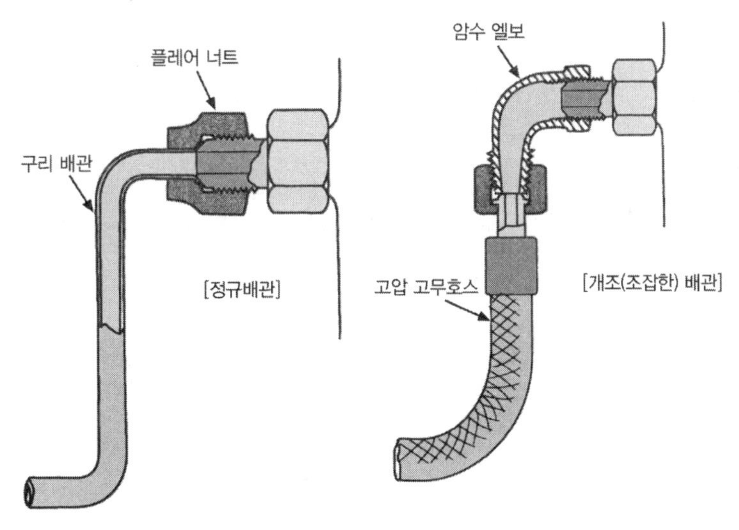

그림 5-70. 정규배관과 개조(조잡한) 배관

배기관 계통 화재

주차장에서 시동을 끈 자동차에서 불!

- **차종 :** 경형 밴
- **사고 장소 :** 슈퍼마켓 주차장
- **원인**

  점화스위치를 OFF로 하였는데도 엔진 작동을 멈추지 않는 불연소 엔진을, 정차상태에서 즉, 주행에 따른 냉각이 없이 공회전 시켰다. 또한 불연소 엔진은 점화플러그로 점화되는 것이 아니라 연소실에 퇴적된, 불씨가 있는 카본에 의해 점화 및 폭발하였기 때문에 점화위치를 진각(advanced ignition)시켜 회전수를 높였다. 그 결과 배기관 계통에, 특히 환원촉매 장치가 매우 뜨거워지면서 그 복사열이 실내 콘솔을 비롯해 차량 전체를 태웠다.

Check 사고 상황

11시 30분경, 슈퍼마켓 경비원이 주차 중이던 차량이 불에 타는 것을 발견했다. 뛰어가 확인했더니 엔진이 심하게 돌아가는 소리와 함께 실내에서 심한 화염이 솟구치고 있었다. 즉시, 소방서에 연락을 취한 이후 소방차가 도착하면서 소방대원의 진화활동이 시작되었다. 소방대원은 불을 끄는 한편 고속으로 회전하는 위험한 엔진을 어떻게든 멈추게 하려고 배터

리의 (+)단자에서 케이블을 떼어냈다. 그래도 엔진이 멈추지 않자 고압케이블을 빼보았지만 역시 멈추질 않는다. 그래서 엔진에 많은 양의 물을 쏟아 부어 엔진을 멈춰 세웠다.

Check 운전자 증언

소란스러워서 주차장에 갔더니 내 자동차가 불에 타고 있어서 깜짝 놀랐다. 왜 불이 났는지 전혀 모르겠다고 한다. 더구나 자동차에서 내리고 나서 30분이나 지난 다음에 생긴 일이라고 한다.

"왜 엔진 시동을 끄지 않았습니까? 엔진이 가동되고 있는 것을 몰랐습니까?" 하고 묻자, 점화스위치를 OFF시킨 후 키를 빼서는 주머니에 넣고 자동차에서 내렸고, 엔진이 작동되고 있는지는 알았지만 전에도 여러 번 잠깐 돌고나서 멈추곤 했기 때문에 이번에도 곧 멈추겠지 하고 생각했다는 놀랄만한 답변을 듣게 되었다.

엔진을 오랫동안 만져온 입장에서 보건데, 카본이 퇴적되어 **조기점화**pre-ignition가 일어난 것이 분명해보여 확인해 보기 위해 가솔린은 어떤 것을 사용했는지, 최근에 가속할 때 힘이 부족하거나 노킹이 일어나지는 않았는지 하고 물었더니, 가솔린은 일반적인 것이라고 했다. 이래서는 대답이 되지 않는다. 「OO(석유회사이름)의 가솔린」이라고 하면 될 것을 일반적인 것이라고 강조하는 것은 어쩌면 유사 휘발유를 사용했는지도 모르겠다. 요즘 같은 세상에 엔진에서 카본이 퇴적되는 것은 유사 휘발유, 그것도 경유나 석유 계열의 기름을 섞지 않으면 흔히 볼 수 없기 때문이다.

또 힘이 부족한 것과 노킹 유무에 대해서는 자동차가 오래돼 어쩔 수 없다고 그런 사실을 확인해 주었다. 소유자는 오래된 자동차 탓을 하고 있지만 조기점화에 의한 엔진 트러블은 나중에 설명하겠지만, 분명한 조짐이 나타나므로 주의해야 한다.

Check 유사 휘발유 주의

이번 차량화재가 주는 교훈이라면, 점화스위치를 끄고 나서도 바로 멈추지 않는 가솔린 엔진(특히 기화기 방식)은 상태가 나쁜 정비 불량 자동차이다. 힘이 부족하다, 노킹이 난다 등, 카센터나 정비공장에서 최대한 자세하게 증상을 설명해 수리를 받아야 한다. 차량검사를 받더라도 이 부분은 검사항목에 해당되지 않기 때문에 밝혀주질 않는다.

또한, 최신 컴퓨터 제어로 점화 시기나 분사시기(둘 다 타이밍)는 제어할 수 있지만 카본

퇴적에 의한 조기점화는 이 제어를 무시하고 연소하기 때문에 막지를 못한다.

무엇보다 가솔린은 시판되는 정품을 사용하여야 한다. 또 자동차는 주행상태에서 냉각과열억제성능이 설정되어 있기 때문에 정차한 후 엔진을 장시간 가동racing시키는 것은 매우 위험하다. 갓길이나 공터에 주차해 잠깐의 휴식을 취할 때 온기가 유지되도록 엔진을 장시간 가동시킬 경우 배기관 계통 화재가 발생하는 사례도 상당히 많기 때문에 주의해야 한다.

Check 피해 차량 상황

① 화재로 인한 피해가 가장 심한 곳은 조수석 바닥이다(그림 6-1). 사진으로는 알아보기 어려울지 모르지만 운전석이나 조수석 모두 시트(불연성 재질로 감싼 우레탄)는 아무런 피해도 없다. 이것은 불을 끄는 솜씨를 증명하는 것이기도 하지만, 복사열이 열원熱源과의 사이에 간격이 있으면 열은 대류對流하는 공기에 의해 사그라지는 복사열 특유의 성질을 증명하는 것이다.

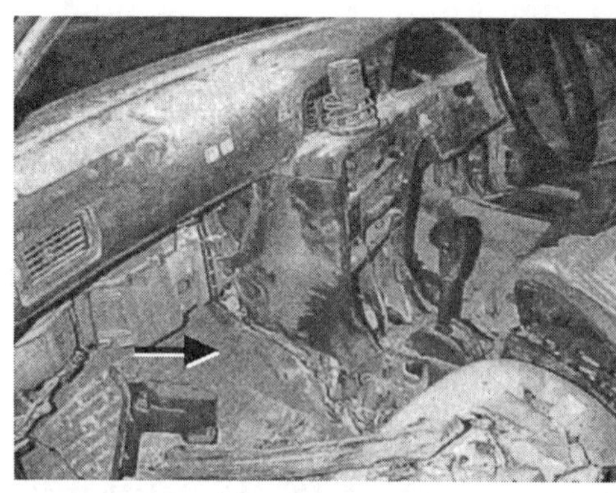

그림 6-1. 조수석 바닥의 화재 상태. 센터콘솔 부근과 매트 아래의 피해가 크며(왼쪽), 바닥 매트를 뜯어냈더니 바닥 쪽 열기로 탄화되어 있었다(오른쪽)

② 엔진 트러블에 관해서인데 엔진 자체는 과열하지 않는다. 그림 6-2는 엔진룸을 밑에서 본 모습으로 열을 받은 흔적이 전혀 없다. 그림 6-3은 엔진의 배기구로 금속이 고온으로 되었다가 냉각되면서 생기는 변색을 확인할 수 있을 정도로 심하게 산화되어 있었다.

③ 조기점화는 점화시기를 엉망으로 만드는 이상연소이다. 이상연소는 즉, 연소가 안 되는 것이기 때문에 배기밸브에서 많은 양의 미연소 가스를 계속해서 배출하게 되며, 미연소 가스는 가열된 배기관 열에 닿으면서 연소하게 된다. 이 열이 배기관 온도를 더욱 높이게 되는데, 주행할 때는 열이 뒤로 빠지기 때문에 냉각효과를 기대할 수 있지만, 이번처럼

주차 중에는 앞에서 설명한 악순환으로 인해 과열되면서 화재로 이어진다.

■ ■ ■ 설명 때문에 "이상연소"로 표현하긴 했지만, 조기점화(pre-ignition)와 데토네이션(detonation, 이중 점화)은 전혀 성질이 다른 현상이므로 뒤에서 자세히 설명하겠다.

그림 6-2. 차량 앞면 아래쪽의 엔진 근처에 이상한 흔적은 없다.

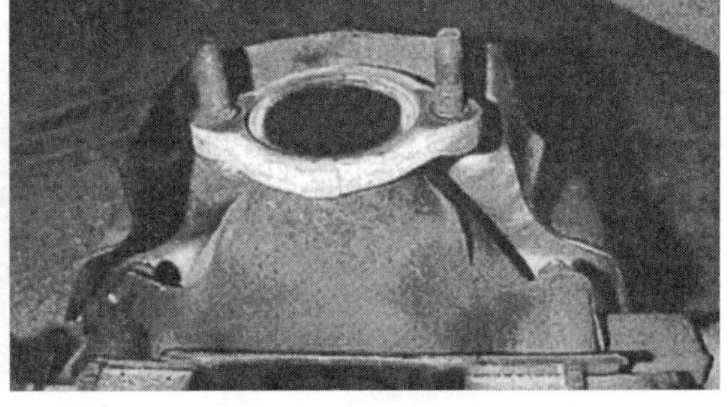

그림 6-3. 배기다기관은 고온상태에서 냉각되었을 때 나타나는 변색을 확인할 수 있었다.

④ 조기점화라는 증거로 그림 6-4를 봐 주길 바란다. 이것은 사고차량의 실린더 헤드로서, 4번 헤드에 카본炭化이 가장 많고 1~3번 헤드에도 많이 쌓여 있다. 점화플러그에서는 불연소 특유의 그을음을 볼 수 있는데(그림 6-5), 정상적인 엔진이라면 잘 구워진 회색빛을 띠어야 한다.

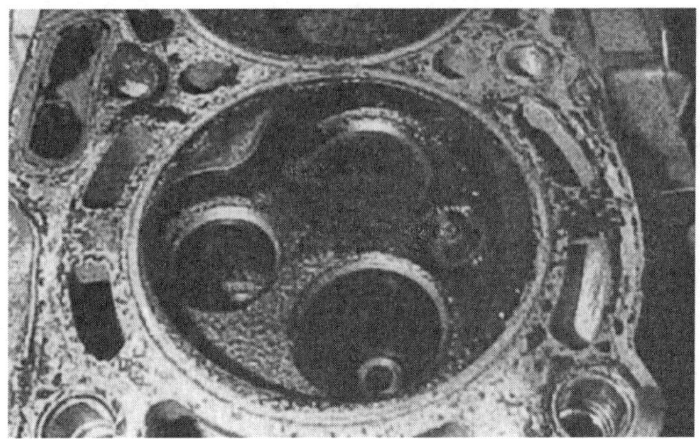

그림 6-4. 4번 실린더 연소실에 카본이 퇴적된 모습

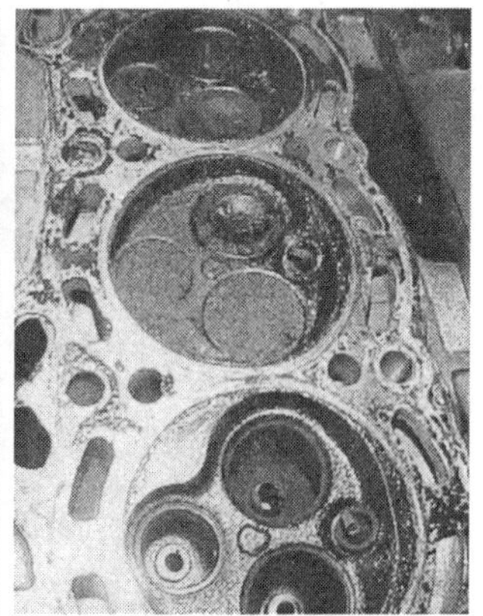

그림 6-5. 점화플러그는 모두 그을려 있는 상태였다.

⑤ 그럼 전체 배기관에서 미연소 가스를 가장 많은 양을 연소시킨 지점은 어딜까? 환원촉매장치(그림 6-6)는 본연의 기능처럼 배출가스(이 경우는 미연소 가스)가 모아지도록 방이 만들어져 있기 때문에 여기서 많은 양의 연소가 있었다는 것을 쉽게 상상할 수 있다.

그림 6-6 ①. 고온에서 변색된 환원 촉매장치 그림 6-6 ②. 산화된 촉매 차열판

⑥ 화재로 인해 가장 심하게 피해를 받은 조수석 바로 밑이 문제의 환원촉매장치가 장착된 지점인 것은 아는 바와 같다(그림 6-7).

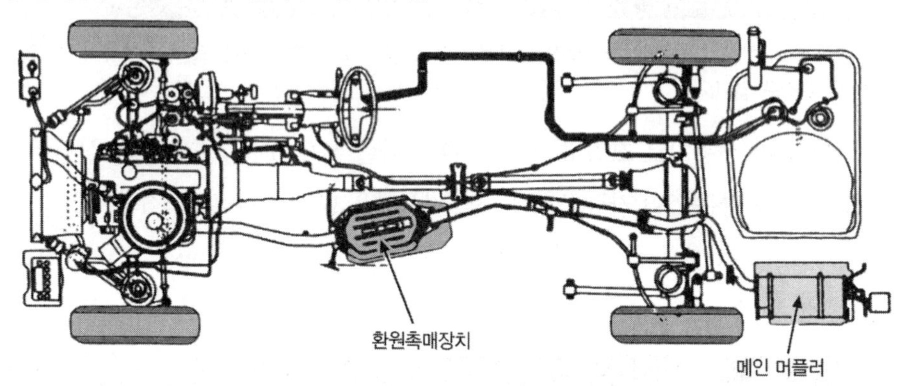

그림 6-7. 환원촉매장치의 장착 상태

이중점화와 조기점화의 메커니즘

둘 다 연소실 안의 이상연소에 의해 출력저하나 심한 노킹이 발생하기 때문에 구별하기가 쉽지 않지만, 발생 메커니즘이나 이상연소에 의해 생기는 손해가 전혀 다르기 때문에 이 기회에 이해해 두길 바란다.

○ 이중점화(Detonation)

연소하고 있는 가스의 압력이 높아지면, 연소 후반의 화염전파 속도가 빨라진다. 화염에서 멀리 떨어진 곳에 있는 **미연소 가스**엔드 가스(end gas)라고도 한다가 압박을 받으면 온도와 압력이 올라가고, 미연소 가스 안에 **연소 전단계**의 반응을 일으킨다. 이 반응에 의해 미연소 가스가 스스로 발화해 화염전파를 기다리지 않고 맘대로 연소해 버린다.

그 결과 피스톤은 지속적인 **스러스트**thrust, 피스톤 진행방향으로 작용하는 힘가 아닌 날카로운 타격을 받게 되고, 두들기는 듯한 노킹또는 pinking 소리가 난다.

이중 점화가 가져오는 악영향으로는 ① 실린더 과열, ② 출력저하, ③ 연비악화, ④ 연속적일 경우에는 피스톤 핀 등의 편마모로 이어진다(그림 6-8).

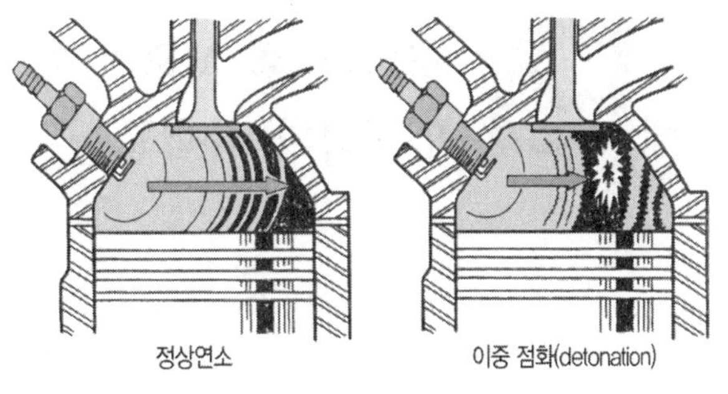

그림 6-8. 이중점화의 원리

○ 조기점화(Pre-ignition)

화염전파는 정상이지만 정상적인 연소의 화염이 도달하기 전에 엔진 내의 과열된 부착물(대개는 불연소로 인한 그을음이 쌓인 카본)이 떨어져 나가면서 혼합기 속으로 들어가 별도의 연소를 유발한다(그림 6-9). 따라서 점화플러그로 연소시키기 전에 불규칙적인 타이밍timing으로 연소시키기 때문에 정상적인 출력이 나오지 않을 뿐만 아니라 심한 노킹을 일으킨다.

한편 점화물질이 과열된 카본이기 때문에 이중 점화와는 엄격하게 구별된다. 조기점화는 ① 점화스위치를 OFF시켜도 엔진 가동이 멈추지 않는, 런온run on현상을 일으키고, ② 조기점화로 인해 점화시기를 진각시켜 회전수가 올라가는데, 최악의 경우는 과다 회전over revolution을 일으켜 엔진을 파괴시키는 수도 있으며, ③ 불연소로 인해 많은 양의 미연소가스가 배기관으로 빠지면서 배기관을 파열시키기도 하는 악영향을 끼친다.

데토네이션(이중 점화)은 연소실 형상과 점화플러그 위치, 가솔린의 폭발제어 효과 등, 주로 설계상의 문제라고 할 수 있지만, **조기점화**는 실화misfire에 의한 불연소나 불량 연료의 사용 등 주로 사용상의 문제이다. 또한, 조기점화는 이번 화재처럼 고압전류를 차단한다고 하더라도 엔진 가동이 멈추질 않는다. 물을 뿌려 공기흡입구의 산소를 차단하고 나서야 겨우 멈췄다. 이런 사실로도 알 수 있듯이 조기점화로 인해 폭주하는 엔진 가동을 멈추게 하려면 공기나 연료를 차단해야 한다.

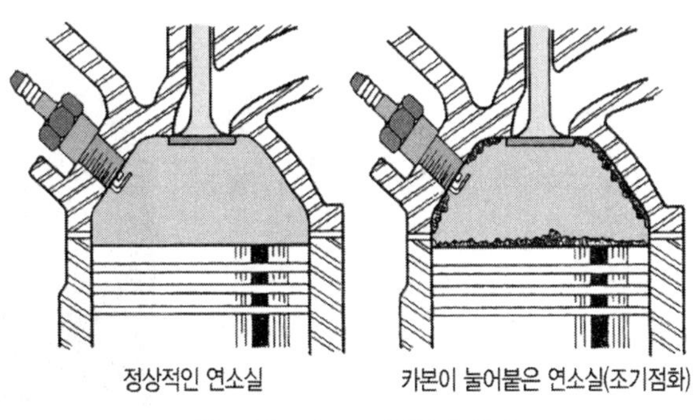

그림 6-9. 조기점화의 원리

정비한 후 치우지 않은 걸레에 불이 붙어 엔진룸의 화재로...

- **차종** : 승용차
- **사고 장소** : 일반도로
- **원인**

신차구입 후 3개월 만에 일어난 사고로서, 3개월 무료점검 때 지정정비업체의 정비사가 깜빡 헝겊을 엔진룸에 놓고 엔진 후드를 닫으면서 발생했다.

사고 상황

3개월 무료점검을 마치고 귀가하던 중 엔진 후드에서 하얀 연기가 피어오르는 것을 발견했다. 불길은 보이지 않고 연기만 났지만 바로 정차한 후 점검해 보니 엔진 후드 끝부분이 불에 타 있었다. 그렇다고 화염이 일어난 상태도 아니고, 엔진도 순조롭게 회전하고 있다. 어떻게 된 상황인지 모르겠지만 더 이상 운전하는 것은 위험하다고 판단해 지정정비업체에 연락하였다.

피해차량 상황

① 그림 6-10은 피해 차량의 전체 모습으로, 외관은 아무렇지도 않다. 가까이 가서 살펴보니 그림 6-11처럼 도장이 약간 불타 있었다. 엔진 후드를 열고 보니 그림 6-12처럼 그을려 있는데 그렇다고 높은 열을 받은 흔적은 없다.

그림 6-10. 피해차량의 전체 모습

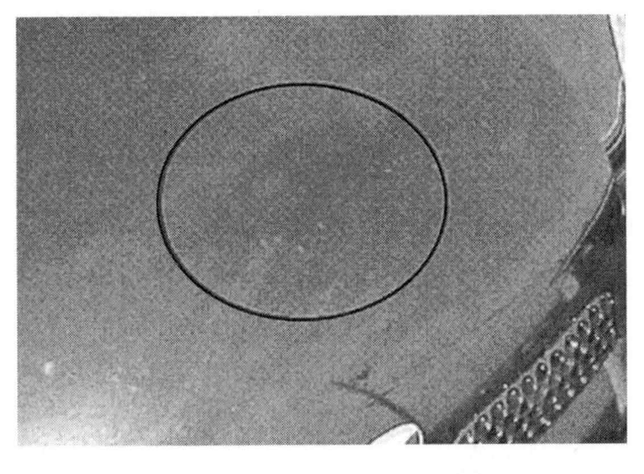

그림 6-11. 엔진 후드 앞쪽으로 불탄 흔적이 있었다.

② 엔진 룸을 점검해 보니, 그림 6-13처럼 엔진과 라디에이터 사이에 열을 받은 흔적이 있다. 원래 화염은 위로 올라가는 성질이 있지만 엔진 후드에 의해 막히면서 뒤쪽으로 퍼져갔기 때문에 그림 6-14처럼 카울 패널 부분이 일부 녹아내렸다.

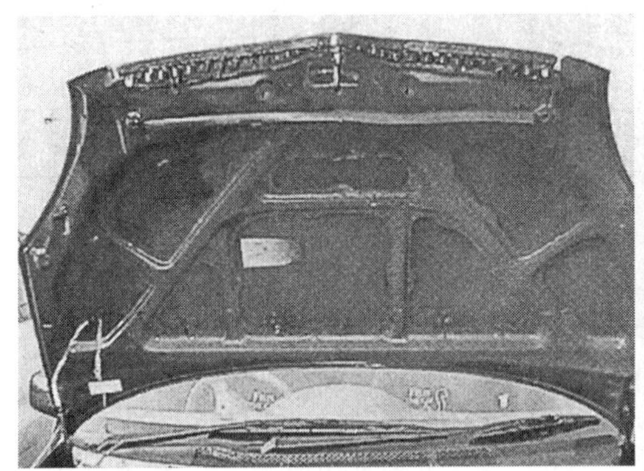

그림 6-12. 엔진 후드 안쪽. 그을리긴 했지만 높은 열을 받은 흔적은 없다.

그림 6-13. 엔진과 라디에이터 사이만 열을 받았다.

그림 6-14. 불길이 엔진 후드에 의해 차단되면서 에어클리너와 카울 패널 부분을 태웠다.

③ 배기다기관이 노출된 그림 6-15의 이 지점에 헝겊을 잊어먹고 내버려두었다(하얗게 빛나는 것은 헝겊이 타면서 그 찌꺼기가 달라붙은 것). 이렇게 쉽게 보이는 곳에 더구나 엔진 중에서 가장 뜨거워지는 배기다기관 위에 헝겊을 놔두는 것은 정비 기본에도 어긋난다.

헝겊이 타는 모습을 그림 6-16으로 나타낸다. 배기다기관 근처에 있는 냉각 팬이 고온에 의해 녹았다(그림 6-17). 녹아내린 정도로 끝났지만 만약 이 가스 덩어리에 불까지 났다면 화재는 더 커졌을 것이다.

그건 그렇고 소형 자동차는 배기다기관 같은 발열장치와 냉각 팬 같은 냉각장치를 이렇게 가까이 배치하지 않으면 안 될 정도로 엔진룸이 좁다. 설계자가 얼마나 고심하면서 설계했을지 느껴진다.

그림 6-15. 하얗게 빛나는 배기다기관 부분에 헝겊을 놓고는 잊은 것이다.

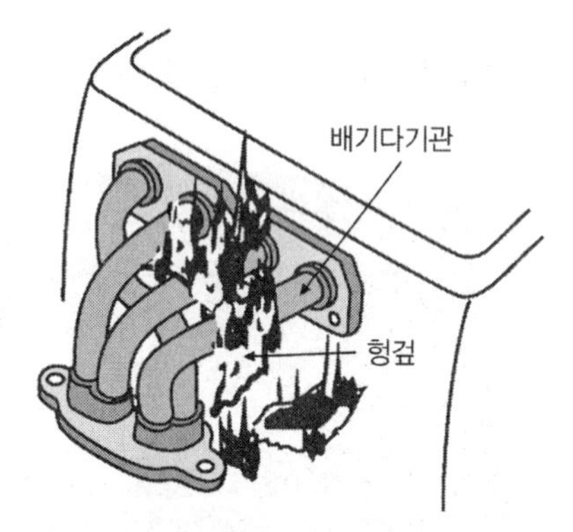

그림 6-16. 헝겊이 배기다기관 위에서 타는 모습

그림 6-17. 고온으로 인해 녹아내린 냉각 팬

④ 릴레이 박스와 하니스, 메인 하니스나 배터리 단자기둥 등의 전장품과 배선은 일부가 녹아내리면서 연소를 시작하기 직전의 상태였다(그림 6-18). 헝겊에 오일이 조금 만 더 묻어 있었다면 이 정도로 끝나지는 않았을 것이다.

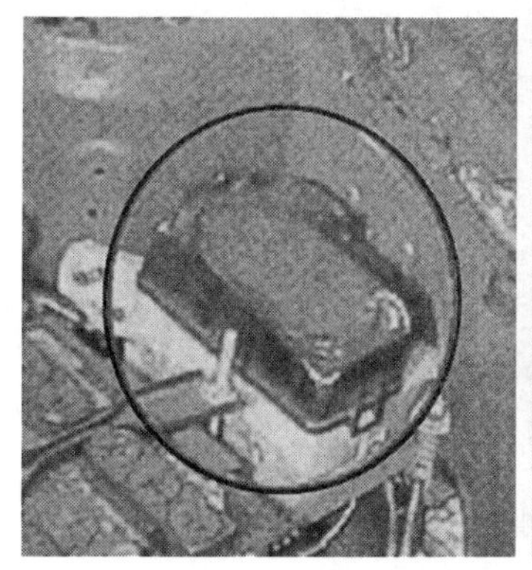

그림 6-18 불에 타기 직전이었던 릴레이 박스(왼쪽)와 ABS 액추에이터(중간), 대시 인슐레이터와 배터리 단자기둥(오른쪽)

⑤ 그림 2-260은 불이 난 헝겊 아래쪽의 엔진 언더커버로서, 불에 탄 헝겊 일부가 아래로 떨어지면서 언더커버 일부도 손상되었다.

⑥ 그림 2-261이 문제의 잊어버리고 놓아 둔 헝겊으로, 헝겊인지 뭔지도 모를 만큼 불에 탔지만 확대경으로 보면 섬유조직이 분명히 보인다. 헝겊에 의한 다른 화재를 보더라도 헝겊 자체는 탄화되지만 완전 불타 없어지지 않고 반드시 잔해물을 남긴다. 또 엔진룸에 섬유조직으로 된 부품은 사용하지 않기 때문에 식별하기도 쉽다.

그림 6-19. 불에 탄 헝겊이 아래로 떨어지면서 일부가 녹아내린 엔진 언더커버

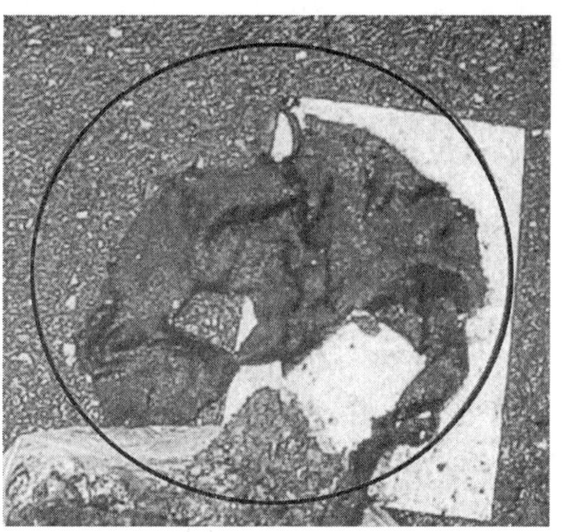

그림 6-20. 타고 남은 헝겊 잔해

정비하면서 엔진룸에 놓고 잊어버린 물건으로 화재

헝겊으로 인한 화재가 가장 많고 다음으로는 정비지침서를 잊어먹는 것, 그 다음이 배터리 부근에 공구(드라이버나 스패너)를 잊어먹고 놔두는 것이다. 모두 다 뭔가를 잊어먹는 것 때문에 벌어지는 사고로서, 소실되는데 그다지 오래 걸리지 않는 점과 다른 곳으로 옮겨갈 정도까지 열량이 높지 않은 점 때문에 큰 불이 나는 경우는 드물다.

배터리 근처에 공구(금속)를 두고 잊어먹는 것도 심한 스파크나 공구의 저항발열·용융 등 외관상으로는 큰 피해지만 불이 다른 곳으로 옮겨가기 어려운 부위인 만큼 목숨과 관련된 화재로까지 이어지는 경우는 없다. 다만 이것이 트럭인 경우에는 운전실이 엔진 바로 위에 위치하기 때문에 엉덩이 아래에서 타오르는 셈이기 때문에 위험하다.

여기서 트럭 엔진룸에 뭔가를 잊어버리면서 일어난 큰 화재 사례 1건을 간단히 소개하겠다.

☑ **차종 :** 대형 트럭 11톤

☑ **사고 장소 :** 고속도로

사고 상황

사고당일인 오후 5시 무렵, 고속도로를 주행하던 중 어느 인터체인지 부근에서 차량 양쪽에서 연기 같은 것이 피어오르는 것을 발견했다. 마침 그날은 비가 오고 있어서 운전자는 물보라라고 생각하고 계속 주행하였다. 그러던 중에 앞 유리에 성에가 서려서 이것을 없애기 위해 디프로스터defroster, 성에제거 스위치를 눌렀는데 제거는 안 되고 오히려 강해져 갔다.

■ ■ ■ 이번 것은 화재 연기로 인한 성에였는데 실내습기에 의한 성에와 착각한 것이지만, 7월의 더운 날씨에 디프로스터를 사용하는 것이 좋을까? 에어컨을 강하게 하는 것이 효과적이라고 생각한다.

전방 시야가 나빠 신경을 앞쪽에만 쓰고 있는 있는데 이번에는 엔진이 잘 작동하지 않으면서 갑자기 힘이 떨어졌다. 동시에 실내에 이상한 냄새가 나기시작하면서 눈이 따끔거릴 정도로 자극적인 가스로 뒤덮였다. 그때서야 뭔가 잘못됐다고 깨닫고는 황급히 트럭을 정차시킨 후 트럭 밖으로 나왔다.

밖에서 보니 운전실 왼쪽 뒤에서 엄청난 화염이 솟구치고 있었다. 화염은 금방 운전실 시트로 옮겨 붙어서는 전체로 번지기 시작했다. 위기일발이었다. 조금만 탈출이 늦었더라면

화재에 의한 산소결핍으로 목숨을 잃었을지도 모른다.

운전자는 휴대전화로 소방서에 신고했고 출동한 소방차가 화재를 진압했다. 회사에도 연락을 해 두었기 때문에 다른 트럭이 얼마 지나지 않아 도착했다.

○ 피해차량 상황

① 운전실 왼쪽 뒤가 심하게 탐.

② 운전실 내부는 완전히 타버림.

③ 엔진의 에어히터와 하니스 피복이 일부 탐/릴레이 박스가 탔고 관련 하니스 절연피복이 일부 녹아내림/전원 하니스에 단락 흔적이 있음. 다만 하니스 자체에서 발열은 없음/엔진 본체 위에 고무 파편이 타면서 눌어붙어 있음.

○ 원인

① 엔진 본체 위에 있던 고무 파편을 재료 분석했더니 부틸 합성고무였다.

② 이 재질은 트럭의 화물칸 시트를 고정시키는데 사용되고 있는 고무 밴드와 정확히 일치했다.

③ 편평한 보디의 트럭은 화물을 비나 먼지로부터 보호하기 위해 시트를 씌운다. 이 시트를 고정하기 위해 고무 밴드를 걸어준다. 이 시트나 고무 밴드를 사용하지 않을 때는 운전실과 화물칸 사이의 위쪽에 선반을 설치하고 여기에 올려둔다. 당일에는 비가 왔지만 돌아오는 길에는 적재화물이 없었기 때문에 시트를 선반에 얹은 상태였다.

④ 그런데 시트 하나가 선반에 있질 않고 운전실의 왼쪽 아래(에어클리너 부근)와 화물칸 벽에 끼여 있었다.

⑤ 고무 밴드는 잘 정리해서 선반이나 화물칸에 올려놨으면 됐던 것을 끼인 시트 위에 방치되어 있었다. 그 상태가 상당히 계속되었다.

⑥ 트럭은 점검이나 오일교환을 할 때 이외에도 자주 운전실을 앞으로 눕힌다. 그때마다 끼인 시트나 고무 밴드가 밑으로 처지지만 작업이 끝나면 다시 원래 위치로 돌아갔다.

⑦ 그런 일이 되풀이 되는 동안 고무 밴드 끝이 운전실 바닥이라고 할까 엔진 위에 닿게 되었다.

⑧ 엔진 위에 고무 밴드가 닿은 결정적 계기는 사고 전날, 기어가 잘 들어가지 않는다는

운전자 말을 듣고 정비사가 변속레버의 링크에 오일을 뿌리기 위해 운전실을 앞으로 눕히면서였다. 이때 잘못되면서 고무 밴드가 엔진에 계속 닿아 있게 된 것이다. 엔진에 닿은 고무 밴드가 타면서 화재가 발생한 것이다.

소형차 정비중, 기름걸레를 그대로 둔 것이 화재로 발생!

☑ **차종 :** 경형 자동차

☑ **사고 장소 :** 일반도로

☑ **원인**

이 자동차는 렌트카(rent car)로 근처에 있는 정비공장에서 차량검사 정비 이외에 2개월에 한 번씩 간이점검을 받는다. 이 간이점검을 받고 나서 48km를 주행했을 때 발생한 화재이며, 원인은 간이점검에서 엔진룸을 정비할 때 사용하던 헝겊을 놓아두고는 엔진룸의 엔진 후드를 닫은 것이다.

Check 사고 상황

회사 영업차량으로 거래처에서 돌아올 때 갑자기 엔진 후드에서 하얀 연기가 솟아났다. 자세히 보니 엔진 후드 틈새로 작은 불꽃도 확인할 수 있다. 서둘러 자동차를 길가에 정차했다. 자동차를 정차시키자 연기와 불꽃도 없어졌다. 조금 떨어져서 잠시 살펴봤더니 다시 연기가 피어오르지는 않았다. 그러나 무서워서 다시 엔진 시동을 걸고 싶은 생각이 없어졌기 때문에 회사에 연락을 취한 후 지시를 기다렸다. 얼마 후 정비업체에서 나와 자동차를 견인해 갔다.

Check 운전자 증언

우리들한테 화재사고였다는 말을 듣고 놀란 것 같았다. 본인은 단순한 엔진 트러블이라고 생각했던 듯 공동으로 사용하는 영업차량인 만큼 간이점검 사실도 몰랐다. 이번에는 헝겊이 주행 바람에 휘날리며 탔기 때문에 빨리 정차한 것이 큰 화재로 이어질 뻔한 것을 최소화시켰으며, 헝겊이 모두 연소되면서 자연스럽게 진화된 것이다.

이런 경우는 드문 사례로서, 대개의 경우는 와이어 하니스나 배관으로 불이 옮겨 붙는데, 주행 중에 깨달았을 때는 이미 엔진룸 전체가 다 타버린 뒤인 경우가 많다. 이번에는 주행속도가 느렸다는 점과 자동차가 작았다는 점이 발견을 빨리 할 수 있어서 큰 화재를 막았던 것이다.

헝겊 종류에서 문제가 발생

사고차량의 배기파이프 근처에서 연소되다 남은 헝겊 잔해를 발견했기 때문에 헝겊을 치우지 않은 사고가 틀림없다. 사고원인을 정비업체에 이야기했더니 그곳에서는 종이(부직포) 헝겊을 사용하지 직물 종류는 사용하지 않는다고 한다.

그래서 곤란해졌다. 이것은 단순한 화재로서, 헝겊 잔해를 발견한 시점에서 해결되었다고 생각했는데 생각지도 않은 난관에 빠진 것이다.

처음부터 다시 정리를 해보면, 사고는 7월 22일 오후에 발생했다. 간이점검은 9일 전인 7월 13일에 실시되었다. 그 사이에 엔진 후드를 연 적이 없었는지 물어보기 위해 피해자 회사에 들려보기로 했다. 엔진 후드를 열었는지는 모르겠지만, 7월 20일(사고 2일전)에 연료 주유와 세차를 한 적은 있다는 것이다.

이번에는 연료 주유와 세차를 한 주유소로 향했다. 피해자 회사에서 걸어서 5분도 걸리지 않는 곳에 있어서 고객 자동차가 불이 났었다는 이야기도 들어서 알고 있었다.

다음 3가지를 물었다. ① 7월 20일 작업을 확인해 보니 연료 주유 20ℓ와 세차를 했다는 기록이 있다. ② 연료 주유나 세차를 할 때 오일점검 서비스를 하는 경우가 있는가?→있기는 하지만 반드시 손님에게 양해를 구하고 한다. ③ 사용하는 헝겊을 보여 달라고 했는데 하얀 직물 헝겊이었지만, 엔진 후드를 열지 않았기 때문에 주유소의 책임은 아니라는 것이 파악됐다.

다음날 다시 정비업체를 방문해 이번에는 정비공장을 둘러보기로 했다. 정말로 갈색 종이 재질을 기름제거용 헝겊으로 사용하고 있었다. 문득 도구상자가 있는 곳을 쳐다보니 하얀 직물 헝겊이 몇 개 놓여 있다. 근처에 있던 정비사에게 이것은 어디에 사용하는 것인지 물었더니 그런 것도 모르냐는 투의 표정으로 출장정비 때 사용하고 밖에서 하는 정비는 어디를 더럽힐지 모르고, 엔진 후드에 묻은 지문 등도 직물 헝겊이 아니면 닦이지 않는다고 가르쳐 주었다.

분명 간이점검은 출장정비라고 들었기 때문에 사무소에 돌아가 공장에서 본 상황을 이야기하며 "역시나 이곳 헝겊이더군요. 못 믿겠다면 공장에서 쓰는 헝겊을 가져다 섬유조직 분석을 의뢰해 보면 어떻겠습니까?" 하고 말했더니 "그렇게까지 안 해도 됩니다. 출장정비 때 헝겊을 엔진룸에 놓고 치우지 않아 벌어진 사고가 맞습니다."라며 순순히 인정했다. 전날 방문했을 때 내가 돌아가고 난 뒤 바로 조사를 벌여 이미 알고 있었던 것 같다.

■ ■ ■ 독자 여러분도 부직포 헝겊을 많이 이용할 것으로 생각한다. 얼마 전 이야기인데, 알고 지내던 정비공장의 총무과장이 공장에서 그리스나 오일이 묻은 헝겊을 소각했는데 바람이 주택가로 불면서 그을음이 날아가 주민들에게 거친 항의를 받았다고 한다.

그래서 사과하는 심정으로 세탁비용을 변상해 주러 돌아다녔다는 말이 생각났다. 자동차의 생태학적 문제가 어쨌든 배출가스에 집중되기 쉽지만 정비공장이나 카센터에서 나오는 폐유나 헝겊 등과 같은 산업폐기물 처리도 지구환경을 지킨다는 측면에서는 중요한 것이므로, 보다 엄격한 관리가 요구된다.

Check 피해차량 상황

① 그림 6-21은 피해 차량을 정면에서 본 모습이고, 이것을 확대한 것이 그림 6-22이다. 텅 비어 있는 것은 화재로 소실된 것이 아니라 손상부위를 확인하기 위해 배터리와 에어클리너, 라디에이터(모두 화재로 인한 피해는 경미한 상태)를 떼어냈기 때문이다.

그림 6-21. 정면에서 본 피해 차량

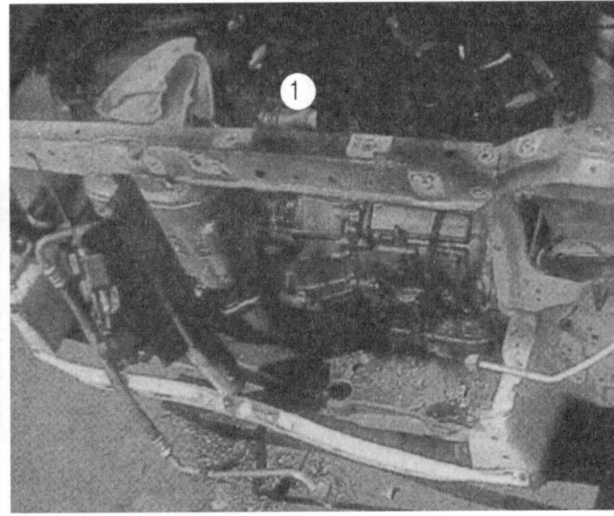

그림 6-22. 엔진룸 왼쪽 아랫부분이 발화지점이다.

② 그림 6-23은 튀어 오른 엔진 후드의 표면 모습. 라디에이터와 엔진사이 정도의 위치에 도장이 탄 흔적으로부터 그 아래에서 작은 화재가 났었다는 것을 알 수 있다.

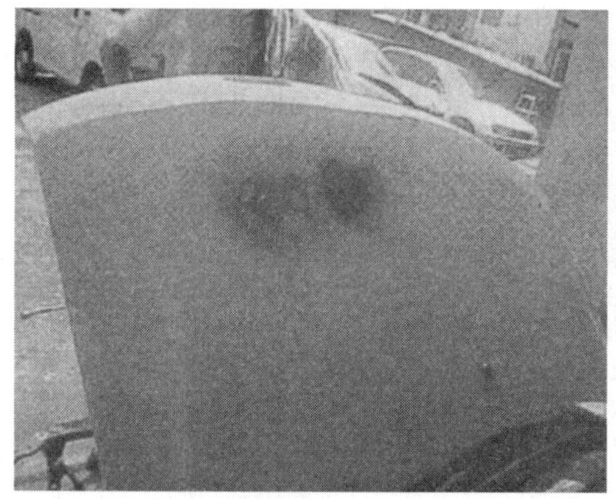

그림 6-23. 튀어 오른 엔진 후드의 바깥 쪽 표면

그림 6-24. 불이 시작된 곳으로 예상되는 배기관 근처의 헝겊

③ 그림 6-24는 불이 시작된 지점으로 예상되는 배기관 부근 모습. 여기 더 아래에 타고 남은 헝겊 잔해가 떨어져 있다. 사진의 화살표 부분이다. 사진으로는 보기 어려워 사진을 그대로 본 떠 그림 6-25로 나타냈다.

이곳에서 타고 남은 잔해로 여겨지는 헝겊조각이 그림 6-26이다. 황색으로 변해있기는 하지만 원래는 백색이었다는 것을 잘 알 수 있다.

라디에이터 장착 부위나 변속기 아랫부분이 지저분한데, 이것은 고무호스나 하니스 피복이 녹아내리면서 떨어졌기 때문이다. 라디에이터 장착 부위는 헝겊이 타면서 열손熱損으로 눌어붙은 것 같다.

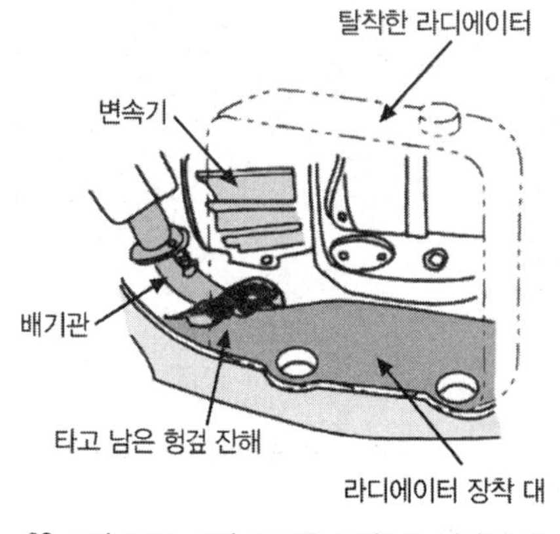

그림 6-25. 그림 6-24를 그림으로 나타낸 것

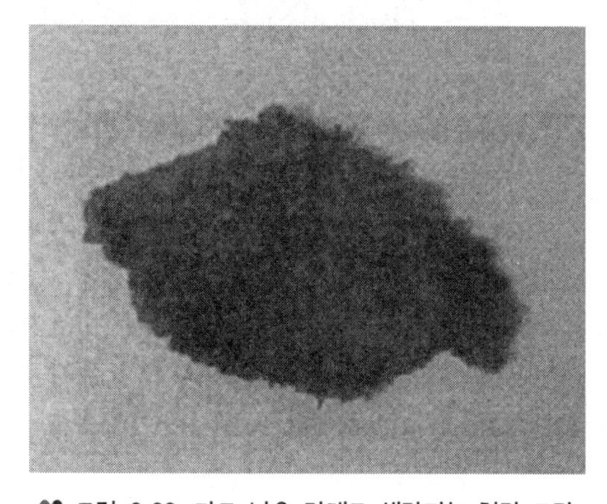

그림 6-26. 타고 남은 잔해로 생각되는 헝겊 조각

④ 그래봐야 헝겊일 뿐인데 하고 가볍게 보는 것은 아니지만, 변속기 위의 배선이나 배관이 상당히 연소되었다(그림 6-27). 어디에 헝겊을 놓고서 잊어버렸는지를 그림 6-28로 검증했다. 여기에 두면 진동으로 배기관 쪽으로 떨어져 뜨거운 배기관이 헝겊을 태울 수 있다는 것을 알았다.

그림 6-27. 배선이나 배관이 심하게 탄 변속기 위쪽

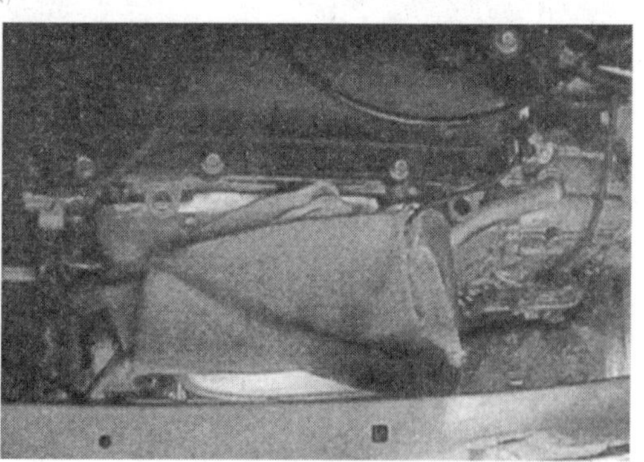

그림 6-28. 헝겊을 둔 자리를 검증

⑤ 검사를 위해 탈착한 배터리(그림 6-29)와 라디에이터(그림 6-30). 화재로 인한 손상은 입지 않았지만 그을음이 많이 붙어 있다.

그림 6-29. 검사를 위해 탈착한 배터리

그림 6-30. 검사를 위해 탈착한 라디에이터와 에어클리너

마찰계통 화재

대형트럭의 브레이크 드래그로 인해 큰 화재가 발생

- **차종 :** 11톤 저상 트럭
- **사고 장소 :** 고속도로
- **원인**

  사고 직전에 받은 차량검사 정비 때 재생부품을 사용한 브레이크 마스터 실린더의 조립에 문제가 생겨 브레이킹 중에 마스터 실린더가 틸트 밸브(tilt valve)와 간섭을 일으켰다. 그 때문에 브레이크가 걸린 상태(brake drag)에서 드럼과 슈 사이의 심한 마찰열로 인해 복사열이 생겼고 그 복사열이 유압배관을 손상시키면서 작동유가 유출되어 큰 화재로 이어졌다.

사고 상황

대형기계 공업산하의 운송회사가 모회사에서 제작한 공작기계를 자동차 부품 제작회사에 납품하기 위해 고속도로를 주행하고 있었다.

오후 23시 35분경, 뒤쪽에서 확하고 밝아지는 느낌이 들어서 사이드 미러로 확인해보니 내 트럭 뒤에서 불길이 솟구치고 있었다. 화재가 났다고 생각해 바로 갓길에 트럭을 대고 소화기를 들고서 불을 끄려 했는데, 화재는 앞바퀴 쪽과 뒷바퀴 쪽 두 군데에서 나고 있었으며, 광범위하고 불길도 강해서 소화기로는 벅찬 상태였다.

발견했을 때는 차축 부근에서 화재가 났었는데, 정차하면서 바람의 영향을 받지 않게 된 화염이 순식간에 위쪽 화물과 운전실로 옮겨 붙었다.

운전자 증언

차량검사 정비가 끝난 트럭을 받고 얼마 지나지 않은 시점이라는 점, 차량검사 전에 아무런 이상도 없었다는 점을 들어 이 운송회사에서는 원인은 차량검사 정비 말고는 생각할 수 없다고 명확한 결론을 내리고 있어서 사고 직전의 이상 등에 관해 자세한 이야기를 들을 수 없었다.

다만 차량검사 정비를 한 공장이나 담당자 이름을 들을 수 있었다는 것과 무엇보다 발화지점이 차축부근이라는 정보는 앞으로의 조사에 있어서 중요한 실마리를 제공해 주었다. 또 말투로 봐서 정비공장에 상당히 강력하게 클레임을 걸고 있는 듯 피해차량의 사후처리나 화물은 정비공장에서 전면적으로 보상 받겠다는 것이며, 왜 화재가 났는지는 정비고장에 물어봐 달라며 냉랭한 모습을 보였다.

혹시나 해서 제작회사에 클레임을 걸었는지 물었더니, 정비가 잘못된 것을 갖고 제작회사에 말할 이유가 없다는 대답이다. 이것은 정비공장을 방문하지 않으면 더 이상 아무것도 안 나올 것이라고 판단해 바로 철수하였다.

피해차량 상황

그림 7-1처럼 전소된 상태다.

그림 7-1. 재생 브레이크 마스터 실린더의 조립실수로 전소된 11톤 저상 트럭

뒤에서 설명하겠지만 이 사고는 원인이 매우 확실하기 때문에 화재가 난 상태에서 원인을 규명할 필요가 없는 상황이라 화재상태는 생략하고 원인이 된 브레이크 마스터 실린더의 원리와 구조, 작업 실수를 자세히 설명하겠다. 다만 차축의 구성은 앞으로 화재원인을 밝히는 포인트이기 때문에 간단히 설명하겠다. 피해차량은 앞바퀴 2축/뒷바퀴 2축/보조바퀴 1축까지 총 5개의 축을 갖고 있는 저상 트럭이다. 5축 가운데 제2축과 제4축이 검사 때문에 차축마다 탈착되어 있었다.

만일을 위해 남겨진 제1축과 제3축의 브레이크 드럼을 포함한 브레이크 주변을 자세히 검사했지만 드럼의 이상마모나 금속이 고온으로 올라갔다 냉각되었을 때 생기는 보라색도 볼 수 없었다.

이로서 탈착된 제2축과 제4축에 발화원인 지점이 있다는 것이 분명해졌다. 덧붙이자면 앞바퀴 2축은 구르기만 하는 유동축이고, 뒷바퀴 2축이 종감속 기어가 장착된 구동축이다. 보조바퀴는 하중을 분포시키는 것 이외에 역할이 없기 때문에 고려대상에서 제외했다.

동력전달 장치가 없는 제2축은 구동을 기다리는 상태이기 때문에 종감속 기어를 포함한 동력전달 장치의 트러블이 아니라는 것도 분명하다.

Check 사고 직전의 정비작업 확인과 트러블 지점 확인

정비공장에서는 이미 원인부품을 밝혀냈다. 정비기록에 따르면 이번 차량검사 정비에서 4축 모두 브레이크 마스터 실린더가 교환되었다. 교환은 모두 재생부품을 사용하려고 했지만 재생부품 회사에 재고가 없어서 순정부품과 재생부품을 섞어서 사용했다. 장착은 다음과 같다. 제1축 : 순정부품 / 제2축 :재생부품 / 제3축 : 순정부품 / 제4축 : 재생부품 / 제5축 : 브레이크 없음.

발화원인 지점과 재생부품 사용이 정확히 일치하기 때문에 재생 브레이크 마스터 실린더에 문제가 있었다는 것은 분명하다. 정비공장으로서는 재생부품 회사에 엄중하게 항의를 함과 동시에 신속히 원인조사를 실시해 알려 달라고 부탁해 놓고 있었다. 자사의 정비작업에 문제가 없었다는 것에 일단 안심하는 한편, 고객의 신뢰를 잃게 됐다는 것에 대해 재생부품 회사에게 느끼는 분노는 상당한 것 같았다.

재생부품 회사(본업은 엔진 리빌트rebuilt)의 조사상황을 문의했더니 밝혀진 원인이 없어서 재현 테스트를 할 계획이라고 한다. 재현 테스트를 하는 이유에 대해 의문이 들었지만 어쨌

든 그 결과를 기다리기로 했다. 또 귀사는 엔진 리빌트 회사인데 마스터 실린더도 취급하는지도 물었더니 생산실적은 불과 7개 정도지만 사고는 없었다고 한다. 재현 테스트를 한다고 해도 재생부품 회사에는 엔지니어도 없고 실험시설도 없을 텐데 어떻게 할 생각일까? 우리들 제작회사 출신 같으면 풍부한 경험과 관련지식이 있기 때문에 이런 경우의 테스트 방안정도는 내놓을 수 있을 텐데 생각했지만 열심히 하고 있어서 우리는 기다리기로 했다.

Check 재현 테스트 결과

예상보다 빨리 정비공장의 재현 테스트 결과, 당사의 조립실수였다는 보고서가 제출되었다(그림 7-2). 핵심은 틸트 밸브(마스터 실린더의 각부 명칭과 작동원리에 대해서는 다음 항에서 자세히 설명)의 축이 심하게 마모되어 굴절되듯이 눌렸다는 점과 플런저 플러그 반대쪽에 틸트 밸브를 누른 압박흔적이 있다는 점이다(그림 7-3).

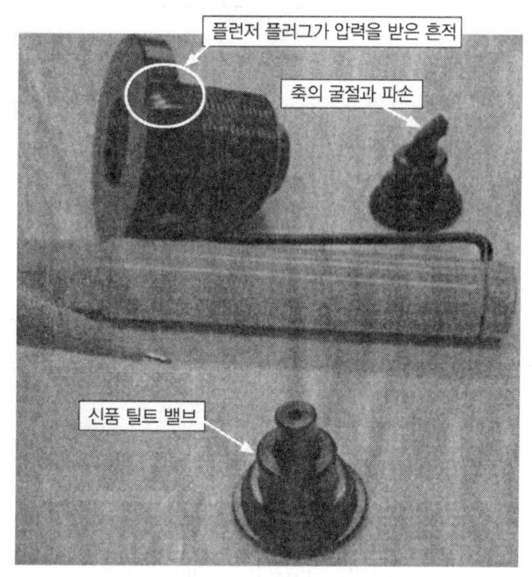

그림 7-2. 재현 테스트의 결과

틸트 밸브의 축은 원래 플런저 플러그에 의해 밀리면 기울어지다가 브레이킹으로 인해 플런저 플러그가 이동하면 원래의 위치로 되돌아오는, 즉 진자와 같아서 마모나 굴절 또는 압박을 받을 만한 이유가 전혀 없는 곳이다.

따라서 사고부품과 같은 양상을 보이는 것은 조립위치를 잘못한 것 말고는 있을 수 없다. 이렇게 분명하게 보이는 사고에 시간과 돈까지 써가며 재현 테스트를 하는 것에 대해 재생부품 회사의 기술력을 보는 것 같아 일말의 씁쓸함을 느꼈다.

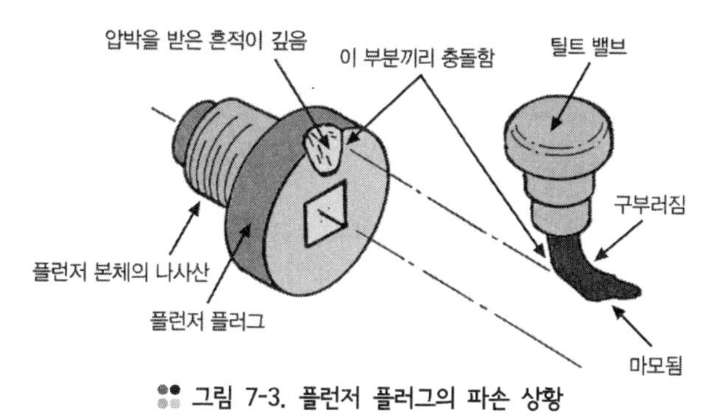

그림 7-3. 플런저 플러그의 파손 상황

나는 틀림없이 유압 테스트를 하여 정규조립과 틀렸을 경우의 압력 데이터를 수집함으로써 재발방지를 위한 완성품 검사의 압력 데이터 수집을 목적으로 한 재현 테스트라고 생각했기 때문에 실망하지 않을 수 없었다. 앞으로의 재생품 완성도 검사는 도대체 어떻게 할 작정일까.

■ ■ ■ 제품 완성도를 검사하는 방법으로 유압기기의 경우는 압력 테스트 말고는 없을 텐데 이것을 등한시한 것은 재생부품 회사의 기술력 현실일 것이다.

Check 브레이크 마스터 실린더의 작동원리

이 사고를 이해하기 위해 브레이크 마스터 실린더의 작동원리를 간단히 설명하겠다(그림 7-4). 이것만으로는 잘 모르기 때문에 설명용으로 개략도를 만들었다(그림 7-5).

① 이 방식은 공기 실린더와 유압 실린더 두 가지를 사용한다.
② 브레이크 페달을 밟으면 공기탱크에 저장된 압축공기가 공기 실린더의 A 방으로 힘차게 밀려간다.
③ 압축공기의 힘으로 플런저(피스톤) B를 민다. 플런저는 유압 플런저와 일체형 구조이기 때문에 유압 실린더의 C방의 작동유에 압력을 가한다. 즉, 유압이 가해진다.
④ 유압은 배관 D를 통해 휠 실린더 E의 플런저를 밀어 드럼에 브레이크슈를 강한 힘으로 밀어 붙인다.
⑤ 브레이킹 중에는 이동하는 압축공기가 누출되지 않도록 공기 역류방지 밸브가 작동하는 것도 중요하다.

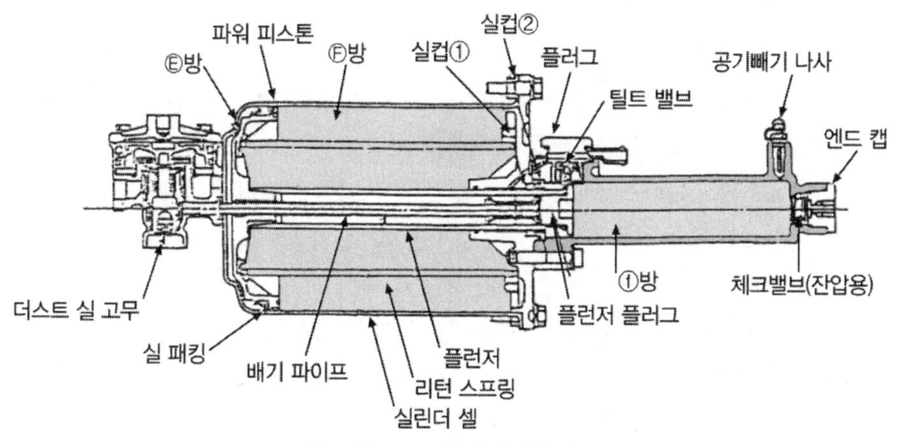

그림 7-4. 마스터 실린더 구조

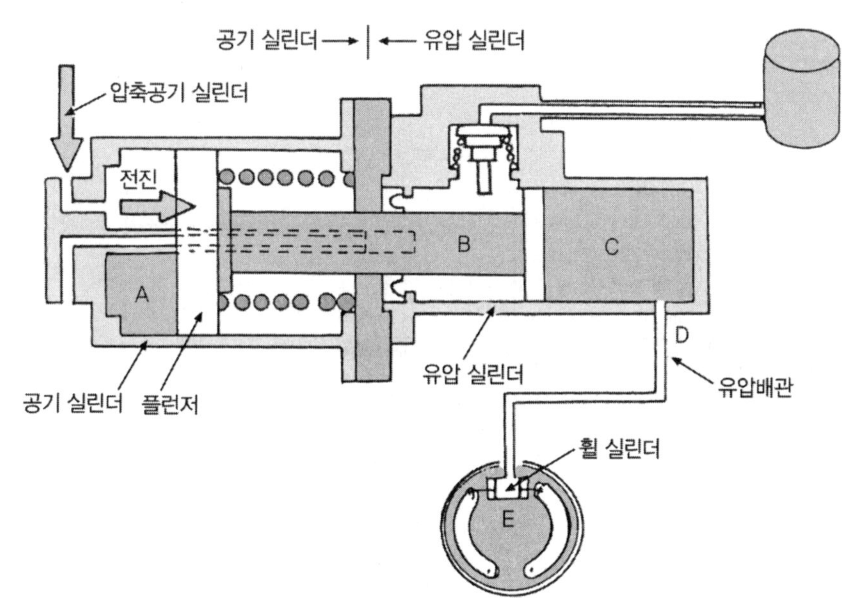

그림 7-5. 브레이킹할 때 각 부분의 작동

그림 7-6을 봐주길 바란다.

① 브레이크 페달을 놓으면 지금까지 압축공기를 막고 있었던 공기 역류방지 밸브가 열리면서 압축공기의 대기방출 준비가 갖춰진다.
② 동시에 피스톤 리턴스프링 F의 힘으로 플런저(피스톤) B는 원래 위치까지 되돌아오며, 그 영향으로 이동할 곳을 확보한 압축공기는 대기로 방출된다.
③ 그림에서 보듯이 플런저의 유압 쪽에는 플런저 플러그 G가 설치되어 있기 때문에 그림 위치까지 후퇴하면 틸트 밸브 H가 자동적으로 기울어진다.
④ 틸트 밸브가 기우러지면 밸브가 열리기 때문에 이동할 곳을 확보한 작동유가 오일탱크로 들어가면서 유압 실린더 내의 유압이 순식간에 떨어진다.
⑤ 압력 하강은 유압의 특성상 휠 실린더에도 똑같이 영향을 미치기 때문에 슈 리턴 스프링의 압력이 커지면서 브레이크슈를 원래 위치로 되돌린다.

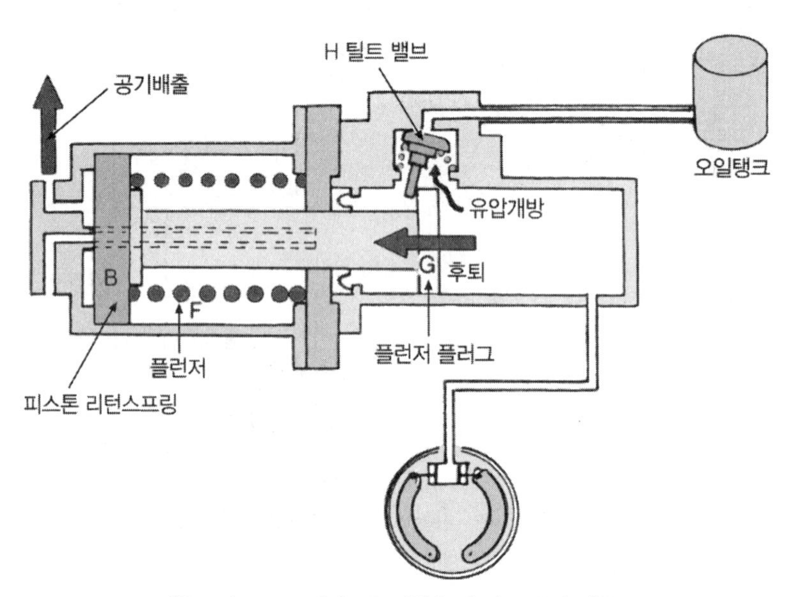

그림 7-6. 브레이크를 멈췄을 때 각 부분의 작동

부품조립 위치의 잘못됨

그림 7-7을 봐주길 바란다. 그림 7-5의 정규위치와 비교해 보면 바로 알 수 있는데, 플런저 플러그에 대해 틸트 밸브 위치가 반대로 장착되어 있다. 이래서는 브레이크 페달을 밟았을 때 즉, 플런저가 작동유를 압축하기 위해(이 그림에서는 오른쪽으로) 이동하려고 하여도 틸트 밸브에 부딪쳐 움직일 수가 없다.

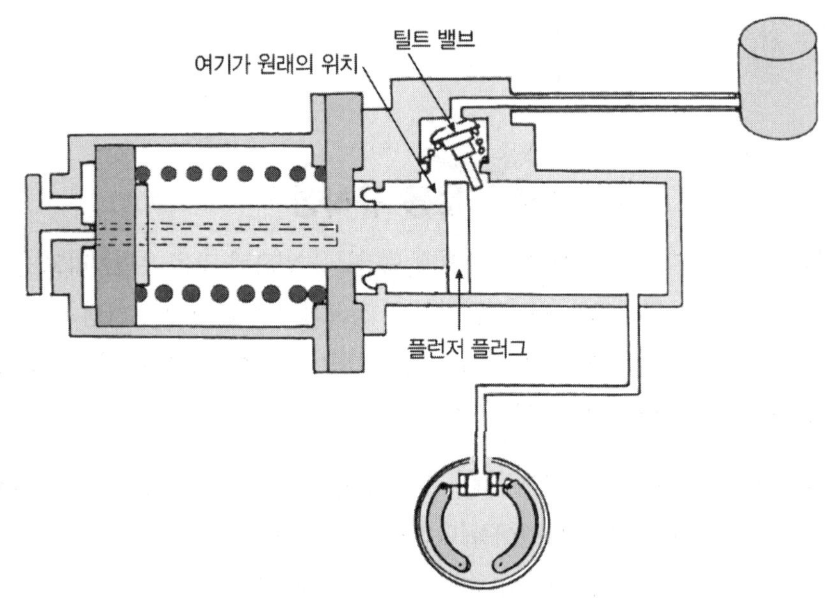

그림 7-7. 틸트 밸브의 잘못된 장착위치

이로 인해 사고차량은 4개의 마스터 실린더 가운데 2개가 브레이크의 기능을 상실했던 것이다. 또 틸트 밸브가 기울어져 있어서 밸브가 열린 상태가 되기 때문에 유압을 형성할 수 없다. 어떤 조립수순에서 잘못되었는지는 모르겠지만 완성품 검사를 할 때 압력 테스트만 했더라도 이런 불량품이 나오지는 않았을 것이다. 그것도 사람 목숨과 관련된 가장 중요한 부품인 브레이크를 이렇게 소홀히 다루는 회사는 제품을 만들 자격이 없다.

운전자의 증언을 들을 수 없어서 자세한 것은 모르겠지만, 브레이크가 잘 듣지 않아 여러 번 브레이크 페달을 밟았을 것으로 추측된다.

페달을 밟는다는 것은 틸트 밸브를 플런저 플러그로 밀었다가 떨어지고, 밀었다가 떨어지는 운동의 반복을 의미하기 때문에 틸트 밸브를 급속하게 마모시키는 동시에 상대 부품인 플런저 플러그에 심한 압박흔적을 만들게 되었다. 그 결과 플런저 플러그는 압박으로 난 깊이와 길이만큼 유압 실린더로 진입하기 때문에 겨우 유압을 작동할 수가 있었다.

심지어 밀었다가 떨어지는 운동이 반복되었기 때문에 마모는 점점 진행되었고 틸트 밸브 끝이 플런저 플러그의 바깥쪽을 얇게 파게 되었다. 이 얇게 파인 곳이 실린더와 플런저 플러그에 끼였다. 이것은 쐐기가 박힌 것과 마찬가지이기 때문에 페달을 밟거나(압축공기 전송) 떼어도(압축공기 배출) 작동하지 않는다.

결과적으로 브레이크 페달을 계속 밟는 것과 마찬가지 상태가 되면서 브레이크 드럼 과열로 인해 화재로 진행된 것이다.

운동 규칙성

2개의 재생 마스터 실린더가 거의 동시에 트러블을 일으킨 것은 우연이라고 볼 수도 있다. 하지만 기계는 융통성이 없는 반면에 작동은 정확하기 때문에 이번처럼 파괴로 이어지는 운동이 발생한다고 하더라도 2개 모두 똑같은 힘이 가해져 똑같은 마모속도로 손상되기 때문에 동시에 일어나는 것이 당연하다.

기계는 이런 운동규칙성이 있기 때문에 나중이라도 같은 조건을 만들어 재현 테스트를 하는 것이 가능하다. 따라서 타이어를 돌려 횟수를 세면서 브레이킹을 반복하다 보면 어느 순간 브레이크가 잠기게 되는데, 이때까지의 횟수가 바로 사고차량의 브레이킹 횟수가 되는 것이다.

대형트럭 운전중 핸들에 갑자기 이상한 진동감지 계속 주행중에 차축 부근에서 화재 발생

- **차종 :** 대형 트럭
- **사고 장소 :** 일반도로
- **원인**

약 4개월 전에 정비공장에서 차량검사 정비를 받았는데, 앞바퀴 축 베어링을 너무 강하게 조여 베어링이 잠겨(lock)버렸다. 베어링은 잠겼는데 구동바퀴 힘으로 강제로 앞바퀴를 회전시키는 상태가 되면서 회전에 필요한 간격(clearance)을 만들기 위해 "원통롤러"를 마모시키게 된다. 그로 인해 유막이 없어진 금속과 금속이 직접 접촉하여 격렬한 마찰열이 발생했고 고온으로 인해 액체로 바뀐 그리스가 여기에 닿으면서 불이 일어났다.

사고 상황

11톤짜리 대형 트럭이 목재 통을 가득 싣고 도로를 주행하고 있었다. 얼마 안 있어 목적지인 자사공장에 거의 왔을 무렵 갑자기 조향핸들steering wheel에서 이상한 진동을 느꼈지만 공장에서는 생산라인의 재료가 도착하기를 기다리는 상황이라 계속해서 운전을 하였다.

공장을 앞에 두고 검은 연기와 하얀 연기가 운전석(차실)까지 들어오면서 곧바로 화염이 운전석 전체를 휘감았다. 너무 놀라 운전석에서 황급히 내린 후 곧바로 공장으로 뛰어가 도움을 요청했다.

자사 트럭이 근처에서 불타고 있다는 운전자의 이야기에 공장은 커다란 소동이 벌어졌다. 소방서에 연락하는 사람, 불을 끄러 가는 사람(실제로는 화재가 너무 커서 공장에서 갖고 있던 소화기로는 어찌할 수도 없었다), 목재가 타지 못하게 서둘러 목재 운반용 장비로 나무를 내리는 사람 등등, 마치 전쟁터 같은 상황을 방불케 했다.

이 트럭은 목재 통을 운반하기 위해 화물칸을 높은 철판으로 감싸 상자처럼 만들었다는 점, 화재가 왼쪽 앞바퀴에서 일어나 운전실로만 불길이 옮아갔다는 점, 운전실과 화물칸 사이에는 약간의 간격이 있다는 점 때문에, 한 쪽에서는 불을 끄고 한 쪽에서는 목재 통을 내리는 작업이 동시에 함으로써 화물에 대한 피해를 면할 수 있었다.

Check 운전자 증언

4개월 전에 차량검사 정비 직후에 조향핸들이 무겁고, 왼쪽으로 틀어져 있었는데 잠시 참고 있었더니 없어져서 평소처럼 운전하고 다녔다. 이번에는 갑자기 덜컥하더니 ABS Anti-lock Brake System 경고등이 들어왔기 때문에 트럭을 세우고 점검해 봤지만 특이한 증상이 발견되지 않아 별일은 없겠지 하고 다시 운행하였다. 그 후 20분정도 주행하였을 때 갑자기 운전석 밑에서 연기가 솟아오름과 동시에 눈 깜짝할 사이에 불길에 휩싸였다는 것이다.

깜짝 놀라서 영문도 모른 채 공장에 도움을 요청하러 뛰어갔다. 원인에 대해서는 전혀 짐작이 가지 않는다.

조향핸들이 무거웠을 때 정비공장에 클레임을 걸었는지 물었더니, 일시적인 것이었고, 바로 아무렇지도 않아졌기 때문에 클레임을 걸지 않았다고 한다.

ABS(Anti-lock Brake System)

자동차가 주행할 때 모든 바퀴에 똑같은 무게가 실리지 않는다. 이런 상태에서 급제동을 하면 일부 바퀴에 로크 업(lock-up)현상, 즉 바퀴가 잠기는 현상이 발생한다. 이것은 차량은 여전히 진행하고 있는데도 바퀴는 완전히 멈춰선 상태를 말하는데, 이때 차량이 미끄러지거나 옆으로 밀려 운전자가 자동차의 방향을 제대로 제어할 수 없게 된다.

이러한 문제를 방지하려면 바퀴가 잠기지 않도록 브레이크 페달을 밟았다 놓았다 하는 펌핑을 해주어야 한다. 이 펌핑 작동을 전자제어장치나 기계적인 장치를 이용하여 1초에 10회 이상 반복되면서 제동이 이루어지도록 한 장치이다.

Check 피해차량 상황

피해차량은 차량검사 정비업체가 보관하고 있었다. 피해상황은 운전실은 골격만 남고 완전히 연소되었으며, 엔진은 연료배관·배선피복·흡기관 주위의 고무나 플라스틱 종류가 부분적으로 불에 탔다.

이에 반해 화물칸은 화재로 발생한 그을음이 주행 중의 바람에 의해 얇게 묻어 있을 뿐 아무런 피해도 받지 않았다. 정비업체에서는 이미 원인을 파악하고 있었다. 화재가 발생한 지점은 왼쪽 앞바퀴의 허브, 원인은 당사에서 허브 베어링의 그리스 작업을 하면서 베어링을 너무 심하게 조였기 때문이라고 했다. 또 자신들이 조사하기 위해 좌우 앞바퀴의 브레이크 드럼과 허브를 탈착했다고 한다. 탈착할 때 떼어 낸 베어링의 원통롤러와 아우터바깥 레이스 등의 부품이 탈착한 지점 바로 아래에 나란히 놓여 있었다. 손에 기름을 묻히지 않고 눈앞에서 사고부품들을 볼 수 있어서 다행이었다.

정비업체에서 이처럼 자발적이고 신속하게 원인조사를 하는 것은 드문 경우였기 때문에(제작회사에서 엔지니어가 나와 있을 것으로 생각되며, 리콜 은폐로 어수선한 시기이기도 하기 때문에 제작회사에서 나왔나 하고 생각했다) 호감이 갔다.

만일을 위해 정비업체의 조사결과를 검증해 보기로 했다. 그림 7-8은 원인이 된 왼쪽 앞바퀴 축으로, 비교를 위해 피해가 없는 오른쪽 앞바퀴 축을 그림 7-9로 나타낸다.

그림 7-8. 차량화재의 원인이 된 왼쪽 앞바퀴 축

그림 7-9. 피해가 없는 오른쪽 앞바퀴 축

① 2개의 그림을 비교하면서 보면, 그림 7-9는 브레이크슈나 브레이크 드럼의 깎인 가루가 먼지처럼 브레이크 실린더와 슈 본체를 덮고 있는데, 이것이 정상적인 모습이다. 이에 반해 그림 2-8은 이런 가루가 타서 눌어붙으면서 각 부위가 매우 선명하게 보인다.

② 그림 7-9의 베어링 주변은 일단 고온으로 새빨갛게 됐다가 냉각된 것을 증명해 주는 자주색을 띠고 있다. 한편 브레이크 실린더는 높은 열에 노출되어 산화해 있다. 이것은 고온으로 발열한 것은 베어링이고 화재의 규칙성에 따라 점화보다 위쪽에 위치하는 브레이크 실린더가 불에 노출되었다는 것을 알 수 있다.

③ 사진에 찍힌 것은 2개 베어링 가운데 안쪽inner으로서, 그림 7-9처럼 그리스가 있어야 하는데 그림 7-8에서는 소실되어 전혀 보이질 않는다.

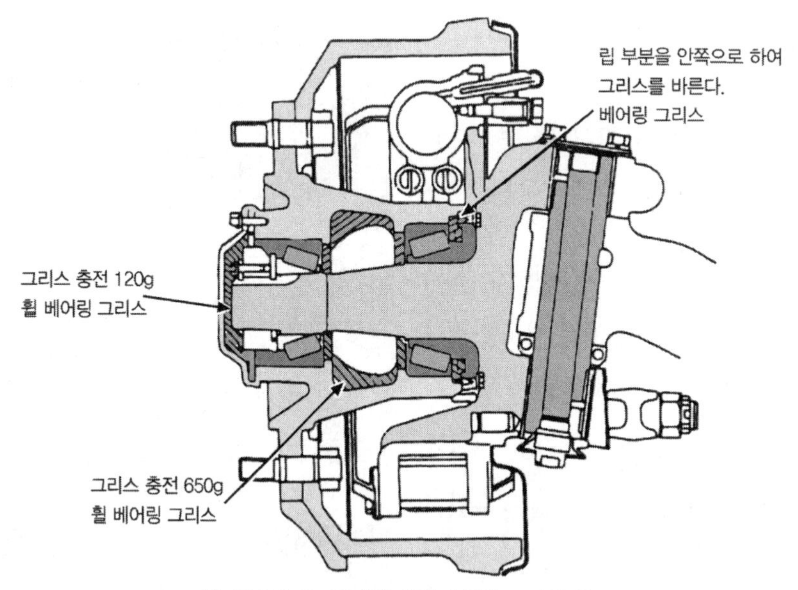

그림 7-10. 앞바퀴 축에 충전한 그리스 양

엔진이나 운전실을 연소시킨 최초의 화재는 그리스의 불길이다. 어느 정도의 그리스가 어디에 들어 있었는지 정비업체로부터 정비방법을 복사해 받았다(그림 7-10). 허브 안에 650g, 휠 허브 커버 안에 120g, 모두 합쳐 770g이다.

그림 7-11. 마모되면서 얇아져 애벌레처럼 변한 베어링의 원통롤러

다음으로 바깥쪽outer 베어링인데, 그림 7-12는 마모되면서 얇아져 애벌레처럼 변한 베어링의 원통롤러를 원래 위치에 대 본 모습이다.

그림 7-12는 이 원통롤러를 확대한 모습이다.

④ 사고부품은 새 것에 비해 바깥지름이 1/2 이하로 마모되어 있다. 이 원통롤러의 상대부품인 베어링 안쪽 레이스race도 마모되면서 너클knuckle까지 마모시켰을 정도였다. 이렇게 되면 롤러 가이드를 뛰어넘어 원통롤러가 경쟁을 일으키면서 너클과 휠의 축 중심이 어긋난다.

⑤ 그림 7-12에서 보듯이 원통롤러는 단순히 얇아진 것뿐만 아니라 마찰열로 인해 표면이 녹아있다. 하중이 심해지는 마찰열의 무서움을 새삼 일깨워주는 느낌이다. 아마 표면은 1000℃까지 올라간 것 같다.

그림 7-12. 원통롤러 날개

사고발생 메커니즘

① 사고의 근본원인은 4개월 전에 너트를 너무 강하게 조여 바깥쪽 베어링을 로크[lock]시킨 것에 있다.

② 운전자가 바로 괜찮아졌다고 한 것은 원통롤러와 레이스(베어링 바깥을 아우터 레이스, 안쪽을 이너 레이스라고 한다.)를 마모시켜 간격이 생겼을 뿐으로, 이때부터 더 큰 마모와 마찰에 의한 파손운동이 시작되었던 것이다.

③ 처음 마찰로 원통롤러와 레이스 표면이 마모되기 때문에 뜯기면서 끝이 잘게 갈라졌다. 베어링은 회전 축받이기 때문에 원통롤러는 가볍게 레이스 위를 회전하면서 축받이로서의 기능을 하므로 표면가공이 매우 잘 되어 있다.

④ 표면 끝이 잘게 갈라진 원통롤러는 오일을 머금어 유막을 형성하는 능력이 상실된다. 따라서 윤활성이 전혀 없는 상태에서 금속과 금속이 직접 접촉하게 될 뿐만 아니라 축에 걸리는 무게와 이것을 받아들이는 반력으로 인해 강한 힘에 밀리면서 회전하기 때문에(윤활성을 잃었기 때문에 불규칙 회전으로 인해 오히려 미끄러지는 것에 가깝다.) 서로 줄[file]로 갈듯이 급속하게 마모된다. 또 이때 강한 마찰열이 동반된다.

보기에 따라서는 4개월 동안 언제 화재가 나도 이상할 것이 없는 상태였다고 할 수 있다. 다행히 허브 베어링 안은 완전히 밀폐되어 있어서 산소가 없기 때문에 아무리 고온으로 올라가도 화재가 일어나지 않았을 뿐이다.

⑤ 운전자가 덜컥하는 충격이 조향핸들로 전해졌다고 말한 것은 다음과 같은 상황이 벌어졌기 때문이다.

(1) 가늘게 마모된 롤러가 롤러 가이드원통롤러를 원주 상에 일정간격으로 배치하기 위한 유도고정 기구로서 고정기라고 함를 벗어나 한 군데로 모여서 충돌을 일으켰다,

(2) 충돌에 의해 축 중심이 크게 틀어졌다(그림 7-13)

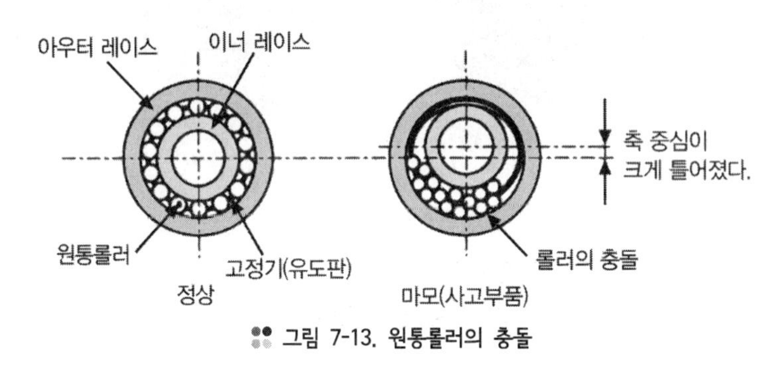

그림 7-13. 원통롤러의 충돌

(3) 이 충격으로 오일 실 리테이너oil seal retainer가 변형파괴 되었다

(4) 오일 실 리테이너가 파괴됨으로서 허브실 안의 공간이 없어지면서 산소가 공급될 조건이 갖춰졌다.

운전자가 트럭을 정차한 후 점검을 했지만 이상을 찾지 못했던 것은, 이 시점에서는 끓어오른 그리스가 휠 커버에서 거품 상태로 뿜어 나오는 단계여서 산소가 고온으로 올라간 베어링에는 도달하지 않은 것으로 추측된다.

⑥ 다시 주행을 한 것이 결과적으로 축 중심이 틀어진 차축의 오일 실 리테이너를 결정적으로 파괴시켰다. 이 단계에서 산소가 고온부위에 닿으면서 화재의 3대조건(가연물 : 그리스, 불씨 : 마찰열로 가열된 베어링, 산소 : 공기)이 갖춰졌다.

⑦ 불길이 강해진 것은 그리스가 너무 고온으로 끓으면서 좁은 개스킷에서 압력을 받아 분출했기 때문이다.

Check

그리스의 특성에 대해

그리스에 대해서는 잘 알고 있을 것으로 생각되어 여기서는 사고와 관련된 부분만 간단히 설명하겠다.

○ 점조도(粘稠度, consistency)

그리스는 윤활유와 달리 액체가 아니라 부드러운 반죽paste 상태의 고체이다. 딱딱한 정도는 반유동 물체(오일에 가까운 것)부터, 고형 물체(비누 같은 것) 까지 있어서 용도에 따라 공업규격에서는 몇 단계로 나뉘어 있다. 딱딱한 정도를 나타내는 단위로 **조도**稠度가 사용된다.

조도는 25℃로 유지된 그리스에 질량 150g의 원추를 5초간 그리스 안에 넣어 원추가 들어간 깊이(mm)를 10배로 곱한 수치로 나타낸다. 그리스가 부드러우면 원추가 깊이 들어가고 딱딱하면 들어가질 않는다.

그렇다면 이번 휠 베어링은 어느 정도의 조도 상태였을까. 별도자료에 따르면 조도번호 3호였다고 생각된다. 3호는 혼화조도混和稠度가 220~250이다. 섀시 그리스의 300~400에 비해 딱딱하다(하중이 높은 장치에 사용)는 것을 알 수 있다.

○ 적점(滴點, dropping point)

그리스를 가열하면 서서히 물러지다가 어느 온도에 도달하면 액체 상태로 변한다. 그 온도를 적점이라고 한다.

일반적으로 적점이 높은 그리스는 내열성이 뛰어나지만 최고 사용온도라고 생각해서는 안 된다. 적점의 60~70%가 사용 한도이다. 조도번호 3호의 적점은 175℃ 이상으로, 회전하는 윤활 면이 175℃ 이상의 고온이 되면 그리스가 액체로 바뀌면서 가중 무게를 지탱하는 면압을 확보하지 못하게 되는데, 이 사고는 1000℃가 넘은 초고온 상태라 액체를 뛰어넘어 끓어올랐다고 생각하는 것이 마땅할 것이다. 이때 윤활유로서의 역할은 하지 못한다.

Check 베어링에 대하여

베어링은 마찰 종류에 따라 평면 베어링plain bearing과 롤러베어링roller bearing이 있으며, 각각이 축 하중 방향에 따라 레이디얼 베어링radial bearing과 스러스트 베어링thrust bearing이 있다.

이번 사고의 베어링은 롤러베어링 가운데 원통롤러 베어링인데, 레이디얼 베어링이면서 스러스트 베어링을 겸하고 있는 뛰어난 것이다.

이것은 자동차 고유의 구조로서, 아우터 베어링과 이너 베어링의 원통롤러가 서로 안쪽으로 경사져 있기 때문에 스러스트 하중이 서로 안으로 걸리도록 되어있다. 즉 앞바퀴를 서로 안쪽으로 향하게 하는 토인toe-in과 같은 원리다. 또 같은 롤러베어링 중에서도 볼ball·니들needle에 비해 롤러가 높은 하중을 지탱하는데 가장 적합하다.

나는 엔진을 다루어 왔기 때문에 오로지 평면 베어링plain bearing만 사용해 왔는데, 이것은 어느 쪽이 좋고 나쁘다가 아니라 충격하중의 유무·수명·가격, 특히 열에 의한 영향을 고려해 균형적으로 선택한다. 일례를 소개하자면, 최근에 원 박스 차량4WD의 뒷바퀴 구동축에서 나사가 절단되어 휠이 빠지면서 조종성능을 잃어버린 차량이 맞은 편 차량과 심하게 부딪치면서 양쪽이 대파되는 사고가 있었다.

원인은 구동축의 베어링 가운데 롤러베어링의 원통롤러 베어링에서 베어링 제작회사에서 오일 실을 잘못 삽입해 기울어 있었기 때문에 그리스가 틈새로 유출되었고, 그리스가 없는 베어링은 마찰열에 의해 원통롤러 자체가 선 팽창하면서 레이스와 잠겼기 때문이다.

그 정도로 열에 약하면 평면 베어링으로 하면 어떨까 싶지만, 요동치는 구동축에 압력을 가진 윤활유 공급 장치를 장착하면 막대한 비용이 필요함과 동시에 기술적으로도 매우 곤란해 현실성이 떨어진다. 비용과 리스크라는 균형을 생각하면 구동축의 베어링은 역시 원통롤러 베어링이 가장 적합하다.

Check 정비작업은 '자신이 어떤 작업을 했는지' 확인하는 것

① 정비업체로부터 받은 정비지침서에는 아우터 베어링의 조이는 방법과 푸는 방법(간격을 주는 방법)이 알기 쉽고 자세하게 나와 있다. 정비지침서 대로만 하면 사고는 절대 일어나지 않는다. 다만 한 가지 번거로운 것은 나사의 체결토크이다. 어떤 정비지침서나 나사 하나하나에 Okg·m으로 체결하라고 적혀있지만, 실제로 현장에서 정비지침서를 한 손에 들고 토크렌치로 나사를 체결하는 경우를 본 적이 없다.

또한, 바쁘고 기름으로 더럽혀진 현장에서 한 손에 책을 들고 볼 수 없다는 것을 알기 때문에, 어디 나사는 토크 Okg·m으로 체결 하는 것 정도는 머릿속에 기억해 둬야 할 것이다. 그것도 정비지침서의 0.7~1.1kg·m처럼 자세하게가 아니라 1kg·m 단위로도 괜찮으니까말이다.

어느 공구를 사용해 어느 정도의 힘으로 체결하면 몇 kg·m가 되는지를 몸으로 체득해야 한다. 그런 정도는 알고 있다고 할지도 모르겠지만, 파워렌치임팩트 렌치로 너무 세게 조여 나사를 부러뜨리거나 임시체결만 하고 본 체결을 하지 않아 부품이 빠지는 경우, 체결토크 부족으로 진동에 의해 나사가 풀리면서 중요부품이 손상되는 등의 트러블이 꽤 많이 발생한다.

추가 체결점검은 체결토크를 추가하는 것이 아니라 규정토크로 체결했는지를 확인하는 행위다. 나사뿐만 아니라 모든 정비작업은 자신이 한 작업의 결과를 확인하고 나서야 비로소 끝나는 것이다.

② 이번 사고와 같이 베어링 과다체결을 방지하기 위해 정비지침서에는 그림 7-14처럼 스프링 측정기로 접선력接線力을 측정하도록 하고 있다. 이것은 규정토크에서 작동하는지 여부를 측정하는 것인데, ① 에서 말한 추가 체결점검과 마찬가지로 자신이 한 작업의 결과를 확인하는 것이기 때문에 꼭 해보기를 권한다.

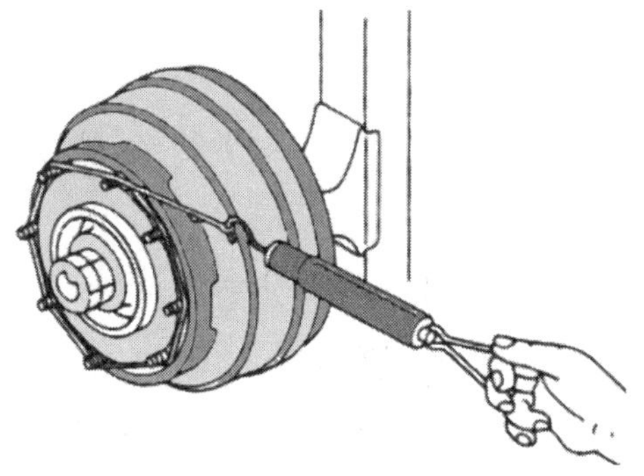
그림 7-14. 스프링 측정기로 접선력 측정

이번처럼 너무 세게 체결하는 것은 타이어 휠을 장착한 후에 손으로 타이어를 가볍게 돌리는 점검만으로도 충분히 발견할 수 있었을 텐데 하는 아쉬움이 남는다.

크레인 장착 차량이 고속도로 주행중에 앞바퀴에서 갑자기 흰 연기와 불길

- **차종 :** 중형 트럭(소형 크레인 탑재차량)
- **사고 장소 :** 고속도로
- **원인**

화재가 난 첫 번째 원인은 왼쪽 앞바퀴 허브 베어링의 아우터 베어링 쪽 원통롤러 마모 편차로 인한 것으로, 앞의 사례에서 소개한 대형트럭과 원인은 같다. 같은 원인의 사례를 또 거론하는 것은 원인이 된 현상은 원통롤러의 이상마모와 똑같지만 그 원인이 정비를 하지 않은 정비 불량 자동차이기 때문이다.

지금까지 소개한 사례가 정비사 등의 정비실수에 편중된 경향이고, 정비를 정확히 한 자동차와 정비·점검을 게을리 한 자동차는 정비 불량 자동차 쪽이 화재를 포함해 차량사고의 위험이 비교가 되지 않을 정도로 압도적으로 많다. 이를 재인식하는 계기로 삼기 위해 다시 한 번 원인이 같은 차량화재를 배경(요인)의 중심에 두고 소개하도록 하겠다.

차량검사 정비와 자가 정기점검은 법률로 정해진 최소한의 규칙이기 때문에 반드시 지킬 것을 권한다.

또 앞으로 차량화재의 원인규명 기술을 습득하려는 사람은 원인과 요인을 엄격하게 구분해 요인까지 거슬러 올라가는 조사와 법률을 포함한 관련지식 습득에도 노력해야 한다.

사고 상황

화물을 실으러 가기 위해 고속도로를 주행하던 중에 왼쪽 앞바퀴에서 연기가 나는 것을 발견하여 갓길에 트럭을 세우고 휠에 물을 뿌렸더니 연기가 나지 않아 다시 운전을 시작했는데, 잠시 후(1시간 정도라고 생각) 똑같은 곳에서 연기가 피어올랐다.

이번에는 앞에서보다 심했지만 고속도로이기 때문에 아무데나 정차할 수가 없어서 대피지대가 있는 곳까지 갔다. 대피지대에서 정차한 후 점검하려고 하는 순간 갑자기 불길이 운전석을 뒤덮으며 손 쓸 틈도 없이 큰 화재로 이어졌다. 가까이 있기에는 위험해 트럭에서 떨어져 멍하니 바라만 보고 있었다. 얼마 후 소방차가 달려와 화재를 진압했지만 소방차 도착할 때쯤에는 트럭은 거의 탄 상태였다.

불행 중 다행인 것은 화물칸에 화물이 전혀 없었던 것이다. 운전실이 완전히 소실되어 주행거리도 확인할 수 없다. 차량등록증도 없기 때문에 차량검사가 언제 이루어졌는지, 언제까지 유효한지도 알 수 없다. 운송회사에 찾아가면 기록이 있을 것이다.

Check 운송회사에서 사정 청취

같은 트럭이라도 자가 소유인 경우는 운전자와 이야기를 나누다 보면 대략적인 상황을 파악할 수 있다. 운송회사인 경우는 운전자가 자주 바뀌기 때문에 차량정보를 운전자에게서 파악하는 것이 어렵다. 대신에 트럭 사업법에 차량관리 책임자 지정이 의무로 되어 있기 때문에 그 차량관리 책임자로부터 사정을 들을 수 있다. 즉시 운송회사를 방문해 다음 7가지를 물어 보았다.

① 차량관리 책임자(정비사 자격증 보유)는 누구인가? → 사장이 겸임하고 있다(이런 경우는 차량관리 책임자가 역할을 하지 않는 경우가 대부분이다. 이 사장은 정말로 정비사 자격을 갖고 있을까. 운전자라면 하겠지만 기름 범벅이 되어가면서 트럭 정비를 하는 사람으로는 보이지 않는다는 소리도 들었다. 소문으로 듣던 정비사 명의만 빌린 사장이 아니라면 좋을 텐데…).

② 사업용 트럭은 의무적으로 해야 하는 자가 정기점검은 실시했나? → 안 했다(차량검사 정비로 충분하다는 것이다. 그러나 법률로 정해진 것이기 때문에 지켜야 할 것이다).

③ 이전 차량검사 때부터 주행한 총 거리는? → 차량마다 주행거리를 따로 기록하지는 않았지만 운행기록을 적산해 봤더니 대략 7000km 정도라고 한다. 이것은 좀 작은 것 같다, 더 많을 것이다.

④ 다음 차량검사는? → 00년 4월 27일(사고는 00년 3월 13일)로 얼마 안 남은 상태다.

⑤ 화물은 대개 어떤 물건인가(과적 의심이 농후)? → 당사는 아무거나 운송하고 있기 때문에 특별히 정해진 것은 없다고 한다.

⑥ 이 트럭은 소형 크레인을 탑재한 차량인데 (앞바퀴로의 부하를 생각해) 점검과 그리스

보충 등을 정비업체에 특별히 부탁하지는 않았나? → 크레인을 장착했다고 해서 특별한 일을 하는 것은 아니라고 한다.

⑦ 피해 차량을 보면 크레인 붐boom이 앞쪽에 위치해 있었는데, 화물이 없을 때는 뒤쪽에 놓도록 지도하고 있나? → 운전자에게 맡기고 있긴 하지만 당사에서는 대체로 앞쪽이라고 한다.

Check 소형 크레인에 대하여

① 작업 반경 : 크레인 하중 2.93톤은 크레인 붐을 들어 작업반경이 3.55m까지 미치면 2.93톤을 들어 올릴 수 있지만, 붐을 낮춰 작업 반경을 크게 하면 4m 까지는 2.58톤, 5m 까지는 1.98톤, 6m 까지는 1.63톤, 7m 까지는 1.38톤, 8m 까지는 1.18톤으로, 들어 올리는 하중이 점점 작아진다.

② 아우트리거outrigger 확장 폭 : 크레인 선회중심과 아우트리거 받침대의 중심을 잇는 선에서 트럭 운전석 쪽의 크레인 작업을 전방 인양이라고 하며, 이 경우에는 앞 ① 항의 크레인 하중의 25% 이하에서 작업하도록 되어있다. 예를 들면, 1.18톤×0.25＝0.295톤이므로 사실상 해서는 안 된다.

소형 크레인은 비교적 드물긴 하지만 대형 크레인에서는 전복사고가 종종 있어서 가끔 원인조사 상담을 받을 때가 있다.
조사를 해보면 원인이 몇 가지로 압축되는데, ① 무자격자의 크레인 조작, ② 작업 반경을 초과하는 중량물의 인양, ③ 아우트리거 확장 불충분 및 아우트리거 설치장소의 부실한 토대(연약한 땅) 등이 있다. 소형이라고는 하지만 크레인은 크레인이기 때문에 잘못되면 사람 목숨을 앗아갈 수 있다. 규칙을 지켜서 안전하게 작업해야 한다.

Check 피해차량 상황

① 피해 차량의 상태를 보면 그림 7-15처럼 운전석 부근이 심하게 불에 타 완전 소실되었다. 자세가 매우 낮은데 이것은 오른쪽 앞바퀴가 타는 바람에 파열burst된 상태라는 점과 소방서의 지시로 원인조사 때문에 왼쪽 바퀴를 빼놓았기 때문에 그림 7-16처럼 앞차축이

지면에 닿아있어서 외견상 자세가 낮아 보이는 것이다.

그림 7-15. 운전석 부근이 전부 타버린 피해차량

그림 7-16. 앞 현가장치가 불에 탄 상태.
왼쪽 : 왼쪽 바퀴는 판스프링이 심하게 변형되었으며, 브레이크 파이프는 떨어져서 플랜지 부분만 남아 있다.
오른쪽 : 오른쪽 바퀴는 브레이크 파이프가 불에 타 떨어져 있다.

② 그림 7-17은 엔진 왼쪽으로, 고온에 노출되면서 심하게 연소되었다. 이에 반해 그림 7-18은 엔진 오른쪽인데도 거의 연소되지 않았다. 외관은 오른쪽 문짝이 가장 많이 연소된 것으로 보이지만 속은 왼쪽이 가장 심하게 연소되었다. 이런 사실은 그 아래에 발화지점이 있다는 것을 나타낸다. 그 위치에는 왼쪽 앞바퀴와 휠이 있다.

그림 7-17. 엔진 왼쪽. 매니폴드 쪽이 심하게 탔다.

그림 7-18. 엔진 오른쪽. 연소된 자국이 많지 않다.

③ 그림 7-19는 왼쪽 앞바퀴 허브의 이너 베어링(안쪽) 가운데 아우터 레이스로서, 그림 7-20의 아우터 베어링(바깥 쪽)과 마찬가지로 아우터 레이스와 비교해 보길 바란다. 안쪽의 아우터 레이스는 마모되어 끝이 갈라져 있지만 바깥쪽의 아우터 레이스는 다소 마모된 것 이외에는 베어링의 레이스 상태를 유지하고 있다.
안쪽의 아우터 레이스가 마모된 상태를 보면, 원통롤러는 그리스 부족으로 인해 윤활성이 없어지면서 금속과 금속이 서로 줄file로 간 것 같이 급속하게 마모되었다는 것을 쉽게 상상할 수 있다.

그림 7-19. 왼쪽 앞바퀴 허브의 이너 베어링(안쪽) 가운데 아우터 레이스(바깥 고리)가 연소된 모습

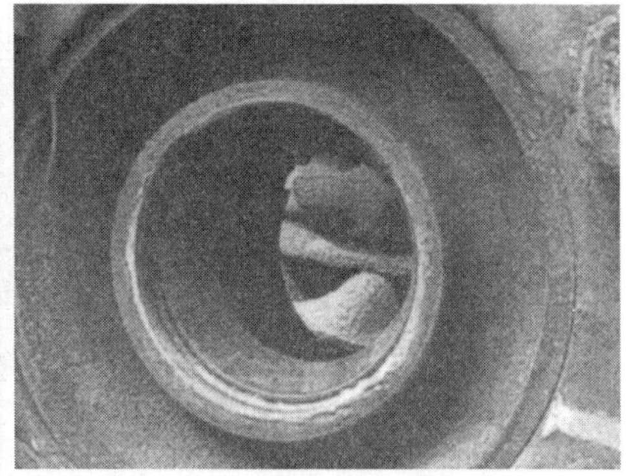

그림 7-20. 이너 베어링이 심하게 마모되어 브레이크 드럼과 브레이크슈의 축 중심이 크게 손상되면서 깎여 나간 슈의 아랫부분

마모되어 애벌레같이 되어 있어야 할 원통롤러가 보이질 않는다. 소방서에서 증거품으로 회수해 갔는지 모르겠다고 들었지만, 그런 사실은 없다는 것을 확인한 후 든 생각은 너무 심하게 마모되면서 작아진 상태로 운송 중에 빠져나갔는지도 모른다는 것이었다.

④ 앞선 사례와 크게 다른 것은 그림 7-21처럼 이너 베어링의 마모가 너무 심했기 때문에 브레이크 드럼과 브레이크슈의 축 중심이 크게 틀어지면서 슈의 아랫부분이 깎여 나간 것이다.

이너 베어링의 마모는 그리스 부족에 따른 것인데, 이처럼 축 중심이 크게 틀어질 정도의 큰 마모는 소형 크레인의 붐이 앞쪽으로 배치되면서 크레인 자체의 무게가 작용해 앞바퀴에 큰 부담을 주었기 때문으로 추측된다.

그림 7-21. 왼쪽 앞바퀴 허브의 아우터 베어링(바깥쪽) 가운데 아우터 레이스의 상태

⑤ 그림 7-22는 깎여나간 브레이크슈의 상대 부품인 드럼 모습이다. 안쪽 지름이 폭넓고 깊게 파여 있다. 또 금속이 고온으로 올라갔다 냉각되면서 생긴 보라색으로 판단하건데 높은 마찰열이 발생한 곳이 이 부분임을 알 수 있다.

한 번 더 그림 7-16을 봐주길 바란다. 이 드럼 근처의 브레이크 파이프를 연소시킨 것은 여기에서 시작된 복사열이다. 마찰열로 시작해 브레이크 오일 화재로 발전한 것이다.

⑥ 화재가 더 커진 것은 그림 7-23에서 보듯이 소형 크레인의 작동유 때문이다.

그림 7-22. 왼쪽 앞바퀴 브레이크 드럼의 내부 상태

그림 7-23. 크레인용 작동유 리턴 파이프가 불에 타 녹아내리면서 작동유에 불이 붙어 차량화재를 더 크게 만들었다.

화재 요인

원인은 앞에서 설명한대로지만 그 원인을 만든 요인은 다음과 같다.

① 트럭 사업법으로 정하고 있는 자者가 정기점검에서 허브 베어링의 간극점검 및 그리스 보충을 소홀히 했다는 점

② 소형 크레인 탑재차량에 대한 배려가 결여되어 있었다는 점

③ 차량관리 책임자가 제대로 역할을 하지 않았다는 점
브레이크에서 연기가 났는데 물만 뿌리고는 괜찮다고 판단해 다시 고속으로 운전한 것을 보면 운전자 교육에도 문제가 있는 것으로 생각된다.

앞바퀴에 크기가 다른 타이어를 장착, 주행중에 디퍼렌셜에서 화재

- **차종 : 왜건** 차량(풀타임 4WD)
- **사고 장소 :** 일반도로
- **원인**

카센터에서 약 2개월 전에 새 타이어로 교환했다. 이때 앞바퀴와 뒷바퀴에 크기가 다른 것이 장착되었다. 풀타임(常時) 4WD이기 때문에 앞바퀴와 뒷바퀴의 부하차이를 평상시에는 "뒤 종감속 기어"에서만 부담하고 앞·뒷바퀴의 부하가 다를 때만 앞·뒤 종감속 기어를 모두 작동시키면 됐었던 것을 계속해서 앞·뒤 종감속 기어를 동시에 작동시키게 되면서 기어가 과열되었고, 이에 따라 고온에서 열 변형된 실(seal)부분을 통해 오일이 분출되면서 화재로 이어졌다.

이 사고는 소화기까지 사용하긴 했지만 차량화재 분류에는 들어가지 않을 만큼 소규모 화재였다. 굳이 설명한 것은 자동차에서 타이어 크기 실수, 공기압 실수 또는 관리태만이 얼마나 중대한 사고로 이어지는 지를 다시 인식해보기 위해서다.

사고 상황

풀타임 4WD(full-time four wheel drive)

평소에는 앞바퀴 대 뒷바퀴의 토크비율이 0 : 100의 뒷바퀴 구동으로 설정되어 있지만, 각종 센서가 검출한 주행상황을 컴퓨터로 계산하여 최대 50 : 50까지 배분한다. 구동력을 4개의 바퀴에 골고루 나눠 전달하므로 1개 바퀴에 주어지는 구동력의 부담이 적어 주행 안정성이 높아진다.

사고 당일에 타이어에서 이상한 냄새와 함께 연기가 피어났다. 심지어 종감속 기어에서는 불길이 조금씩 비치고 있었다. 큰 불이 일어날 것 같지는 않았지만 만일을 위해 근처 가게에서 소화기를 빌려 불을 껐다. 왜 이런 일이 생겼는지 생각해 봤지만 이유는 모르겠고 운전은 가능한 상태이기 때문에 그대로 정비공장으로 가서 수리를 의뢰했다. 여기서 놀라운 사실을 알게 되었다. 어떻게 된 일인지 앞바퀴는 175SR14, 뒷바퀴는 165SR14 크기의 타이어가 장착되어 있었다(이것이 어떤 의미인지는 정비사가 설명해 주지 않았다). 175SR14(앞바퀴)는 심하게 마모되어 있었다고 한다. 그러고 보니 심한 냄새와 연기는 앞바퀴가 마모되면서 난 것 같았다.

종감속 기어에서 불길이 조그맣게 났던 사실을 정비사에게 말한다는 것을 깜빡 잊어버렸다. 정비사는 단순히 오일이 유출되어 더럽혀졌다고 판단해 세척만 하고는 이대로 얼마동안 상태를 보자며 자동차를 건네주었다. 이때 타이어는 앞뒤 모두 제작회사가 지정한 165R14-8PRLT로 교환했다.

1주일 정도 타보았는데 조향핸들 조작이 자연스럽지 않다. 이상한 소리도 나서 정비공장으로 다시 갖고 갔더니 앞 종감속 기어가 이상하다는 것을 발견하고는 새 제품이 입고될 때까지 임시방편으로 앞 종감속 기어의 추진축을 탈착하고 나서(뒷바퀴로만 구동), 약1개월 후에 부품이 입고되어 교환 수리를 하였다.

한편 앞 종감속 기어에는 LSD Limited Slip Differential를 장착하고 있었는데, 눈길이나 진흙길 주행에 효과적이기 때문에 눈이 많이 오는 곳에서는 필수 장비다.

LSD(Limited Slip Differential, 자동제한 차동기어 장치)

자동제한 차동기어 장치는 슬립(slip)으로 공전하고 있는 바퀴의 동력을 감소시키고 반대쪽의 저항이 큰 바퀴에 감소된 만큼의 동력이 더 전달되게 함으로써 슬립에 따른 공전 없이 주행할 수 있게 한다. 또 미끄러운 노면에서 출발을 용이하게 하고 타이어의 슬립을 방지하여 수명을 연장하며, 급가속 할 때 안정성이 양호하다.

Check 카센터의 타이어 크기 관리에 문제가 있었다

큰 사고는 아니었기 때문에 타이어를 잘못 장착한 카센터까지 갖고 갈 필요는 없지만, 마침 비슷한 시기에 타이어 크기를 잘못 장착해 1명 사망, 2명 중상이라는 대형사고의 원인 규명 조사를 하고 있던 참이었기 때문에 왜 타이어 크기를 잘못 장착하는 하는지, 그토록 많은 크기가 있는데 그 재고관리는 어떻게 하고 있는지, 이런 의문이 들어서 카센터에 물어보기로 했다.

(1) 자세한 이야기지만, 165R14를 장착하는 차량에 왜 165 "S"R14를 장착했느냐는 질문에, SR 쪽이 강하기 때문에 R을 대신할 수 있다고 생각했기 때문이라고 한다. 가격은 비싸겠지만….

(2) 175SR14를 장착했다는 의식은 전혀 없으며, 장착한 본인도 165SR14였다고 생각하고

있다. 시간이 조금 지났기 때문에 기억이 안 나는 것이 아니겠냐고 생각했지만 어쩌면 그렇지만도 아닌 것 같다. 이런 경우는 실물을 보여주지 않으면 안 될 것 같아서 카센터로 연락해 봤지만 창고정리를 하면서 버렸다고 한다.

(3) 165와 175는 보관 장소가 엄연히 구분되어 착각할 일은 없는지를 알기 위해 보관방법을 보여 달라고 했다. 안내받은 곳은 사무실 옆으로 만들어진 오픈 타이어의 전시 코너였다.

"야간에는 어딘가 보관할 것 같은데, 그 방법은 무엇입니까?"
"정비사들이 손으로 구분해 타이어 전시대 별로 창고로 옮깁니다."
"이때 타이어가 전시대에서 떨어지거나 하는 일은 없습니까? 또한, 고객이 꺼내서 만지다가 크기가 섞이는 일은 없습니까?"
"있지만 자동차에 장착할 때 반드시 크기를 하나하나 확인하기 때문에 잘못되는 일은 없습니다."
"같은 크기가 1개만 있거나 3개가 같이 있거나 하는데 4개를 1세트로 보관하지는 않는겁니까?"
"그게 전시하고 있는 상태에서는 어렵습니다." 라는 대화가 나눠졌다.

(4) 부품관리의 철칙인 ① 큰(또는 작은) 것부터 순차적으로 배치하거나, ② 크기가 다르면 칸을 구분하는 등의 방법은 지켜지지 않고 있었다. 또 그런 공간도 없다. 따라서 어느 전시대의 가장 위와 2번째가 165SR14고 3번째와 4번째가 175SR14이였던 것 같다. 작업자는 가장 위에서 165SR14를 확인했기 때문에 4개 모두 그럴 것이라고 생각할 수 있다.

(5) 타이어 크기나 공기압이 잘못되면 동력전달 장치에 큰 부하가 걸릴 뿐만 아니라 최악의 경우에는 스탠딩웨이브공기압 부족으로 타이어에 물결 모양의 변형이 일어나는 현상, 이 변형이 오래 지속되면 파손이 일어남, 과열 세퍼레이션separation, 온도상승으로 인해 조직이 벗겨지는 것을 일으켜 큰 사고가 날 수 있다는 이야기를 해주고 철저한 관리를 당부했다.

마침 미국에서 포드와 파이어스톤(타이어 회사)이 과열 세퍼레이션의 원인에 대해 포드가 설정한 공기압이 원인인지 파이어스톤의 타이어 제조상의 하자인지를 다투고 있을 때였기 때문에 이것을 사례로 들어 설명했다. 이 사건에서도 몇 명이 죽으면서 막대한 보험료를 둘러싸고 다툼이 벌어지고 있었다. 미국에서는 이렇게 사소한 일이라도 소송이 일어나니 주의를 당부했다.

(6) 한편 이런 사고를 방지하기 위해 제작회사에서는 그림 7-24와 같이 취급설명서에 주의

를 주고 있는데, 나는 주의에서 경고로 올려야 한다고 생각한다.

주　의!

- 타이어 교환은 4륜 모두 동시에 하고, 반드시 지정 크기로 동일한 사양과 패턴(홈 모양)으로 장착해 주십시오.
- 타이어 마모를 동일하게 함으로써 수명을 연장시키기 위해 적정거리(약5000km)에서 타이어 위치를 교환해 주십시오.
- 타이어의 공기압은 자주 점검해 주십시오.
- 타이어에 마모 편차가 생기거나 공기압이 규정 값과 많이 다르면 차량 성능이 충분히 발휘되지 않음으로써 안전성이 떨어지거나 고장의 원인이 됩니다.
- 마모 차이가 크거나 크기가 다른 타이어(공기압 규정 값이 다른 것도 포함)를 장착하면 차량에 무리가 생기면서 중대한 고장의 원인이 됩니다.
- 타이어를 교환할 때는 전문가와 상담해 주십시오.
- 눈이 없는 포장도로에서 체인을 감은 상태로 주행하지 않도록 해 주십시오. 차량에 무리가 생겨 사고의 원인이 됩니다.

그림 7-24. 타이어에 첨부되어 있는 주의사항

차량화재와는 조금 동떨어진 얘기지만 이번과 비슷하게 타이어의 재고관리 소홀로 인해 비참한 사고가 있었기 때문에 간단하게 소개한다.

사고 상황

- **차종 :** 1박스 왜건 렌터카(9인승)
- **사고 장소 :** 고속도로
- **직접 원인**
  과열 세퍼레이션에 의한 파열
- **간접 원인**
  겨울에 여름용 타이어를 잘못 보관하면서 크기가 다른 타이어 하나가 섞이게 되었다.

사고 당일은 지방 슈퍼마켓의 신규개점 날이었기 때문에 본사에서 신입사원 9명이 오픈 이벤트를 위해 렌터카로 고속도로를 주행하고 있었다.

인터체인지 근처에 이르렀을 무렵 오른쪽 뒷바퀴에서 갑자기 파열이 일어났다. 그러면서 휠에서 타이어가 벗겨지고 순식간에 주행 안정성과 조종성능을 잃어버리게 되었고 조향과 관계없이 자동차는 크게 스핀하면서 뒷부분이 고속도로 갓길 쪽을 향해 돌진했다. 갓길 쪽 제방과 노면사이에는 높이 150mm 정도의 아스팔트 연석이 있어서 여기에 파열된 휠이 부딪치면서 구동축이 부러지고 심지어 연석을 발판으로 삼아 공중으로 뛰어 올랐다.

자동차는 공중으로 뛰어 올라갈 때 연석에 걸리면서 회전운동이 더 빨라진다. 이 회전운동이 원심력으로 작용해 승객 3명이 자동차 밖으로 튕겨져 나갔다. 1명은 나무에 걸리면서 살아났다. 나무에 걸렸을 정도니 얼마나 높이 튀어 올랐는지 상상이 간다. 심지어 다른 1명은 잡초 속으로 떨어져 목숨을 구했다. 그러나 불행히도 가장 마지막에 튕겨져 나간 1명은 아스팔트에 얼굴을 부딪치면서 목숨을 잃었다.

생사가 갈린 것은 튕겨져 나간 방향, 즉 좌석위치로서 너무 안타까운 사고였다. 동시에 과열 세퍼레이션이 얼마나 무서운지를 일깨우는 사고이기도 했다.

○ 과열 세퍼레이션이 일어나는 원인은 무엇인가?

사고 자동차에 있던 타이어 크기를 조사해보니 앞바퀴는 좌우 각각 215/70R15·98S, 왼쪽 뒷바퀴는 215/70R15·98S, 오른쪽 뒷바퀴는 215/70R15·107/105LT 이였다.

■ ■ ■ 운전석 쪽 도어를 열어보니 센터필러에 타이어 크기와 공기압이 적힌 스티커가 붙어있었다. 여기에는 215/70R15·98S를 사용하고 공기압은 2.4kgf/cm²를 넣으라고 적혀 있었다. 남은 타이어에서 공기압을 측정해 봤더니 2.5kgf/cm²이였는데, 파열된 타이어도 같은 사람이 스티커를 보면서 넣었을 테니까 2.5kgf/cm² 이였을 것으로 추측된다.

타이어 협회의 타이어 크기와 공기압에 따르면 215/70R15·107/105LT는 2.6~4.5kgf/cm² (차종에 따라 제작회사가 결정) 사이에서 사용하게 되어 있다. 따라서 사고를 일으킨 타이어는 원인이 공기압 부족이었다. 또 LT라는 것은 소형 트럭용을 의미하는 라이트트럭경량 트럭을 나타내기 때문에 고속주행은 하지 못하도록 되어 있다.

경상을 입은 운전자는 100km/h정도로 주행하고 있었다고 말하는 것을 보면 120~130km/h의 고속주행이었을 것으로 생각된다. 이 속도에서는 215/70R15·107/105LT 구조로는 강도를 갖지 못한다.

또 공기압도 부족할 뿐만 아니라 제조년도도 오래되고 마모되어 있다. 이래서는 과열 세퍼레이션의 재현 테스트를 하는 것과 마찬가지로, 타이어는 견디지 못하고 파열된다.

○ 소형 트럭용 타이어가 섞여 있는 이유는 무엇일까?

렌터카 회사의 타이어 보관창고를 둘러보니 더 이상 들어가지 않을 정도로 다양한 크기의 타이어가 어수선하게 천장까지 쌓여 있었다.

앞에서 이야기한 카센터의 관리도 허술하지만 카센터의 경우는 타이어가 새 것이어서 타이어 크기를 나타내는 문자가 잘 보이도록 배치했고 밝은 야외였기 때문에 주의만 하면 실수를 막을 수 있다. 반면에 여기는 어둡고 타이어도 오래되어 크기를 알려주는 문자도 읽기 어렵다. 이런 환경으로 인해 사이즈 크기가 잘못 섞인 것이다.

고속도로 오르막길을 주행중인 대형 카 캐리어 뒤차축에서 발화

- **차종 :** 대형 견인차[승용차(새 자동차)를 운반하는 카 캐리어]
- **사고 장소 :** 고속도로
- **원인**

3개월 점검을 마치고나서 출발한 뒤에 일어난 사고로, 새 자동차나 다름없는 자동차에서 화재가 발생한 것이다. 사고 후 1개월 이내에 제작회사에서 브레이크 부스터와 관련된 리콜을 시행한 것을 보면 브레이크 부스터에 제조상의 결함이 있었고 이것이 원인이 된 화재다.

사고 상황

① 8시 30분 : 정비공장에서 신차 3개월 점검을 마침. 이상 없음.

② 10시 00분 : 자동차 제작회사에서 새 승용차(6대)를 적재하기 시작.

③ 13시 20분 : 적재완료. 자동차 제작회사의 다른 공장을 향해 출발.

④ 순조롭게 운행하던 중, 고속도로의 휴식구간 부근의 2km 정도 되는 언덕길을 70km/h로 주행하는데 갑자기 팡-하고 큰 소리가 들렸다. 시간은 15시가 지난 시점이었다.

⑤ 소리에 놀라 오른쪽 사이드 미러를 봤더니 하얀 연기가 피어올랐다. 이때 순간적으로 본 계기판 경고등에는 아무런 이상도 나타나지 않았다. 이 소리가 무슨 소린지는 모르겠지만 펑크 난 소리가 아닌 것은 확실하다.

⑥ 소리와 연기가 났기 때문에 이상하다고 판단해 점검해 보려고 차량을 갓길로 천천히 몰고 간 후 엔진 시동을 껐다.

⑦ 자동차에서 내려 점검을 하려는 순간에 트랙터(트레일러 헤드)의 왼쪽 뒷바퀴 안쪽에서 조그만 불이 난 것을 발견했다. 서둘러 운전석에 있던 소화기를 가져오려고 뛰었다.

⑧ 소화기를 집어 들고 불이 나는 곳으로 왔을 때는 이미 왼쪽 뒷바퀴 바로 위에 적재되어 있던 승용차가 심하게 불에 타고 있어서 소화기 1개로는 어찌할 방법도 없는 상태였다.

⑨ 불길은 빠른 속도로 옮겨 붙으면서 순식간에 적재되어 있던 승용차로 계속해서 번져가 6대가 모두 연소되었다(훗날의 조사로 당일에 초당 3~4m의 약간 강한 북서풍이 불었다는 것을 알게 되었다).

⑩ 트랙터의 뒤쪽 유리가 깨지면서 화염이 운전실 안으로 옮겨 붙어서는 운전실마저 다 태운 것이 가장 마지막이었다(이상 운전자의 증언을 그대로 실음).

운송 회사

구입한 지 얼마 안 된 카 캐리어에서 화재가 났다는 점, 무엇보다도 중요한 상품인 새 승용차가 모두 타버렸다는 점 때문에 만에 하나 자사의 자가 점검정비에 문제가 있으면 앞으로의 거래에 타격을 줄 수 있으므로 사장의 진두지휘 아래 원인규명과 대책수립에 나서게 되었다.

피해차량 상황

나에게 조사 의뢰가 늦게 왔기 때문에 화재 원인규명 조사를 위해 움직인 것은 사고일로부터 보름이나 지난 4월 12일이었다(냉정하게 생각하면 이상한 것도 아니지만, 이 정도 큰 화재가 났다면 소방서에서 원인과 관련해 어떤 연락이 있던가, 또 비싼 자동차를 구입한 셈이니까 제작회사에서도 원인과 관련해 어떤 연락이 있을 거라는 막연한 기대감이 있기 때문에 사용자가 먼저 적극적으로 나서서 누군가에게 원인규명과 결과를 요구하는 경우는 거의 없다).

지금까지의 사례에서도 밝혔듯이 잠자코 있어서는 어디서도 아무 것도 설명해주지 않는다. 소방서는 배상과 같은 민사상의 문제가 관련될 경우에는 개입하지 않는다는 입장이 있기 때문에 쉽사리 가르쳐 주지 않는다. 우선 구입한 회사를 통해 제작회사 쪽에 클레임을 걸어 원인규명을 요구하는 분명한 의사표시가 필요하다고 생각한다.

다만 확실한 방화 / 충돌충격에 의한 화재 / 개조에 기인하는 화재 / 정비 불량에 따른 화재 / 천재지변 / 도를 넘어선 혹사(과속이나 과적 등)에 기인하는 화재는 제작회사에서도

대응해 주지 않을 것이므로 자숙할 것을 권한다.

이번 사고도 나중에 설명할, 화재원인으로 생각되는 부품을 제작회사에서 회수해 갔기 때문에 기다리고 있으면 제작회사에서 설명이 올 것으로 기대하고 있었던 것이다.

① 그림 7-25 문제의 트랙터를 뒤에서 바라본 모습이다(트랙터 위에 휠이 6개 실려 있는데, 모두 카 캐리어에서 탈착한 것이다). 연소 상태(뜨거운 열에 철이 장시간 노출되어 산화한 정도)를 보면, 뒤 차축 부근이 가장 심하게 산화되어 있다. 그 중에서도 왼쪽 뒷바퀴 부근이 특히 산화가 진행되었는데 뒤쪽 흙받이를 두드리면 바로 떨어질 것 같다. 휠도 오른쪽 바퀴에 비해 왼쪽 바퀴 쪽이 더욱더 산화되었다.

그림 7-25. 피해 차량 트랙터(운반 트레일러의 견인차)를 뒤에서 본 모습. 발화지점은 운전자가 보았던 왼쪽 뒷바퀴가 틀림없다.

심지어 오른쪽 충돌방지용 가드는 제대로 부착되어 있는데 반해 왼쪽 것은 떨어져 나가 트랙터 위에 실어 놓았다. 이런 것들을 종합해보면 화재지점은 운전자가 최초로 발견한 왼쪽 뒷바퀴가 틀림없어 보인다.

② 원인이 왼쪽 뒷바퀴에 있는 것은 확실하지만, 가장 중요한 차축을 제작회사가 조사하기 위해 회수해 갔다고 한다.

함께 있던 정비공장의 정비과장과 제작회사가 갖고 간 것은 브레이크 관련 부품들뿐인데 여기에 뭔가 이상한 점은 없었는지, 또 당신에게 책임을 물을 생각은 없으니까 느낌만이라도 괜찮으니까 말해주지 않겠냐는 실랑이 끝에 좌우바퀴 모두 브레이크 드럼과 브레이크 라이닝이 이상하게 마모되어 있었다는 정보를 얻을 수 있었다.

이것으로 몇 가지 사실을 알았다. 브레이크 드럼과 라이닝의 이상 마모부터 즉, 흔히 있는 허브 베어링의 **인터로크**inter lock가 아니라는 점이다. 또한, 좌우바퀴 모두라는 것을 보면 브레이크 실린더를 포함한 라이닝의 개폐장치가 아니라는 점이다. 그렇다면 좌우를 동시에 제어할 수 있는 것은 브레이크 부스터 말고는 없기 때문에 브레이크 부스터에 어떠한 이상이 있었음에 틀림없다.

제작회사에서 가져간 부품은 다음과 같다.

- 뒷바퀴 축(브레이크 라이닝 개폐장치 포함)
- 뒷바퀴 브레이크 드럼 좌우(뒷바퀴 축 포함)
- 브레이크 부스터(뒷바퀴 브레이크 제어용)

③ 제작회사에서 무슨 생각을 하는지 대략적인 짐작이 갔기 때문에 운송회사 사장 이름으로 제작회사에 이번 화재에 대한 기술 견해서 제시를 요구했다.

④ 적재화물(새 승용차)의 피해 - 우리가 조사한 것은 정비공장에서 사고차량을 가져다 놓은 곳이다. 고속도로에서 사고가 났었기 때문에 6대의 잔해는 업자의 손에 의해 진화와 동시에 신속하게 반출되었기 때문에 우리들은 구경도 하지 못했다.

그림 7-26. 카 캐리어의 잔해. 높은 열로 인해 철골이 크게 휘어졌다.

그림 7-26은 카 캐리어의 잔해로서, 뒤쪽과 비교하면 높은 열에 노출된 증거로서 철골이 구부러져 크게 휘어 있을 정도로 앞(뒤쪽 축의 바로 위)쪽 만큼 심하게 탄 상태며, 철재가 크게 산화되었다. 운전자 증언에 기초한 적재화물 모습과 연소된 순서는 그림 7-27과 같다.

그림 7-27. 적재화물 모습과 불이 난 순서

⑤ 그림 7-28은 옮겨 붙으면서 전소된 운전실 모습이다. 유리창이 모두 깨져 있는데, 운전실 뒤쪽 유리가 트레일러에 실려 있던 승용차 화재로 인해 파괴되면서 이곳을 통해 열기와 화염이 운전실 내에 유입되었고, 시트(우레탄)나 염화비닐 보드를 태웠다. 이 열이 앞 유리와 문 유리를 깼을 것으로 추정된다. 트럭 화재에서는 이런 사례가 드물다는 것도 덧붙인다.

트럭은 발화 위험성이 높은 엔진이라는 점과 앞바퀴 바로 위에 운전석이 있는 점 때문에 화재가 일어나면 운전석도 심하게 타게 되는데, 화재라고 깨달았을 때는 이미 운전자 신체에 위험이 가까워진 경우가 많다.

그림 7-28. 불이 옮겨 붙으면서 전소된 운전실. 유리창이 모두 깨졌다.

Check

생각지도 못한 방법으로 대답이 오다

제작회사 쪽에 사고원인 조사 진행상황과 기술소견서 작성상황을 문의했더니 해당차량을 리콜대상으로 했다. 리콜승인을 정부에 요청한 상태이기 때문에 자세한 것은 추후 홈페이지를 봐주기 바란다는 것이었다. 리콜승인 내용은 다음과 같다.

- 리콜 명 : 생략
- 형식 : 생략
- 제작기간 : 생략
- 대상 차량 : 생략
- 원인 부위 : 제동장치
- 이상 상황 : 제동장치 가운데 브레이크 부스터의 제작 불량으로 메인 브레이크를 해제해도 휠 실린더에 작동 오일이 남게 되는데, 이 상태에서 계속해서 사용하면 브레이크 라이닝과 드럼이 접촉된 상태가 되기 때문에 최악의 경우는 브레이크 드럼이 과열해 발화할 우려가 있다.
- 개선 내용 : 모든 차량의 해당부품을 대체품으로 교환
- 클레임 건 수 : 국내 4건
- 사고 건수 : 국내 없음
- 발견 동기 : 시장에서의 정보에 의함.
- 개선 부위 설명도 : 생략. 설명문에는 메인 브레이크를 해제해도 피스톤이 떨어지지 않는 현상이 발생으로 구체적으로 표시됨.

■ ■ ■ "사고 건수 없음"에 대한 설명 – 이 경우의 "사고"란 「인체에 위해가 미치는 교통사고」를 가리키며, 화재 등의 물적 손실 사고는 포함되지 않는다.

리콜승인 요청으로 원인도 알게 되었고, 제작회사에 손해배상을 청구할 수 있기 때문에 사장은 크게 만족해했다. 무엇보다 자사의 정비 불량이나 취급 부주의 때문에 일어난 화재가 아니라는 것이 입증되었기 때문에 거래처의 신용을 잃는 일이 없어졌다는 것을 기뻐했다.

어떤 제작 불량이 있었던 것일까. 자세한 것은 알려주지 않아 모르겠지만 리콜 신청서 문맥으로 보건데, 제조부품 회사에서 실린더 안지름을 가공할 때 매우 약간의 치수차이로 더 깊이 들어 갈수록 좁아지게 만들었거나 입구와 안쪽의 안지름에 단차가 생긴 것으로 추측된다. 브레이크 부스터의 개략도를 그림 7-29으로, 불량 상태(상상)를 그림 7-30으로 나타낸다.

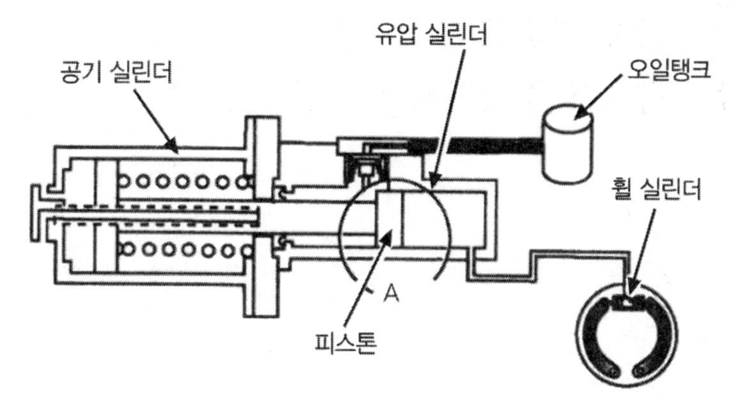

그림 7-29. 브레이크 부스터의 개략도

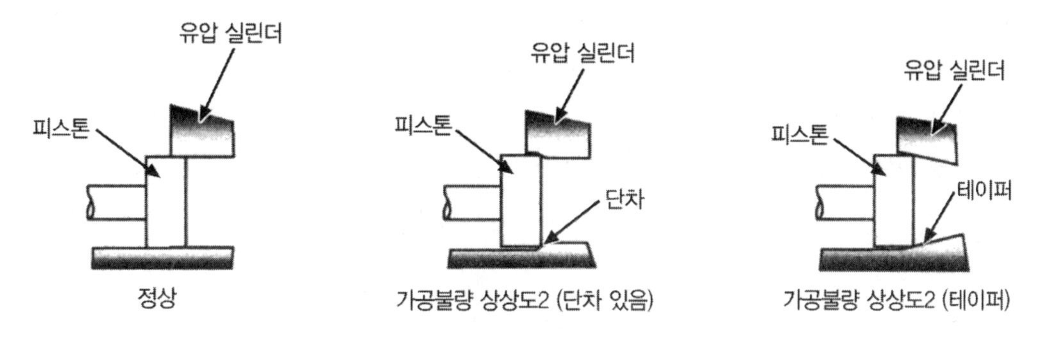

그림 7-30. 브레이크 부스터의 불량 상태를 상상한 모습

심야 고속도로 운전중, 갑자기 앞바퀴에서 화염이 솟아..

- **차종 :** 중형 트럭
- **사고 장소 :** 고속도로 IC 부근
- **원인**

이 트럭은 차량검사 정비를 마치고 출발한 그 날 심야에 화재가 발생했는데, 차량검사 정비 작업을 할 때 중대한 실수가 있었다.

허브 그리스를 넣을 때 허브 이너 베어링에 프리로드를 걸어둔 상태에서 간격을 조정하지 않았기 때문에 베어링의 원통롤러가 회전이 되지 않는 상태였는데 타이어가 회전하면서 무리하게 원통롤러를 마모시키면서 베어링 아우터 레이스와의 사이에서 금속과 금속이 격렬한 마찰열을 동반하는 슬립 회전을 일으켰다.

사고 상황

이 운송회사는 규모가 큰 회사라 그런지 운행관리가 제대로 되어 있어서 평소 때라면 운전자에게 사고 상황을 물어보았겠지만 회사에서 차량화재 사고보고서(A4용지로 4장)가 만들어져 그럴 필요도 없었으며, 보고서 내용도 논리정연하게 핵심을 파악하고 있었다.

보고서는 모회사 앞으로 만들어진 것이기 때문에 필요 항목만 소개하겠다.

① ○○사 ××지점에서 운송을 의뢰받은 △△(화주 3곳)의 중요한 상품을 예기치 못한 차량화재로 소실·훼손시킨 것에 대해 사과를 하고 있다. 원인은 현재 조사 중이며, 앞으로의 대책을 보고할 예정임을 기술하고 있다.

② 차량화재가 발생한 날짜와 장소 등을 상세하기 기술하고 있음.

③ 차량화재 발생경과

• 3월 5일

19시 15분 : 차량검사 실시 공장을 출발.

19시 30분 : 모회사 ○○지점 도착, 3곳의 화물적재 완료.

20시 15분 : 모회사 ○○지점 출발.

20시 20분 : 고속도로에 진입.

21시 05분 : 이상함을 느끼고 갓길에 정차(왼쪽 뒷바퀴에서 흰 연기와 이상한 소리가 남).

21시 30분 : 비상전화로 고속도로공단에 연락.

22시 05분 : 회사에 연락해 지시를 기다림
(회사에는 정비공장의 수리를 요청한다는 취지로 연락).

22시 15분 : 공단 순찰차량의 유도로 근처 PA(Parking Area)로 이동.

23시 00분 : 회사에서 정비공장으로 상황을 전달하고 출장수리를 요청.

24시 30분 : 정비공장의 수리차량이 도착.

• 3월 6일

1시 20분 : 수리 완료, PA를 출발.

1시 30분 : 다음 인터체인지까지 정비공장 정비사가 따라오면서 이상 유무 확인.

2시 34분 : 인터체인지 요금 정산소에 도착, 정산하는데 이상한 냄새가 나기에 한 쪽으로 자동차를 대고 정차. 확인하기 위해 자동차에서 내려 살펴보니 오른쪽 뒷바퀴에서 불이 남.

2시 38분 : 119에 신고하고 지나가던 운전자의 협력을 받아 소화기 7개로 소화활동 시작.

2시 50분 : 화재진압.

④ 차량화재 원인

소방서의 조언도 듣고 해서 원인지점을 허브 베어링 불량으로 추정. 조사 중이라 불량상태가 발생한 원인까지는 밝혀내지 못함.

⑤ 재발방지와 사후 대책

사고발생 후 3일 만에 대책을 세울 수 있다는 것은 운행관리자가 제대로 역할을 하고 있다는 증거다.

a : 정비공장에서 차량검사 정비완료 후 첫 번째 운행에서 발생한 사고라는 점에 근거해 정비점검 강화와 기술력 향상, 또 점검방법 개선을 강력하게 요구한다.

b : 정비공장에 신속히 사고원인을 규명해 항구적인 대책을 세울 것을 강력하게 요구한다.

c : 운행 전 점검을 강화해 운행안전을 도모한다(이상한 소리와 부위의 변색 등).

d : 운행 중의 점검회수를 늘려 이상을 조기에 발견해 사고를 미연에 방지한다(타이어 발열 등).

e : 이상을 발견했을 때는 완벽한 수리를 하거나 차량을 교환해 운행한다.

■ ■ ■ c와 d, 특히 e는 바람직한 대책이다. 자칫하면 다소 상태가 안 좋아도 무리하게 운행을 강행시키기 쉬운 운송업계에 있어서 안전이 가장 중요하다.
이것이 돈을 버는(손해를 입지 않는) 법임을 알고 있는 회사라고 생각한다. a와 b에서 정비공장에는 원인규명과 항구적인 대책을 강하게 요구한다는 것도 바람직하다.

Check 피해 차량 상황

① 그림 7-31은 피해차량을 뒤에서 본 모습으로, 화물칸 문짝을 닫아놓으면 어디서 화재가 났는지 모를 정도로 도장부위도 타지 않았다. 원인조사를 위해 타이어를 빼놓았기 때문에 차체는 드럼통이 지탱하고 있다.

그림 7-31. 뒤에서 본 피해차량

그림 7-32. 화물칸 바닥 모습

② 그런데 화물칸 문짝을 열어보니 (그림 7-32) 바닥에서 소실되지 않은 곳은 오른쪽 뒷바퀴·차축·왼쪽 뒷바퀴 바로 위쪽이다. 그림 7-33은 알루미늄으로 된 오른쪽 벽 쪽의 베니어합판 내장 모습으로 오른쪽 뒷바퀴 위에 해당하는 지점의 베니어합판이 심하게 불에 탔다. 그림 7-34는 알루미늄으로 된 왼쪽 벽 쪽의 베니어합판 내장으로, 왼쪽 뒷바퀴 위에 해당하는 지점은 알루미늄 외판까지 녹으면서 구멍이 뚫려 있다.

그림 7-35는 알루미늄으로 된 천장 모습으로, 전체가 탔지만 특히 심한 곳은 오른쪽 뒷바퀴 바로 위쪽에 해당하는 지점으로, 알루미늄 외판이 녹으면서 구멍이 뚫려 있다.

이 두 개의 구멍이 굴뚝 역할을 하면서 불길이 커졌을 것으로 추측된다.

그림 7-33. 알루미늄 벽으로 된 화물칸 내부의 오른쪽 면 모습

그림 7-34. 알루미늄 벽으로 된 화물칸 내부의 왼쪽 면 모습

③ 그림 7-36은 떨어져나간 바닥에서 아래를 촬영한 모습으로, 차축forming이 열을 약간 받은 것 같긴 하지만 대단한 정도는 아니다. 마치 화장한 것처럼 소화제가 전체에 뿌려졌기 때문에 녹이 슨 것은 소화제 때문으로 여겨진다.

그림 7-35. 알루미늄 판으로 된 천장 모습

그림 7-36. 화물칸 바닥에서 본 차축

④ 한편 타이어는 그림 7-37에서 볼 수 있는것과 같이 오른쪽 뒷바퀴double wheel 2개는 고무 부분이 완전히 연소되어 심bead만 남았다. 이에 반해 왼쪽 뒷바퀴는 본격적으로 연소하기 직전의 상태를 하고 있다.

또 하나, 너무 심하게 연소되어 타이어 심마저 남지 않은 휠이 있다. 이것은 떨어져나간 바닥 바로 아래에 걸려있던 스페어타이어이다. 따라서 바닥이 연소되면서 떨어져 나간 것이나 왼쪽 벽에 구멍이 난 것은 이 스페어타이어의 연소 때문이라는 이야기가 된다.

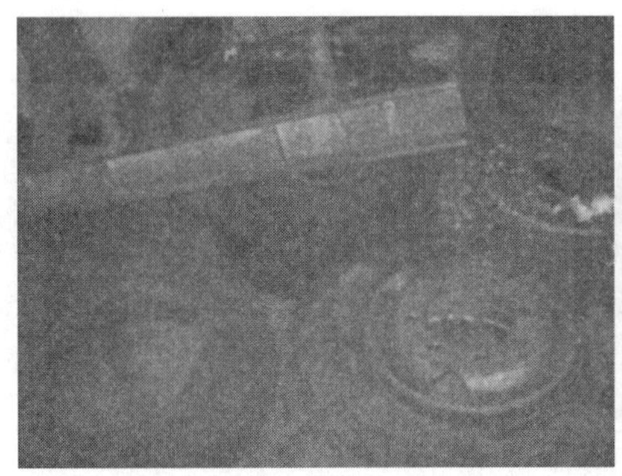
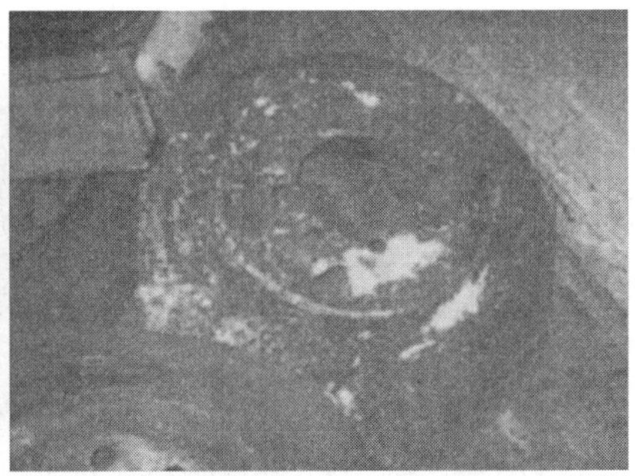

그림 7-37. 완전히 연소되어 타이어 심만 남은 오른쪽 뒷바퀴 더블 타이어

⑤ 그림 7-38은 허브 베어링 가운데 바깥쪽outer베어링으로, 왼쪽이 왼쪽 뒷바퀴에 들어 있던 것이고, 오른쪽이 오른쪽 뒷바퀴에 들어 있던 것이다. 양쪽 모두 그리스가 남아 있고 원통롤러가 마모되지도 않았다. 다만 오른쪽 뒷바퀴 쪽에는 많은 양의 금속가루가 부착되어 있는데, 이것은 오른쪽 허브 안에서 금속마모가 있었다는 것을 의미한다.

그림 7-38. 아우터 베어링 모습. 왼쪽 : 왼쪽 뒷바퀴, 오른쪽 : 오른쪽 뒷바퀴

그림 7-39. 왼쪽 뒷바퀴 이너 베어링 모습

⑥ 먼저 정상적인 모습을 살펴보겠다. 그림 7-39는 왼쪽 뒷바퀴의 허브를 탈착해 이너(안쪽)베어링을 찍은 모습이다. 그리스도 제대로 남아 있고, 원통롤러는 일정한 간격으로 가지런히 늘어서 있다. 장착하면 바로 작동할만한 상태에 있다.

⑦ 한편, 오른쪽 뒷바퀴의 이너 베어링은 그림 7-40처럼 보기에도 심각한 상태다. 일정한 간격을 두고 가지런히 늘어서 있어야 할 원통롤러가 한 쪽으로 치우쳐 간격이 많이 벌어져 있다. 원통 한 쪽이 깎여나가 원이여야 할 것이 사각으로 보인다.
심지어 안내판이 찢겨나가 원형이 없어진 상태다. 원통롤러와 안내판은 고온으로 인해 녹아내려 정으로 쪼아도 안 될 정도의 상황이다. 고온에 노출된 주변은 심하게 산화되어

있다. 발화지점은 오른쪽 뒷바퀴의 이너 베어링이라고 판단할 수 있다.

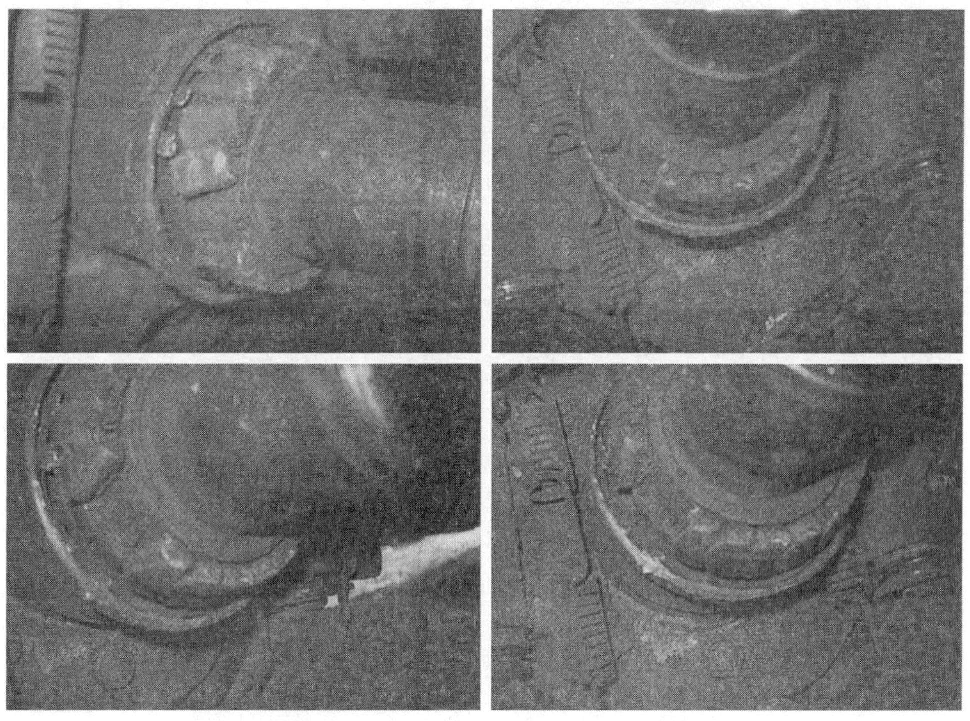

그림 7-40. 오른쪽 뒷바퀴의 이너 베어링

끊이지 않는 허브 베어링의 체결 실수

발화지점의 상황으로 볼 때, 허브 베어링을 체결하는 작업에 실수(날림 작업)가 있었던 것은 명백하다. 그것도 뒷바퀴의 좌우 양쪽으로 회전운동에 필요한 간격clearance도 두지 않고 정비작업을 끝낸 것이다.

또한, 중대한 실수는 제작회사의 정비지침서에 있는, 스프링 밸런서스프링 측정기로 접선력接線力을 측정한다. 즉 작동토크를 확인한다는 항목을 이행하지 않은 것이다. 이것은 마찰열 ② 에서 상세히 언급했는데, 복습하는 의미에서 간격을 설정하는 방법과 작동토크를 측정하는 방법을 한 번 더 설명하겠다.

간격 설정방법

- 로크 와셔 10과 로크너트 9를 체결하고, 허브 및 드럼 어셈블리 12를 3회전 이상 회전시켜 아우터 베어링 11과 14 및 이너 베어링 15와 20을 부드럽게 해준다.(그림 7-41)

- 허브 및 드럼 어셈블리를 회전시키면서 액셀러레이터 튜브 단면(斷面) B를 소프트 해머로 2~3회 두드려 아우터 베어링을 로크너트 쪽으로 밀어준다(그림 7–42).
- 로크너트를 규정토크로 체결한 후 22.5° (1/16회전) C만큼 느슨하게 하는 방향으로 풀어준다(그림 7–43).

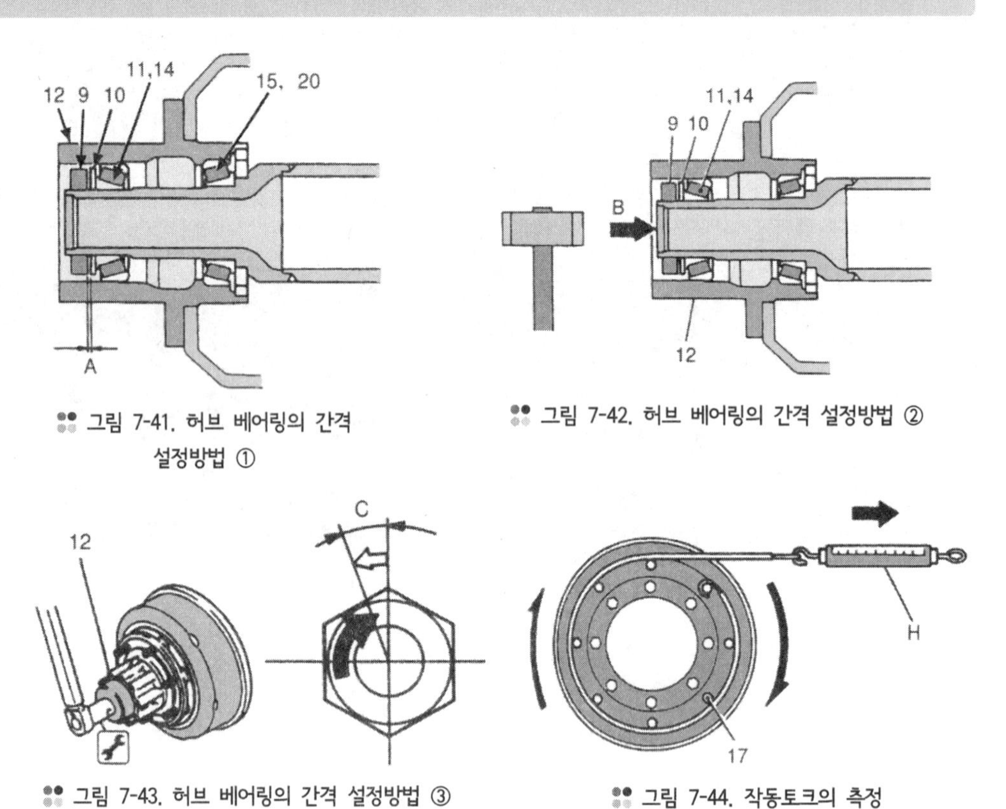

그림 7-41. 허브 베어링의 간격 설정방법 ①

그림 7-42. 허브 베어링의 간격 설정방법 ②

그림 7-43. 허브 베어링의 간격 설정방법 ③

그림 7-44. 작동토크의 측정

○ 작동토크의 측정방법

- 허브볼트 17에 스프링 밸런서 H를 연결하고 접선력을 측정한다(그림 7–44). 접선력이 기준 값에 있으면 작동토크는 기준 값이 된다. 측정값이 기준 값을 벗어날 경우는 앞에서 설명한 작업을 다시 한다. 다시 작업한 결과가 또 기준 값을 벗어날 경우에는 아우터 및 이너 베어링을 교환한다. 이런 종류의 사고는 종종 일어나기 때문에 트럭 정비사는 처음부터 기본에 충실해야 한다는 것을 당부하고 싶다.

이번에는 왼쪽 뒷바퀴에서 트러블을 발견해 응급수리를 하였다. 이때의 수리는 로크너트를 1단 늦춘 것으로 생각된다. 이때 훗날 확인점검을 한다는 전제로, 오른쪽 뒷바퀴도 로크너트를 1단 늦춰놨어야 했다.

담뱃불 부주의

주차중이던 차에 연기가 모락모락...

- **차종 :** 경소형 자동차
- **사고 장소 :** 근무처 사원 주차장
- **원인**

  운전자는 손에서 담배를 놓는 일이 없을 정도로 골초수준이라 당일도 불과 3분간의 출근시간에도 담배를 피웠다. 언제나 손가락에 담배를 끼고 변속레버를 조작하곤 했는데, 어쩌다 담뱃불씨가 시트 위에 떨어졌다. 시트커버가 불연성이긴 하지만 고온의 담뱃재에는 무력하기 때문에 시트커버를 통과해 안쪽의 우레탄에 닿으면서 불이 붙었다. 운전자는 그런 상황을 알지 못하고 자동차에서 내려 문을 잠그고는 평소 때처럼 공장으로 향했다.

Check 사고 상황

이 공장은 3교대 체제로, 본인의 당일 근무는 7시~15시까지였다. 9시경(주차 후 2시간 경과)에 안전순찰 중이던 회사 상사가 자동차에서 검은 연기가 나는 것을 발견했다. 검은 연기가 피어나고는 있어도 불길은 보이지 않았기 때문에 화재가 났다고는 생각하지 않았지만, 누구 자동차인지 알고 있던 상사는 바로 본인을 호출해 문을 열어보게 했다.

모든 유리는 검은 필름을 붙여놓은 것처럼 그을음으로 새카맣게 되어 있어서 내부를 들여다 볼 수 없는 상황이었다. 문을 열었더니 연기는 없었으며, 시트 일부와 변속레버의 커버 일부가 불에 탄 것 말고는 꺼져 있었다.

백 드래프트(back draft)현상

차량 실내와 같이 밀폐된 곳에서 산소 부족으로 인해 뜨거워진 상태에서 갑자기 문을 열면 산소가 갑자기 공급되면서 맹렬한 화염이 일어나는 동시에 큰 화재로 번지기 때문에 주의해야 한다. 모든 창문이 꽉 닫혀 있으면 불길이 산소를 스스로 소비하게 되기 때문에 차량 실내는 비교적 짧은 시간에 산소가 부족해지면서 화재가 계속 이어지지는 않는다.

표 8-1. 유리창이 개방된 상태와 밀폐된 상태에서의 시간경과와 연소상황 비교

유리창 개방상태		유리창 밀폐상태	
경과시간	연소상황	경과시간	연소상황
15초	차량 실내에 검은 연기가 가득 참	30초	차량 실내에 검은 연기가 가득 참
30초	조수석에서 화염이 발생	30초	시트 연소, 화염이 천장에 도달
2분40초	운전석에서도 화염이 발생	2분15초	환기구에서 연기가 분출
2분50초	앞 유리 파손 화염이 1.8m³ 피어오름	4분00초	차체와 창유리가 가열됨
4분00초	좌우 시트가 심하게 타오름	7분00초	도어 패킹에서 연기가 새 나옴
5분00초	운전실 중앙부분까지 화재가 번짐	12분00초	연기 감소·온도저하
10분00초	옆 유리창 파손 큰 화재로 발전	20분00초	산소부족으로 불이 꺼짐 이때의 피해는 시트와 내장 일부가 연소되는 정도로 끝난다.

유리창 밀폐 상태인 경우와 개방 상태에서의 차량 실내 화재의 시간경과

표 8-1은 어느 기관에서 기름이 묻은 헝겊을 담뱃불로 간주해 발화지점에 놓은 다음 실제로 불을 붙여 실험한 것이라고 한다(기왕이면 담뱃불로 했으면 좋았을 텐데…).

그러나 산소가 계속 공급되지 않으면 화재는 이어지지 않는다는 것을 보여주는 중요한 실험결과이다.

이 사고의 경우는 유리창 밀폐상태에 해당하는데, 2시간 정도 후에 환기구에서 연기가 새 나오는 모습이 목격되었다. 이 시간 차이는 헝겊에 불을 붙이는 것과 담뱃불이 시트에 불을 붙이는 것의 화력차이 때문일 것이다. 실험에서는 7분 안에, 사고에서는 2시간 7분 전에 문을 열었다면 백 드래프트로 인해 큰 화재로 이어졌을 것이다.

또 하나 주목할 것은 유리의 열 균열 유무다. 유리가 열 균열을 일으키는 것은 유리의 표면온도(이 경우는 차량 밖과 차량 안쪽)가 많이 차이가 났을 때 표면의 팽창계수가 크게 다르기 때문에 그 편차를 흡수하지 못하고 깨진다. 유리의 열 균열은 산소공급을 받는 유리창 개방상태에 나타나지 유리창 밀폐상태에서는 나타나지 않는다. 이 테스트 항목에는 없지만 차량 안쪽과 차량 밖의 온도는 상당한 차이가 있다는 것을 의미한다.

Check 피해차량 상황

① 테스트에서 '차량 실내에 검은 연기가 가득 참'이라고 나와 있다. 그림 8-1에서 보듯이 차량 내부는 검댕이 범벅이다. 특히 유리창은 온통 검댕이로 뒤덮여 실내가 전혀 보이지 않는다.

그림 8-1. 피해 차량의 실내 모습. 왼쪽 위 : 유리 전체에 검은 필름을 붙여놓은 것처럼 검댕이가 붙어 있는 상태. 위 : 앞 왼쪽 문의 트림에도 검댕이가 전체적으로 붙어 있다. 왼쪽 : 뒷자리 시트에도 검댕이가 전체적으로 붙어 있다.

밀폐된 곳에서의 화재는 담뱃불뿐만 아니라 우레탄 화재도 이렇게 된다.

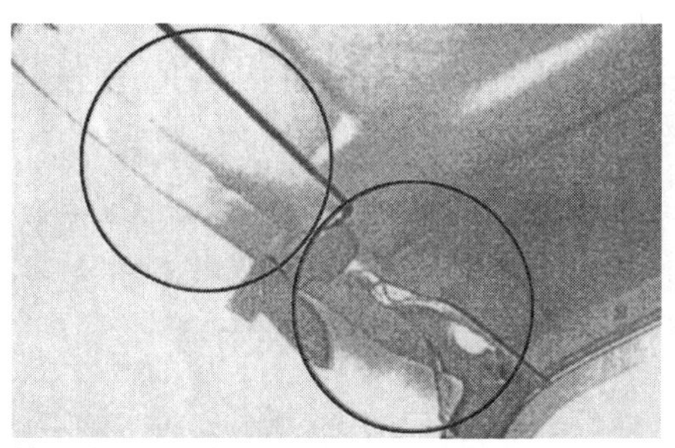

그림 8-2. 불이 난 앞 위쪽의 루프 라이닝과 선바이저만 손상되어 있다.

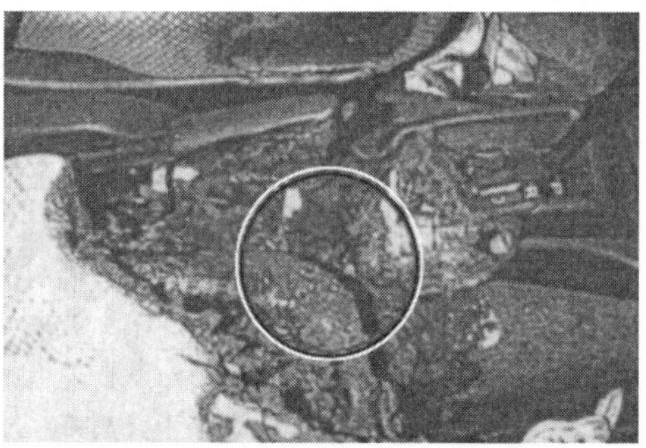

그림 8-3. 발화지점인 운전석 시트 옆쪽 모습

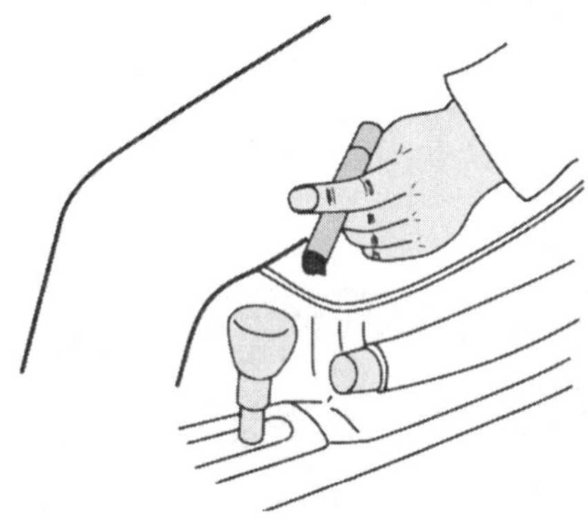

그림 8-4. 담뱃불씨가 시트에 떨어지는 순간을 상상한 모습

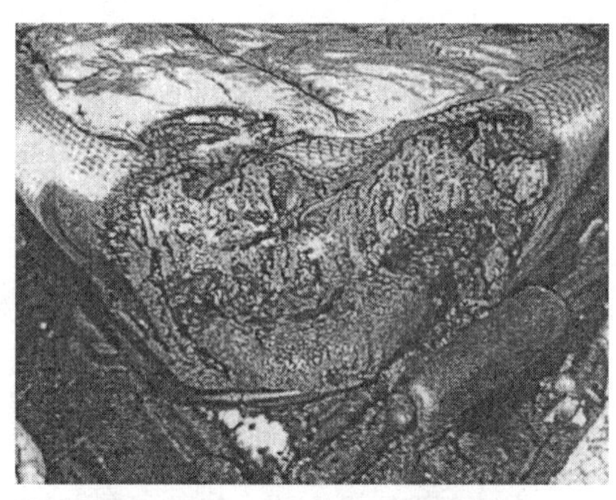

그림 8-5. 불길이 밑에서 위로 솟아올랐기 때문에 운전석 시트 한 곳의 아래쪽을 중심으로 탔다.

② 실험결과에 화염이 천장에 도달이라고 나와 있다. 차량 실내에 산소가 있는 경우는 불길이 활발하기 때문에 그림 8-2에서 보듯이 불길이 천장까지 미치면서 선바이저 일부를 태웠다.

③ 그림 8-3이 발화지점으로서 운전석 시트 옆으로 무의식중에 담뱃불씨가 떨어진 것이다. 그 상황(상상)을 그림 8-4로 나타낸다.

그림 8-6. 기본 재떨이 외에 추가로 달아놓은 재떨이가 하나 더 있다.

④ 그림 8-5는 발화지점 부근에서 가장 심하게 탄 곳이다. 더 탈 수도 있었는데 산소가 없어서 자연스럽게 꺼진 것이다. 다시 말하지만 창문이 조금이라도 열려있었으면 이 정도로 끝나지 않는다.

⑤ 이 운전자는 정말로 골초가 아닐 수 없다. 재떨이가 2개나 된다(그림 8-6).

Check 그 밖의 담뱃불 부주의로 인한 화재

부주의에 의한 담뱃불 화재는 꽤 있는데, 여기서 다루는 것은 이번이 마지막이라 다른 사례 3가지를 간단하게 설명하겠다.

○ 담배꽁초로 가득 찬 재떨이에 불을 끄지 않는 담배를 넣어서 생긴 화재

이 운전자도 지독한 골초인데, 운전 중에 계속해서 담배를 피운다. 언제나 그렇듯이 운전하면서 피우던 담배를 끄지도 않고 재떨이에 넣고는 재떨이를 밀어 넣었다(재떨이가 수납함으로 들어가면 산소부족으로 담뱃불은 얼마 후 꺼진다). 눈은 앞쪽을 주시하고 있기 때문에 익숙한 동작으로 이런 행동을 하는데 담뱃불을 끄는 경우가 거의 없다.

그런데 이번에는 재떨이에 담배꽁초가 가득해서 밀어 넣는다고 밀기는 했지만 재떨이가 반 정도 열린 상태가 되었다. 이것을 알지 못하고 자동차에서 내린 것이다. 역시나 차가 타고 있다며 큰 소동이 벌어진 다음에 소화기로 불을 껐다.

재떨이 안의 담배는 모두 연소되어 하나도 남지 않았다. 수납함과 재떨이는 내열 플라스틱으로 만들어졌기 때문에 원형상태로 남아 있다. 한편 그 아래 의 인스트루먼트 패널 구조물은 열(복사열)로 인해 광범위하게 녹아 있었다.

○ 무의식적으로 팔걸이에 담뱃재를 털어버렸다

카 용품점에서 호화로운 팔걸이를 구입한 후 한쪽 팔을 걸치고는 담배를 피우는 등 폼나게 운전하면서 집으로 돌아왔다. 다음날 아침에 출근하려고 하는데 팔걸이가 불에 타 있는 것을 발견했다. 때는 마침 리콜 은폐로 소동이 있던 참이라 이것도 제작회사 탓이니 어떻게 하면 제작회사의 결함을 증명할 수 있을지 상담이 왔었다.

팔걸이는 가늘고 긴 상자 모양을 하고 있고, 팔을 걸치는 곳은 우레탄으로 된 덮개부분이다. 덮개를 열면 조그만 물건들을 넣을 수 있는 수납함이 있어서 동전이나 수첩, 볼펜 등이 있었는데 그을리지도 않았다. 탄 것은 덮개의 우레탄뿐이다.

이 정도로는 제작회사에 클레임을 걸 수가 없다. 먼저 팔걸이 자체가 제작회사의 표준제품이 아니기 때문에 이걸로 문제를 제기하지는 못 한다. 전날의 흡연상황을 자세히 파악한 후, 이 화재는 당신이 무의식적으로 우레탄에 불씨가 포함된 담뱃재를 떨어뜨린 것이 원인이 되어 생긴 것으로 자동차의 도어가 잘 닫혀 있었기 때문에 이 정도로 끝났다. 오히려 제작회사에 감사해야 한다고 설명하고는 주의를 당부하는 것으로 마무리 지었다.

이런 사람이 꽤 있다. 자동차 상태가 조금만 이상하면 모두 제작회사나 판매원의 탓으로 돌릴 만큼 상식이 통하지 않는다. 이런 사람일수록 새 자동차로 바꿔 달라는 생트집을 잡기 때문에 판매원도 매우 애를 먹는다고 한다.

○ 시거 잭을 무심코 조수석에 떨어트렸다

달궈진 **시거 잭**cigar jack의 니크롬선은 매우 고온이므로 바로 주웠다고 생각했는데 시트의 우레탄에 불이 붙었다.

우레탄은 불씨가 위쪽에 떨어지면 그 부위가 녹으면서 용융 덩어리를 만든다. 확하고 불이 붙는 것이 아니기 때문에 눈치 채기까지 늦을 수도 있다.

또 용융 덩어리는 부드러운 우레탄 위에서 밑으로 터널을 파듯이 침하되면서 바닥에 닿아서야 멈춘다. 이 지점에서 뚫린 터널 같은 길을 통해 산소공급을 받으면서 연소를 시작하는 과정의 특이한 성질을 지니고 있다.

이 때문에 알지 못하는 순간에 조용히 화재가 진행되다가 갑자기 큰 화재로 이어진다.

화약 공장의 담장 옆에서 폭죽을 싣던 중, 갑자기 자동차에서 불길...

- **차종 :** 중형 자동차
- **사고 장소 :** 화약 공장의 화약창고 담장 옆
- **원인**

  담뱃불 부주의로 난 화재에서 어려운 문제는 거의 없지만, 장소가 화약 공장의 화약창고 근처였기 때문에 한 때 상당한 소란이 일어나면서 공장 종업원은 물론이고 인근 주민까지 대피시키는 혼란이 벌어졌다.

사고 상황

불꽃놀이 축제를 준비하기 위해 공무원 10명이서 4대의 자동차(트럭과 승용차 각2대)에 나눠 타고 폭죽을 가지러 인근 화약 공장을 방문했다. 공장에 도착한 후 트럭 2대는 공장에 넣고 승용차 2대는 공장 담장 쪽에 주차시켰다. 승용차에 탔던 사람들은 걸어서 공장에 들어가 트럭에 탔던 사람들과 함께 화물(폭죽)을 싣기로 했다. 한편 승용차 1대는 뜨거운 햇빛 아래서 시동이 걸린 채 에어컨이 가동되고 있었다.

공장 내 화약창고에서 모두가 폭죽을 트럭에 싣고 있는데, 옮겨 담는 상자가 부족해 승용차 운전자가 수납상자를 가지러 화약 창고를 나왔을 때 동료한테서 자기 자동차가 이상하다는 말을 들었다. 공장에 도착하고 나서 10분 정도 경과한 시점이었다.

달려가 보니 운전석 부근에서 불길이 솟아오르고 있었다. 화재가 발생했다며 소란이 일면서 화약 공장은 평소 훈련받은 대로 신속하게 종업원 전원을 대피시켰다. 나중에 들은 이야기지만 종업원이 분담해 인근 주민들까지 피난시켰다고 한다.

자동차로 뛰어갈 때 화약 창고에 비치되어 있던 소화기 2개를 동료와 하나씩 갖고 갔었다. 자동차 안은 연기와 불길로 가득 찬 상태로, 앞 유리창 일부가 깨져 불길이 자동차 밖으로도 뿜어져 나오고 있었다. 운전자는 도내 소방단에 소속되어 있어서 소화 작업에는 익숙해 있기 때문에 소화기로 앞 유리창을 크게 깬 다음에 소화제를 효율적으로 뿌리기 시작했다. 덕분에 소화기 2개로 진화할 수가 있었다.

화약 공장의 연락을 받고 소방차가 도착한 것은 그 직후였다. 한편 엔진은 진화 후에도 별 이상이 없는 듯 작동되었지만 안전을 위해 정지시켰다.

운전자 증언

인스트루먼트 패널 중앙 부근이 가장 심하게 연소되었다는 점과, 그 부근에는 재떨이가 있었기 때문에 자동차에서 내리기 직전에 끈 담뱃불이 원인이라고 생각한다. 이것 이외에는 생각이 나지 않는다고 한다.

재떨이는 자동차에 부착되어 있는 것을 사용하지 않고 자동차 용품점에서 산 것을, 병을 담아두는 용품에 넣어 통풍구에 걸어서 사용하고 있었다. 한편 표준 재떨이는 동전을 담아두는데 사용하고 있었다고 한다.

자동차 용품점에서 산 재떨이

운전자한테서 구입처를 확인한 후 같은 종류의 재떨이를 사왔다. 그 모양은 그림 8-7과 같다. 취급설명서도 있긴 하지만 이것은 자동차를 운전하면서 담배를 피우기에는 조금 무리가 있다.

취급설명서의 경고 1항에 「주행 중 운전자에 의한 제품사용은 매우 위험하므로 금지해 주십시오」라고 적혀 있다.

그림 8-7. 재떨이의 모습

심지어 주의사항 란에는 아래와 같이 적혀있다.

- 제품 안에 꽁초가 가득 찰 때까지 담아두지 말아 주십시오.
- 소화 장치는 항상 막히지 않도록 점검해 주십시오.
- 주행 중의 진동이나 급한 조향핸들 조작 등으로 인해 본 제품이 분리될 수 있으므로 주의해 주십시오.
- 담배는 반드시 불씨를 끈 후에 본 제품 안에 넣어 주십시오.

즉, 다 피운 담배를 소화 장치라는 구멍에 비벼 산소를 차단함으로써 불씨를 없앤 후 완전히 꺼진 것을 확인하고 컵 같은 제품 안에 넣으라는 이야기인데, 아무래도 운전하면서 할 수 있는 일이 아니다.

왜 이런 위험한 것을 파는 것일까. 취급설명서에 주의사항만 적어 놓으면 되는 것이 아닐 텐데 말이다.

Check 재떨이에서 불이 난 메커니즘

운전자는 담배꽁초가 10개 정도 들어 있었다고 말하고 있지만, 아마 재떨이는 꽉 차 있어서 뚜껑도 닫히지 않는 상태였을 것으로 추측된다. 화약 공장에 도착할 때까지 피웠던 담배를 도착과 동시에 충분히 끄지도 않은 채 일부 불씨가 남은 상태로 넘칠 듯 재떨이에 억지로 넣은 것 같다.

에어컨이라도 꺼져 있었으면 불이 붙지 않았을지도 모르지만 에어컨의 바람이 마치 부채질하듯이 계속해서 공기(산소)를 공급했기 때문에 꺼질 것 같았던 꽁초가 갑자기 타면서 가득히 쌓여있던 다른 꽁초에도 불이 옮겨 붙으며 타기 시작했다. 재떨이 본체는 내열성이긴 하지만 플라스틱이기 때문에 꽁초가 연소되면서 나는 열로 인해 같이 타올랐다.

일반적으로 자동차 실내는 불완전하지만 밀폐되어 있기 때문에 담뱃불 화재만으로도 산소가 없어져 화재가 계속해서 번지지는 않지만, 이 사고는 바람이 공급되면서 화재가 심해졌고 고온으로 인해 바로 위의 앞 유리가 파괴되었다.

이곳을 통해 공기(산소)가 유입되면서 화재가 계속 확대된 것이다. 계속 확대된 화재는 에어컨의 통풍구와 인스트루먼트 패널을 녹이면서 여기서 발생한 가스 덩어리를 연소시켰고 그런 과정을 통해 피해는 더욱 커졌다.

○ 기술해설

화재의 3대 요소 가운데 산소에 관해서 지금까지 공기나 산소로 설명해 왔다. 자료에 따르면 공기 속에는 산소가 21% 함유되어 있는데, 밀실에서의 화재는 그 산소를 급속하게 소비하기 때문에 산소 농도가 14% 이하로 내려가면 연소가 계속되지 않고 저절로 꺼진다고 한다.

Check 피해차량 상황

① 그림 8-8은 피해 차량의 앞 유리를 정면과 옆에서 찍은 사진이다. 유리는 열 균열과 소화 작업을 할 때 더 크게 파손된 상태로, 커다란 구멍이 뚫려 있다. 유리와 엔진 후드가 소화기의 소화제로 인해 하얗게 덮여 있다.

그림 8-8. 피해차량의 앞 유리를 정면과 옆에서 본 모습

② 그림 8-9는 오른쪽 앞문을 열고 운전석을 찍은 모습이다. 언뜻 보기에는 비참한 광경이지만 잘 살펴보면 조향핸들이 절반 정도 연소되었다. 인스트루먼트 패널도 문 쪽으로는 연소되다가 일부는 남았다. 좌석시트는 군데군데 우레탄이 보이기는 하지만 우레탄 자체는 타지 않았다.

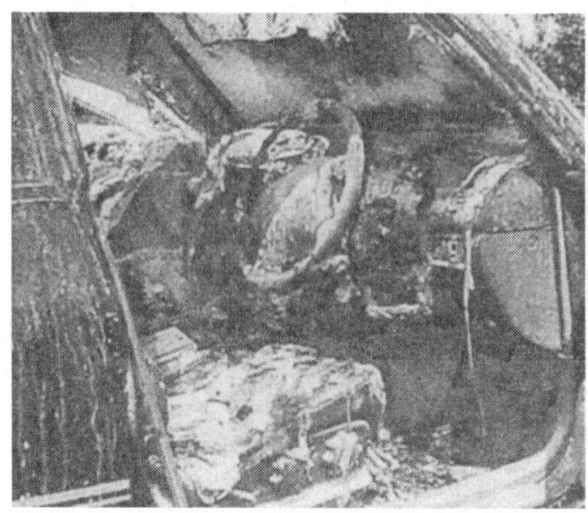

그림 8-9. 오른쪽 앞문을 열고 바라본 운전석

③ 그림 8-10은 왼쪽 앞문을 열고 조수석 쪽에서 인스트루먼트 패널을 찍은 모습으로, 중앙 측, 에어컨의 통풍구 쪽이 연소되어 구멍이 뚫린 것 같은 모습을 하고 있다. 이 부분을 확대한 것이 그림 8-11이다.

그림 8-10. 왼쪽 앞문을 열고 인스트루먼트 패널을 바라본 모습

그림 8-11. 인스트루먼트 패널을 확대한 모습

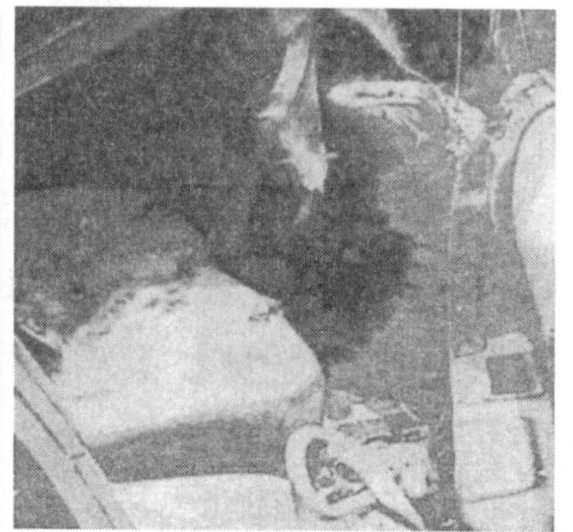

그림 8-12. 재떨이가 통풍구에 연결된 모습

이 화재의 발화지점은 에어컨의 통풍구로 판단된다. 사전에 운전자한테서 들었던, 재떨이 장착 위치와도 일치한다. 재떨이를 통풍구에 연결한 모습은 그림 8-12와 같다.

④ 화재가 심했던 곳은 인스트루먼트 패널의 통풍구 주변으로, 그림 8-13에서 보듯이 뒷자리는 피해가 그리 크지 않다.

그림 8-13. 뒷자리는 피해가 경미하다.

방화

심야에 노상에 주차한 유럽산 고급승용차에 방화

☑ **차종** : 고급 승용차

☑ **사고 장소** : 집 앞 도로

차량화재 가운데 가장 빈도가 높은 것이 방화인데, 방화자체가 비열한 불법행위이자 범죄행위다. 방화가 어떤 것인지, 승용차 방화의 전형적인 사례를 소개하겠다.

한편 방화로 판단하기까지의 조사기술 즉, 조사수순은 다른 화재분류와 동일하다.

Check 사고 상황

심야 11시 30분경, 문득 창문 밖을 보는데 커튼 너머로 밖이 환하게 밝아 있다. 이상해서 현관으로 나가보니 내 자동차에서 커다란 불길이 솟구치고 있었다.

급하게 119에 신고했더니 근처 주민으로부터도 신고가 들어왔었다면서, 얼마 후 소방차가 달려와 화재를 진압해 주었다. 한편 근처주민이 소방서로 신고한 내용은 도로에 커다란 불기둥이 서 있다는 것이었다.

Check 제작회사에 클레임 제거

아끼던 자동차가 불에 탔기 때문에 일단 그 자동차를 판 판매원에게 클레임이랄까 상담이랄까 어떻게 하면 좋을지 물어보는 것은 차주車主로서의 당연한 심리라고 생각하며, 여기에 대응하는 것도 고객에 대한 판매원으로서의 중요한 고객 서비스이기 때문에 고객한테서 이런 연락이 오면 일단 제작회사에 연락함과 동시에 피해차량을 자사 차고로 가져온다. 이 화재도 경찰·소방서·제작회사·손해보험사 등 4군데가 관여해 서로 연계하지 않고 독자적인 조사가 이루어졌다.

다만 제작회사 쪽에서는 독자적으로 화재 원인조사를 하지 못 하고 오로지 경찰과 소방서, 보험사의 질문에 대응하기에 바빠 안쓰러운 느낌마저 들었다. 그렇다고 공동으로 자리를 마련해 질문하는 것도 아니고 서로 교대로 같은 질문을 반복하거나 같은 장소의 구조를 물어보기 때문에 일일이 대응하는 것도 큰일이겠다 싶었다.

판매원이 알아서 움직여 주어 같은 자동차를 바로 옆에 배치하고는 소실된 부품이나 구조를 언제라도 비교할 수 있게 해 주었기 때문에 직접 자기 눈으로 확인하면 좋을 것이라는 생각이 들었다. 아니면 자동차 구조와 기능을 모르는 건지도 모르겠고….

Check 현장 확인

피해 차량은 언뜻 봐도 방화라는 것을 알 수 있었기 때문에 조사 때문에 어수선한 차고에서 일단 벗어나 현장을 둘러보기로 했다.

현장은 판매상으로부터 1.5km 정도 떨어진 곳인데 차주車主의 땅으로 1/3이, 도로에 2/3가 걸쳐 있듯이 노상 주차되어 있었던 것 같다. 차량의 앞쪽 중앙에 해당하는 장소에 범퍼가 녹아내린 것으로 여겨지는 덩어리와 냉매 배관이 녹아내린 것으로 여겨지는 작은 알루미늄 덩어리 등이 떨어져 있었다. 그 아래의 아스팔트에는 300×400mm정도 크기로 아스팔트가 녹아내려 자갈이 드러나 있었다. 이것은 차량 앞부분에 석유 같은 것을 뿌리고 거기에 불을 붙인 것 같은데, 아스팔트가 탄 크기를 감안하면 양은 2~3ℓ 정도의 페트 병 1개 분량일 것이라고 추측했다.

엔진 시동을 끄고 4시간 뒤에 일어난 발화는 '방화'가 유력

이 자동차의 화재는 19시 30분경에 귀가해 4시간이 경과된 시점에서 일어났다. 차량화재는 주행 중일 때 발화위험이 가장 높고, 정차 후 엔진 시동을 껐다면 예외적인 경우를 빼고는 스스로 발화하는 일이 없기 때문에 우선 방화를 의심해 봐도 된다.

예외적인 경우란 밀폐된 곳에서의 하니스 화재를 말하는데, 이것은 절연피복이 녹으면서 가스가 발생하고 가스는 검은 연기로 눈에 띄기 때문에, 이번에는 빨간 불기둥이 목격되었다는 사실로도 하니스 화재는 아닌 것이 증명된다.

피해 상황

다시 차고로 돌아갔더니 조금 전에 어수선했던 분위기가 좀 정리되었기 때문에 바로 불에 탄 부위의 확인 작업에 들어갔다. 세부적인 것을 확인하면 할수록 발화지점이 자동차 밖, 그것도 노면에 있는 것이다.

여기서 정차 중에 일어난 차량화재는 불 탄 부위를 역삼각추로 연결하면 그 정점에 원인 즉, 발화지점이 있다는 이론을 떠올려주길 바란다. 이번 화재는 그 정점이 노면에 있다는 이야기인데, 그림으로 나타냈듯이 명확하게 드러난다(그림 9-1).

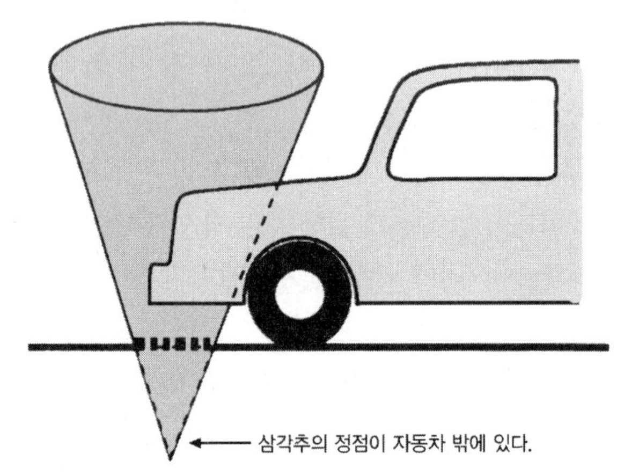

그림 9-1. 이번 화재에 역 삼각추를 적용한 모습

① 먼저 동일 차종을 잭업jack-up한 후 밑에서 본 모습이다(그림 9-2). 어떤 부품이 어느 위치에 붙어 있는지, 전후 위치관계를 알루미늄 보조 프레임과 변속기 케이스 밑에서 확인해 주길 바란다.

② 다음으로 피해차량의 사진을 봐 주길 바란다(그림 9-3). 그림 9-3 ①은 그림 9-2 ①과, 그림 9-3 ②는 그림 9-2 ②와 대비시키면서 보아야 한다. 이 각도에서 보면 엔진 앞부분은 모두 연소되어 없어졌다.

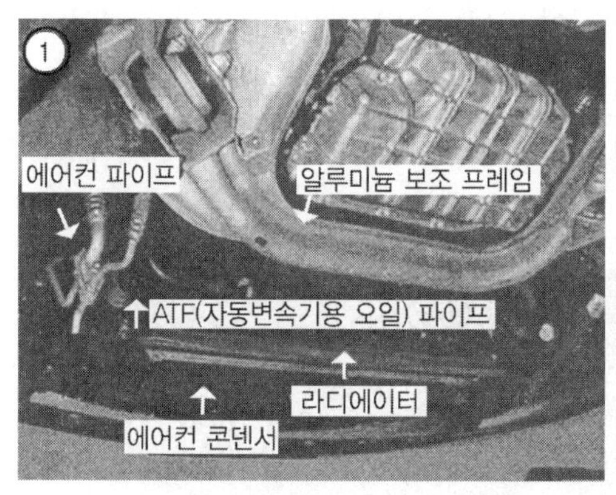

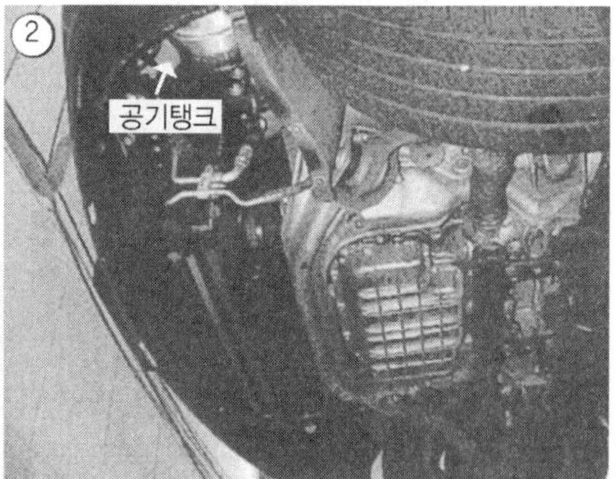

그림 9-2. 동일 차량의 차량 앞쪽을 밑에서 본 모습

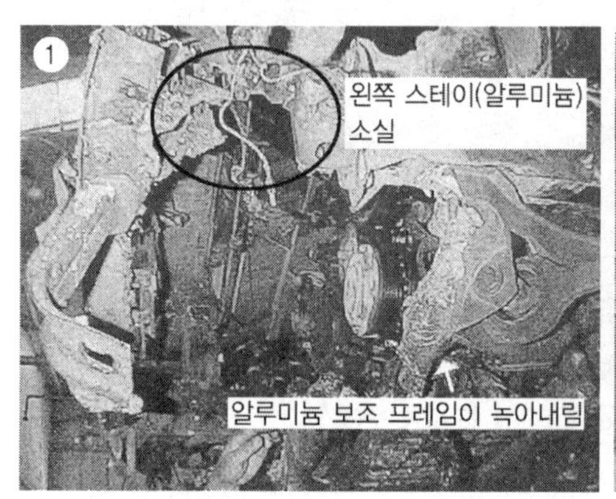

그림 9-3. 피해 차량의 하체

③ 그림 9-4는 차량을 앞면에서 본 모습으로, 라디에이터나 에어컨 콘덴서가 흔적도 없이 소실되었다. 이것들은 알루미늄 재질이라 녹는점(660℃)이 낮기 때문에 그림 9-5처럼 녹은 것이다.

④ 라디에이터나 에어컨 콘덴서보다 더 아래에 있는 에어컨 냉매파이프가 녹아있다는 것은 화재의 규칙인 아래에서 위로를 적용하자면 발화점이 에어컨 냉매파이프보다 더 아래라는 것을 의미한다. 에어컨 냉매파이프보다 아래는 노면 말고는 없기 때문에 이 화재는 방화로 판단할 수 있는 것이다.

그림 9-4. 차량 정면에서 본 앞쪽 부분

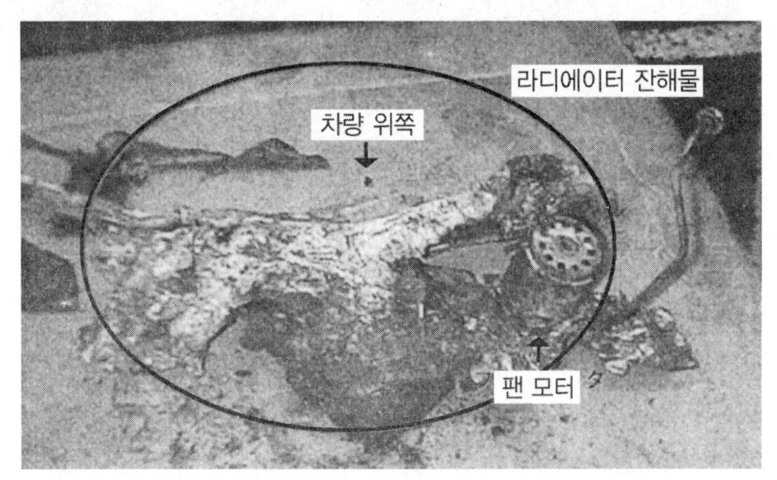

그림 9-5. 라디에이터와 팬 모터는 알루미늄으로 만들어 졌는데 용점이 낮아서 쉽게 녹아내렸다. 그 잔해물이다.

동네 주차장의 소형 승용차에 누군가가 방화를...

☑ **차종 :** 소형 승용차
☑ **사고 장소 :** 동네 주차장

사고 상황

오전 0시 20분경, 자동차가 불에 타는 것을 근처 사람이 발견하고는 소방서에 연락했다. 이 자동차는 전날 오후 8시에 주차장에 들어와 엔진 시동을 끈 상태였기 때문에 4시간 이상이 지난 상태로 엔진 트러블에 의한 화재가 아닌 것은 확실하다.

피해차량 상황

① 그림 9-6은 동일 차종의 외관이고, 그림 9-7은 피해차량을 같은 각도에서 촬영한 모습이다. 프런트 범퍼/라디에이터 그릴/좌우 헤드램프/언더 커버와 같은 플라스틱 제품은 완전히 연소되어 무참한 모습을 하고 있다.

그림 9-6. 동일 차종의 외관

그림 9-7. 사고 차량의 앞면 외관

② 그림 9-8~9는 좌우 앞쪽을 촬영한 모습으로, 오른쪽 앞 펜더와 엔진 후드 앞쪽의 오른쪽이 심하게 연소되어 있다. 반대편의 왼쪽 앞 펜더와 엔진 후드 앞쪽의 왼쪽은 그다지 열을 받지 않은 모습이다.

그림 9-8. 사고 차량을 왼쪽 앞에서 본 모습

그림 9-9. 사고 차량을 오른쪽 앞에서 본 모습

③ 이 사진들은 어디선가 본 기억이 있다고 느껴진다. 바로 앞에서 소개한 고급승용차의 방화 사진과 거의 닮았다. 정차 중이던 자동차에서 난 화재는 그 화염이 만드는 역삼각추의 정점이 자동차 밖에 있고 이것이 노면일 경우는 방화라는 것을 설명한 바 있다.

그런 모습은 그림 9-9를 보고도 쉽게 상상할 수 있으므로 이 화재는 방화로 판단할 수 있다. 더구나 불을 붙인 지점은 프런트 범퍼 아래로, 자동차 중심에서 오른쪽으로 1/3 정도 치우친 곳이다.

이번에는 시간이 없어서 이 부근에 뭔가를 두고 불을 붙였는지, 기름성분이 든 것을 뿌리고 불을 붙였는지 특정할 수 없지만 에어컨 배관이나 라디에이터 등의 알루미늄 부품(660℃에서 녹아내림)이 녹아내리지 않은 것을 보면 기름성분이 뿌려진 것은 아닌 것 같다. 그렇다면 종이나 헝겊을 프런트 범퍼 아래에 두고 여기에 불을 붙인 것 같다(그림 9-10).

그림 9-10. 방화되었다고 생각되는 장소

④ 그림 9-11은 전소된 엔진 룸 모습이다. 열에 의한 피해는 앞쪽에 한정되어 있고 플라스틱 종류만 녹아 있을 뿐, 금속제품들은 전혀 열에 의한 손상을 받지 않은 것을 보면 연료나 오일 등 엔진에서는

그림 9-11. 불에 탄 엔진 룸

불이 나지 않았다는 것을 알 수 있다.

⑤ 만일을 위해 배터리의 트래킹(절연 파괴로 인해 생긴 과도적인 아크 방전으로 재료 일부가 파손되는 것)도 점검하였지만, 그림 9-12처럼 단자기둥 안에 납이 없는 것을 보면 트래킹은 없었던 것 같다.

⑥ 하니스 화재로 조사했다. 배선피복이 타면서 노출된 곳도 있지만 피복이 남겨진 부분은 그림 9-13처럼 외부에서 열을 받았기 때문으로, 스스로 발열한 흔적은 없다.

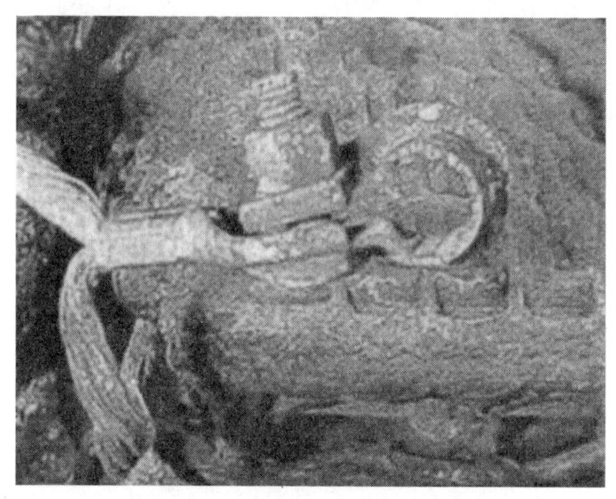

그림 9-12. 배터리 단자기둥 부근 모습

그림 9-13. 하니스는 외부에서 열을 받은 듯, 자체적으로 발열한 흔적이 없었다.

Check 그 밖의 사항

운전자는 이렇게 분명한 방화인 경우에도 판매원에게 상담이랄까, 불만을 토로하게 된다. 이 경우도 불만을 터뜨리는 고객에서 판매원이 차량화재 원인을 보고, 운전자에게 설명해 달라는 의뢰로 시작된 것이다.

소방서나 경찰이 조사하고 있기 때문에 일단은 그쪽에서 들어야겠지만 소방서나 경찰도 민사에 개입하지 않는 입장 때문에 운전자에게도 좀처럼 확실한 것을 가르쳐 주지 않는다. 다만 본인이나 대리인(변호사)이 정식으로 정보공개를 청구하면, 현재조사 중이며 범죄 개연성이 있다거나 현재조사 중이지만 범죄 개연성은 없다는 식으로 회답해 줄 것이다.

현재조사 중이며, 범죄 개연성이 있다는 대답을 들었다면 우선은 방화로 생각해도 될 것이다. 현재조사 중이지만 범죄 개연성은 없다고 한다면 판매원에게 화재원인을 조사해 달라고 할 것을 권한다(나는 판매원을 통해 제작회사에 의뢰할 것을 권장한다).

노상에 주차한 유럽차 내에 휘발유통을 놓은 채 렌트카로 충돌!

- **차종 :** 승용차
- **사고 장소 :** 일반도로
- **화재 분류 :** 보험금을 노린 악질적인 방화
- **원인**

몇 개월 동안 운행하지 않고 있던 폐차 수준의 승용차 배선을 단락시켜 하니스 화재를 일으켜 놓고, 좌석에는 뚜껑도 덮지 않는 가솔린 용기를 불안정하게 놓은 후 동료에게 의뢰하여 명령해 렌터카로 승용차와 부딪치도록 하였다. 충돌 순간에 가솔린이 넘쳐 큰 폭발이 일어나도록 할 속셈이었지만 몇 가지 계산착오로 인해 폭발은 미수로 끝났다. 가솔린이 10ℓ나 담겨 있었기 때문에 정말로 폭발이 났다면 큰 사고가 일어날 뻔 했다.

충돌사고 상황

충돌한 운전자의 이야기를 그대로 옮긴다. 오후 6시까지 꼭 가야 할 곳이 있던 운전자는 자동차가 없었기 때문에 근처에서 렌터카를 빌려 이동하기로 했다. 저녁 무렵 정체 때문에 도로가 막혔기 때문에 초조해 하고 있었고, 1차로에 있었는데 2차로가 약간 한가하였기 때문에 백미러를 보면서 급가속을 해 차로를 변경하였다. 그런데 갑자기 엄청난 충격이 전해지면서 자동차가 멈춰서버렸다.

살펴보니 노상에 주차해 있던 승용차와 충돌을 하였고, 그 승용차 안에서는 새빨간 화염이 솟구치고 있었다. 운전자가 사고를 내 불이 났기 때문에 큰일이다! 하고 바로 옆의 카페로 뛰어 들어가 소화기를 빌려서 승용차 문을 열고 분말소화제를 마구 뿌려 불을 껐다.

소란 때문에 승용차 주인이 나타났기 때문에 엄청 화를 내겠구나 하고 생각했는데 의외로 차분하게 벌어진 일이니 어쩔 수 없는 일이고, 그것보다 당신이 낸 사고를 바로 보험회사에 연락하라 하였다. 경찰에게는 승용차의 주인이 연락하겠다고 했다.

Check 피해차량 상황

다음날 아침, 보험회사에서 위탁을 받은 사고조사 회사의 사장한테서 이해가 안 가는 차량화재가 있는데 같이 가서 봐줄 수 없겠냐는 연락을 받았다. 이해가 안 간다는 말을 듣고 갑자기 흥미가 생겨서 같이 가서 보도록 하겠다고 말하고는 현장으로 찾아갔다.

피해 차량을 봤더니 정말로 이상하다는 느낌을 받았다.

① 충돌에 의한 충격으로 승용차가 불에 탔다고 해서 처참하게 타버린 모습을 상상하고 있었는데 차량은 아무 곳도 파괴되지 않았다. 그뿐만 아니라 승용차가 움직인 흔적은 불과 150mm다. 충돌했다고 하니까 어딘가에 이것을 증명하는 흔적이 있을 거라고 생각해 열심히 찾아 봤더니 뒤쪽 범퍼의 오른쪽 면에 약간의 긁힌 흔적이 있었다. 나중에 들이받은 차량의 상처와 비교해 봤지만 이것은 스친 정도뿐이다. 달리 말하면 대단한 충돌도 아니고 가벼운 접촉사고 정도였는데 승용차에 왜 불이 났을까?

② 움직인 흔적이 없는 걸로 봐서는 얼마간 방치된 차량 같았다. 이것은 150mm를 움직였다고 정확하게 측정할 수 있을 정도로 먼지가 잔뜩 쌓인 점으로도 추측이 가능하다. 창문 안으로 들여다보니 조향핸들이 없다. 그다지 말을 건네고 싶지 않은 상대지만, 조향핸들은 어떻게 한 건지 물었더니 매우 비싼 조향핸들인데 친구가 갖고 싶다고 해서 그저께(사고 전날) 빼서 줬다고 한다.

③ 오른쪽 뒷자리 도어를 열어보니 쉽게 열렸다. 잠가 두지 않았던 건지 묻자 평상시에는 잠가 놓지만 운전석은 그저께 조향핸들을 빼고 나서 그대로 두었고 뒷자리 문은 여러 사람이 열어 볼 것 같아서 얼마 전에 열어 놓았다고 한다. 그 밖에 운전석 문이 잠겨 있지 않았기 때문에 불을 끌 수 있었다라든가 들이받은 본인이 아니면 잘 모를 것 같은 부분까지 계속해서 설명해 주었다.

④ 뒷자리 오른쪽 발밑에는 새 배터리가 놓여 있었는데 소화제로 덮여 있었다(그림 9-14). 사진이 선명하지 않아서 그림 9-15로 다시 표현하였다. 듣고 싶지 않지만 이유를 알아야 하므로 이 배터리는 무엇인지 물었더니 약간 난처하다는 듯이 배터리가 방전되어 교환할 생각으로 그저께 사다놓고는 일단 거기다 놓은 것이라며, 또 그저께라고 한다.

:: 그림 9-14. 오른쪽 뒷자리 발쪽에 놓여 있다가 소화제로 뒤덮인 새 배터리

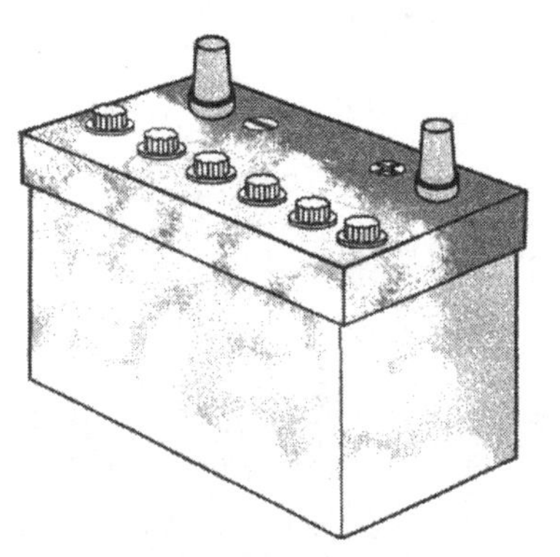

:: 그림 9-15. 그림 9-14를 도안한 모습

⑤ 더욱 놀란 것은 18ℓ 용량의 가솔린이 들어가는 폴리에틸렌 통이 뒷자리 왼쪽의 발밑에 그림 9-16(선명하지 않아 그림 9-17로 나타냄)처럼 놓여 있었다. 이것은 말도 안 나오는 상황이라 팔짱을 끼고 가솔린 통을 바라보면서 이 사람은 도대체 어떤 일을 꾸미려고 이랬는지 하고 머릿속이 복잡해졌다.

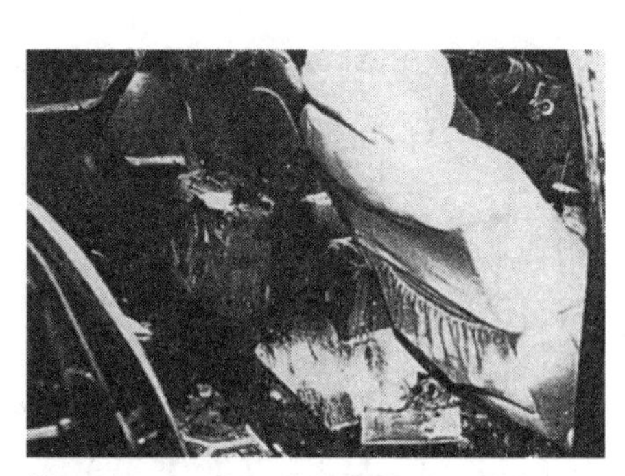

:: 그림 9-16. 왼쪽 뒷자리 발쪽에 놓여있던 가솔린 통

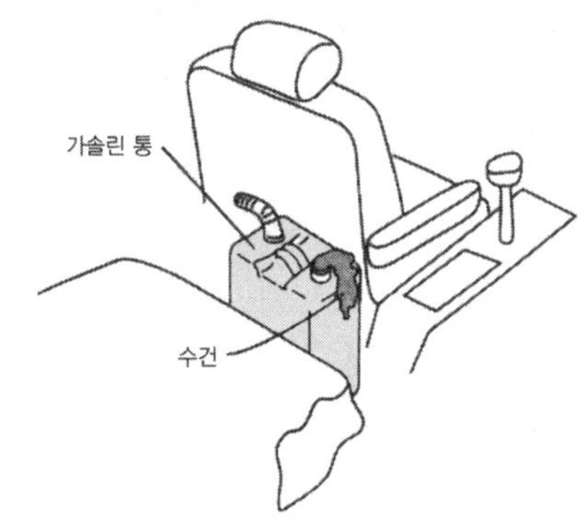

:: 그림 9-17. 그림 9-16를 자세하게 그려놓았다.

그런 침묵을 견디지 못하겠는지 "이 가솔린은 언제 운행할지 몰라서 점원한테 말해 그저께 저쪽(도로 반대쪽의 주유소를 가리키면서) 주유소에서 사다 놓으라고 한 것입니다."라며 또 그저께 타령이다. 잠깐 동안 생각을 정리해 보았다. '조향핸들도 없고, 타이어를 보면 공기압도 없어 보이는 자동차에 가솔린을 넣어 두고는 운전을 하려고 한다?' 이상한 생각을 억제시키며 이것은 몇 리터나 들어가는지 물었더니 10ℓ라고 말했다.

뚜껑은 어떻게 했는지, 이렇게 두면 자동차에 가솔린 냄새가 스며들어 냄새가 없어지지 않는다고 하자 지금까지 말투에서 바뀌면서 점원이 그렇게 둔 거지, 나도 여기에 두었는지는 몰랐다며 갑자기 과묵해졌다. 이 헝겊은 마치 도화선 같다고 몰아붙였지만 거기에는 대답이 없었다.

⑥ 아직도 이상한 점이 있다. 뒷자리 벤치시트bench seat의 오른쪽에 소형 음향기기가 사람이 앉는 자리에 그림 9-18(그림 9-19로 다시 설명)처럼 놓여 있었다. 자세히 보니 등 뒤 선반에서 충돌에 의한 충격으로 떨어진 것이다. 그렇다면 가솔린 통도 같은 형태로 떨어진 것이지 처음부터 거기 있었던 것이 아닐지도 모른다.

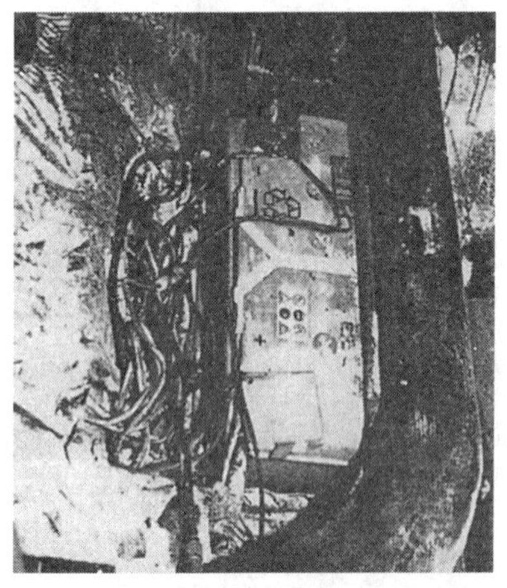

그림 9-18. 오른쪽 뒷자리 시트 위에 소형 음향기기가 나뒹굴고 있었다.

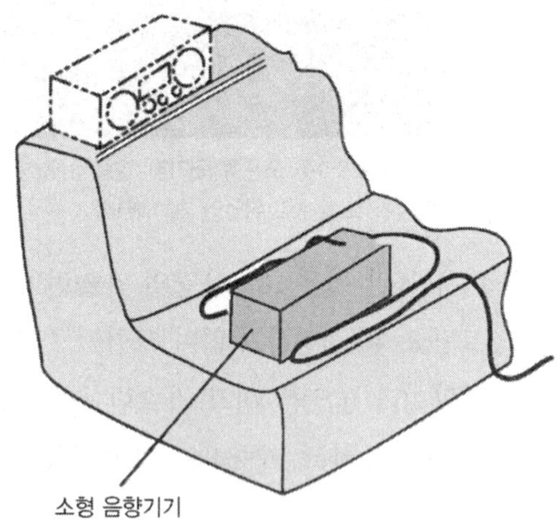

그림 9-19. 시트 위로 굴러 떨어진 음향기기

음향기기를 처음 위치로 생각되는 곳에 놓고 손으로 궤적을 그리면서 떨어뜨려 본 것이 그림 9-20이다.

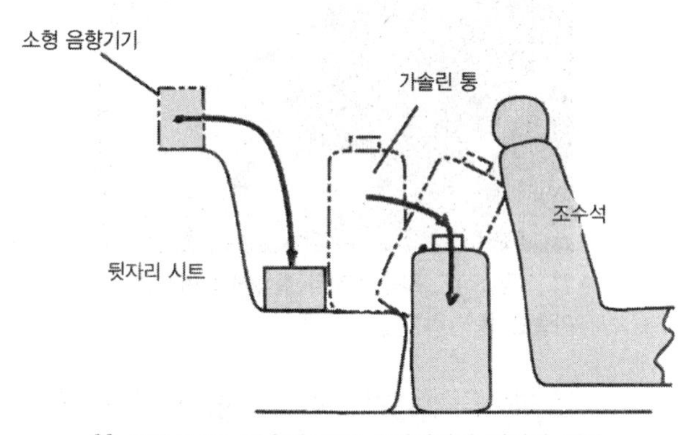

그림 9-20. 가솔린 통과 음향기기의 떨어진 궤적

가솔린 통은 불안정한 뒷자리 위에 있다가 충격으로 비슷한 궤적을 그리면서 떨어진 것 같다. 그런데 앞자리 등받이와의 간격이 좁아 등받이에 걸리면서 원래 자세로 떨어진 것으로 추측된다. 그 궤적은 그림 9-20에서 보는 바와 같다.

⑦ 음향기기의 전원은 액세서리 소켓에 꽂혀 있었다. 배선은 그림 9-21처럼 조수석의 오른쪽 팔꿈치를 가로질러 무질서하게 뒤쪽 바닥에 방치되어 있었다. 하니스는 그림 9-22처럼, 여기저기 피복이 탄 채로 구리선이 노출되었지만 스스로 발열한 흔적은 없기 때문에

하니스 화재는 아니다. 심지어 가로질러 배선했다기보다 대충 걸쳐 놓은 것 같은 팔걸이와 시트 등 쪽도 표면만 약간 연소된 상태로 늘어져 있다. 이것도 이상하다. 배터리는 방전되어 전기가 나오지 않는다. 더구나 스테레오를 듣지 않을 때는 액세서리 소켓을 스위치 대용으로 사용하는 이상, 플러그는 빠져 있을 텐데 왜 꽂혀 있을까? 이 시점에서 이 사람들의 의도가 조금씩 보이기 시작했다.

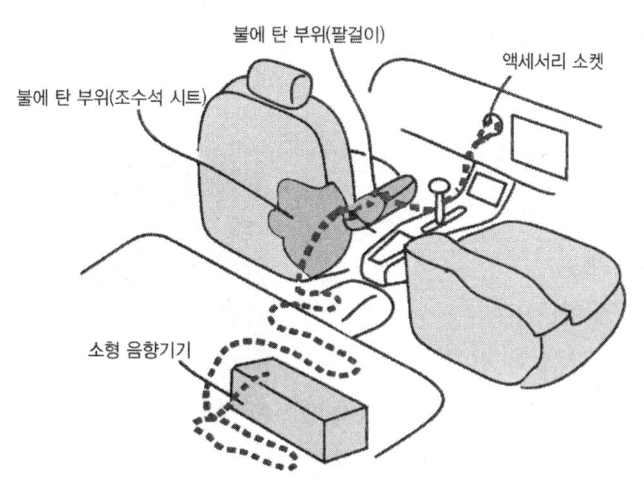

그림 9-21. 소형음향 기기에서 액세서리 소켓으로 연결된 배선 상상도

이 승용차는 예전(이런 폐차 수준이 되기 전에)에 라디오를 틀고 있을 때 화재까지는 아니지만 배선에서 스파크가 일어났을 것이다. 아마 바닥에 난잡하게 널려있는 배선을 몇 번 밟고 다니는 동안에 피복이 손상되었을 것이다.

그림 9-22. 하니스는 군데군데 피복이 벗겨져 구리선이 보이기도 하지만, 스스로 발열한 흔적은 없다.

실제로 손상된 곳을 조사해 보니 매우 오래되어 보인다. 붓으로 소화제를 조심스럽게 제거해보니 바닥 매트에 추측한 것처럼 눌어붙은 흔적도 있다. 이 사람들은 그런 우연한 사고를 통해 배선에 전기가 흐르면 누전 스파크가 일어난다는 것을 습득한 것 같다.

⑧ 이것으로 새 배터리를 뒷자리에 놓은 이유를 알았다. 어떤 전깃줄을 사용해 플러그와 배터리의 단자기둥을 연결시켜 전기를 통하게 했을 것이 분명하다. 그 전기선이 어딘가

에 있을 텐데…. 더구나 가느다란 통신 케이블로는 금방 끊어지기 때문에 굵은 케이블을 사용했을 것이니 자세히 찾아보았지만 보이질 않는다. 그럼 틀림없이 범행을 감추기 위해 우리가 오기 전에 다른 곳에 숨겼을 것이라 생각하며 일단 찾는 것을 중지했다.

내 추리가 맞는다면 플러그를 꽂은 채 전기선을 마는 것은 어렵다. 뺀 다음에 배터리 근처까지 가져오는 편이 작업하기 쉽다. 스위치 대용이라면 꽂아두는 것도 부자연스럽다. 플러그를 빼 살펴보니 암수 모두 빨갛게 녹이 슬어 있다. 이로써 전기선을 탈착한 후에 끼운 것이 명백하다.

⑨ 전기선은 생각지도 않은 곳에서 발견되었다. 조사를 일단락하고 충돌한 상대편 렌터카가 보관되어 있는 렌터카 회사를 방문해 충돌 흔적의 높이와 방향, 상대방 자동차의 도장 파편 등에서 충돌사실과 일치여부 등을 조사했다. 이것은 사고조사 회사의 일이기 때문에 나는 잠자코 지켜보기로 했다. 상황만 이야기하자면, 멈춰 있는 3ton 정도의 대형 승용차에 렌터카(소형 승용차)가 충돌한 것이기 때문에 렌터카는 대파되었고, 승용차는 거의 손상이 없는 상태였다. 그렇게 기다리고 있는데 이상한 것이 있으니 잠깐 봐 달라고 한다. 종종걸음으로 렌터카에 다가가 가리키는 쪽을 보았더니 조수석에 1.5m정도 길이의 전선이 감겨 있다(그림 9-23).

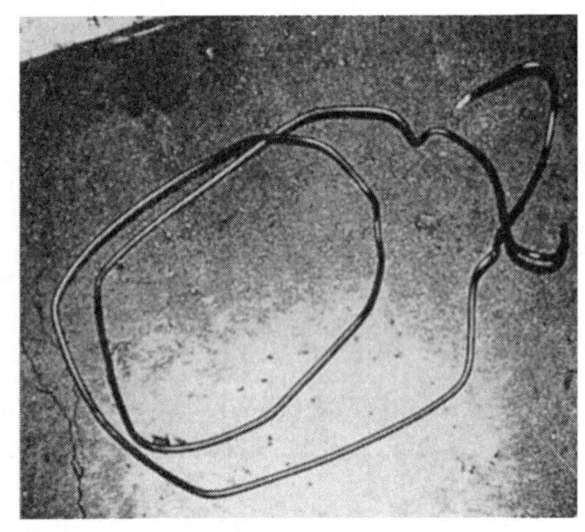

그림 9-23. 렌터카의 조수석에 놓여 있던 가정용 TV의 안테나 코드

이것 말고는 렌터카 안에 다른 것은 없는 상태라 바로 눈에 뜨일 뿐 아니라 부자연스럽다. 손으로 들고 자세히 살펴보니 가정용 TV의 안테나 코드다. '이것 이라면 배터리에서 1차 배선으로 사용할 수 있다. 끝 쪽에 피복도 벗겨져 있다. 그건 그렇다 치고 어째서 충돌한 쪽 렌터카에 이런 것이 있을까. 더구나 소화제가 전혀 묻어 있지 않고…' 갑자기 머릿속이 복잡해졌다.

이때 "이 사람, 혹시 보험 사기꾼이 아닐까요?" 하고 말하는 사람이 있었다. 무슨 의미인지 몰라 "무슨 말씀이시죠?" 하고 물었더니, "그 승용차가 무보험이라면 렌터카로 망가뜨려 놓고 렌터카 보험으로 승용차를 변상시키려는 의도겠죠? 그렇다면 이 사람은 공범이란 이야기가 되네요." "경찰이 조사해야 알겠지만 아마 그렇지 않을까요?" 라고 조심스

렵게 말한다. 그러고 보면 이 렌터카에 전기선으로 사용했던 코드가 있는 것도 이상할 것이 없다.

Check 소화활동에서 의심되는 부분들

① 충돌 순간에 불길이 솟았다고 이야기하지만 연소된 것은 조수석의 불연재 시트뿐이다. 연소 되었다기보다는 녹았다고 하는 편이 맞을 정도로, 연기는 있었지만 불길은 없었으리라 추측된다. 더구나 이 승용차는 앞 유리만 빼고 전체적으로 새까맣게 선팅이 되어있다. 불길을 봤다는 주장은 신빙성이 없어 보인다.

② 또한, 불길을 보자마자 카페로 뛰어가 소화기를 빌렸다고 하는데, 카페에 가기 전에 전기선을 정리하기도 했고 플러그를 꽂기도 했다.

③ 일반적인 경우는 주차 중인 자동차 안에서 화재가 일어나면 문이 잠겼다는 것을 전제로 유리창을 깨게 되는데, 유일하게 잠기지 않은 운전석 문을 주저 없이 열고 불을 껐다는 것도 의심스럽다.

Check 그 밖의 사항

너무 많은 물적 증거가 남아 있다는 것은 반대로 그들 생각으로는 가솔린 폭발이 모든 것을 날려버려 증거가 남지 않을 것이라고 생각했던 것 같지만, 폭발했다면 승용차 안에 많은 양의 가솔린이 있었던 이유. 새 배터리가 있었던 이유 등을 조사할 수단이 있기 때문에 성공했다고 하더라도 밝혀낼 수 있었다고 생각된다.

또한, 이 속임수는 화재의 3대 요소 가운데 하나인 산소공급이 빠졌기 때문에 계획대로 가솔린 통이 쓰러져 가솔린이 유출되면서 불이 났다고 하더라도 차량 실내에 산소가 바로 없어지면서 자연적으로 진화되었을 것이기 때문에 폭발은 일어나지 않는다.

결과가 미수에 그쳤다고 하더라도 악질적인 범죄행위인 것만은 틀림없기 때문에 관할 경찰서에 들려 "○○씨한테서 사고보고가 있었나?" 하고 물었더니, "아무 것도 못 들었다. 또 무슨 일이 있었나?" 라고 한다. 그래서 내가 조사한 그대로 정보를 제공했다. 이것은 철저하게 조사하겠다며 긴급출동 준비에 들어갔다. 아무래도 예전부터 어떻게든 체포해야 할 인물이었던 듯 이번 사건이 경찰에게 체포구실을 준 것 같았다.

그 밖의 화재(화물 외)

고급 승용차 뒷좌석에 배관 접착제를 싣고 가던중, 갑자기 운전석 밑에서 불길이...

신문기사 인용

오후 3시 10분경, 강가 도로근처의 밭에서 승용차 운전석에 건설회사 사장이 움직이지 않고 있는 모습을 근처농장 종업원이 발견하고는 경찰에 신고했다. 사장은 시내 병원으로 옮겨졌지만 약 1시간 후에 사망했다.

경찰 조사로는 당일 오후 2시 30분경, 하천변 제방도로에서 사장의 승용차가 도로를 벗어나 경사면을 약 80m 아래까지 천천히 내려가다 밭쪽으로 10여 미터를 더 가서 멈춰서는 것을 근처농장에서 일을 하던 남자가 목격했다는 보고가 있었다.

또 운전석 좌석 일부가 눌어붙어 있었다. 사장은 작업복에 헬멧을 쓴 채로 안전벨트를 하고 있었다. 그 근처에 사장 회사가 작업하고 있는 건설현장이 있다고 한다. 눈에 보이는 외상이 없어서 경찰에서 사망원인을 자세히 조사하고 있다.

피해차량 상황

이 사건은 조사해 보면 할수록 불행이 우연하게 겹치면서 발생한 뼈아픈 사고로서, 조사하는 내내 가슴이 아파왔다.

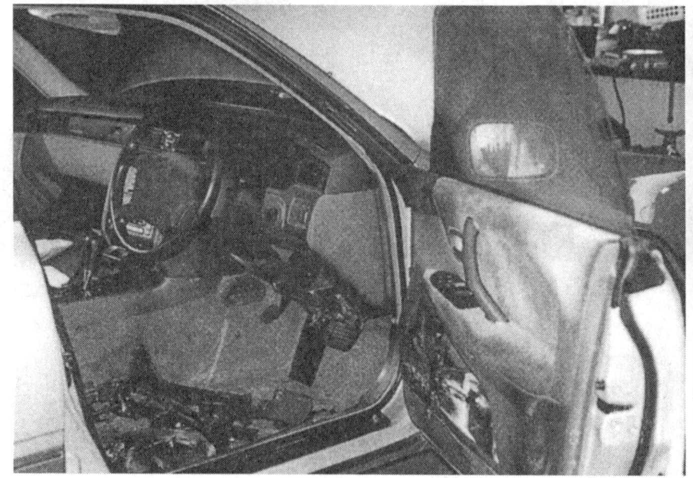
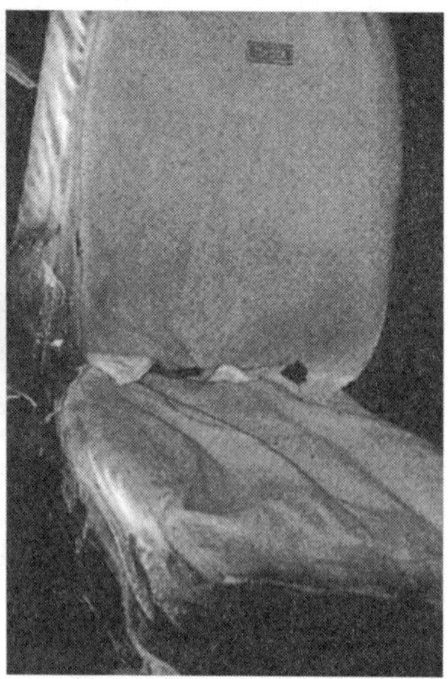

그림 10-1. 운전석과 시트

① 그림 10-1은 신문기사에 난 운전석 시트 일부가 불에 탄 모습이다. 주의해서 보면 불에 탄 곳은 바닥에서부터 180~200mm 정도 밖에 안 되며, 그 보다 위쪽은 그림 10-2에서 나타난 바와 같이 전혀 불이 난 흔적이 없다. 정말로 이상한 화재다.

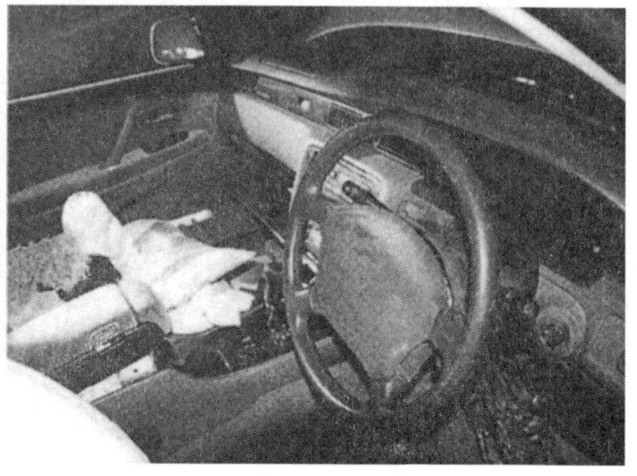

그림 10-2. 차량 실내는 바닥에서 200mm 높이까지만 불에 탔다.

② 불에 탄 높이는 그림 10-3의 좌석을 보면 더 확실히 알 수 있다. 엉덩이 시트만 불에 탔다.

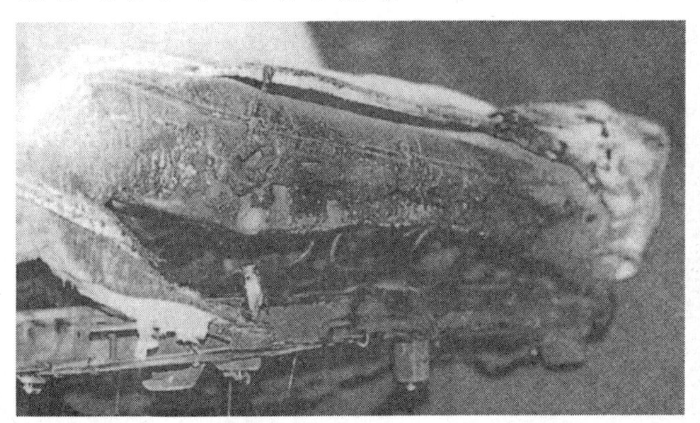

그림 10-3 ①. 엉덩이쪽 시트만 불에 탄 것을 볼 수 있다.

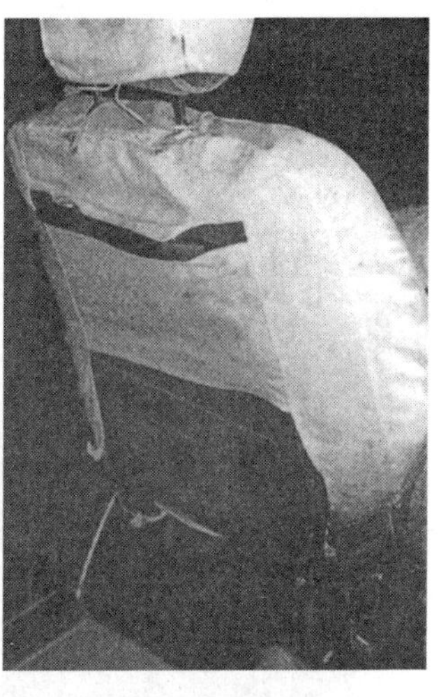

그림 10-3 ②. 엉덩이쪽 시트만 불에 탄 것을 볼 수 있다.

③ 뒷자리를 보았더니 그림 10-4에서 보여지는 것과 같이 페인트가 들어 있을 것 같은 1kg짜리 캔이 굴러다니고 있었다. 무심코 집어 들었는데 염화비닐의 배관을 접착해 고정시키는 접착제 이다. 내용물은 거의 없는 듯 접착제가 묻어 있고, 나사가 나 있는 뚜껑은 잘 닫히지 않는다. 이것이 진동이나 어떤 이유로 넘어진 듯 그림 10-5에서 나타나 있는 것과 같이 운전석 바로 아래를 향해 접착제가 흘러 있었다.

그림 10-4. 뒷자리 좌석에 굴러다니고 있던 1kg 짜리 캔으로 된 접착제

그림 10-5. 쓰러진 캔에서 접착제가 운전석 바로 밑쪽으로 넘쳐흘렀다.

④ 묻으면 절대로 안 지워지는 접착제가 고급 승용차에 있다는 것이 어울리지 않는다. 이런 것을 왜 뒷자리 바닥에 싣고 다녔을까. 한편 다른 1kg짜리 접착제 캔이 하나 더 실려 있었는데 이 캔은 뚜껑이 잘 닫혀 있고, 넘어지지도 않았다. 이 캔이 쓰러졌더라면 귀한 목숨을 잃지 않아도 됐을 것을….

고급 승용차 뒷자리에 접착제 캔이 왜 있었는지 아무래도 이상했기 때문에 다음날 종업원에게 사정 이야기를 들어 보았다.

당일은 건설 중이던 건물의 완성검사 날이어서 그 검사에 누가 입회할 것인지를 선발하는 곳에 사장이 찾아와서는 본인이 직접 가겠다면서 접착제 두개를 갖고는 종업원 만류도 듣지 않고 서둘러 현장으로 갔다고 한다. 평소에도 몸을 움직이는 걸 좋아해서 현장에서도 먼저 솔선해서 작업했다고 한다. 남한테 맡기는 것도 싫어해서 무엇이든 본인이 하는 타입이었다고 한다. 이 날도 책임감 때문에 본인이 입회하는데 간 것이다.

종업원이 갈 경우에는 2톤 트럭으로 간다고 한다. '트럭이라면 접착제가 넘치든 쓰러지든 아무 상관도 없었을 텐데'하는 생각이 들었다.
한편 접착제는 완성검사 때 미비한 점을 지적받았을 경우 현장에 바로 보수하기 위한 것이었다고 한다.

⑤ 그림 10-6은 트렁크에 들어있던 도료들이다. 정말로 이 사장은 일 밖에 모르는 듯 자동차도 주로 사무용으로 사용한 것 같았다.

⑥ 그림 10-7은 쓰러지면서 운전석 아래로 유출된 접착제의 성분이 표시된 라벨로서, 아세톤, 시클로헥사논, 톨루엔, 메틸에틸켈톤 이라고 표기되어 있다.

이것들은 유기용제로서, 「유독성 있음」 「인화성 있음」 이라고도 표기되어 있다. 이 성분표를 읽었을 때 모든 의혹이 해소된 듯 한 느낌이 들었다.

그림 10-6. 트렁크 룸에 실려 있던 도료 종류

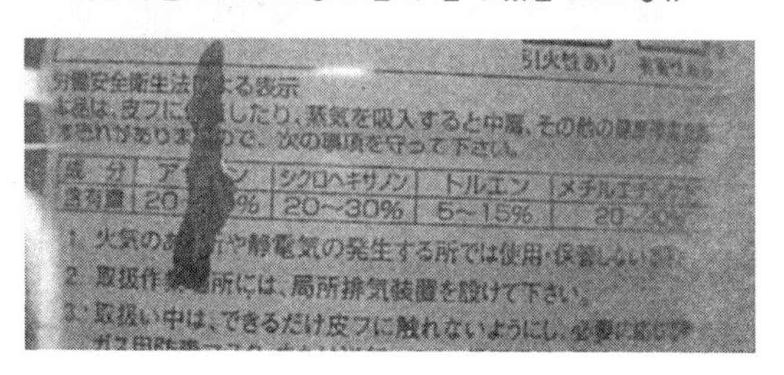

그림 10-7. 접착제 성분표

Check 사고발생 메커니즘

① 회사에서 건설현장으로 가던 중에 브레이크 페달을 밟았을 때의 충격으로 접착제 캔이 쓰러졌다(앞으로 쓰리진 상태로 보아 브레이크로 추정된다). 쓰러진 접착제 캔에서 앞에서 설명한 유기용제가 유출되었다.

② 유기용제는 대기에 닿으면 바로 증열蒸熱한다(기체가 되기 때문에 이것을 증기라고 한다). 유기용제 증기의 비중은 종류를 불문하고 모두 공기보다 무겁기 때문에 급속하게 낮은 곳으로 모이는 성질이 있다. 이것은 물이 높은 곳에서 낮은 곳으로 흐르는 것과 같다고 화학 전문가한테서 들었던 기억이 났다.

③ 이런 성질을 갖고 있다면 승용차 실내와 같은 밀폐된 공간에서는 유기용제 증기가 바닥으로 모일 것이다. 그 높이도 거의 180~200mm정도였을 것으로 생각하면 바닥만 타버린 이 이상한 화재도 납득이 간다. 그런 사정이라면 사장의 코 높이까지 증기가 도달하지 않았기 때문에 이상한 냄새를 느끼지도 못했을 것으로 추측된다.

④ 유기용제 증기는 인화성이 높고[예 : 톨루엔의 인화점(밀폐)은 36℃ 이하], 어떤 작은 불씨나 정전기만으로도 불이 붙기 때문에 어떤 불씨가 붙으면서 화재가 일어난 것 같다.

유기용제의 증기는 화염전파 속도가 매우 빠르기 때문에 순식간에 화재가 일어났을 것으로 추측된다. 승용차의 차량실내 공기산소는 많은 양이 아니기 때문에 눈 깜짝할 사이에 화재로 인한 산소결핍 상태가 되었으리라는 것은 쉽게 상상이 간다. 또 화재는 산소가 없으면 지속되지 않기 때문에 매우 짧은 시간에 자연 진화했을 것으로 추측된다. 그렇다면 불에 탄 부위가 매우 부분적인 것도 이해가 간다.

⑤ 산소 결핍이라는 말은 사장이 화재와 동시에 사망했다는 것을 뜻한다. 그것도 본인이 의식하지 못할 정도로 순식간에 벌어지면서 일어난 참극일 텐데, 신문기사에는 병원으로 옮겨지고 2시간 후에 사망이라고 나왔다. 이 차이는 소생조치 등을 해 보고 소생할 상태가 아닌 것을 확인한 시간이라고 한다.

⑥ 그렇다면 제방도로를 털털거리며 벗어나 경사면을 천천히 미끄러지면서 밭으로 들어갔을 때는 이미 자동차는 무인주행 상태였을 것으로 추측되므로, 화재는 그 직전에 발생한 것이 된다. 시간으로 따지면 오후 2시 40분 전이 된다.

불씨는 무엇이었을까?

① 화재의 3요소인 인화물질·산소는 밝혀냈지만 **발화물질**(불씨 종류)이 발견되질 않는다.

② 유일하게 불에 탔다고 할 수 있는 운전석 시트를 조사해 보기로 했다. 생각들은 다 비슷한지 이미 경찰에서 시트를 수거해 갔다고 한다. 탈착한 시트를 밑에서 바라 본 모습이 그림 10-8이다. 아래쪽이 많이 연소되어 있다. 여기서 증기처럼 가라앉아 있던 유기용제가 심하게 연소된 것 같다.

그림 10-8
시트를 탈착해 밑에서 본 모습

배선을 조사해 보는데 시트조정 장치의 스위치가 없다. 공부가 된다며 내가 작업하는 모습을 계속 지켜보고 있던 정비공장 사장에게 스위치 판이 어디에 있는지 물었더니 관할 경찰서에서 가져가 과학수사 연구소로 보냈다고 한다. 실망스러운 생각이 들었지만 어쩔 수 없는 상황이라 기분을 가다듬고 그렇다면 남은 전기 쪽을 조사해 보고 아무것도 없으면 스위치를 보기로 하자.

이 화재는 매우 조그만 불씨로 시작되었을 것이기 때문에 슬라이드의 접점이 있는 스위치가 틀림없을 것이라고 마음속으로 생각하며 남겨진 전기 쪽을 구석부터 샅샅이 조사했지만 시트 쪽에는 아무런 이상도 없었다.

③ 그림 10-9는 시트 아래에 조립된 시트조정 장치로서, 직사각형의 틀에서 시트가 움직이는 펄스 모터다. 펄스 모터는 완전히 막혀 있는 형태이므로 절대로 불씨가 밖으로 누출되지 않는다. 펄스 모터의 가이드 나사에는 그리스가 고르게 발라져 있어 마찰 등으로 인한 불씨가 생길 염려도 없다. 배선이나 단락 흔적, 트래킹 흔적, 녹은 흔적도 없다.

결국 과학수사 연구소로 보내진 스위치 말고는 불씨를 만들 만한 것이 없다는 결론에 도달했다.

그림 10-9. 불씨를 제공한 전동시트의 조정장치

폭염속에서 트렁크에 유기 용제를 싣고 2시간 주행, 용기가 증기압으로 파손되면서 화재!

☑ **차종 :** 소형 승용차

☑ **원인**

플라스틱 원료 제조회사의 영업 담당자가 유기용제(아세톤으로 추정됨) 샘플을 승용차 트렁크에 싣고 화학회사로 가고 있었다. 폭염 속에서 2시간이나 주행했기 때문에 트렁크 안은 50~60℃ 이상은 됐을 것으로 추측된다. 한편 아세톤으로 추정되는 약품은 약 1ℓ 정도로, 입구가 큰 유리병에 아무런 보호 장치도 없는 상태로 골프백에 기대어 있었다.

아세톤의 증기압은 기온이 10℃ 올라갈 때 마다 압력이 100mmHg 상승할 정도로 온도에 민감하다. 이 때문에 트렁크 안의 고온을 견디지 못하고 유리병이 압력을 받아 파괴되었다. 유출되면서 증기가 된 아세톤이 사소한 불씨(정전기로 추증됨)와 닿으면서 불이 붙었고, 이어서 심한 화재로 이어졌다.

사고 상황

고객회사에서 샘플을 요구한다고 해서 점심 식사를 빨리 마치고 정오에 회사를 나왔다. 공교롭게 정체가 심해서 생각대로 달리지 못하면서 초조한 마음으로 운전하고 있었다. 목적지에 거의 다 도착했을 오후 2시 무렵, 뒤에서 갑자기 "탕~"하는 소리와 함께 충격을 느꼈다.

뒷자리와 사이드 미러를 돌아봤지만 아무런 이상도 없어서 계속해서 주행하고 있었는데 이번에는 "트드득~" 하면서 뒤 유리창이 깨짐과 동시에 연기와 증기가 자동차 안으로 스며들었다. 무슨 일이 벌어진 것인지 영문도 모르는 상태에서 바로 엔진 시동을 끄고 자동차 밖으로 뛰쳐나왔더니 트렁크에서 검은 연기가 심하게 올라오고 있었다.

뒤 따라 오던 자동차가 신고해 주었는지 소방차가 와서는 바로 꺼 주었다.

운전자 증언

운전자는 수지샘플가 어떤 이유로 화학반응을 일으켜 화재가 난 것은 아닌지 말하고 있었다. 어쩌면 샘플 내용물이 무엇인지 모르는 것 같았다.

운전자는 영업 담당자로서 공장에서 받은 물건을 고객회사에 전달하는 지시만 받았지, 유기용제의 성질이나 위험물 운반방법에 대해서는 아무런 교육이나 주의도 받은 않은 것 같았다. 원래 유리병은 완충재로 감아서 보호하고, 냉각기cooler 박스에는 얼음을 채운 상태에서 운반해야 하는 위험물인데도 불구하고 그냥 병째로 운반했다. 더구나 골프백 같이 딱딱한 물체에 기대어 놓고 운반한 것을 보면 샘플의 위험성에 대한 주의사항이 전달되지 않은 것이 명백하다.

아세톤이 아닌가 하는 증거

운전자에게 물어도 정확한 약품명을 모르고 있었다. 공장까지 물어보러 가는 방법이 있긴 했지만 물건을 함부로 운반했다는 것이 밝혀져 곤란한 입장에 처할 수도 있기 때문에 회사의 영업항목이나 주요 거래처 등을 인터넷과 자동차에 있던 카탈로그 등으로 조사하기로 했다. 조사한 결과는 아세톤이 거의 틀림없다는 확신이 들었다.

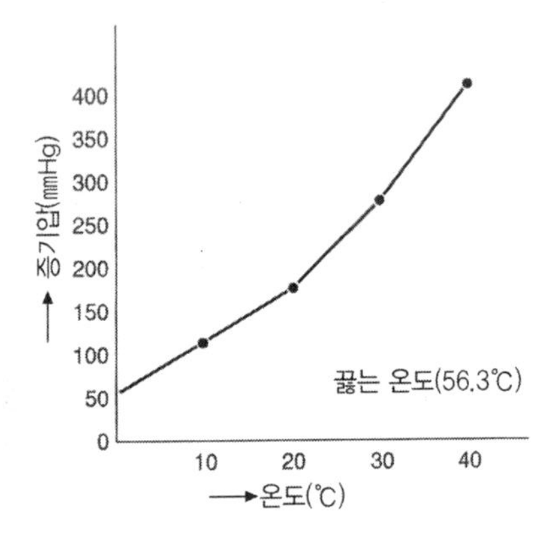

그림 10-10. 아세톤의 증기압

또 이 자동차는 본사에서 일괄적으로 리스하여 사용하는 차량이라는 것도 알았다. 최근에는 회사소유로 자동차를 구입하기보다 경제적으로나 관리하기에 좋다는 이유로 리스를 많이 사용하는 추세다. 그림 10-10은 아세톤의 증기압이다.

피해차량 상황

① 그림 10-11은 사고차량을 앞에서 본 모습으로, 아무렇지도 않은 모습이다. 하지만 자세히 살펴보면 앞 유리창이 전체적으로 거무스름하고 자동차 전체에 소화제가 뿌려져 있다. 뒤로 돌아가 살펴보면(그림 10-12), 오른쪽 뒤의 쿼터 필러를 중심으로 심하게 불이

난 흔적을 볼 수 있다. 한편 왼쪽 뒤의 쿼터 필러는 약간 그을리긴 했지만 매우 경미하다.

쿼터 필러(quarter pillar)
차체의 외부 패널 중 뒤쪽 필러와 중앙 필러 사이에 설치되어 있는 기둥이며, 뒤 타이어 위쪽 부분, 'C' 필러와 트렁크의 사이드 부분의 외부 패널이며, 이곳에 연료주입구 도어가 설치되어 있다.

그림 10-11. 사고차량을 앞에서 본 모습(왼쪽)

그림 10-12. 사고차량의 뒷부분을 왼쪽과 오른쪽에서 본 모습

② 그림 10-13을 보면 뒤 유리창이 열 균열로 인해 산산조각이 난 것을 알 수 있다. 또 트렁크 리드가 부분적으로 그을려(도장이 탄 흔적) 있는 것을 확인할 수 있다.

그림 10-13
열 균열로 인해 산산조각 나버린 뒷 유리창

③ 그림 10-14는 불에 탄 트렁크 룸을 찍은 모습으로, 바로 앞으로 연소된 우산 잔해와 그 아래로 골프백이 연소되면서 속에 있던 골프채가 보인다. 안쪽에는 오른쪽으로 헬멧이 왼쪽으로 뚜껑이 녹아내린 냉각기 박스가 놓여 있다. 이것들을 확대 구분 촬영한 것이 그림 10-15이다.

그림 10-14. 불탄 트렁크 룸의 내부 모습

그림 10-15 ①. 백 패널(원 표시)이 열로 인해 변형되었다.

그림 10-15 ②. 트렁크 오른쪽에 있었던 헬멧

그림 10-15 ③. 트렁크 왼쪽에 있었던 냉각기 박스는 뚜껑이 녹아내렸다.

그림 10-15 ①~③. 트렁크 내부에 있던 물건들의 탄 상태

④ 그림 10-16은 심하게 연소된 외판의 안쪽 모습인데, 왼쪽 사진이 아래고 오른쪽 사진이 위이다. 철판에는 좁은 범위에서 심하게 불이 난 흔적이 있다. 또 불이 오른쪽 뒤의 필러를 굴뚝삼아 자동차 안으로 침입한 흔적도 선명하게 나 있다. 그 반대쪽은 내장재도 타지 않았다(그림 10-13 참조).

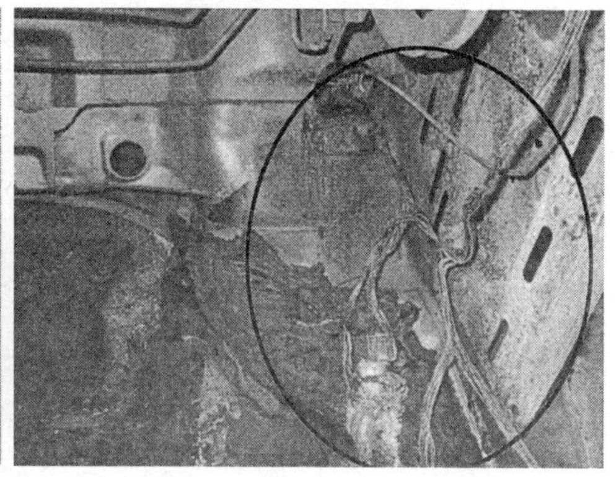

그림 10-16. 심하게 탄 외판과 안 쪽(차량실내 쪽). 와이어 하니스가 불에 타 있다(원 표시).

⑤ 그림 10-17을 자세히 보면 유리병과 철제 캔이 보인다. 바로 앞의 하얀 물체는 영업용 카탈로그로, 이것은 제외해도 된다. 철제 캔에는 오일이나 뭔가가 들어 있었던 것 같은데, 화재 열로 팽창이 되지 않아서 빈 캔 상태로 남은 것으로 생각된다. 유리병은 독성이 높은 유기용제의 용기로 많이 사용되기 때문에 운전자가 말한 **수지**가 들어가 있던 것은 이것으로 여겨진다. 유리병을 그림 10-18로 확대했는데, 두께가 두꺼운 유리병으로 보건데 역시나 여기에 유기용제를 담았던 것이 틀림없다.

그림 10-17. 트렁크 룸 안의 유리병과 철제 캔

그림 10-18 ①. 유리병 상태를 확대해서 찍은 모습

그림 10-18 ②. 유리병 상태를 확대해서 찍은 모습

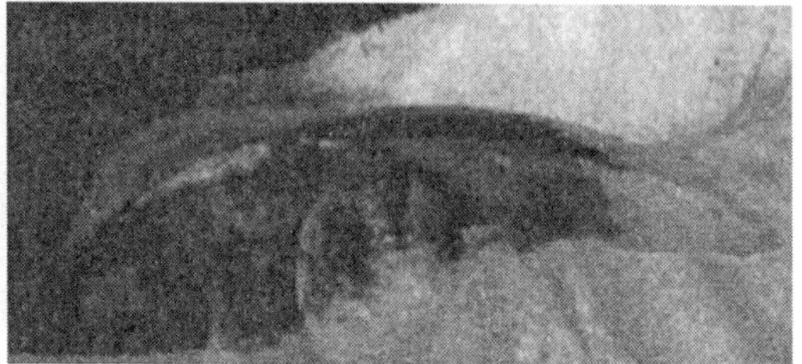

그림 10-18 ③. 유리병 상태를 확대해서 찍은 모습

처음부터 이 병이 굴러다니진 않았을 것이고 골프백에 기대어 세워두었을 것이다. (그림 10-19 참고).

이것이 진동으로 쓰러졌는지 아니면 고온으로 인해 증기압이 폭발적으로 팽창하면서 뚜껑을 날려버릴 때의 반동으로 쓰러졌는지는 모르겠지만 그림 10-20처럼 쓰러졌을 것이다.

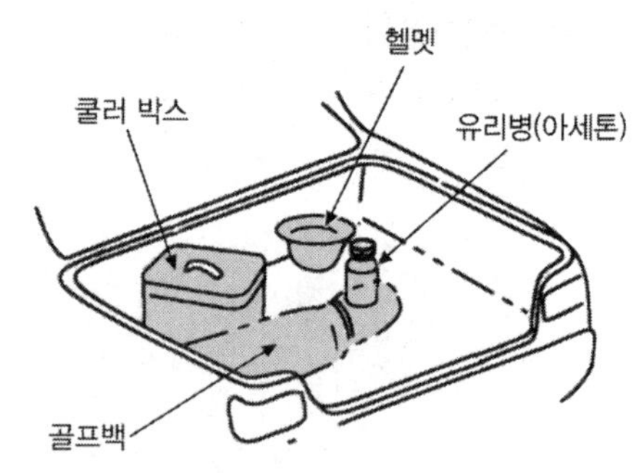

그림 10-19. 아세톤이 놓여 있던 위치(상상도)

이렇게 쓰러지면서 트렁크 룸의 오른쪽으로 맹렬한 화염이 발생한 것은 철판이 심하게 산화된 것이나 병 입구 방향이 정확히 일치하기 때문에 확실하다고 하겠다. (그림 10-21).

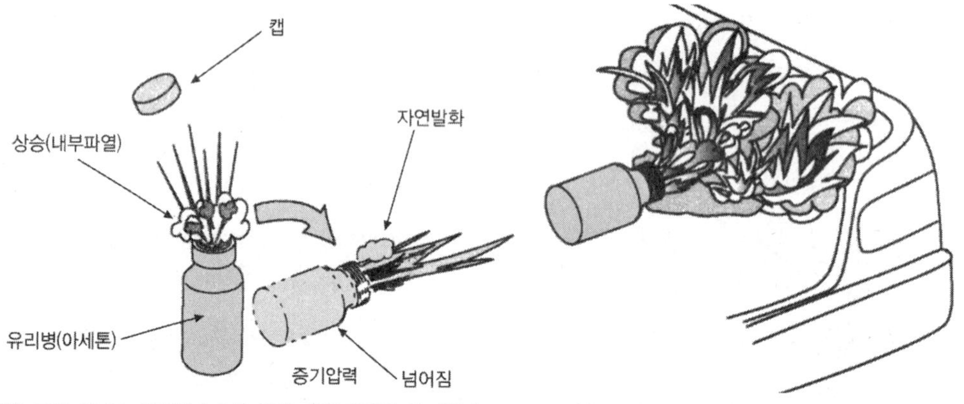

그림 10-20. 압력상승으로 인한 내부파괴와 유리병이 쓰러진 모습

그림 10-21. 아세톤이 불타는 상상도

한편 병은 화재진압 때 물을 맞으면 구르기 때문에 위치를 바꾸지만, 이 경우는 심한 화재로 병 바닥이 녹아내리면서 병을 단단히 고착시켰다.

이 화재는 트렁크 룸이라고 하는 전혀 화재위험이 없는 장소에서 발생한 드문 화재인 동시에 일어날 만해서 일어난 화재이기도 하다. 이것은 (1) 폭염 속에서 트렁크 룸의 온도 상승에 대한 주의가 부족했다는 점(마침 냉각기 박스도 싣고 있었는데 왜 그 안에 넣지 않았는지 모르겠다), (2) 온도 상승에 따른 아세톤(아세톤으로 추측됨)의 증기압 급상승이 내부파열을 일으킬 위험이 있다는 것에 대한 주의가 부족했다는 점, (3) 위험물을 실을 때는 정전기에 대한 대책도 세웠어야 했다는 점이다.

⑥ 차량화재가 고약한 점을 예로 들면, 트렁크 룸처럼 한정된 화재라도 연기가 자동차 안으로 들어오면 차량실내 전체에 연기로 인한 손상을 입는다. 또 냄새도 심하게 배기 때문에 탈취도 어렵다. 그리고 불을 끄면서 뿌린 물이나 소화제도 제거하기 어려워 폐차한 후 새 자동차를
구입하도록 만들기도 한다. 그런 피해가 난 모습을 참고로 그림 10-22로 나타내 보았다.

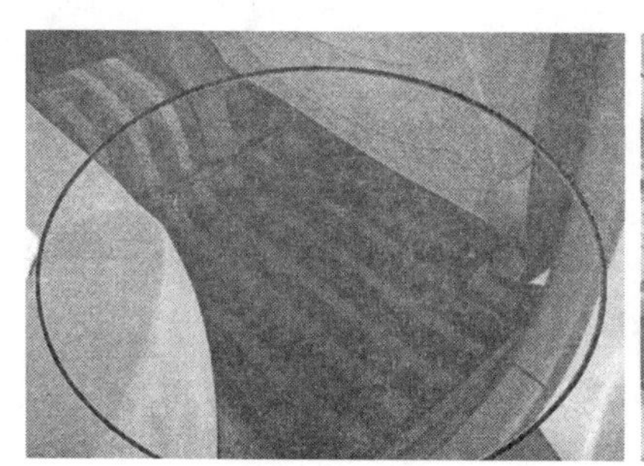

그림 10-22. 물과 소화제로 인해 완전제거가 불가능한 차량실내 모습. 계기판은 표면이 변색되었고, 엔진 시동을 걸어도 표시나 작동이 안 된다. 뒷자리 오른쪽 바닥에는 물이 고여 있었다.

트렁크에 불꺼진 숯덩이를 싣고 달리던 중, 주행 바람으로 불씨가 재생!

- **차종 :** 고급 승용차
- **사고 장소 :** 일반도로
- **원인**

  난방용 숯에 붙은 불을 물로 끈 후 승용차 트렁크에 싣고 귀가하던 중에 그 숯이 주행바람을 맞으면서 다시 점화되어 트렁크 룸 바닥과 벽 및 미등(tail lamp)을 태웠다. 원인은 숯의 불을 완전히 끄지 않았던 때문이다.

사고 상황

운전자는 페인트 가게 사장으로, 통나무집의 방청·방충 도장을 하는 솜씨가 좋다. 사고 나기 이틀 전부터 숙박하면서 지방의 통나무집 도장작업을 하고 있었다. 한편 산기슭의 추위 에 대비해 현장에서는 숯을 이용하는 난로를 사용하고 있었다.

난로에 사용하는 숯은 자기 집 창고에서 잘게 잘라 승용차 트렁크에 가득 실은 것으로 추운 현장에 나가 숙박하면서 작업할 때는 이런 식으로 다니곤 했다. 현장에서는 트렁크를 창고 대신에 사용하면서 필요할 때만 꺼내 와서는 불을 피웠다. 그런 모습을 그림 10-23으로 나타냈다.

사고 당일 오전에 작업이 끝났기 때문에 덜 탄 숯덩이를 난로에서 꺼내 물로 불을 끈 후 트렁크에 넣어 귀가 길에 올랐다. 이때 트렁크에는 사용하지 않는 숯이 실려 있었다.

그림 10-23. 숯을 적재한 모습

1시간 반 정도 주행했나, 시내로 들어왔을 때쯤 뒤에서 따라오던 차량에서 경음기를 울리는 것을 듣고 무슨 일인가 하고 백미러를 봤는데

자기 자동차가 불에 타고 있었다(그림 10-24). 연기와 불 이외에 왼쪽 미등이 떨어져 흔들거리며 매달려 있었던 것으로 추측된다.

그림 10-24. 불이 났을 때의 상황(상상도)

바로 자동차를 세우고 봤더니 왼쪽 쿼터필러 부분에서 연기와 불이 나고 있었다. 뒤에 오던 차량도 정지해 주었다. 마침 눈에 보이는 곳의 단독주택 정원에 물이 눈에 띄어 주인한테 양해를 구한 후 뒤에 오던 차량의 운전자 도움을 받아 물을 뿌렸다. 불은 꺼졌지만 연기가 계속 피어나 트렁크를 열어 봤더니 숯덩이에서 연기가 나고 있었다. 서둘러 맨 손으로 숯을 노면으로 던져버렸다. 숯을 다 꺼낼 때쯤 불길이 남아 빨갛게 되어 있는 숯 한 개를 발견했다. 근처 집에서 가져온 물로 그 숯의 불도 끌 수 있었다.

화재원인은 이 1개의 숯(지름 70mm, 길이 400mm 정도의 숯) 때문으로, 통나무집에서 껐다고 생각했는데 속까지 꺼지지 않은 듯, 주행바람을 맞으면서 불씨가 살아나 트렁크룸의 왼쪽 바닥과 벽을 태운 것이다.

화재로 인식된 것은 바닥과 벽이 연소된 것, 벽을 통해 왼쪽 미등과 배선 및 쿼터필러의 도장, 뒤 범퍼가 연소된 것이다. 이렇게 연소된 물체에 불씨를 제공한 것은 숯의 적외선이다. 자료에 따르면 적외선 온도는 숯의 색깔에 따라 다르지만, 520~1500℃나 된다고 한다. 이 경우는 빨간색이므로 850℃ 전후였을 것으로 추정된다.

문제의 숯 한 개를 떨어뜨려 놓았는지, 쌓아놓은 숯덩이에서 굴러 떨어졌는지는 모르지만 다른 숯을 맨 손으로 꺼낸 것을 보면 다른 숯에 불길이 있었던 것은 아닌 것 같다.

Check 피해차량 상황

① 그림 10-25는 트렁크 리드를 닫고 불 탄 부위의 외관을 찍은 모습이고, 그림 10-26은 열고 찍은 모습이다. 불 탄 부위는 왼쪽 미등 주변에 한정된 매우 일부분이다.

이 대목에서 주행 중의 화재원인 지점은 불에 탄 부위를 역삼각추로 연결한 정점부근의 가장 앞 중에서 가장 밑에 있다 는 것을 상기해 주기 바란다. 이 정점부근은 왼쪽 쿼터필러 안의 아랫부분에 해당한다. 여기서의 화재 위험은 미등의 연결배선 말고는 없다.

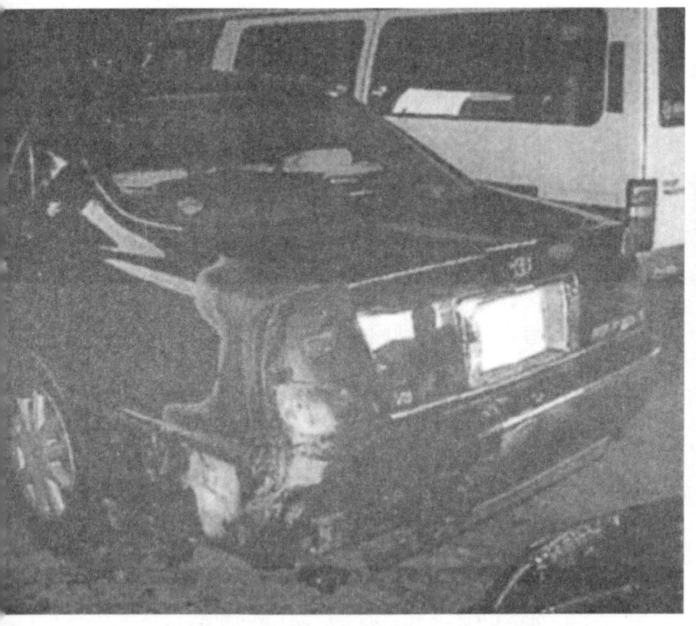

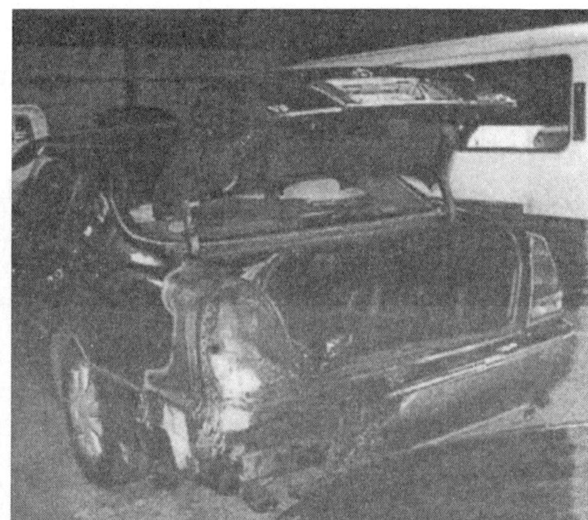

그림 10-26. 트렁크 리드를 열었을 때의 불 탄 부위

그림 10-25. 트렁크 리드를 닫았을 때의 불 탄 부위

② 그림 10-27은 트렁크 리드의 안쪽을 촬영한 모습이다. 내장이 반 이상 남아있는 것을 보면 오일이나 가솔린으로 인해 생긴 화재가 아닌 것은 분명하다. 그것은 그림 10-28을 보면 더 확실하다. 이것은 트렁크 룸 안을 촬영한 모습으로, 왼쪽 벽의 내장이 탄 것 외에는 다른 내장은 아무런 손상도 없다.

그림 10-27. 트렁크 리드의 안쪽

그림 10-28. 트렁크 룸 왼쪽 상태

③ 그림 10-29는 심하게 연소된 범퍼를 크게 찍은 모습이고, 그림 10-30은 이 범퍼가 녹아 내린 모습을 밑에서 찍은 사진이다. 금속이 산화한 곳은 여기가 가장 심한데, 발화지점이라는 것을 의미하고 있다. 왼쪽 끝은 평상시에 범퍼로 덮여 있는 배선의 점검구멍이다. 이곳으로 주행 바람이 들어간 듯, 안으로 뭔가 배선 같은 것이 보인다.

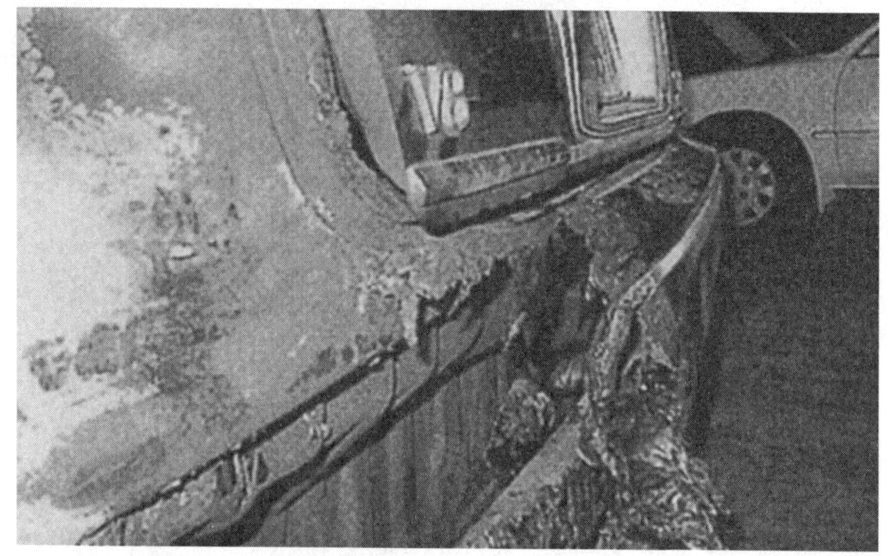

그림 10-29. 불에 탄 범퍼

그림 10-30. 타면서 녹아내린 뒤쪽 범퍼를 밑에서 촬영한 모습

④ 그림 10-31은 하니스 트러블이 원인이 아닐까하고 의심되어 조사한 일부분이다. 결론은 하니스 이상은 아니다. 다만 약간 조사를 혼란스럽게 만들었던 것은, 마침 불에 탄 부위에 배터리 구원용 부스터 케이블이 묶여 있고(점검구멍 바깥쪽에서 보였던 것) 이 케이블이 부분적으로 심하게 연소되어 있어서 차량실내 배선에 의한 하니스 화재가 의심되어 조사하려고 하던 참에 악어 입 모양의 클립을 발견하고 나서야 부스터 케이블임을 알았다.

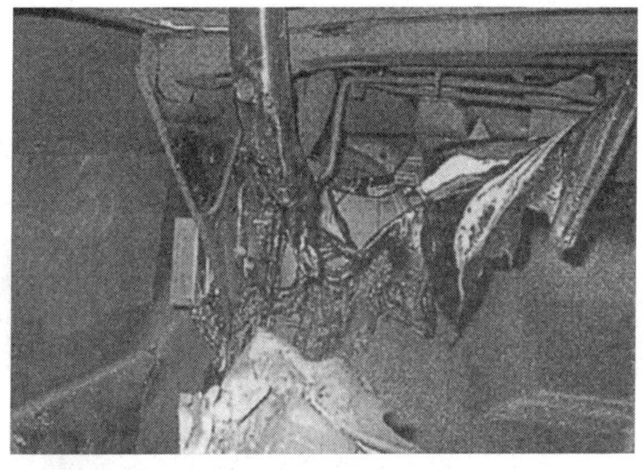

그림 10-31. 하니스 트러블이 원인이 아닐까 하고 조사한 모습

약간 혼동이 있긴 했지만 부스터 케이블을 자동차 밖으로 꺼내고 다시 차량실내 배선을 검사했지만 앞에서 말한 것처럼 이상은 발견되지 않았다.

⑤ 그림 10-32는 그 점검구멍을 트렁크 안에서 찍은 모습으로, 원통형의 물건이 앞바닥에 굴러다니고 있다. 이것이 문제의 숯이다. 실제로는 그림 10-33처럼 주변물건을 녹이거나 태우면서 바닥에 주저앉듯이 고착되어 있었다. 사진 촬영을 위해 조심스럽게 꺼 낸 것이다.

그림 10-32. 트렁크 룸 안에서 본 점검 입구

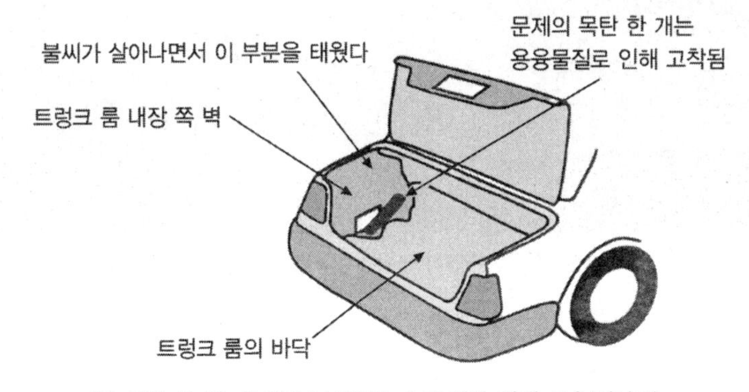

그림 10-33. 불씨가 남아있던 숯에 의한 화재 모습(상상도)

⑥ 그림 10-34는 배선에 의지해 매달려 있던 미등을 트렁크에 넣고 찍은 모습이다. 슈라우드 shroud 고무가 녹으면서 떨어진 것으로, 아랫부분에 약간의 손상이 나있긴 하지만 전체적으로는 배선을 포함해 양호한 상태다.

그림 10-34. 배선에 매달려 있던 미등

Automobile Fires

부록

차량 화재 관련 용어

가연물 可燃物, Combustible · Inflammables
기체나 액체 및 고체 등 종류와 관계없이 연소되는 모든 물질.

가연성 可燃性, Combustibility
물질이 연소될 수 있는 성질.

간접 단락 間接短絡, Indirect short circuit
접지가 되지 않은 전기회로 양쪽 전극에 일시에 접촉했을 때 그 도체를 통하여 흘러서는 안되는 전류가 흐르는 상태이다.

감식 鑑識, Identification
화재원인의 판정을 위하여 전문적인 지식과 경험을 적용하여 시각적 물증을 바탕으로 구체적 사실관계를 명확히 규명하는 것이다.

경년열화 經年烈火
오랜 시간 또는 가혹한 조건에서 기기를 사용할 때 기기의 절연특성이 저하되는 변화를 말한다.

경화 硬化, hardening
사물 자체가 지닌 고유의 경도가 시간이 지남에 따라 단단하게 굳어지는 현상.

과부하 전류 過負荷電流, Overload current
전기기기 및 전선에 허용전류가 초과되어 계속 흐르게 되면 기기 또는 전선이 손상되므로 이를 방지하기 위하여 자동차단을 필요로 하는 전류.

과전류 過電流, Over current
전기기기의 정격용량이나 전선의 허용전류를 초과하는 전류이며, 과부하에 의한 과전류, 단락에 의한 과전류, 지락(地絡)에 의한 과전류 등이 있다.

과전압 過電壓, Overvoltage
정상적인 작동상태의 전압 또는 전기기기가 허용할 수 있는 것으로서 정상적 전압보다 높은 전압.

구속전류 拘束電流, Locked current
구동부분을 지니고 있는 전기기기의 운동부분이 움직이지 못하거나 반구속 상태에 있을 때 흐르는 전류.

국부소손 局部燒損, Local destruction by fire
연소되어 파괴된 면적과 정도가 매우 좁고 가벼운 수준이며, 연소가 진행되지 못하고 빠른 시간 내에 중지된 것, 이것을 빨리 불을 끌 수 있다 하여 즉소(卽燒)라고도 일컫는다.

그라파이트화 黑鉛化, Graphitization
전기스파크에 의해 절연체 표면이 미세하게 탄소로 변화하는 현상. 탄화된 부분에 전류가 흐르면 줄(Joule)열이 발생하면서 탄화범위가 입체적으로 확대된다. 이때 전류와 발열량이 증가하면서 점화에 이르게 된다.

금구 金具
단단한 재료를 이용하여 손잡이, 받침대, 보호대 등으로 사용하는 일체를 말한다.

금수성 물질 禁水性物質
공기 중의 습기를 흡수하거나 수분과 접촉하면, 불을 발생시킬 수 있는 가스를 발생하면서 높은 열을 일으킬 위험이 있는 물질.

기상폭발 氣象爆發, Vapor phase explosion
가연성 가스가 폭발하는 것을 말한다. 가연성 액체가 용기 내에 가열되어 증기 형태로 되어 폭발하는 것으로서 가스폭발, 분무폭발 , 분진폭발, 분해폭발 등이 있다.

기전력 起電力, Electromotive force
전기회로 내의 두 점 사이에 전압차이를 두고 전류가 흐를 수 있도록 하는 힘이며, 회로를

열었을 때 단자사이의 전압 차이이다.

기화 氣化, Evaporation

분자의 운동으로 액체가 기체로, 고체가 기체로 승화 현상을 일으키는 데 이때 주위로부터 흡수한 열을 기화열 또는 증발열이라 한다.

나염 Flame

일반적으로 부를 때 불꽃 자체를 말한다.

나선 裸線, Bare conductor

전선 등의 도체에 절연피복을 감지 않는 전선.

난연성 難燃性, Flame retardant character

불이 잘 붙지 않고 연소속도가 느린 성질.

내전압 耐電壓, Dielectric strength

절연체가 특정 전압을 유지시키는 것을 말한다.

내화성 耐火性, Fire resistance

물질이 불꽃 또는 아크(Arc)등의 높은 열에 연소되지 않으면서 모양과 질적인 면까지 내구성이 있는 성질.

내후성 耐朽性, Weatherproof

물질이나 구조물에 사용된 재료 등이 대기 또는 주변 환경 그리고 날씨의 온도, 습도, 먼지, 햇빛, 화학적인 영향을 가하더라도 모양과 성질이 변하지 않는 성질.

냉염 冷炎, Cold flame

불꽃이 발생하기 전에 비교적 낮은 온도의 화염이 일어나는 현상.

노화 老化, aging

모든 사물은 시간이 경과함에 따라 물과 공기와 햇빛에 의해 화합물의 물리적, 화학적 성질이 변형되는 현상을 일컫는다.

농연 濃煙, Deep smoke · Over come

화재현장에서 가연물의 불완전 연소 또는 화학물질 등이 불에 탈 때 발생하는 연기와 열기.

누설 전류 漏泄電流, Leakage current

전류가 절연물을 통과할 때 내부 또는 외부로 누출되어 흐르는 작은 전류.

누전 漏電, leak

전선의 피복이 벗겨져 절연상태가 불량하게 되었거나 전선이 절단되어 전류가 외부로 누출되는 현상.

누전 화재 漏電火災, leah fire

전류가 누출되어 도체를 통하여 땅으로 흐르면서 가연성 물질의 통과 부분에 열이 발생되어 화재로 발전되는 것. 누전 화재는 누전 지점, 발화 지점, 접지 지점의 구성을 이룬다.

다이아몬드형 연소 흔적

➡ 역선형 연소 흔적

단락 短絡, Short

전선의 절연 부위가 전기적, 화학적, 물리적 또는 열에 의하여 탄화 · 열화 및 노화되거나, 취급 부주의로 인해 절연 부분이 파손되면서 전기회로의 양극 사이 또는 양쪽 전선 사이의 절연 저항이 매우 나빠지면서 전기에 대한 저항이 전혀 없는 상태를 말한다.

단선 斷線, Breaking of wire

전선 또는 통신을 목적으로 하는 배선이 끊어져 전기의 송전이나 통신 신호를 전송할 수 없는 상태를 말한다.

단자박스 Terminal box

전원공급 장치나 신호공급을 위한 설비의 연결 끝부분으로서 퓨즈박스 또는 릴레이 박스라고도 표현한다.

담체 擔體, carrier

촉매 기능을 향상시키기 위해 표면적이 큰 다공성 물질의 고체로서 형성되어 있으며 그 재료는 실리카 및 알루미나를 비롯하여 각종 금속산화물이 사용된다.

대류연소 對流燃燒, Convection combustion

유체의 실질적인 흐름에 의해서 열이 절단되어 가연물을 가열하여 물질에 불을 붙이는 현상.

대전 帶電, Electric charge

모든 물질은 중성의 성질을 띠는데 여기에 외부의 힘에 의해 전하량의 평형이 깨지면서 전기적 성질을 지니게 되는 현상.

도전로 導電路, Electrical conductive path

전기가 흐르는 통로로서 '도통' 또는 '통전' 이라고 한다. 일반 회로상의 정상적인 전선로보다 물체의 전기통과 경로를 말한다.

도전성 傳導性, Conduction

전압의 크기에 차이가 있는 두 물체를 도체로 연결하였을 때 전류가 흐르는 성질로서 '전도성'이라고도 한다.

도체 導體, Conductor

전기나 열의 전도율이 잘 흐르는 물질.

돌비 현상 突沸現想, Abrupt boiling phenomenon
액체가 갑자기 폭발하듯이 격렬하게 끓어오르는 현상으로서 이를 방지하기 위해 비등석 따위를 넣는다. = 프로스 오버(Froth over)

마름모형 연소 흔적
➡ 역선형 연소 흔적

무염연소 無炎燃燒, Smoldering ignition
담뱃불처럼 불꽃없이 연기만 발생시켜 적열이나 백열 상태에서 물체의 표면에서부터 안쪽으로 향해 깊숙이 타들어가는 현상. 이것을 심부연소 또는 훈소(燻燒)라고도 함.

미스트 Mist
공기 중에 떠돌아다니는 매우 작은 액체입자로는 크기는 0.1~100㎛ 이다.

미연소 未燃燒, Uncombustion
완전 연소하지 않고 기체나 고체로서 타다 남은 상태.

박리 剝離, Exploitation
도장된 패널에 화재로 인해 연소되면서 피막의 바탕으로부터 떨어지는 현상.

반구속 半拘束, Partial locked
회전하거나 왕복운동을 하는 기기들이 정상적인 작동을 하다 느려지거나 거의 정지 상태로 도달하는 것.

반단락 半短絡, Partial short
다른 극의 두 도체나 전극 사이에 정상적인 저항값보다 현저하게 낮은 저항값을 지닌 상태.

반단선 半斷線, Partial disconnection
전선이 일정한 각도와 힘으로 접혔다가 펴지는 작동이 오랜 시간동안 반복적으로 이루어지면 피복 속에 있는 전선의 일부가 끊어지는 현상.

발굴 發掘, Excavation
화재의 발생과 확대 연소요인에 관한 상황 증거의 채집을 통해 발화 원인과 화재의 진전 상황을 실증적으로 파악하고 규명해 나가기 위한 사전 작업.

발소 흔적 拔燒痕迹, Marks of fall off by burning
구조물의 취약한 부분이 화재 열로 인해 없어지거나 틈새가 벌어지면서 이곳을 통해 불이 외부로 뿜어나가 듯 발생하는 연소 경로 상에 남는 화염 분출부분의 연소 흔적.

발연 發煙, Fuming
산화재에서 연기가 나는 현상.

발열 반응 發熱反應, Exothermic reaction
가연성 물질이 산소와 결합하여 열을 방출하면서 진행하는 산화작용. ⟺ 흡열 반응

발염 연소 發熱燃燒, Naked ignition
불꽃을 발생하면서 연소하는 것으로 '유염 연소'라고도 일컫는다. ⟺ 무염 연소

발포 發泡, Foaming
엔진 후드의 표면이 열을 받아 부분적이고 산발적으로 물방울처럼 부풀어 오른 상태.

방사 放射, Emission
자동차의 배기가스로서 배기관에서 나오는 가스나 연기 일체를 말한다. = 복사(Radiation)

방염제 防炎劑, Fire Retardants
가연성 물질의 표면에 도포하거나 불에 타기 어렵도록 물질 내부에 침투시켜 즉시 연소를 멈추게 하는 난연성을 형성하는 약제.

방전 放電, discharge
전지가 닳은 것을 말한다. 대전체가 전하를 잃어버리는 과정으로서 자동차 배터리를 오래 쓰게 되면 기전력(起電力)이 감소하는 현상.

방폭 구조 防爆構造, explosion proof
폭발이나 점화의 역할을 방지하는 구조.

방화 放火, arson
자동차에 고의적으로 불을 지르는 행위.

방화 防火, protection
화재를 방지하기 위하여 취하는 모든 활동.

백열 연소 白熱燃燒, Incandescence combustion
자동차 보디나 차체에 흰색에 가까울 정도로 온도가 몹시 높은 상태로서 금속이 1,000℃ 이상이었을 때 나타나는 현상.

보이드 현상 Void phenomenon
자동차 구조 이음매에서 납 등이 고르게 용입(溶入)되지 않아 공동(空洞) 현상을 말한다.

보일 오버 Boil-over
상부 개방형 탱크에서 기름이 장시간 연소하던 기름이 분출되어 불꽃의 강도가 갑자기 증가하는 현상.

복사 輻射, Radiation
물체로부터 열이나 전자기 파장 에너지에 의한 열전달.

복사 연소 輻射燃燒, Radiant combustion
공간 속에 존재하는 매개물에 관계없이 직접 열이 전달되어 가연물에 불꽃 접촉 없이도 연소되는 현상.

복원 復元, Restoration
차량 화재현장 내 물적 배치상황과 구조적 형상을 화재 발생 직전 상황대로 재현하기 위한 작업.

본 조사 本調査, Main investigation
차량 화재현장과 현물에 대한 본격적인 감식과 감정단계이며, 관찰, 발굴, 복원, 검토(이상 감식), 분석(감정) 등을 실시하는 단계. = 현장 조사(investigation in the fire scene)

부분 손상 部分損傷, Partial destruction by fire
차량 화재의 연소된 면적이 물체의 10% 이상, 30% 미만인 상태.

부식성 물질 腐蝕性物質, Corrosive substances
직접 또는 간접적으로 금속 등을 부식시키거나 인체와 접촉하면 상해를 입히는 물질로서 예컨대 탄산가스 등이다.

부하 負荷, Load
어떤 방식이든 외부로부터 받는 힘을 받아 에너지를 소비하게 만드는 것.

부취제 附臭劑
어떤 물질에 첨가되어 냄새가 나게 하여 안전을 도모하려는 물질. LPG, 천연가스 등

분진 粉塵, Dust
먼지 중에 흙, 모래, 암석, 금속 등 고형물이 파쇄되어 지름이 420㎛ 이하인 모든 미세한 고체입자.

분해 연소 分解燃燒, Decomposition combustion
차량 화재시에 복잡한 경로로 물질이 화학 변화되면서 가연성 가스가 공기와 혼합되어 연소가 진행되는 것.

분해 폭발 分解爆發, decomposition explosion
물질의 급속한 발열 반응에 의해 발생되는 폭발로서 일반적으로 대량의 고열가스를 방출한다. 특히, 산소 없이도 폭발하는 것이 특징이다.

불연성 不燃性, Nonflammability · Incombustibility
공기 중의 산소와 화학반응해서 연소를 발생하는 일이 없는 것을 말한다.

불완전연소 不完全燃燒, Incomplete combustion
물질이 연소할 때 산소 공급이 불충분하여 일산화탄소가 발생하여 연료가 완전히 연소되지 못한 현상을 말한다.

불활성 不活性, Inactivity
다른 물질과 쉽게 반응하지 않는 성질. 즉, 화학적 또는 물리적 변화가 일어나지 않거나 일어나지 않도록 하는 성질

V패턴 V-pattern
불이나면 발화점에서 위쪽이나 그 주위를 연소하는데 불길이 타오르면서 생기는 'V'자 모양의 형상을 일컫는다.
(= 선형 연소흔적 = 역삼각 연소흔적)

비약 연소 飛躍延燒, Leap combustion
화재가 발생하였을 때 강한 바람에 의해 불씨가 날아다니며 주변에 불을 옮기며 연소시키는 현상. = 비화 화재

산소 지수 酸素指數, Oxygen index
물체가 잘 타지 않는 성질을 표시하는 지수이며, 물질을 태울 때 필요한 최저의 산소농도.

산화 酸化, Oxidation
물질이 산소와 화합하는 현상. 예컨대, 음식물과 같은 유기물질의 부패작용, 인체 내의 소화작용, 금속의 부식작용, 불이 타는 연소 작용과 같은 현상이다.

삼각형 연소 흔적
= 역선형 연소 흔적

서지 Surge
전기회로에서 발생하는 전류 또는 전압의 크기가 순간적으로 급격히 상승하는 전기적 충격 현상. 번개에 의한 서지, 개폐 서지, 기동 서지, 정전기 서지 등이 있다.

선간 전압 線間電壓, Line to line voltage
2개 이상의 교류 결선에 있어서 서로 이웃하는 도선의 전압.

선형 연소 흔적
역삼각형 연소 흔적 = V패턴

섬락 閃絡, Flashover
전선의 애자 등 절연물을 끼워 놓은 두 도체 사이의 전압이 어떤 전압(섬락전압) 이상이 되었을 때 절연물 표면에 있는 공기를 통해 아크 방전이 발생하여 이것이 지속되는 현상.

소락 燒落, burntdown
어떤 사물이 화재로 인하여 완전 연소되어 부착된 위치에서 떨어지는 현상.

속연성 速燃性, Flame rapidity character
물질에 연소가 일어나게 되면 대단히 빨리 타 들어가는 성질.

수렴 작용 收劍作用
자동차 뒷유리에 부착시킨 플라스틱 흡착판에 의해 태양광선이 모아져 발화의 초점이 형성되는 작용.

수렴 화재 收劍火災, Convergence fire
수렴이란 '모은다'라는 뜻으로 태양광선이 볼록렌즈에 의해 굴절되거나 반사되면서 한 점으로 초점을 맺어 이때 가연물을 발화시키는 화재.

수열 흔적 受熱痕跡, Traces of bathing in heat
수열이란 '열을 받는다'는 뜻으로, 화재가 발생하였을 때 각종 물체가 열을 받게 되면 물질의 성질에 따라 여러 가지 유형으로 남는 열로 인한 모든 흔적(변색, 변형)을 말한다.

스케일 Scale
금속면에 부착한 피막상의 불순물 또는 금속의 산화물.

슬러그 Slug
크기가 작은 단조품 또는 압축품을 만들기 위해 준비되는 소형의 소재.

슬롭 오버 Slop-over
높은 온도의 유면(油面) 또는 고온으로 가열된 금속 등의 표면에 액체의 냉각제가 접촉하면 작은 거품과 방울이 맺혀지는 현상.

시즈 Sheaths
전선 피복 또는 히터소자를 감싸고 있는 금속관처럼 내부를 보호하기 위해 외부에 감싸주는 외장피복, 납, 알루미늄, 네오프렌, 폴리엔틸렌 등의 고분자 재료.

신틸레이션 Scintillation
매우 작은 점과 같은 범위의 부분적이고 잔잔한 빛을 동반한 방전현상 = 미소 방전(微小放電)

실링 sealing
누설방지 테이프, 접착제, 패킹, O링 실 등을 이용하여 모든 물건의 연결이나 접촉 부위에 누설이 일어나지 않도록 방지하는 일체를 '실링'이라 칭한다.

심부화재 深部火災, Deep seated fire
차량 화재시 불꽃 없이 빛만 내면서 가연물의 속을 연소속도가 느리게 파고들며 확대되는 화재.

심선 心線, Sting wire · Core
중심에 넣어 심으로 삼는 선의 총칭, 와이어로프, 케이블 점선 등에 공통으로 사용.

아크 ARC
방전을 뜻하며 두 개의 도체 사이의 공간을 건너뛰는 전류 또는 스파크를 말한다.

압축열 壓縮熱, Compression heat
공기와 연료의 혼합가스를 압축했을 때 증가하는 온도.

액면 화재 液面火災, Pool fire
유류 표면에 불이 옮겨 붙어 연소되는 현상.

액화가스 Liquefied Gas
기체를 냉각 또는 압력을 가하면 액체화되고 압력을 제거하면 기체로 변하는 가스. 특히 공업적으로는 상온에서 기체인 것을 압축시켜 액체로 만든 것을 말한다.

약전 弱電, Weak electric current
1차 전지의 직류 30V 이하 또는 2차 전지 및 교류의 60V 이하를 말하며 주로 신호 또는 정보를 취급하는 경우에 필요하다.

여열발화 餘熱發火, Ignition by remaining heat
여열이란 열기가 남아 있는 상태를 의미하며 이 작용이 지나치면 산화열이 누적되면서 자연적으로 불이 발생하는 현상
= 산화(oxidation)

역삼각형 연소 흔적
선형 연소 흔적 = V패턴

역선형 연소 흔적 逆線形燃燒痕跡, Upend folding fan shape ignition traces
화재시에 수직으로 세워 놓은 건축 구조재료나 물체에 본격적인 발화 전에 바닥에 있던 가연물의 연소성이 큰 상태에서 자연적으로 불이 줄어들거나 인위적으로 불이 진화되었을 때 주로 나타나는 흔적.

연도 煙道, Smoke pathway
불이 붙었을 때 발생하는 그을음의 연기가 통로를 따라 흘러간 흔적.

연면 연소 沿面燃燒, Creeping combustion
화재시에 불길이 물체의 표면을 따라가며 타 들어가거나 우회하며 연소하는 현상.

연무 煙霧, Mist
대기 중에 연기나 먼지 같은 미세한 입자가 부옇게 보이는 현상, 호흡기 질환의 원인이 된다.

연소 燃燒, Combustion
물질이 열 또는 불꽃을 내면서 산소와 결합하는 반응. 완전 연소할 때 발생하는 열을 '연소열' 연소할 때 반응을 '발열 반응'이라 한다.

연소 4면체 (燃燒四面體, Combustion tetrahedron
연소의 기본적인 3요소에 의해 연소는 시작되지만 지속적인 연소를 위해 산화 반응이 진행된다. 이것을 추가한 것이 연소의 4요소이다.

연소 속도 燃燒速度, Burning Velocity
연소물 표면에서 내부로 이동하는 속도. 가연성 가스와 공기와의 혼합기가 연소하고 있는 부분이 확대하는 속도.

연소점 燃燒粘, Fire point
연소 상태가 지속될 수 있는 온도로서 인화점보다 약 20~30℃ 정도 높고, 5초 이상 연소가 지속 = 연소 온도(Combustion temperature)

연화온도 燃火溫度, Softening temperature
물질의 외형을 바꿀 수 있는 최고온도 = 연화점(Softening point)

연해 煙害, Smoke pollution
화재로 의한 연기, 유독가스, 분진, 그을음으로 인하여 물적 및 인적손해를 유발한다.

열면 熱面, Head surface
물질이 자체적인 열을 발생시키거나 중간에서 열을 받아 전달하고 있는 물체의 표면.

열 변형 熱變形, Thermal transformation
열의 응력으로 생기는 변형. 물체가 열을 받으면 모양과 성질이 변화를 가져온 상태.

열전대 熱電對, Thermo couple
서로 다른 금속선의 양끝을 접합해서 전기회로로 두면 접합점의 온도에 준해서 열기전력을 파생한다.

열화 熱火, Deterioration
물체가 전기적, 화학적, 물리적 등 여러 가지의 이유로 인해 물질 고유의 성질과 특성이 떨어지는 현상. = 노화, 피로

예비 조사 豫備調査, Preliminary investigation
화재 현장 내외부에 대한 본격적인 조사를 하기 전에 실시하는 상황조사 성격의 단계.

예열 豫熱, Preheating
디젤 자동차에서 겨울철에 흡입 공기를 가열하여 시동이 쉽도록 하기 위한 상태.

예혼합 연소 豫混合燃燒, Premixed combustion
가솔린 엔진의 연소처럼 미리 공기와 혼합된 연료가 확산되는 연소 형태.

오링 O-ring
작은 틈새에 누설을 방지하는 용도로 사용하는 원형의 고리로서, 그 재질은 천연고무, 합성고무, 합성수지 등으로 만든다.

온도 반전 溫度反轉, Temperature rollover
실제 기체의 줄·톰슨 효과는 각 기체에 특유한 어느 온도 이하에서는 냉각, 그 온도 이상에서는 발열을 하는 것.
= 역전 온도(Temperature turnover)

온도 퓨즈 Temperature Fuse
과열을 방지하기 위하여 설정된 온도 이상이면 퓨즈가 용융되어 전기회로를 차단하는 안전장치.

완단선 完斷線, Complete disconnection
전선이 기계적으로 완전히 절단되어 있으면 전기적인 연결도 완전히 차단되어 있는 상태.
➡ 전단선(Perfect disconnection)

용단 鎔斷, Fusing
전선이나 퓨즈 등이 높은 전류에 의해 열에 녹아 끊어지는 것.

용융 熔融, Melting
금속 등의 고체가 열을 받으면 액체처럼 형태가 변화하는 것.

용해 溶解, Solution
고체 물질이 다른 기체나 액체 또는 고체 물질과 혼합되어 균등한 액체가 되는 현상.

용흔 鎔痕, Fusion marks
고체 또는 금속이 열로 인해 녹아 있는 흔적

웜업 warm-up
내연기관에서 엔진 등이 잘 작동될 수 있도록 적당하게 열이 전달되는 상태.
= Warming-up

유염 연소 有焰燃燒, Naked ignition
불꽃을 발생하면서 연소하는 현상.

융해 融解, Dissolution
고체 상태의 물질이 열을 받게 되면 액체 상태로 변화가 일어나는 것.

윤화 현상 輪花現象, Ring fire
유류 탱크에 불이 붙으면 소화액을 투입하면 탱크 가운데의 불은 꺼지지만 가장자리 부위는 링 모양으로 연소되고 있는 현상. = 액면 화재

응력 應力, Stress
물체에 외력이 작용했을 때 그 외력을 저항하기 위해 물체의 형태를 유지하려는 내력(耐力)으로서 물체 속에서 생기는 내부의 힘.

응축수 凝縮水, Condensate
온도나 압력의 변화에 따라 기체가 액체로 변하는 상태, 일종의 결로 현상.

이온화 一化, Ionization
물리적 과정을 통해 원자나 분자에 다른 이온 입자를 제거하거나 더하여 이온이 되는 것. = 전기 해리

2차 불길 Second burning
본래 불이 발생한 발화지점의 1차적인 불길과는 별도로 또 다른 불이 살아나며 확대되는 불길.

2차 용융 흔적 Second melting marks
통전상태에 있는 전선이 화재의 열기로 인해 전선피복이 연소되는 과정에서 전선의 심선이 서로 직·간접적으로 접촉될 때의 방전으로 생기는 녹은 흔적.

인화성 물질 引火性物質, Inflammability material
불티나 불씨 등의 가연성 물질이 온도상승에 따라 증기를 발생시키고 점화원에 의해 순간적으로 착화 연소되는 물질.

인화점 引火點, Flashing point
① 일정한 환경 속에서 휘발성 물질의 가스(증기)가 주위의 작은 불씨로 불이 붙는 최저온도. ② 적절한 시험 및 기구에 의해 용기 액체 표면 근처에서 공기와 혼합되어 인화성 혼합기를 형성하기에 충분한 농도의 증기를 방출할 수 있는 액체의 최저온도.= 인화 온도(Flash temperature)

1차 불길 First burning
화재 현장에서 최초로 불이 발생한 발화점에서부터 확대되는 불길.

1차 용융 흔적 First melting marks
화재가 일어나기 전에 발생한 도체가 전기적으로 용융된 흔적.

입계 粒界, grain boundary
금속 또는 합금의 다결정 재료에서 구조는 같으나, 방향이 서로 다른 2개의 결정 경계를 말한다.

자기 반응성 물질 自己反應性物質, Self reaction substances
스스로 격렬한 분해와 연소, 폭발을 일으키는 불안정한 물질, 공기나 물에 접촉하면 쉽게 발화하는 자연성 물질.

자기 연소 自己燃燒, Self combustion
일정한 공간 내에서 공기(산소)가 부족하여도 스스로 연소를 지속하는 현상.

자연 발화 自然發火, self-ignition
가연성 물질 또는 혼합물이 외부로부터 가열 없이 오로지 내부 반응열 축적만으로 발화점에 도달하여 연소를 발생시키는 현상, 자연 연소라고도 함.

잔화 殘火, Kindling charcoal to make a fire
진화작업 후에도 완전히 꺼지지 않는 불씨.

저연성 低燃性, Low smoke character
물질이 연소할 때 비교적 연기가 적게 발생하는 성질.

적열 연소 赤熱燃燒, Glowing combustion
화재시에 숯불이나 담뱃불처럼 불꽃 없이 벌겋게 타고 있는 상태.

전광 電光, Lighting
전선에서 눈으로 볼 수 있는 방전(신틸레이션, 스파크, 아크 등) 현상.

전기 흔적 電氣痕迹, Electrical fusion mark
전기적인 에너지에 의해서 발생하는 모든 단락 흔적, 누전 흔적, 연소 흔적 및 그 밖에 전기적으로 파괴된 모든 흔적.

전도 연소 傳導燃燒, Conduction combustion
높은 열이 물체에 전달되어 가연물을 서서히 연소시키는 현상. 대류 연소 또는 복사 연소라고도 한다.

전소 全燒, Total destruction by fire
화재로 인하여 건물 등이 소실된 것이 전체의 70% 이상 소손된 경우이며, 그 미만이라고 하더라도 잔존 부분을 재사용이 불가능한 상태.

전열 傳熱, Heat transmission
열의 이동이 고온 부위에서 저온 부위로 옮겨가는 현상

전해질 電解質, Electrolyte
물 등이 용매에 용해되고 그 용액이 전기의 전도성을 띠게 되어 전류를 통하게 하면 전기 분해를 일으키는 물질로서 황산화나트륨이 대표적이다.

절연 저항 絶緣抵抗. insulation resistance
절연된 두 도체 사이의 전기 저항으로서 전압을 가하였을 때 전류에 대하여 절연물에 의해 발생되는 저항값을 말한다.

절연물 絶緣物, insulation material
열 전달률이나 전도율이 작고, 열 또는 전기의 흐름을 방지하는 데 사용하는 물질.

절연유 絶緣油, insulating oil
전기 절연을 목적으로 한 기름, 유입 콘덴서, 유입 케이블, 유입 변압기 등에 사용된다.

점화 點火, Ignition
내연기관에서ㅓ 압축된 혼합가스를 연소시키기 위하여 불꽃을 접촉시키는 것.

접지 接地, Earthing
전기장치 또는 전기회로의 도전성 물체를 이용하여 대지(땅)와 의도적으로 접속하는 것. 즉, 감전 방지를 위한 것임.

접촉 저항 接觸抵抗, contact resistance
두개의 도체를 접촉시켜 전류를 흐르게 하면 접촉면에서 발생하는 저항 이때 저항값은 접촉 압력과 면적의 증가에 따라 감소한다.

정격 전압 定格電壓, rated voltage
전기 기구의 정상적인 작동을 유지하기 위해 공급하는 기준적인 전압.

정색 반응 呈色反應, Color reaction
물체가 발색 또는 변색을 수반하는 화학 반응

정전기 靜電氣, Static electricity
마찰 전기와 대전체에 정지되어 있는 전기, 이동하더라도 그 속도는 느리다.

정전 유도 靜電誘導, electrostatic induction
⊕의 대전체를 전기적으로 중성인 도체에 가까이 했을 때 대전체의 가까운 쪽에 ⊖의 전하를, 먼 쪽에 ⊕의 전하를 발생케 하는 현상. '정전 감응'이라고도 한다.

조연성 가스 助然性, Oxidizing Gas
물체가 탈 때 그 연소 작용을 도와주거나 촉진시키는 성질을 지닌 가스. 산소 및 이산화질소 등이 있다.

주염 흔적 走焰痕迹, Blaze running trace
차량 화재에서 연기가 줄어들고 불꽃의 양이 커지면서 불연성 구조물이나 재질에 흔적을 남기는 것. 갈색이나 상아색, 백색 등을 띠며 박리현상도 나타난다.

준자연 발화
準自然發火, Semi spontaneous combustion
물체가 공기 중에서 화학변화로 인해 발열하며 비교적 짧은 시간 내에 자연적으로 발화하는 것.

줄열 Joule Heat
전류가 도체에 흐를 때 전기 저항에 의하여 도체에 발생하는 열로서 전선에 전류가 흐르면 전류의 2승에 비례하는 줄열이 발생.

중성대 中性帶, Neutral zone
화재가 발생하면 실내와 실외의 온도나 압력의 차이가 있고 이때 일부의 안과 밖의 압력이 같아지는 영역.

증기 蒸氣, Vapor
자동차의 경우 여름철에 고속으로 연속 주행 또는 오르막을 주행 직후에 엔진룸 내에서 발생하기 쉬우며 브레이크 및 연료 파이프, 인젝터 등에 발생하는 액체의 증기.

증기운 폭발 蒸氣雲爆發, UVCE ; Unconfined vapor cloud explosion
연료 탱크에서 유출된 가스가 넓게 트인 공간에서 안개 띠를 형성하여 부유하다가 점화원(불)과 접촉할 때 발생하는 폭발.

증발 연소 蒸發燃燒, evaporation combustion
등유나 경유 등의 증발유를 사용하여 증발한 증기가 공기와 혼합해서 연소하는 것. 작은 용량의 보일러나 연소기 등에 사용한다.

차폐파 遮蔽板
촉매 내에 일정한 공간이 외부와의 전기나 자기 따위의 영향을 받지 않도록 가로막는 판.

차음재 遮音材, noise insulation material
음파의 경로 중에 장해벽을 개재시켜 음파의 일부 또는 전부를 반사시키거나 차단시켜 초기음파 에너지보다 줄이는 기술을 차단이라 한다. 차음성능은 단위 면적당 질량의 크기에 비례하고 비중이 높은 납 등이 차음재로 널리 쓰인다.

착화 着火, Ignition
연료를 공기나 산소와 함께 가열하면 어느 온도에서 점화를 하지 않아도 연소하기 시작하는 것.

초동조사 初動調査, Initial investigation
화재 조사를 할 때 전문가의 조사가 이루어지기 전에 현지 담당자가 사고의 개괄적인 성격이나 동향 등을 파악하고 기본적인 정보 수집과 사진 촬영 및 현장보존을 위한 통제조치 등을 실시하는 단계.

촉진제 促進劑, accelerator
발화나 연소를 높이기 위해 사용하는 물질.

최소 발화 에너지 Minimum ignition energy
가연성가스나 액체의 증기 또는 폭발성 분진이 공기 중에 있을 때, 이것을 발화시키는데 필요한 최저에너지.

축합 縮合, Condensation
유기화합물의 2분자 또는 그 이상의 분자가 반응하여 간단한 분자가 제거되면서 새로운 화합물을 만드는 반응.

출화 出火, fire break-out
점화원과 그 주변에 있는 가연물(착화물)이 결부되어 일어난다.

층간 단락 層間短絡, Layer short
전동기나 전기 및 전자석 등에서 코일의 절연이 불량하여 코일과 코일이 접지되어 있는 현상.

코로나 방전 Corona discharge
두 도체 사이에 전압을 점차로 높여가며 불꽃 방전을 시킬 때 불꽃이 생기기 전에 두 도체 표면이 엷은 자색으로 발광하기 시작하는 미약한 방전상태.

탄화 炭化, carbonization
유기화합물의 열분해 등에 의하여 탄소 이외의 것은 제거하고 탄소만을 남게 하는 것.

탄화 도전로
炭化導電路, Carbonic electric conductive pass
전기 절연물의 표면에서 높은 온도의 열적 또는 화학적 분해나 변화로 인해 숯처럼 타들어 가면서 그 자체가 전류가 흐르도록 통로가 되는 것.

탄화심도 炭化深度, Carbonization depth
가연물이 불에 탄 다음 탄화된 부분이 표면에서부터 탄화현상이 일어나지 않은 부분까지의 깊이.

트래킹 Tracking
① 절연체의 표면을 따라서 전류가 흐르면 줄열(Joule, 熱)로 인해 절연체의 일부가 성분 분해되는 동시에 미세한 불꽃이 발생하는 탄화성 도전로가 생겨나며 침식을 일으키는 현상. ② 차량이 뒷바퀴가 앞바퀴의 궤적을 그대로 따라가는 것.

트리잉 Treeing
고체의 절연재로서 내부에 부분적으로 전계가 집중되면 그 곳에 나뭇가지 형태의 방전 흔적이 형성되면서 점진적으로 진전되는 현상.

트립 Trip
교통의 분석이나 예측에 사용되는 용어로서 차량 또는 인간이 한 지점에서 다른 지점으로 이동하는 편도를 나타냄.

파이어 플룸 Fire plume
화재의 발생으로 인한 열기가 불이 위로 치솟을 때 고온의 가스 기둥을 따라 화염과 연기가 상승하는 대류의 열 기둥과 불기둥.

패킹 packing
관(pipe) 따위의 이음매 또는 틈새 따위에 물이나 공기가 새지 않도록 방지하는 것으로서 고무, 가죽, 천, 석면, 구리, 납 등으로 만든다.

평행형 연소흔적
平行形燃燒痕迹, Parallel shape ignition traces
위쪽으로 올라가는 불길이 양옆에 탈 것이 없거나, 불의 이동을 저지 또는 지연시키는 물체가 있을 때 소화 효과와 같은 연소의 저항을 받으면서 거의 일직선 형상으로 타올라가는 연소 형식.

폭명 기체
爆鳴氣體, Explosion vapor · Explosion gas
큰 소리의 폭발음을 낼 수 있는 농도의 혼합기체 상태.(수소 2 부피와 산소 1 부피의 혼합가스)

폭굉 爆轟, Detonation
폭발 중에서도 반응이 일어나는 화재면이 정지 매질에 대해 거기에서의 음속보다 빠른 속도로 이동하는 것.

폭연 爆燃, Deflagrating
폭발 중에 반응이 일어나는 면이 정지 매질에 대해 거기서의 음속보다 느린 경우.

표피 효과 表皮効果, Skin effect
도선에 흐르는 전류의 주파수가 높아짐에 따라 단면 전체를 균일하게 흐르지 않고 표면 가까이에 모여 흐르는 현상.

프로스 오버 Froth over
연료 탱크 바닥에 있던 물이 화재로 인해 열전도 현상이 일어나 비등하면 상부의 기름이 탱크에서 넘치는 현상.

플래시 오버 Flash Over
실내 바닥에서 상부로 불이 붙을 때까지 불꽃이 내부로 확산되어 고유 발화온도로 높아지면 공간 전체로 빠르게 확대되면서 화재가 극대화되는 현상.

필러 캡 filler cap
차량 급유구의 뚜껑을 말하며 라디에이터나 오일 탱크 등 용기의 덮개를 가리키는 경우도 있다.

항아리형 연소 흔적
= 역선형 연소 흔적

허용 전류 許容電流, allowable current
도체 또는 절연 전선 등에 흘릴 수 있는 최대전류. 안전 전류라고도 한다.

현물 現物, Actual thing · Actual article
화재 현장에서 화재 감식을 위한 모든 물체와 물건.

혼합 연소 混合燃燒, Mixed combustion
서로 다른 성질, 요소 및 종류 등 두 가지 이상의 기체가 섞여 있는 상태로서 가연성 가스와 공기가 혼합된 상태로 불이 붙는 것.

혼합 위험성 물질
混合危險性物質, Mixed dangerous substance
두 가지 이상의 물질이 혼합되거나 서로 접촉하게 되면 발화할 위험이 높은 물질.

화근 火根, Source of fire
최초로 불이 발생한 부분의 발화점 또는 불을 일으키거나 유지하고 있는 가연물 등의 원인 제공 부분.

화상 火傷, burn
피부가 높은 온도로부터 접촉했을 때 손상을 일으키는데 경증(輕症)은 피부가 벌겋게 된 상태, 제1도는 물집이 생긴 상태, 제2도는 피부가 익어서 갈색으로 된 상태, 제3도는 숯덩이 같이 된 상태로서 화상의 면적이 온 몸의 30%에 이르면 생명은 위험하다.

화연 火煙, Mixed smoke with flame
불꽃과 함께 타오르는 연기, 즉, 불빛이 섞여서 보이는 연기 또는 불꽃을 감싸 도는 연기.

화원 火原, Ignition · Fire source
① 화재가 발생한 최초 원인으로서 ② 불을 일으킬 수 있는 잠재적인 에너지를 지닌 모든 물질.

화점 火點, Ignition point
공기 중에서 물질을 가열할 때 스스로 불을 발생해 연소를 시작하는 최저온도인 발화점의 준말.

화화방전 火花放電, Spark discharge
불꽃 방전을 이르는 말.

확산 연소 擴散燃燒, Diffusion combustion
디젤 엔진에서 볼 수 있는 연소 형태이며 공기 중에 연료가 연소되면서 확산되어가는 상태.

훈소 흔적 燻燒痕蹟, Smoldering mark
화재시에 가연물이 고온과 연기에 장시간 또는 장기간에 걸쳐 열이 쌓이면서 불꽃의 발생 없이 깊고 검게 타들어간 흔적.

훈증 유막 燻蒸油膜, Oil film by fumigation
가연물이 불완전 연소 또는 훈소(燻燒) 중에 발생하는 짙은 연기와 그을음이 물체의 표면에 응축되어 형성된 끈적끈적한 점액질의 얇은 층.

흡열 반응 吸熱反應, Endothermic reaction
화재시에 주위로부터 열을 빼앗으며 연소를 지속시키는 화학 반응.

참고 및 인용문

- 박남규, 『사고조사 주재원 교육』, 국립과학수사연구원, 2004(p.8~26)
- 이일권 외, 『자동차 연료시스템에서 연료누설에 의한 화재관련 사례 연구』, 한국가스학회 춘계학술대회 논문집, 2011
- 이일권 외, 『자동차 엔진시스템의 전기적인 접촉불량 및 가연성 물질에 의한 화재관련 사례연구』, 한국가스학회 추계학술대회 논문집, 2011
- 이일권 외, 『자동차 실내 인화성물질과 전기과부하에 의한 화재관련 사례 연구』, 한국가스학회 춘계학술대회 논문집, 2012
- 이일권 외, 『엔진에서 자동차 엔진실 주변장치의 화재관련 사례 연구』, 한국가스학회 추계학술대회논문집, 2012
- 장석화, 『소방・방재용어대사전』, 한진출판사, 2000(해당용어발췌)
- 차량용어기획단, 『자동차용어정보사전』, 도서출판 골든벨, 2008(해당용어발췌)
- 한국소비자원 안전보고서, 『자동차 화재 실태와 발화원인조사결과』, 1999
- 한국소비자원 안전보고서, 『자동차 화재 실태조사』, 2003

저자 약력

이 일 권 (現) 대림대학교 자동차공학과 교수
(現) 한국가스학회 이사, 한국품질안전학회 이사
현대자동차 과장
기술표준원 연구원
홍익대학교 및 동대학원, 공학박사

정 동 화 (現) 순천제일대학교 자동차기계과 교수
차량기술사 [한국산업인력공단]
기술지도사 [중소기업청]
교통사고분석사 [교통안전공단]
현대자동차 과장
한국자동차공학회 사업이사, 기술교육부문 위원장
전라남도, 광양시, 순천시 설계심의위원
경희대학교 대학원 기계공학과 공학박사

차량화재 왜, 발생하는가?

초판발행 | 2014년 1월 20일
재판발행 | 2021년 3월 10일

原 著 者 | **森 興 春**
編 譯 | 이일권, 정동화
발 행 인 | 김 길 현
발 행 처 | 도서출판 골든벨
등 록 | 제 3-132호(87. 12. 11)

I S B N | 979-11-85343-06-8
가 격 | **25,000원**

Staff & Support
자료제공 : 박남규, 이일권, 정동화
번역 : 최영원
1차교정 : 박광암
2차교정 및 편성 : 이일권, 정동화, 향운
레이아웃 : 향운
표지이미지제공: 아이클릭아트
표지디자인 : 이진솔
본문디자인 : 이진솔
진행 : 최병석
오프라인 마케팅 : 우병춘, 이대권
온라인 마케팅 : 안재명
공급관리 : 오민석, 김경아, 정복순

㊞ 04316 서울특별시 용산구 245(원효로1가 53-1) 골든벨빌딩 5~6F
• TEL : 도서 주문 및 발송 02-713-4135 / 회계 경리 02-713-4137
내용 관련 문의 02-713-7452 / 해외 오퍼 및 광고 02-713-7453
• FAX_ 02-718-5510 • 홈페이지_ www.gbbook.co.kr • E-mail_ 7134135@ naver.com